U0197767

大力推进农业
机械化、智能化

农业的根本出路在于
机械化

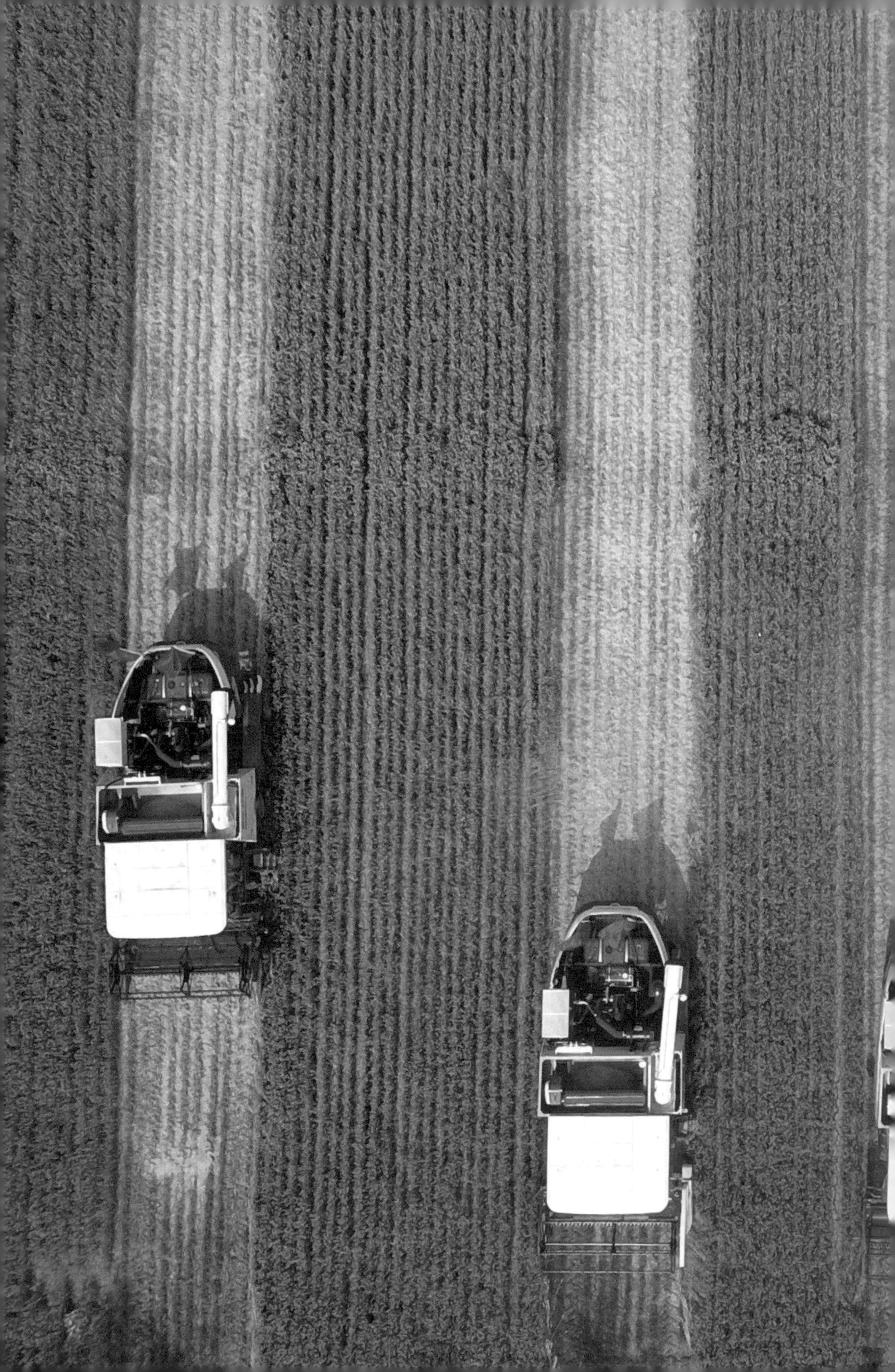

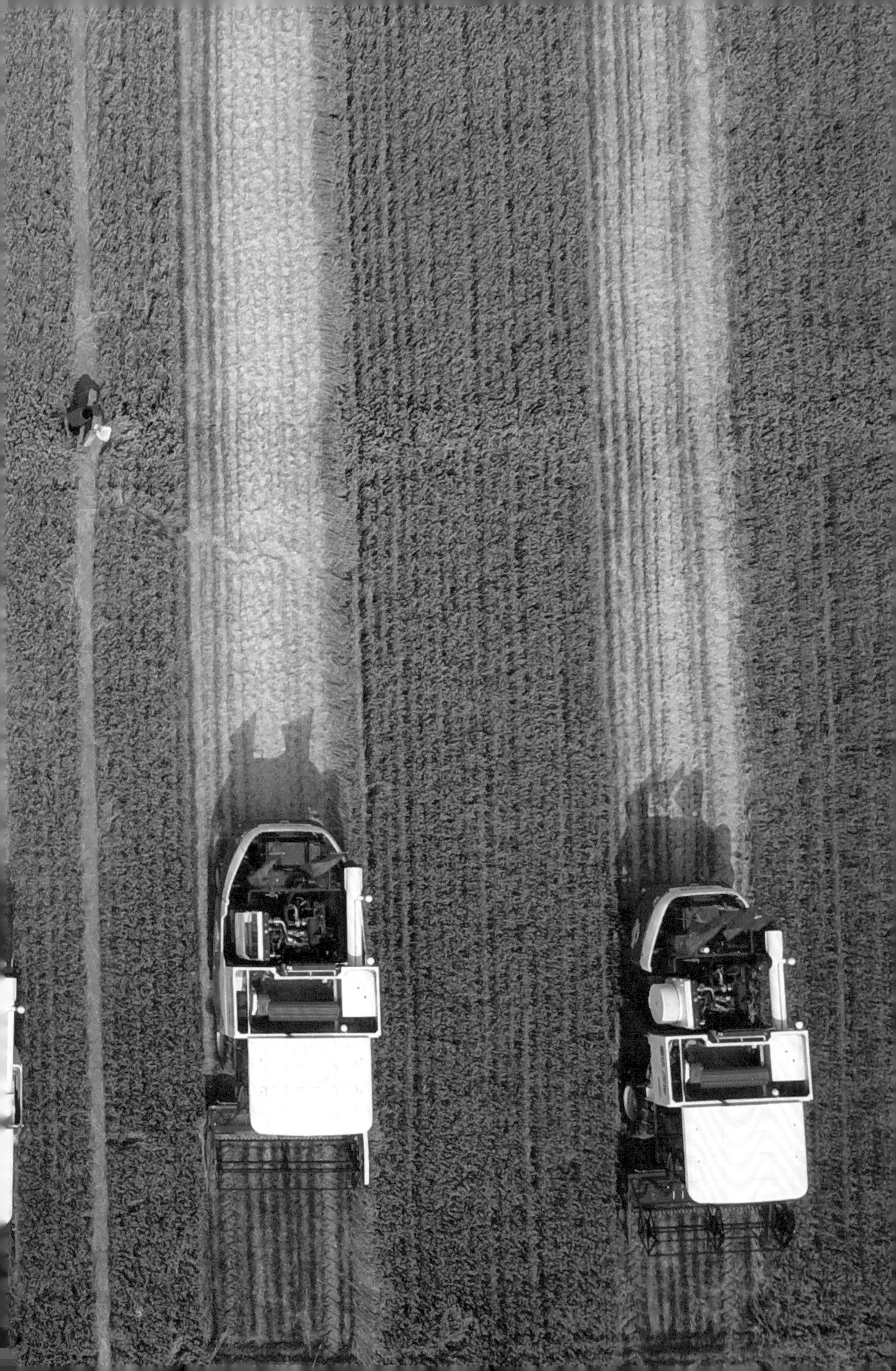

《亲历农机化——中国农机化发展历程》

编辑委员会

亲历农机化

中国农机化发展历程

中 国 农 业 机 械 学 会
江 苏 大 学 主 编

EXPERIENCING
AGRICULTURAL MECHANIZATION
PROGRESS RECORD OF
AGRICULTURAL MECHANIZATION
IN CHINA

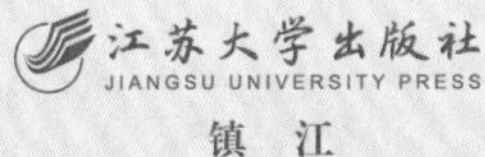

镇 江

辉煌农机化之路（代序）

张宝文

实现农业农村现代化，关键在于农业机械化。

新中国成立初期，毛泽东主席先后在《关于农业合作化问题》《关于农业机械化问题的一封信》中，强调了农业机械化的重要性。1959 年 4 月 29 日，毛泽东主席在《党内通讯》中提出“农业的根本出路在于机械化”的论断，这一论断在我国农业和农业机械化工作中起着重大指导作用，在我国大力推行农业机械化的道路上，这一思想不断得到印证。

几十年的实践证明，农业机械化是实现农业、农村和农民生活现代化的关键手段，是提高劳动生产率、土地产出率和农产品质量的重要保证。依靠农业机械增强农业竞争力，保证和提高粮食生产能力，牢牢端稳中国饭碗，已成为社会各界的共识。

新中国成立后，我国的农业机械化事业从零起步。20 世纪 50 年代的第一次绿色革命有三个变化：一是水稻的高秆变矮秆；二是农药、化肥的使用；三是农业机械的应用。经过 30 年的艰苦探索，国家集中力量支持建立起了比较完整的农业机械的管理、制造、流通、教育、应用等体系。

1978 年党的十一届三中全会以后，我国农业机械化进入改革开放、加快发展的新时期，由计划经济体制向市场经济体制转换。到 20 世纪 90 年代中期后，以联合收割机跨区机收为代表的农机社会化服务，取得了良好的经济、社会效益，探索出一条适合我国国情的农业机械化实现途径，也推动了农机工业产业布局优化、产品结构调整。2004 年 11 月 1 日，《中华人民共和国农业机械化促进法》颁布实施，奠定了农业机械化的法律地位，明确了农业机械化发展的指导思想、方针和具体扶持政策，农业机械化进入依法促进的阶段。2010 年 7 月，《国务院关于促进农业机械化和农机工业又好又快发展的意见》出台，成为改革开放以来中央层面第一个指导农业机械化和农机工业发展的纲领性文件，我国农业机械化进入了快速发展的黄金期。

改革开放 40 年，随着我国成功地实现了从高度集中的计划经济体制到充满活力的社会主义市场经济体制的伟大历史转折，我国农业机械化事业取得了令人瞩目的历史性成就，成为农业现代化进程中的一个亮点，农业机械化向“全程、全面、高质、高效”方向发展。

农机装备总量持续快速增长，我国已成为农机使用大国。2018 年，全国农机总动力稳定在 10 亿千瓦左右。农业各领域新型机具不断涌现，农机装备结构持续改善，农机质量快速提高，极大夯实了我国农业生产的物质装备基础。

农机作业水平持续快速提高，农业生产方式实现历史性转变。2018 年，全国主要农作物耕种收综合机械化率超过 67%，小麦生产基本实现全程机械化，水稻、玉米生产综合机械化率超过 80%，油菜收获、花生种植及收获机械化率均超过 40%；新疆生产建设兵团及北疆棉花机采率超过 80%，新疆全区棉花机采率达到 35%；广西等甘蔗主产区机收面积实现了零的突破；多省积极推进丘陵山区耕地“宜机化”改造。我国农业生产方式由人畜力为主成功转入机械作业为主的历史新阶段。农业机械化为农民从“面朝黄土背朝天”的繁重体力劳动中解脱出来，共享现代社会物质文明成果提供了有力支持。

农机社会化服务持续不断发展，成为农业生产性服务业的主力军。2018 年，全国农机作业服务组织达到 18.7 万个。农机社会化服务组织成为农民增收的一个重要渠道和农业生产性服务业的主力军，在推进小农户与现代农业发展有机衔接中发挥着重要的桥梁作用。

农机工业持续快速壮大，我国已成为农机制造大国。农业机械装备如今位于“中国制造 2025”重点发展的十大领域之列。2018 年，规模以上农机企业主营业务收入是改革开放初期的 40 多倍。

随着农机化事业的发展，国家扶持力度持续增强，无论是在政策上，还是在财政上，国家都投入了大量的力量。以农机购置补贴政策为标志的扶持政策体系不断完善。至 2018 年，中央财政累计投入资金 2000 多亿元，直接惠及 3300 多万农户，扶持农民和各类农业生产经营主体购置农机具4000多万台套，有力促进了农机化发展和农机工业进步。

步入新时代，习近平总书记多次强调发展现代农机装备，加快提高农业物质技术装备水平。2018年9月，习近平总书记在视察北大荒建三江国家农业科技园区时进一步强调指出：要把发展农业科技放在更加突出的位置，大力推进农业机械化、智能化，给农业现代化插上科技的翅膀。为深入学习贯彻习近平总书记的重要论述精神，国务院于2018年12月印发了《关于加快推进农业机械化和农机装备产业转型升级的指导意见》，对切实加强农机人才培养、推进主要农作物生产全程机械化、持续改善农机作业基础条件、加快推动农机装备产业高质量发展提出指导性意见。

2019年是中华人民共和国成立七十周年，是"两个一百年"目标的决胜之年，也是全面开启新一轮全面改革开放浪潮和第二轮供给侧结构性改革的关键之年。广大农机人，无论是专家学者，还是农机企业家、政府管理者，都应深刻学习领悟习近平总书记"大力推进农业机械化、智能化"重要论述的丰富内涵，充分交流新理念和新观点，共同携手推进我国农业机械化发展，共同推进我国现代农业的发展，共同推进我国农村农民生活现代化进程，以实实在在的工作硕果向共和国七十周年华诞献礼！

（本文根据十二届全国人大常委会副委员长张宝文2019年4月29日在"落实习近平总书记'大力推进农业机械化、智能化'重要论述暨纪念毛泽东主席'农业的根本出路在于机械化'著名论断发表60周年报告会"上的讲话整理而成）

目 录

新中国农机工业发展之路

亲历农机化

新中国农机高等教育之路

亲历农机化

新中国农机科研事业发展之路

亲历农机化

新中国农机化技术推广之路

亲历农机化

新中国农机化经典回眸

新中国农机化发展之路

中国农业机械化历程七十年

中国农业机械化协会

2019 年是中华人民共和国成立 70 周年，中国农业机械化事业也与共和国一同走过了 70 载。回顾和梳理中国农业机械化 70 年来走过的道路，特别是在毛泽东主席“农业的根本出路在于机械化”的思想引导下农机化所取得的伟大成就，能够让站在历史与未来的交汇点的广大农机化工作者，在无比自豪的同时，时刻不忘农机人的“初心”，努力贯彻落实习近平总书记“大力推进农业机械化、智能化，给农业现代化插上科技的翅膀”的指示精神，继续农机人的光荣使命。

一、30 年的艰苦探索

（一）历史起步——新旧并行的农机化

1950 年 5 月，在北京中南海游泳池院内举行了一场特殊的活动——新式农具展览会。这场持续了 50 多天的新式农具展览会，是毛泽东主席访问苏联回国途经沈阳参观东北农具和优良农产品展览会后提议举办的，共展出东北改良农具 14 件、苏联马拉农具 18 件、华北马拉农具 21 件。党中央、政务院、全国政协及所属各单位的主要领导干部共千余人先后前往参观。

> “我们请求政务院对新式农具参展之重要性，以及马拉农具之发展之必然性，似应做具体之指示，使各级干部对这项新的工作提高到原则上来认识，这样，在今后新农具发展上树立了极有利的条件。”
>
> ——《农业部关于中南海新式农具展览初步报告》，1950 年 7 月 1 日

中华人民共和国成立之初，在全国大部分农村完成土地改革任务之后，中央人民政府即把恢复和发展社会经济工作，特别是农业生产工作放在了重要位置。

土改为农民解决的是耕地问题，接下来亟待解决的是生产工具问题，而新中国面对的现实情况不容乐观。中央在领导农村开展土地改革的同时，也开展了农具改良工作。农具改良与土地改革和互助合作运动紧密结合，成为当时农村工作的主要任务。

“中国人民的财富，十之八九依靠着农业，而农具又为农业生产的重要手段之一，但是几千年来中国的农民就一直被落后的生产工具束缚着，在很多偏僻地方尚在使用极其落后的农具……农具缺乏已成为今日农村中亟待解决的问题，据估计全国旧农具尚较战前缺乏20%以上。加以土地改革后农民生产情绪提高，耕地面积扩大，因此，在组织起来，提高技术和增加单位面积产量的号召下，改进和补充农具就成为当前发展生产的重要环节之一。”

——《李书城在全国农具工作会议上的开幕词》，1951年1月18日

在发展农业生产工具的起步阶段，中央的总体思路经历了1950年的新式农具推广到1951年的旧式农具增补，再到1952年确立“迅速地增补旧农具，稳步地发展新农具”的认知变化。工作思路上，主要依靠各级政府行政手段（建立农具管理机构和农具推广站），开展宣传、兴办工厂（铁匠铺、农具社、农机工厂）、推行贷款（政府层面由国家贷款解决一部分，同时号召各级政府充分利用群众手中的资本）等诸多方法；区域选择上，优先考虑东北、华北和西北等地区。

初期，由于基础条件不具备，加之工作方法欠缺，虽然“基本上是有成绩的”，在“极生疏的状态下”找到了门路，认识到新式农具设计要结合农村实际和农民需求，实现“新式农具中国化”，制造工艺逐步由粗制滥造过渡到用正规方法制造，解决了一些技术问题。但是也存在诸多问题，具体表现为：农具合格率不高，质量较差；生产盲目，缺乏计划性；价格太高，影响推广；宣传不够，未让农民认可新式农具的优点。

这一阶段全国发放农具贷款1万亿元（旧币），增补农具5900万件，同时着手在各地建立新式农具推广站。到1957年，全国共设立新式农具推广站591处，推广新式畜力农具511万部，各类农具的保有量为：各式犁367万部、圆盘耙8.5万部、钉齿耙3.7万部、播种机6.4万部、镇压器4.3万部、收割机1.8万

部、脱粒机 45. 4 万部。

（二）国营农场 + 拖拉机站 + 农机工业

1949 年筹备，1950 年开始创办国营机械化农场，到 1956 年，全国共建立国营机械化农场 730 处，耕地 1274 万公顷，拥有拖拉机 4500 台，拖拉机总动力 10. 8 万千瓦，联合收割机 1400 台，农用汽车 1300 辆，机引农具 1. 1 万台。

国营机械化农场使用各种较大型农业机械，除完成农场本身的农田作业外，还为附近农民代耕代种，对中国农业机械化的发展起到了很好的启蒙和示范作用。国营机械化农场培养了大量的农机人才，并且在农业机械化生产计划、机具的选型配套、农作物的机械栽培技术、机器的作业定额及维护保养等方面积累了经验。

1950 年 2 月，我国的第一个拖拉机站在沈阳市西郊成立。同年秋，全国农业工作会议决定试办国营拖拉机站。到 1953 年共投资 230 亿元（旧币），以苏联农业机器拖拉机站为模式，建站 11 个，拥有拖拉机 68 台，联合收割机 4 台，卡车 3 辆及各种犁、圆盘耙、钉齿耙和播种机等配套农具，为 5 个集体农庄、96 个农业生产合作社、39 个互助组、11 个农场提供机耕服务。到 1957 年底，全国国营拖拉机站达到 352 个，拥有拖拉机 1. 2 万标准台，当年完成机耕面积 174. 6 万公顷。

1949—1957 年，国家对农机工业投资 3. 24 亿元，建立了一批农机制造企业，从生产旧式农具、仿制国外新式农具开始，发展很快。到 1957 年，全国农机制造企业发展到 276 家，职工 12. 3 万人，固定资产总值 2. 8 亿元，已经能够生产五铧犁、圆盘耙、播种机、谷物联合收割机等 15 种农机具，并开始生产拖拉机。“一五”期间，农机工业总产值平均每年增长 44. 5% 。

我国农机起步阶段虽然存在各类条件限制，以及技术制造落后、工作方法欠缺的问题，但从客观数据上看，这一阶段的工作在一定程度上解决了农业生产工具严重缺乏的问题；从机构与体系上看，初步建立了农机管理、推广和科研机构，建成了一定数量的农机生产、维修单位，为农机工业的起步进行了初步的分工和布局；从思想认识上看，无论是中央还是地方或是工人、农民，都直观地了解了新式农机具给农业生产带来的重要变革。这是起步阶段积累的最宝贵经验。

（三）农业机械化发展的“新节奏”

1955 年，毛泽东在《关于农业合作化问题》中指出：“中国只有在社会经济制度方面彻底地完成社会主义改革，又在技术方面，在一切能够使用机器操作的部门和地方，统统使用机器操作，才能使社会经济面貌全部改观。”

从1957年冬季开始，全国开展了轰轰烈烈的农具改革运动，一直延续到1961年，参加人数以亿计。截至1959年8月，全国创制与改制的各种农具超过2.1亿件。农具改革运动促进了县、社工业，特别是农机具修造业的发展。当时全国公社农机具制造修理厂共有8.6万个，县级厂2000多个。

为了解决国营拖拉机站在生产组织、经营管理上与农民集体经济之间的矛盾，1958年，国家决定改变国营拖拉机站的经营体制，采取社有社营、国有社营、联社经营与国社合营等不同形式，将国营拖拉机站下放。到1958年底，全国各地的拖拉机站，已将其71.2%的拖拉机、农机具下放给2200多个人民公社。到1960年，各地的人民公社普遍有了自己经营管理的拖拉机站。

但是，由于许多人民公社经济基础薄弱，缺乏管理大生产的经验，管理人员文化和技术素质低，维修服务体系不健全，拖拉机和农机具损坏相当严重。1961年，“趴窝”“带病”和完好的拖拉机、农机具几乎各占1/3，农机具利用效率很低，多数机站亏损。

1962年，国家决定将拖拉机站重新收归国营。到1962年底，全国拖拉机站系统的拖拉机只有4.9%实行社营。到1965年，国营拖拉机站已发展到1629个，拥有大中型拖拉机45885台，手扶拖拉机539台，机耕面积达到1558万公顷。

1958—1965年，国家对农机工业的投资达到21.73亿元，比1949—1957年的投资额提高了5.7倍。国家有计划地新建和改、扩建农机制造企业，组织县、社铁木业生产合作社联营为规模较小的农具制造厂，第一拖拉机制造厂、天津拖拉机制造厂、江西拖拉机制造厂、鞍山红旗拖拉机厂等一批农机制造骨干企业陆续投产，农机工业蓬勃发展。到1960年，全国农机制造企业达到2624家，职工77.5万人，达到了一个阶段性高峰。

由于农机工业发展与当时农业农村经济发展不协调，1961—1963年，国家采取关、停、并、转等方式，对农机工业进行调整。到1963年，全国农机制造企业缩减到1301个，职工人数减少到32.5万人，分别比1960年减少了50.42%和53.1%。在“二五”期间，农机工业总产值平均每年以22.8%的速度增长，农机工业总产值平均年增长速度回落到10.6%。

1959年4月29日，毛泽东在《党内通讯》上谈到农业和机械化问题，其中最著名的一句，便是“农业的根本出路在于机械化”。

1966年，国家提出“1980年基本上实现农业机械化”的奋斗目标，包括：农、林、牧、副、渔主要作业的机械化水平达到70%以上，全国农用拖拉机达到80万台左右，手扶拖拉机达到150万台左右，排灌机械总动力达到4444万千瓦，平均每公顷耕地化肥施用量达到600千克左右。

1966年4月、1971年8月、1978年1月先后召开3次全国农业机械化工作会议，采取一系列行政手段，动员全党全国人民为1980年基本上实现农业机械化而奋斗，形成了全国性的农机化运动。

到1980年前后，这一系列目标最终的完成情况为：机械化水平仅达到20%，全国农用大中型拖拉机达到4.5万台左右，小型和手扶拖拉机达到187.4万台左右，其中个人经营的拖拉机仅有3.8万台左右，占比不到2%。排灌机械总动力达到5490万千瓦，平均每公顷耕地化肥施用量达到127.8千克左右。

1966—1979年，国家投入农机事业费20亿元，平均每年1.5亿元；对全民所有制农机化事业单位的财政拨款由1953—1965年的24.4亿元增加到1966—1980年的41.52亿元；为鼓励农村集体购置农业机械，从1966年开始，国家将“支援农村人民公社投资”主要用于农业机械，1975年以后，比例超过50%，每年有6亿~7亿元；将农业贷款中的生产设备贷款，主要用于社队购置农业机械和小水电设备，平均每年约9亿元；发放农业机械专项长期无息贷款，1978—1980年实际发放8亿元。同时，为了减轻农村集体发展农业机械化的负担，国家还采取了降低农机产品价格、修理价格、油料价格，对农机生产、维修企业实行价格补贴的措施。1966—1973年，农机产品降价5次，农用柴油降价3次。

二、体制改革激发发展活力

随着改革开放步伐的加快和家庭联产承包责任制的确立，市场经济因素在农业机械化发展中的作用逐渐增强，对农机工业的计划和限制日益放松。

1980年秋，安徽省霍邱县6户农民集资购买了2台江淮50拖拉机和配套农具，办起了第一个农民自主经营的拖拉机站，冲破了生产资料不允许个人经营的禁区，在当时社会引起了巨大反响。

1982年1月1日，中共中央转批《全国农村工作会议纪要》，肯定包产到户等各种生产责任制都是社会主义集体经济的生产责任制；调整了农机化政策，提出有步骤、有选择地发展农业机械化方针，提出在今后相当长的时期内，必须实行机械化、半机械化、手工工具并举，人力、畜力、机电动力并用，工程措施和生物措施相结合；各地应根据自己的情况推广适用技术和集约经营；要着重抓好水利、农机、化肥等项投资的利用效益，改善农业生产条件。

同时对农机化发展发布了相应政策：允许农民个人或联户购买、经营农业机械；允许农业机械作为商品进入市场；农机化必须为发展农村经济、农业生产和农民富裕服务；因地制宜，有步骤、有选择地发展农业机械化；分类指导，重点突破；以经济效益为中心，充分尊重和遵循商品经济规律，让农机化主要在市场的支配下运行；国家对农机生产和使用实行优惠政策；农机服务组织通过扩大经营增强自身的发展活力。

> 1983年，中央一号文件《当前农村经济政策的若干问题》明确："农民个人或联户购置农副产品加工机具、小型拖拉机和小型机动船，从事生产和运输，对于发展农村商品生产，活跃农村经济是有利的，应当允许；大中型拖拉机和汽车，在现阶段原则上也不必禁止私人购置。"

由此农民获得了自主购买、经营使用农业机械的权利，国家、集体、农民个人和联合经营、合作经营等多种形式经营农业机械的局面开始出现。

随着经济体制改革的深化，国家对农机工业和农机市场的指令性计划管理逐步弱化，优惠政策逐步取消，农机产品作为商品进入市场，经销商自主采购，农民自主选择、自主投资、自主经营。

与此同时，国家并没有完全放弃计划经济体制下的一些行政、财政、金融支持政策，继续对农业机械产品实行价格干预，采取价外补贴、产销倒挂补贴、减免税收（1987年农机工业平均利税率9.8%，比机械行业低3.1个百分点，比全国工业各部门平均低12.1个百分点）、调拨平价物资等手段，弥补农业机械企业的政策性亏损，实行鼓励使用农业机械的优惠政策。

在生产与市场需求方面，国家开始鼓励农民购置小型农业机械，发展以小型农业机械为主的农业机械化，形成了以小型农业机械为主的农机发展格局。从1980—1994 年，大中型拖拉机产量下降了 7.2%，而小型拖拉机产量增长了336.5%。农机生产企业面向市场需要，开发适合小生产规模、适合农村购买力、适合国情的农机产品，在联合收割机、农用运输机械、水稻移栽技术、移动式节水灌溉机械、化肥深施技术等方面取得进展，出现了一大批有中国特色的农机产品，深受农民欢迎，其中最典型的代表产品便是“新疆-2 中型自走式联合收割机”。

1986 年开始研制、1993 年投产的“新疆-2 中型自走式联合收割机”是我国第一台拥有自主知识产权的联合收割机。其割幅 2 ~ 3 米，喂入量每秒 2 ~ 3 公斤，采用轴流横向双脱粒滚筒结构，积木式部件设计，转弯半径 3 米，脱粒性能优于国外产品，特别适宜我国单产高且作物收获时比较潮湿、难脱粒的状况。其既可在大面积地块收割作业，也可在几分地的小地块中作业，非常适合频繁转移作业、频繁卸粮的场合，而价格不到国外产品的 1/3，投入市场后特别抢手。1998 年“新疆-2”产量达到 13000 台，社会保有量突破 5 万台，约占全国联合收割机总量的 1/3，成为联合收割机市场上的主打产品。

正是“新疆-2”这类顺应和满足市场需求的农机产品，为后来全国各地大规模的“跨区作业”埋下了伏笔。“新疆-2”一度占据参与“跨区作业”收割机总量的 2/3 以上。

1994 年，在 1435.8 亿元农业机械原值中，农民拥有 1134.6 亿元，比重超过79%。全国农民个体拥有大中型拖拉机 48.7 万台，小型拖拉机 793.7 万台，农用载重汽车 58.7 万辆，农用排灌动力机械 769.6 万台，机动脱粒机 519.4 万台，农用水泵 667 万台，分别占各类农机总量的 70.5%、97%、80.6%、77.7%、86.9% 和 77.8%。

农村劳动力开始出现大量转移趋势，农村季节性劳动力短缺的趋势不断显现。

这一时期出现的小麦“跨区机收服务”，使联合收割机利用率和经营效益大幅度提高，解决了小农户生产与农机规模化作业之间的矛盾，高效率的大中型农机具需求开始恢复性增长，小型农机具的需求增幅放缓，联合收割机异军突起，一度成为农机工业发展的支柱机种。

从 20 世纪 80 年代中期开始，部分省份就陆续出现农民自发组织的“跨区联合机收”，初期由于社会环境制约及相应机具不适，转场和作业过程中经常遇到诸如收费、拦机、机具损坏等严重问题，“跨区联合机收”并未形成规模。

1990 年前后，以河北藁城为代表的“跨区作业”引起当地政府部门的重视，在作业地点协调、机具修理、物资供应、交通等方面获得了诸多便利，作业规模有了较大的提升，到 1992 年，当地已有小麦联合收割机 225 台，主要机型包括北京-2.5、佳联-3、东风-5。

1993 年新疆-2 中型自走式联合收割机正式投产，这一符合市场需求的机型通过前期的现场演示和组织机手入厂培训，很快受到了农民的欢迎，并一跃成为“跨区作业”的主力机型。到 1994 年，仅藁城当地参与“跨区作业”的联合收割机就到了 500 台上下，作业范围辐射河南辉县、山西太谷等地，作业模式引起全国各地的广泛关注，后被称为“藁-辉模式”。

到 1997 年，实行“跨区作业”的有 11 个省、5 万台联合收割机，1998 年扩大到 19 个省、7 万台联合收割机。联合收割机跨区收获小麦的成功实践产生了良好的示范效应，带动机耕、机播以及水稻收获等其他作物和生产环节的“跨区作业”也在部分地区开始起步。山东、陕西、山西等省出现了较大规模的跨区机耕、机播活动，而江苏、安徽、海南等省的农民则开着自己的联合收割机，开始跨区收获水稻等。在全国范围内，市场化、社会化的农机服务新模式迅速发展。①

三、依法促进农机化的“黄金十年”

2004 年 2 月 8 日，中共中央、国务院印发《关于促进农民增收若干政策的意见》提出：提高农业机械化水平，对农民个人、农场职工、农业机械专业户和直接从事农业生产的农业机械服务组织购置和更新大型农业机械给予一定的补贴。

同年 3 月 26 日，农业部在北京召开农机购置补贴项目部署动员会，正式启动购机补贴项目，首年中央财政资金安排 7000 万元。2004—2018 年农机购置补

① 不少农机人在谈到“跨区作业”时常常表示：“这是真正意义上第一次实现农业机械化作业。”姑且不论这一表述是否客观准确，从这一主观的看法也足以看出“跨区作业”一事在农机行业的影响之深远。

贴额如下图所示。

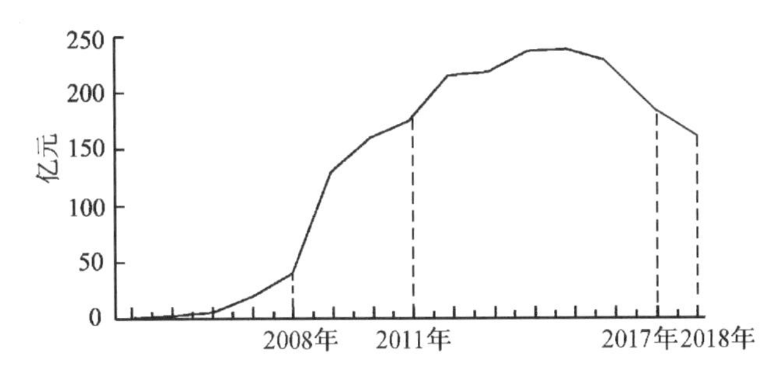

2004—2018 年农机购置补贴额

购机补贴政策对农业机械化发展和农机工业产生了强有力的刺激，促进了我国农机装备总量持续快速增长、农机社会化服务深入发展，农机工业产品向技术含量高、综合性能强的大型化方向发展，一批具有地域特色的产业集群初具雏形，产业集中度进一步提高。2004 年以来，耕种收综合机械化水平年均提高 2.7 个百分点，农机工业产值年均增长 20.5%，我国农业机械化进入了历史上最好的发展时期。2007 年我国耕种收综合机械化水平超过 40%，农业劳动力占全社会从业人员比重已降至 38%，这标志着我国农业机械化发展已由初级阶段跨入中级阶段，农业生产方式发生重大变革，机械化生产方式已基本占据主导地位。

2004 年 6 月 25 日，《中华人民共和国农业机械化促进法》经十届全国人大常委会十次会议审议通过，包括总则、科研开发、质量保障、推广使用、社会化服务、扶持措施、法律责任和附则共 8 章 35 条，时任国家主席胡锦涛签署主席令予以公布。这是我国第一部关于农业机械化的国家法律。

2006 年 10 月 31 日，《中华人民共和国农民专业合作社法》发布，首个农机合作社成立，到 2019 年，全国各类农机作业服务组织总数超过 18 万个，总从业人数超过 213 万人。农机服务组织将成为未来农机市场的主要需求者。

2006 年《装备制造业振兴计划》首次列入发展新型、大功率拖拉机等政策。2009 年 2 月 4 日，时任国务院总理温家宝主持召开国务院常务会议，审议并原则通过《装备制造业调整和振兴规划》。该规划提出要大力发展大功率拖拉机及配套农机具、节能环保中型拖拉机等耕作机械，通用型谷物联合收割机、新型半喂入式水稻联合收割机、高效玉米联合收割机、自走式采棉机等收获机械，免耕播种机，节水型喷灌设备等；适应新农村建设、农业现代化的需要，重点发展农产品精深加工成套设备、灌溉和排涝设备、沼气除料设备、农村安全饮水净化设备等；加强宏观调控，确保国内市场对装备产品的需求有效拉动我国装备制造业发展。要求重大工程项目优先采购国内生产设备，采购比例原则上不低于70%；粮食主产省（区）农机采购时优先采购国产农机，采购比例原则上不低于80%。这些措施一举推动了我国大型拖拉机的研发及生产销售。

2008年10月12日，中国共产党第十七届中央委员会第三次全体会议通过《中共中央关于推进农村改革发展若干重大问题的决定》，提出了发展大农业和大农机的概念，为农机行业的发展指明了方向，带来了良好的机遇；明确提出允许农民在自愿有偿的基础上以多种形式流转土地承包权，这有利于土地实施规模化经营，为大型高性能联合作业机具提供了用武之地，促进了重型农业装备的升级；提出的加强农业基础设施建设，使得农用工程机械有了很大的市场需求，为其发展提供了良好的契机。

2014年，我国农机总动力增长至10.8亿千瓦，“黄金十年”间增幅达68.5%，此后年增长速度由8.1%放缓到4.0%。农机装备品种、技术、附加值和组成结构不断优化，农机作业向市场化、社会化发展，农机作业领域由粮食作物向经济作物、设施农业、养殖业和农产品加工业发展。

2018年9月25日，习近平总书记在考察调研北大荒建三江国家农业科技园区时指出：中国现代化离不开农业现代化，农业现代化关键在科技、在人才。要把发展农业科技放在更加突出的位置，大力推进农业机械化、智能化，给农业现代化插上科技的翅膀。

2018年12月21日，国务院发布《加快推进农业机械化和农机装备产业转型升级的指导意见》，围绕装备结构、综合水平、薄弱环节、薄弱区域、相关产业机械化，提出5类16项量化指标，并综合考虑了与《全国农业现代化规划（2016—2020年）》《农机装备发展行动方案（2016—2025年）》《全国农业机械化第十三个五年规划》的衔接。其中，2025年发展目标不仅突出了种植业薄弱环节的机械化指标，还首次提出设施农业、畜牧养殖、水产养殖、农产品初加工及丘陵山区（县）机械化的量化指标，为今后一个时期农业机械化发展指明了方向。

（权文格主笔）

毛主席“农业的根本出路”著名论断60周年感想

宋树有

60年前的1959年4月29日，毛泽东主席在《党内通讯》中提出“农业的根本出路在于机械化”，这是毛主席关于农业机械化问题最为著名的科学论断。

作为一个在农机化战线上工作多年的老兵，最近我重新学习了毛泽东主席关于发展农业机械化的光辉思想，回顾我国农机化发展的光荣历程，展望未来的光明前景，结合自己从事农机化管理工作多年的实践做了一些思考，以此纪念“根本出路”科学论断发表60周年。

一、“根本出路”是引领我国农业和农业机械化发展的光辉旗帜

“根本出路”是毛泽东运用辩证唯物主义和历史唯物主义世界观和方法论，对农业和农业机械化问题做出的准确判断和科学结论，反映了农业发展乃至我国社会经济发展的一般规律。

（一）“根本出路”揭示了产业技术发展与社会进步的共同规律

人类在社会劳动生产中使用机械并且不断提高机械化水平，是社会进步的基本标志。

马克思指出：“劳动资料不仅是人类劳动力发展的测量器，而且是劳动借以进行的社会关系的指示器。在劳动资料中，机械性的劳动资料更能显示一个社会生产时代的具有决定意义的特征”，“各种经济时代的区别，不在于生产什么，而在于怎样生产，用什么劳动资料生产。”在劳动生产中，由于机械的应用和机械化水平的提高，人类增强了征服自然、改造自然的能力，提高了劳动生产率，改善了生产条件。实现农业机械化，是人类深刻的技术革命之一，是实现现代化

农业的必由之路。

世界共同经验表明，在农业生产中用先进的机械化工具代替人畜力生产工具是一种历史趋势，也是工业化的必然结果。没有农机化，也就没有现代化的农业。

（二）“根本出路”集中反映了毛泽东发展农业机械化一贯的思想

毛泽东对实现农业机械化高度重视，有很多重要论述和指示。

在著述于1937年的《矛盾论》中，毛泽东指出：“不同质的矛盾只有用不同质的方法才能解决……在社会主义社会中工人阶级和农民阶级的矛盾，用农业集体化和农业机械化的方法去解决。”

1955年，毛泽东在《关于农业合作化问题》中指出：“中国只有在社会经济制度方面彻底完成社会主义改造，又在技术方面，在一切能够使用机器操作的部门和地方，统统使用机器操作，才能使社会经济面貌全部改观。”

1958年3月，中央召开成都会议，提出的《关于农业机械化问题的意见》中指出：“会议完全同意毛主席关于农具改革运动的指示……经过这个运动逐步过渡到半机械化和机械化。”

1959年10月31日，毛泽东在《河北省吴桥县王谦寺人民公社养猪经验》一文，给新华社的批语中说：“用机械装备农业，是农林牧三结合大发展的决定性条件。”

从这些论述中不难看出，毛泽东对农业机械化问题有着深入系统的思考：一是从生产力是社会发展决定性因素的角度看，体现了只有通过技术改造才能从根本上推动农业的发展，反映了科技是第一生产力的马克思主义基本观点；二是从生产力与生产关系矛盾统一的角度看，只有农业集体化而没有农业机械化，集体化就发挥不出优势，也难以巩固和持久，“我们党在农业问题上的根本路线是，第一步实现农业集体化，第二步是在农业集体化的基础上实现农业机械化和电气化”；三是从社会发展的角度看，只有用集体化和机械化的方法来解决工农之间的矛盾，才能建立新的工农关系、城乡关系，实现社会的全面稳定和谐发展。从这样的高度来认识和重视机械化，是毛泽东的远见卓识，意义深刻而伟大。

（三）“根本出路”科学论断深深植根于我国农业发展的土壤之中

我国农业机械化的发展既要遵循人类生产技术进步的共同规律，也要反映农业发展的内在要求。

毛泽东对旧中国和中华人民共和国成立初期农业的落后面貌有着深刻的体验和了解。中华人民共和国成立后，我们虽然打破了封建土地制度，但并没有从根本上改变我国农业极其落后的局面。当时农业发展的突出问题是农业生产工具严重不足，农业机械几乎是空白，农业生产方式落后，有的地方农业生产还处于原始状态。实现农业机械化是亿万农民的梦想。因此，作为党和国家领导人，毛泽东主席理所当然地对农业机械化充满了热切的希望。新中国成立后第一个农机具展览，就是在中南海举办的。当时，展品也仅仅是几十件人畜力驱动的农机具。但这次展览规格很高，不仅毛泽东亲自观看，中央高层大多数领导也前往观看。展后不久，全国就掀起了以推广双轮双铧犁为主的农具的改革运动。

毛泽东提出的“根本出路”，符合我国的国情，承载了亿万农民的光荣梦想。在“根本出路”思想的指引下，我国农业机械化取得了长足发展，为解决农业问题做出了突出贡献。

二、“根本出路”一直引领着农机化前进的方向，取得了巨大成就

中华人民共和国成立初期，我国农机制造业尚处于空白领域，一些规模很小的农具制造厂只能生产简陋的手工工具和人畜力机具。

如今，我国农业机械化在世界上有三个位居第一：农机产量第一、农机保有量第一、农机装备水平第一，形成了比较完整的农机工业体系。主要粮食作物生产全过程的农业机械可以基本自给，农业生产对农机品种和数量的需求大多数可以满足。全国农机总动力已经超过10亿千瓦，万亩耕地装备水平领先世界，主要农作物耕种收综合机械化水平超过67%，小麦、水稻基本实现了机械化，农业生产全面进入以机械化作业为主的阶段。

毛主席提出“根本出路”的论断60年来，我国改变了农业生产技术装备水平和综合生产能力低的局面，从根本上改变了农业落后面貌，农业机械化功不可没。

（1）农业综合生产能力明显增强。多年来，虽然我国耕地面积不断减少，但农作物产出水平稳中有增，粮食产量稳定在6000亿公斤，可以基本满足国内需求，粮食供给安全性得到保障。与此同时，畜牧产品、水产品产量也不断增长，农产品市场供给充足。

（2）抗御自然灾害能力明显增强。农田灌溉水利机械作用突出，保证了几亿亩农田旱涝保收。农业机械在农田基本建设中发挥了骨干作用。农业机械化的发展，打破了农时界限，反季节农产品非常普遍，供应充足。

（3）转移农业劳动力贡献突出。目前，我国已经稳定地转移出一亿多劳动力，投入到城市或者乡镇企业。

（4）抢收抢种能力明显增强。农业劳动生产率大幅度提升。农机高效率作业缩短了农时，不少地方因此改变了农事耕作制度。

（5）强化农业生产技术服务体系。农机服务是农业服务的主要组成部分，遍布全国各地。近年来，农机合作社迅猛发展，有望成为农业生产经营的新型主体。

（6）造就大量农业专业人才。在发展农业机械化的过程中，培养了数以千万计的农机人才和新型职业农民，他们已经成为农业生产的主力军。

三、经过60年探索，我们正在走出一条中国特色农机化发展道路

我们对“根本出路”的认识，理论界和实际工作者之间曾有过分歧，农机化发展过程中也出现过偏差。应当承认，“根本出路”是科学的、正确的论断，这个论断从本质上反映了我国农业发展的一般规律，指明了农业发展的必然趋势和必由之路。

在推进农业机械化的过程中，出现过忽视经济社会条件约束，对实现农业机械化目标要求过高、过急的错误；在农村改革初期，由于思想准备不足、应对措施不力，农业机械化出现过短暂的倒退。

正是因为我们有丰富的实践、成功的经验和遭受挫折的教训，才使得我们对农业机械化的认识更为客观和全面。我们正在走出一条符合我国农业发展实际的机械化发展道路，可以归纳为以下四个方面：

（一）立足国情，因地制宜

我国是耕地和自然资源禀赋不够丰厚的国家，地域广阔，自然资源条件差异很大，由此导致农作物品种繁多，农艺技术比较复杂，因此我国农业机械化必须走差异化发展道路。如果不从国情出发，不从不同地区的不同条件出发，推进农业机械化就必然是盲目的，不符合实际的。

立足国情，因地制宜，是我们发展农业机械化最为宝贵的基本经验，它构成了我国特色农业机械化发展道路的核心内容。

（二）有先有后，循序渐进

毛泽东主席提出的“在一切能够使用机器操作的部门和地方，统统使用机器操作”，是个非常高的要求。我国农业生产门类很多，除了种植业，还有畜牧业、水产业、农产品加工业等，就是种植业本身，也有粮棉油、麻丝茶、糖菜烟、果药杂之分。过去，我们主攻粮食作物机械化生产，今后的重点还要放在经济作物、畜牧业、水产业上。在发展重点和先后顺序上，要遵循经济规律，不同地区有所侧重。

现在我们提出全面全程机械化的目标。对这个全面和全程要具体分析、总体部署，分门别类，重点推进，循序而行。不能一说全面就是无所不包，一说全程就是从头到尾。这样的机械化，不要说我们做不到，就是经济发达的国家也不一定能做到。

（三）注重质量，合作共用

农业机械化的发展，要以中小型为主，注重质量，走合作共用道路。

我国发展农业机械化还有一个突出问题，就是家家购置农机，生产规模很小，农机社会化合作共用不足，农机的利用率低，存在着很大的浪费。目前，我国农业的装备水平按耕地平均的马力数计算比欧美国家都高，但农机使用率却远远低于他们，不发展农机合作共用就没有出路。否则，实现农业机械化的投入太高，代价太大，高投入生产出的农产品就不会有竞争力，也会影响农民增收。

（四）技术创新，不断进步

农机技术创新，既包括农业机械自身提高适用性、可靠性、经济型、安全性，也包括提高农机制造质量和使用的技术水平，还包括农机技术与农艺技术相融合。农机领域必须扩大，吸收和借鉴先进经验，加强国际交流与合作。

农机与农艺技术的融合也是一个必然的趋势。过去我们曾长期纠结于农机优先还是农艺优先，实际上并不存在谁为主、谁为辅的问题，它们是一个整体，谁也离不开谁。农业机械是农艺技术的载体，农业机械的设计和使用必须以农艺要求为依据，农艺制度也要向方便农机作业调整，这种融合是农业机械化发展的必然趋势。

四、沿着“根本出路”指引的方向奋进，实现农业机械化百年梦想

当前，以信息化为核心的技术革命正在兴起，对未来的农业机械化和农业现代化必然产生至关重要的影响。我们要按照既定的农业机械化发展目标，坚定不移地向前推进，这是历史赋予我们的艰巨任务。

实现农业机械化和农业现代化，不断提高我国农业的现代化水平，不仅仅是技术问题，更是社会问题。没有农业机械化，就没有现代化农业。没有乡村振兴，没有农民的小康生活，也就没有中华民族伟大复兴。我国的农村还比较落后，农业还不够发达，农民还不很富裕，“三农”问题还比较突出。农机化工作者要增强责任感，履行职责，躬耕事业，造福人民。

60 年来，我国农业机械化总体上步伐不够快，现实水平也不够高，加快发展农业机械化的愿望会更为迫切。越是在这样的情况下，越是要保持头脑的清醒和冷静。在什么时间实际机械化，与其准备得短些，不如准备得长些，速度宁可慢些，步子稳些。

全面实现农业机械化可能会与中国的百年梦想相契合，也就是说，到 21 世纪中叶，中华人民共和国成立 100 周年的时候，全程农业机械化可能成为现实。从现在算起，还有 30 年，时不我待，我们要抓紧。我们要立足当下、做好工作。在农业机械化已经有了长足发展的今天，发展的环境和条件有了很大的改善，但是我们所面临的问题并不比过去简单。

2018 年底，国务院印发的《关于加快推进农业机械化和农机装备产业转型升级的指导意见》，为今后一个时期发展农业机械化做了全面部署，是指导我们工作的行动纲领，必须全面贯彻落实。在“根本出路”的引领下，有以习近平同志为核心的党中央的高度重视和坚强领导，有各级农业、农机和相关部门的共同奋斗，有亿万农民的努力，机械化农业的百年梦想就一定能够实现。

（本文根据原农业部副部长、中央纪委驻农业部纪检组组长宋树有 2019 年 4 月29 日在“落实习近平总书记‘大力推进农业机械化、智能化’重要论述暨纪念毛泽东主席‘农业的根本出路在于机械化’著名诊断发表60 周年报告会”的讲话整理而成）

与农机事业同行

——从《农业机械》看中国农机行业发展

农业机械杂志社

1958年7月1日，我国第一份农机科普技术期刊《农业机械》杂志创刊。60多年来，《农业机械》杂志通过忠实地报道记录，始终与中国农机化事业同行。2019年，适逢中华人民共和国成立70周年，我们从《农业机械》杂志60多年发展变化的独特视角，再现我国农机化事业的伟大历程和巨大成就。

第一阶段：计划经济阶段（1949—1980年）

1980年以前，我国实行的是计划经济体制，农机事业的发展主要靠国家投资兴办。在高度集中的计划经济体制下，农业机械作为重要的农业生产资料，实行国家或集体投资、所有、经营。农业机械的生产计划由国家下达，产品由国家统一调拨，农机产品和服务价格由国家统一制定。

（一）开创时期（1949—1957年）

新中国成立初期，我国农机事业几乎是一张白纸。1949年，全国农机制造企业只有36家，工业总产值300万元，只能生产一些简单的农业机械。农机总动力只有8.01万kW，农用拖拉机117台，动力不足1万kW，联合收割机、农用载重汽车拥有量为零。

党和政府十分重视对农业生产工具的恢复发展和改良工作，有计划、有步骤地为实现我国农业机械化准备条件，有力地促进了农业生产的迅速恢复与发展，促进了对农业的社会主义改造。主要工作包括：增补旧式农具，推广新式农具，发展提水机具；创办国营机械化农场；试办国营拖拉机站；从生产旧式农具、仿制国外新式农具开始，创办农机工业。

这一时期，我国农机工业发展的标志性事件是1955年动工兴建洛阳第一拖拉机制造厂，该厂于1959年建成并开始批量生产东方红－54型拖拉机，为我国农机工业的发展掀开了崭新的一页。

（二）探索与调整时期（1958—1965年）

1957年冬季开始，全国开展了轰轰烈烈的农具改革运动，到1959年8月，全国创制与改制的各种农具超过2.1亿件。农具改革运动促进了县、社工业，特别是农机具修造业的发展。当时全国公社农机具制造修理厂有8.6万多个，县级厂2000多个。

1959年，毛泽东主席把他关于农业机械化的论述概括为“农业的根本出路在于机械化”。

*《农业机械》1959年第4期，刊登了时任农业部副部长刘瑞龙的文章《开展一个更广泛、更深入、更细致、更有成效的工具改革运动》；1959年第18期，刊登了时任农业部农业机械管理局局长李菁玉的文章《通过工具改革逐步地实行农业机械化》。

开展一个更广泛、更深入、更细致、更有成效的工具改革运动

农业部副部长 刘瑞龙

一、工具改革和我国农业机械化、电气化的关系

二、为一九五九年农业生产更大更好更全面的跃进服务

国营拖拉机站经历了1958年的下放与1962年的重新收归国营。到1965年，国营拖拉机站发展到1629个，拥有大中型拖拉机45885台，手扶拖拉机539台，机耕面积达到1558万hm^2。国家开始建立农机修配网，同时还投资新建一批农机修配厂。到1963年底，全国县属农机修配厂发展到846个。

国家有计划地新建和改、扩建农机制造企业，第一拖拉机制造厂、天津拖拉机制造厂、江西拖拉机制造厂、鞍山红旗拖拉机厂等一批农机制造骨干企业陆续投产，农机工业蓬勃发展。到1960年，全国农机制造企业达到2624家，职工77.5万人。由于农机工业发展与当时农业农村经济发展不够协调，以及受自然灾害的影响，1961—1963年，国家对农机工业进行调整，1963年，全国农机制造企业缩减到1301个，职工人数减少到32.5万人。

＊这一时期《农业机械》杂志主要内容除了国营农场、拖拉机站、人民公社等大力开展农具改革运动外，便是各种农机产品的使用、维修技术。另外，杂志还陆续介绍了很多国外先进的农机具产品。

（三）快速发展时期（1966—1980 年）

1966 年，国家提出“1980 年基本上实现农业机械化”的目标，并做了规划和部署。1966 年 4 月、1971 年 8 月、1978 年 1 月先后 3 次召开全国农业机械化工作会议，形成全国性的农机化运动。

国家增加投入，降低农机产品、农用柴油及农机化服务价格；发展壮大农机工业，推进农机产品的标准化、系列化和通用化；建立比较完善的农机科研、鉴定、推广、培训、供应、维修等农机化支持保障体系；农业动力结构发生重大变化，农用动力中，人∶畜（头）∶机（kW）的比例，从 1965 年的 100∶18∶4.6 变为 1980 年的 100∶16∶47，畜力相对减少 11%，机力增加 10 倍以上。

＊这一时期《农业机械》杂志除了刊登农机产品技术、科研方面的文章外，更多的是刊登各地加速实现农业机械化，农机具改装、生产，农业学大寨，公社办机械化以及知识青年上山下乡的内容。

《农业机械》杂志也得到了各级领导的重视和大力支持。1977 年 10 月 25 日，时任中共中央主席的华国锋为杂志题写了刊名。当时的一机部（杂志主管单位）还召开了庆祝大会，1977 年第 11 期杂志上发表了《加速农业机械化的巨大动力——热烈庆祝华主席为〈农业机械〉题写刊名》的文章。

第二阶段：机制转换阶段（1981—1998 年）

1981—1998 年是我国农机行业发展的机制转换阶段。随着经济体制改革的不断深入，市场在农业机械化发展中的作用逐渐增强，国家用于农业机械化的直接投入逐步减少，对农机工业的计划管制日益放松，允许农民自主购买和使用农业机械，农业机械多种经营形式并存。

（一）农机化事业的发展机制转换

党的十一届三中全会确定了对国民经济实行“调整、改革、整顿、提高”

的方针之后，农机化事业也进行了全面调整。

*《农业机械》1981 年第 1 期刊登了时任农业机械部部长杨立功的文章《农机事业要坚决进行调整》。

1982 年，中央同意农业机械化“必须有步骤、有选择地进行”，“在今后相当长的时间内，必须是机械化、半机械化、手工工具并举，人力、畜力、机电动力并用，工程措施和生物措施相结合”的方针。在政策上允许农民自主购买、拥有和经营农业机械，集体农机站、队推行经济承包责任制。

*针对农村实行家庭联产承包责任制后，会不会影响农业机械化的发展，《农业机械》杂志 1981 年第 2 期刊登了《责任制会不会影响农业机械化?》；同年第 10 期刊登了《农业机械化的希望和前景——对社员联户合资经营农业机械的调查》；1984 年第 3 期刊登了《农村专业户与农业机械化》。针对承包制的问题，《农业机械》杂志开展了“包机到人”大讨论，得到广大读者的关注和支持，他们的观点也陆续发表在杂志上。

1980 年以后，国家对农机化的政策进行了逐步调整，形成了“计划 + 市场”的运作机制。1994 年，中国共产党第十五次全国代表大会召开，提出了我国经济体制改革的目标是建立社会主义市场经济体制。1994 年 7 月 1 日，国家取消了农用平价柴油。至此，农业机械化进入以市场为导向的发展阶段。

*《农业机械》1994 年第 10 期刊登了时任农业部副部长刘成果的文章《农机要在机遇和挑战中大有作为》，文章指出，农业机械化发展机制的转换是质的变化，投入机制、配置机制、动力机制和管理机制都发生了明显变化。

改革后的农业机械化服务领域，从主要为种植业服务，发展为面向农林牧副渔各业以及农副产品加工、农村运输等各个方面服务。农机服务范围的拓宽，提高了农机人员的收入，增强了农机化的活力。

*《农业机械》1988 年第 8 期刊登的文章《用商品经济规律指导农机社会化服务》，提出了“开展有偿服务，合理收费，不是加重农民的负担”“开展综合经营，拓宽服务领域，不是不务正业”，以及“追求经济效益和经济利益，不是见利忘义”的观点。

20 世纪 90 年代中期以后，农机化服务的社会化、市场化进程加快，特别是 1995 年以来，全国性的联合收割机跨区收获小麦就是农机服务社会化、市场化的典型。在全国范围内，市场化、社会化的农机服务新模式迅速发展。

农机管理部门也改变了过去对农机经营者管得过多过细、干预农机经营活动、确定收费标准等做法，随着社会主义市场经济的发展，按照“依法行政，依法管理”的要求，各地加快了农机化法规建设的步伐。

*《农业机械》1993 年第 2 期刊登了时任农业部农机化管理司司长宋树友的文章《1993 年：推进农机管理体制改革》，文章指出，各级农机管理部门要深化农机管理体制改革，加快向市场机制迈进的步伐，强化宏观管理；要依法管机，出台《农业机械管理条例》，发展服务体系，行使监督、监理职能，建立信息队伍。

（二）农机工业的起伏

这一时期，我国农机工业经过了“两次低谷、两次高潮”的发展历程。

1980 年之前，在“1980 年基本上实现农业机械化”目标的激励下，全国各地陆续上马农机生产企业，1979 年，我国的农机产量、产值创造了新中国成立以来的最高水平。但由于实行家庭联产承包责任制后大农机与小规模经营的矛盾尖锐，导致农机产值连续两年下滑，农机工业陷入了一次低谷。

*《农业机械》1983 年第 3 期刊登了《农机工业要为进一步发展农业新局面服好务》，文章指出：“在今后相当长的时间内，‘好、小、廉、简、轻’的农机产品，将是我国农民所需要的。我们农机工业部门，一定要满足农业生产的需要。”

在全面调整之后，我国农机工业走过了一段持续上升的道路。自 1982 年走出低谷，到 1988 年由 70 亿元增加到 210 亿元，农机工业总产值每年都以 2 位数的增长率发展。值得注意的是，在发展主机产品的同时，农具的发展速度却很慢。

*《农业机械》1984 年第 11 期刊登了《重视配套农具　促进粮食增产》，文章提出了“增加配套农具是提高农机经济效益的主要途径，是促进粮食增产的重要措施”的观点。

20 世纪 80 年代末到 90 年代初，是计划经济全面向市场经济转轨的阶段，农机行业面临新一轮的挑战。农机产品价格低，历史上曾 10 次政策性降价，甚至出现成本与价格倒挂的现象，导致生产企业利润低，资金周转困难；而能源及原材料大幅度频繁涨价、农业贷款流失、农民负担加重、种田积极性低落等，更使得农机工业步履维艰。很多企业纷纷转产甚至倒闭，农机工业二次向谷底滑去。

*《农业机械》1989 年第 9 期刊登了《农机企业在呼唤》，文章讨论了当时农机企业普遍存在的问题。

写在全国农业机械化工作会议召开之前

农机企业在呼唤

1994 年以来，我国又出现了新一轮的农机热，1995 年达到高潮。这次农机热是农业与农村经济发展，农民收入增加，农村高素质劳动力向非农产业和城市转移，农民迫切希望提高生产效率的结果。这期间，田间作业机械化发展较快，大中型拖拉机保有量不断下降的趋势得到扭转，配套农具增长较快，形成了收获机械热、水稻机械化热、旱作农业机械化热三大热点，农业机械配备结构逐步优化。一些适合农村购买力、有中国特色的农机产品又形成市场的热点起伏，其中典型农机产品就有小四轮拖拉机和农用运输车。

*1987 年 7—10 月，农业机械杂志社联合相关单位在北京举办了“全国名优小四轮拖拉机展销会”。

*《农业机械》1997 年第 1 ~ 3 期连续刊登了《农用车，你将驶向何方？——兼谈农用车产品及其综合开发》系列文章，1998 年第 3 期刊登了《农用运输车行业回顾与展望》，对农用运输车的基本格局、存在的主要问题、市场情况和今后的工作重点进行了阐述。

1992 年，具有我国自主知识产权的新疆-2 型联合收割机研发成功，该机比较适合我国广大农村地区的土地经营规模及农民购买力水平，掀起了我国联合收割机大发展的高潮，促进了广大农村地区的小麦收获机械化进程。该机 1993 年开始投产，1998 年产量达到 13000 台，社会保有量突破 5 万台，约占全国联合收割机总量的 1/3。背负式联合收割机的代表机型桂林-2 型开发始于 20 世纪六七十年代，80 年代形成产品，其结构简单，价格便宜，在小麦联合收割机发展初期和农村经济欠发达地区得到了大面积推广。

*《农业机械》1998 年第 2 期刊登了《谷物联合收割机发展前景展望》，分析了我国大中小型谷物联合收割机的机型、结构特点、适用地域、市场情况、科研生产情况以及发展方向。

在农机行业逐步走向市场的阶段，《农业机械》杂志从 1988 年开始加大市场方面的报道内容。如 1988 年第 2 期刊登了《对农机市场发展趋势的探讨》系列文章。此外，杂志还增加了对农机企业的报道力度。

*针对小型农业机械的快速发展，农业机械杂志社及时采编了大量有针对性和实用性的稿件，如“拖拉机的 100 个为什么”“农机具的 100 个为什么”“修造点滴”“农机检测节能技术问答”“农机修理知识问答”等许多专栏，得到了广大读者的喜爱。

第三阶段：快速发展阶段（1999—2014 年）

1999—2014 年是我国农机行业快速发展的阶段，国家政策支持力度、企业自主创新能力、农民购买力水平、合资合作进程以及农机进出口贸易等都有前所未有的发展，农机行业处于历史发展的最好机遇期。

这一阶段，是宏观政策环境持续向好，国家出台支农惠农政策、措施最多的时期，尤其是 2004 年以来，每年的中央 1 号文件都是关于“三农”问题的。2004 年中央 1 号文件提出“提高农业机械化水平”，国家开始对农民购置农机给予财政补贴。同年，《中华人民共和国农业机械化促进法》通过全国人大常委会立法，我国农业机械化进入一个新的发展时期。

在这一时期，小麦收割机跨区作业轰轰烈烈的开展使小麦收获机械进入发展高潮。在政策与市场各方面因素的综合拉动下，2004 年大中型拖拉机开始高速发展，拖拉机配套农具及配套产业、水稻联合收割机、玉米收获机械都迎来了发展热潮。

*农业机械杂志连续多年组织“联合收割机专辑”，1998 年第 2 期

和第6期刊发了“联合收割机用户评价调查表”，得到用户的积极响应。2002年12月，农业机械杂志社联合相关单位召开了“首届中国联合收割机专家研讨会”。

2004年第2期的《透视小麦、水稻联合收割机》、2006年第4期的《问题与趋势》，指出中国的小麦联合收割机两种发展路线，分析了小麦、水稻、玉米等收获机的技术、产品及市场发展情况。

*农业机械杂志社多次在“三夏”麦收季节派记者深入农机作业现场，深度了解农机用户和市场情况，提出“小麦联合收割机将由全国性的跨区作业向区域性跨区作业转变”的观点，“三夏”麦收调查报告刊登于2005年第3期和2006年7月上册。

*针对大中拖市场的热销，《农业机械》2005年第2期《大中型轮式拖拉机战役及进展》、第3期《大中型轮式拖拉机战役前景分析与展望》、第4期《推动大型轮式拖拉机发展的几点建议》系列文章提出的观点在业内引起了强烈反响。

大中型轮式拖拉机

战役及进展

引发行业新高潮

*为了促进拖拉机及农具市场的健康、快速、协调发展，农业机械杂志社联合相关单位，于2004年8月在哈尔滨组织召开了“拖拉机与农机具产品配套及市场发展研讨会”，《探析拖拉机与农机具产品配套及市场发展之路》发表在《农业机械》2004年第9期。2005年第10期刊登的《面对高潮》是农业机械杂志社联合相关单位于2005年9月在青岛召开的“中国农机发展学术研讨会”的报道。2006年8月在太原市召开了“中国拖拉机及配套产业学术研讨会”，研讨会的报道文章《我国拖拉机及配套产业技术与发展》刊登在《农业机械》2006年9月上册。

*21世纪初，随着小麦收获机械化水平的快速提高，水稻收获机

械化也迅速发展。在水稻联合收割机快速发展初露端倪时，《农业机械》杂志社就率先提出“水稻联合收割机战役已经打响”的论点并撰写成文章，刊登在2002年第8期杂志上。

*2005年以后，玉米收获机械迎来发展热潮。2006年“三秋”季节，农业机械杂志社组织记者开展了玉米收获机械化作业实地调查，在2007年6月上册刊发《玉米收获机：即将完成战役准备》。

这一阶段，《农业机械》杂志也获得了快速发展。从1998年开始，杂志改为大16开本，页码不断增加，内容不断丰富，从面向农机管理部门和用户的政策法规及实用技术为主，向分析行业经济运行情况、报道市场行情、预测发展趋势和产品技术发展转变。同时，不断提高报道深度和内容质量，使得杂志在行业中的影响力与日俱增，成为农机行业的权威品牌期刊。

这一阶段是我国农机工业行业合资合作最频繁、最活跃的阶段：跨国农机公司看好中国市场，纷纷在中国建立独资、合资工厂，或设立代表处，或寻找代理商销售其产品等，极力搭建与中国合作的桥梁，尤其是建立合资或独资生产基地的比较多。

1997年，美国约翰·迪尔公司与佳木斯联合收割机厂合资成立了约翰·迪尔佳联收获机械有限公司；1998年，日本洋马集团在中国建立了合资企业洋马农机（中国）有限公司；同年，日本久保田集团在中国建立了独资企业久保田农业机械（苏州）有限公司。2000年，纽荷兰公司在哈尔滨建立了哈尔滨纽荷兰公司；同年，约翰·迪尔公司与天津拖拉机制造有限公司合资成立约翰·迪尔天拖有限公司。2001年，江苏东洋插秧机有限公司成立；2002年，凯斯纽荷兰公司在上海成立合资企业上海纽荷兰农业机械有限公司；2003年，井关农机（常州）有限公司成立；2005年，马斯奇奥（青岛）农业机械有限公司成立；同年，马恒达（中国）拖拉机有限公司成立。2007年初，赛迈道依茨-法尔农机（大连）有限公司成立；同年，大同农机（南京）有限公司成立；8月，约翰·迪尔公司收购宁波奔野拖拉机汽车制造有限公司，成立独资企业约翰·迪尔（宁波）农业机械有限公司；10月，卡拉罗（中国）传动系统有限公司开业，珀金斯公司宣布在无锡投产……

*《农业机械》杂志2008年2月下册刊登了《中国正在成为世界农机加工厂》，2008年3月上册刊登了《国际化之路的思考》。1980年第5期封底刊登的约翰·迪尔公司广告是第一个外商广告，这是杂志社与外资企业合作的起点。《农业机械》杂志忠实地记录了外资企业在中国的发展情况，全面反映了外商投资中国市场的信心和努力，对于一些重大事件还做了专题采访报道，与外资企业的合作不断向深层次发展。

中国正在成为
世界农机加工厂

关键事件

第四阶段：转型升级发展阶段（2015年至今）

2015年以后，我国农机行业进入了低速增长的新常态发展阶段。农机行业发展面临自主创新能力薄弱，很多核心技术有待攻克和掌握，行业结构还不合理，在高端产品、缺门产品领域缺少与外资企业竞争的能力等挑战。2015年5月国务院正式印发《中国制造2025》，农机装备位列《中国制造2025》的十大重点领域，农机行业发展也面临政策机遇和产业转型升级的调整机遇。

《农业机械》杂志伴随农机行业的发展，始终以理性的思考分析行业的发展形势、存在的问题，并提出解决措施，提出的许多观点在行业内得到广泛认同。目前的《农业机械》杂志，出刊已经超过800期，发行总量超过4000万份，超过1.5亿人阅读过，至今每期仍有4万余册的订阅量。

随着互联网等新媒体的兴起，杂志社紧跟时代潮流，作为农机行业首家传统媒体进行了新媒体转型，于2014年向全媒体平台迈进，进入了全媒体时代。目前，农业机械杂志社旗下拥有《农业机械》《农业工程》杂志，《农业机械》电子周刊，《农业机械》官方微信、官方微博，知谷APP、知谷农机网、知谷自媒体，《每日快报》，农机直播、农机

TV，以及今日头条号、凤凰号、企鹅号、百度百家号等全媒体品牌。

杂志社组织的品牌活动包括“中国农机高端论坛”“中国农业机械年度 TOP 50 +”“全国农机用户满意品牌”“农业机械科普先进评选”和“农业机械专业技术考察培训团”等。

60 多年来，农业机械杂志社已发展成为农机行业内首屈一指的全媒体平台，业务范围涵盖全媒体出版、定制出版、信息咨询、品牌宣传、活动策划、行业调研、用户调查、专业培训和组织会议等。

展望未来，农业机械杂志社将坚持“传承、创新、发展”的理念，继续更好地服务于中国农机行业，打造百年品牌期刊，见证中国农业现代化的辉煌明天！

（王艳红执笔）

亲 历 农 机 化

新疆农业机械化事业的辉煌

> 新疆维吾尔自治区农机局

新疆位于中国西部边陲，土地面积占全国六分之一，周边与8个国家接壤，是我国西部大开发的排头兵、向西开放的桥头堡、“丝绸之路”经济带建设的核心区。农业是新疆的优势产业。独特的自然地理、气候条件成就了“绿色新疆、品质农业”的天然禀赋和新疆“瓜果之乡”的美名。新疆维吾尔自治区成立后，经过60多年的发展，其农业产业结构不断优化，产业布局日趋合理，产业层次稳步提升，已成为我国最大的商品棉生产基地，啤酒花、番茄酱生产基地，甜菜糖生产基地，以及重要的畜产品、特色林果产品生产基地，一些特色林果产品品质优良，堪称全国之最。新疆农业是机械化大农业，2018年末，新疆主要农作物耕种收机械化水平达到84.68%，其中机耕水平达97.55%，机播水平达94.21%，机收水平达58.00%（不含生产建设兵团）。2018年末，新疆棉花产量占全国总产量的83.84%（含生产建设兵团）。

新疆维吾尔自治区成立60多年来，随着农业生产经营方式和农机化发展政策的变化，其农机化发展经历了改革开放之前国营农场和人民公社时期发展较为缓慢的起步阶段、改革开放实行家庭联产承包责任制后市场活力激发农机化快速发展阶段，以及从2004年以《中华人民共和国农业机械化促进法》颁布实施为标志的、依法促进农机化向全程全面机械化迈进阶段。新疆的农机装备、科技、作业、服务、安全水平迈上一个又一个新台阶，取得了辉煌成就，为自治区农牧业现代化、全面建设小康社会、实施乡村振兴战略提供了强有力的装备和技术支撑。

一、农机化水平全面提升

1958年前后，全疆有机耕农场46个，耕地面积340万亩，国营拖拉机站8个，有拖拉机1028台、联合收割机235台、机引农具4000余件，其中生产建设兵团农场40个，耕地面积337万亩，有拖拉机899台、联合收割机226台。

2018年末，全疆农机总动力2700万千瓦，有拖拉机77万台、联合收获机16445台、农机具146万台（套），其中生产建设兵团农机总动力500万千瓦，有拖拉机7.8万台、联合收获机5000台、农机具9.7万台（套）。60年间，拖拉机总量是原来的660倍，联合收获机拥有量是原来的73倍，配套农机具拥有量是原来的365倍。当时收获机械只有单一的小麦收割机，现在已拥有涵盖小麦、玉米、棉花、番茄、辣椒、青贮、甜菜、打瓜等十几种作物的收获机械。主要农作物耕种收综合机械化水平从不足5%提高到2018年末的84.68%，许多作物许多环节的机械化都实现了从无到有。

近年来，随着新疆农业产业结构调整的不断深入，种植业、畜牧业、林果业、设施农业、农产品初加工、特色农业等领域机械化发展步伐明显加快。打包采棉机、超大功率拖拉机、等离子打药机、智能精准配肥机、卫星导航、自动驾驶、无人植保机，这些先进的智能农机在新疆已经大面积推广，智能农机可以实现精量播种，按需要变量投放农用物料，实现节种、节肥、节药，使农业生产和资源利用实现高效率、低物耗、低污染。2018年末，新疆的农林牧渔综合机械化水平已达到68%，农业机械化为建设资源节约型社会、环境友好型社会提供了重要技术支撑。

二、科研和教育助力农机化发展

新疆农机科研工作始终坚持“科技兴农机”的理念，积极适应国民经济发展需要以及农业生产结构调整的要求，服务“三农”，走科研、推广与生产相结合的道路。

60多年来，新疆开展了一系列以技术革新、机具改装、新技术推广为主的科学技术活动。20世纪50年代改装的24行谷物播种机条播棉花成功，属国内首创。60年代研制的悬挂五用开沟筑埂机，成为新疆长期使用的新机型。70年代研制的喷粉机、新疆-2.5谷物联合收割机、铲运平地机、剪毛机、旋转式割草机等机具，多属国内先进水平并获先进科技成果奖。80年代研制的复式铺膜播种机，可一次完成起垄、施肥、铺膜、打孔、点播、膜上覆土等作业，达到国际先进水平。90年代研制的机械精少量播种机、草原松土补播机、中耕施肥机、葡萄干成套加工设备、驱动耙、玉米收获机、玉米青贮饲料收获机、采棉机、联合整地机等多种机具获得国家部委和自治区的科技奖励。

进入21世纪，新疆农机系统通过整合重大农机化项目，以农机化新技术新机具研制开发项目、微小型农机具研制开发项目、农机化技术推广项目为载体，建立了农机科技创新基地，农机具科研开发力度不断加大，在机械化技术的薄弱环节实现了重大突破。近年来，新疆农机系统研制开发的果树剪枝机、果品采摘器、辣椒收获机、秧苗移栽机、打瓜联合收获机等一批先进适用的新机具，技术水平均达到国内领先水平。

这些成就的背后，有一代农机人的汗水和辛劳，他们中的典范和翘楚便是陈学庚。作为新疆农业机械工程专家，陈学庚为新疆的农业现代化做出了重要贡献，2013年陈学庚当选为中国工程院院士。

科技创新离不开农机化人才的培养。1956年9月27日，新疆八一农学院农业机械化系首次招收本科生，1958年10月成立塔里木河农业大学，1960年10月新疆建设兵团农学院农业机械系招收本科生及大专生，同年成立新疆农业机械制造学校，中专学制三年，包括各地陆续成立的农业中专学校的农机专业、农机中专学校等，这些院校60年来为新疆的农机化发展培养了大批人才，是农机化可持续发展的重要基础，切实解决了新疆农机化事业发展中专业人才短缺、技术人才匮乏的问题。

三、农机工业不断发展壮大

20世纪50年代末，为了迅速恢复农牧业生产，党和政府采取了调剂农具、改造半机械化农具、从国外购进农具等多种措施保障生产。农机工业从制造半机械化农机具起步，拖拉机厂、农机厂等从无到有逐步发展，自治区各地州市农机厂先后在每个县建立了农机修造厂，奠定了新疆农机工业的基础。

从1958年新疆十月拖拉机厂试制成功第一台24马力跃进牌轮式拖拉机，到20世纪70年代末，由八一农学院农机系、建设兵团农机所、新疆农机厂联合研制的新疆-2.5稻麦联合收割机长期大批量制造，风靡全国，成为我国联合收割机的发展基础，再到2009年新研股份成功上市，新疆的农机生产企业、农机科研单位和农机院校为提升农机行业的自主创新能力，一直相互合作，紧密联系，加强自主创新，不断协同并进。仅新研股份就先后承担了国家及自治区级各类科研项目40余项，研制出具有自主知识产权的青（黄）贮饲草料收获机、玉米联

批量发运各地的新疆-2.5联合收割机

合收获机、辣椒收获机、保护性耕作机具、果园作业机、农产品加工机械等30项新产品，有29项科研成果处于国内领先水平，在大型自走式农牧机械研制方面处于国内领先水平。公司产品在占领新疆区域市场的同时，已全面进军其他省（区）市场，产品遍布新疆、甘肃、内蒙古、东北、华北和华中等地区，目前公司近70%的产品销往其他省（区）。

自治区农机制造企业的产品已从单一的种植业机械向畜牧业、林果业、设施农业和农副产品加工业方向拓展，企业的技术改造、引进和研发能力逐步提升，自主产品的结构和质量得到明显改善。新疆农机制造业紧紧把握国家“一带一路”倡议机遇，实施“走出去”战略，努力开拓国际市场，打造外向型农业装备制造基地；国内外知名农机企业看好新疆农机市场和中亚市场大通道的优势，一批大型企业纷纷来疆投资建厂。全疆农机工业基本形成了以乌鲁木齐、石河子、昌吉、阿克苏为中心的主要农牧机械制造格局。

四、优势产业发展带动农业机械化的发展

新疆长时间的日照、充足的积温以及长无霜期给棉花的生长创造了非常有利的条件。但是，直到改革开放之初，新疆棉花生产一直处于低水平、不稳定的状态，1978年棉花产量只有5.5万吨。随着改革开放和农村家庭联产承包责任制的推行，特别是“八五”时期新疆提出优势资源转换的发展战略以后，各地积极调整农业产业结构，大力发展棉花产业，棉花生产开始出现快速发展的强劲势。从20世纪80年代初到今天，新疆的棉花种植经历了机械化铺膜播种、膜下滴灌精量播种、棉花机械采收三次重大的技术创新，包含了品种的选育，先进的

农艺栽培技术、节水灌溉、机械化技术的大规模集成实施。从 1981 年起开始推广地膜覆盖植棉新技术，到此后推广应用高密度栽培、宽膜覆盖、膜下滴灌精量播种等新技术，新疆棉花单产大幅度提升到 2.05 吨/公顷，远高于全国棉花 1.82 吨/公顷的单产。棉花机收是棉花全程机械化的瓶颈，从 20 世纪 90 年代起新疆各生产建设兵团、新疆农科院农机化研究所、新联集团就致力于攻克棉花机收的难关，研发了一批先进适用的棉花生产机械产品，形成了一系列的棉花生产机械化的技术路线，以及国家、行业、地方标准和规程，摸索出机采棉种植模式。自 2010 年起，棉花机收方面发展迅速，到 2018 年新疆棉花机收面积已达 2000 万亩。

新疆昌吉棉田机械化采收

棉花现已成为新疆的强势支柱产业，棉花种植面积从 1978 年的 226 万亩增至 2018 年的 3900 万亩，占全国总种植面积的 74.31%。棉花产量从 1978 年的 5.5 万吨增加到 2018 年的 511.1 万吨，占全国总产量的 83.84%。2018 年末，新疆棉花机耕、机播、机收水平分别为 99.8%，99.5%，51.3%，耕种收综合机械化水平达 85.4%，其中生产建设兵团机耕、机播、机收水平分别为 100%，100%，80%，耕种收综合机械化水平达到 94%。

五、政策服务创新，推动农机化健康发展

2004 年，《中华人民共和国农业机械化促进法》出台，2010 年，国务院颁布《关于促进农业机械化和农机工业又好又快发展的意见》，2011 年 8 月，自治区人民政府出台《关于加快农业机械化发展的意见》，2017 年《新疆维吾尔自治区农机化促进条例（修订）》实施，2018年国务院颁布《关于加快推进农业机械化和农机装备产业转型升级的指导意见》，这些法规政策在农业机械化历史上具有里程碑意义，为解决长期困扰、制约新疆农机化发展的重大问题提供了理论和政策依据，是指导农业机械化全面、协调、可持续发展的纲领性文件，标志着新疆农机化进入依法管理、政府推动的新阶段。

经过60多年的建设，新疆的农机系统已形成覆盖区、地、县、乡四级的农机管理、推广、监理、鉴定、培训、信息服务等服务功能齐全的农机社会化服务网络，完善了服务设施，改善了服务手段，增强了服务功能。农机服务市场化、社会化程度明显提高，适应市场经济的农机社会化服务体系和运行体制逐步建立和完善，经济效益不断增长。2018年末，全疆登记注册的农机专业合作社956个，合作社社员1.8万人，服务农户50万户；拥有机具总数达3万台（套），资产总值达42亿元，合作社年服务总收入达10亿元。农机合作社由成立初期的以机收小麦等单项作业为主，逐步向订单式、机耕、机播、机收等“一条龙”服务模式发展，已涵盖了粮食、棉花、番茄、甜菜、打瓜、辣椒等农作物耕种收全程机械化和畜牧业、林果业、农副产品加工等产业全面机械化的服务，实现了新突破。

随着农机行业向全程化、大型化、智能化、适用化转变，当前和今后一个时期，新疆农机将坚持以“创新、协调、绿色、开放、共享”发展为主线，以改革为动力、以科技为引领、以法治为保障，以农机转型升级、农业提质增效为导向，以农机农艺、农机信息化、兵团与地方融合发展为路径，自觉主动推进供给侧结构性改革，不断转变农机化发展方式，构建现代农业产业体系，为实施乡村振兴战略、打赢脱贫攻坚战提供强有力的支撑。

近年来，党中央、国务院把解决好“三农”问题作为全党工作和全部工作的重中之重，切实加大农业投入，农业机械化发展所需要的诸多社会条件协调并进，农机化发展环境进一步优化，新疆农业机械化正处在加快发展的历史新起点上，面临良好的发展机遇。新疆作为中国的农牧业重要基地，积极发展农业机械化，对于我国全面实现农业现代化具有十分重要的战略意义，新疆农业机械化发展前景广阔且任重道远。

（忽晓葵执笔）

广东农业机械化发展历程与展望

> 广东省现代农业装备研究所

我国农业机械化事业始终在党和政府的引领和关怀下砥砺前行，特别是改革开放以来，党和政府坚持实事求是，坚持把解决好“三农”问题作为全党工作重中之重，广东省农业机械化事业沐浴改革开放的春风，抓住先行一步的机遇，在探索中推动改革，在创新中推动发展，在突破中推动提升，使得广东农业机械化水平总体进入中级发展阶段，正加快向高级阶段迈进。今年是新中国成立70周年，也是毛泽东主席提出“农业的根本出路在于机械化”著名论断60周年，回顾广东省农业机械化发展历程，将有助于总结经验，有助于深刻把握农机科技创新与发展大势，推动广东省农业和农业现代化高质量发展。

一、探索阶段：1959—1979年

中华人民共和国成立之初，我国农业生产方式落后，生产力水平低，为提高粮食产量，保障我国粮食安全，党和国家领导人在农业机械化方面做了众多指导与筹划工作。

确定了“农业的根本出路在于机械化”总方针。毛泽东主席在1955年7月31日的报告提出：“估计在全国范围内基本上完成农业方面的技术改革，大概需要4个至5个五年计划，即20年到25年时间。全党必须为了这个伟大任务的实现而奋斗。”“1980年全国基本上实现农业机械化”战略目标即以此为起点。

组建了农机化研发、办事机构。为响应党中央号召，广东省委书记挂帅，进一步加强建设省农机化领导小组及其办事机构。在国营农场、人民公社办起了农业机械站，并从苏联、捷克斯洛伐克、匈牙利等国进口农机具进行学习、研究与使用。在农业院校设置农业机械化系，由省到市创建了一批农机研究机构。1958年华南农学院成立“农业机械化教研室”，1961年以此为基础成立了“农业机械化系”；1958年广东省成立了“广东省农业机械研究所”。

引导了农机产业发展。第三次全国农业机械化会议后，广东省掀起大办农业机械化的热潮，佛山每年自筹钢材六七千吨用于农业机械化生产，争取提前一年基本上实现农业机械化；中山县农机修造二厂决心建设高标准的大庆式企业，为农机化多做贡献；韶关市配件厂决心革新挖潜，三年内实现活塞环铸环生产半自动化，活塞环使用寿命提高到二千小时以上。

由于新中国成立初期广东省工业水平低，经济基础薄弱，因此1980年农业机械化发展并未达到预期目标。主要原因是从事农业生产人口过多，农业机械利用率不高，经营管理形式未能激发农机发展推广的活力。然而，这些探索为广东省打下了农业机械化的基础，也使农业机械化的重要作用深入人心，为广东省农业机械化事业提供了宝贵的经验。

二、改革发展阶段：1980—2002年

改革开放后，生产关系发生变革，农业生产实行家庭联产承包制，农机经营从计划经济走向市场经济，农机管理向以服务为主转变，极大地激发了农户购机用机热情；此外，广东经济高速发展，走向市场经济的农民由于粮食生产的效益过低而转向第二、三产业，农村劳动力的流失也促进了农业机械化的发展。面对历史变革，改革开放的最前沿——广东省，坚持经济建设的同时始终坚持农业现代化，农业机械化取得了一系列成就。

构建了农机服务、研发、推广、监管发展体系。农机服务方面，截至2002年，建立乡镇作业服务组织523个，村作业服务组织1632个，农机户726666户，其中农机专业户115173户；建立农机一、二、三级维修点分别为25个、37个、425个，专业维修点11991个；建成113个农机流通企业，768个农机供油站，1667个农机供应点，改变了“人拉、手耙、肩挑”的传统农耕方式，服务规模不断扩大，服务领域不断拓宽。农机研发方面，以广东省农业装备研究所、华南农业大学为代表的科研单位，开发了一系列适合广东省情况的饲料加工设备、工厂化养猪设备、华南温室大棚、新型谷物烘干设备以及各种植保机械、农产品分选加工设备等，促进了广东省农业机械化的进程。农机推广方面，分别建成市、县农机推广站14个、81个，市、县农机学校9个、83个，将新技术、好农机，不断向农业基层推广应用。农机监管方面，农机事故、经济损失逐渐下降。

农业机械拥有量大幅提升。1980年至2002年，全省农机总动力从596万千瓦增加至1779.36万千瓦，增长198.6%。其中，联合收割机从165台增加至2869台，增长了16.4倍；小型拖拉机从115551台增加至328006台，增长了1.8倍；农用运输车从10086台增加至87675台，增长了7.7倍。改革开放后，广东省经济快速发展，出现了农民工涌向城市的潮流，农户自买、自用小型耕作机械，以代替涌向城市的劳动力；此外，城市的快速发展迫切需求农村物质的供给，使得拖拉机、农用运输车成为农产品、农业生产资料和乡镇企业的原料及商品的主要流通工具。农业机械化的发展，支持了广东省工业化、城镇化的发展，为广东省经济腾飞提供了坚实的保障。

农机作业水平大幅提升。实际机耕率由1985年的29.17%，提升至2002年的54.44%。改革开放后，随着农业机械化的发展，生产力得到了提高，广东省粮食亩产量呈逐年增长趋势，2002年较1980年粮食亩产量增加了51.6%。1980年到2002年，农业总产值绝对值与指数分别从126.25亿元、110.2%，增至1781.06亿元、426.1%，分别增至13.1倍、2.9倍。1980年国家允许农机作为商品进入市场，农民开始自主选用农机，大大提高了农业生产效率。1999至2002年粮食亩产量有所下滑，主要原因是随着广东省经济的发展，广东省第一、二、三产业结构发生了变化，第一产业从业人员比例逐渐下滑，且从业人员年龄普遍偏高，缺少青壮年从业者，且农民自主购买农机的预算有限，没有能力承担更多的农业生产支出，导致农业资源利用率下降，粮食亩产量有所下降；此阶段，亟需加大农机创新与推广力度，提振农业生产。

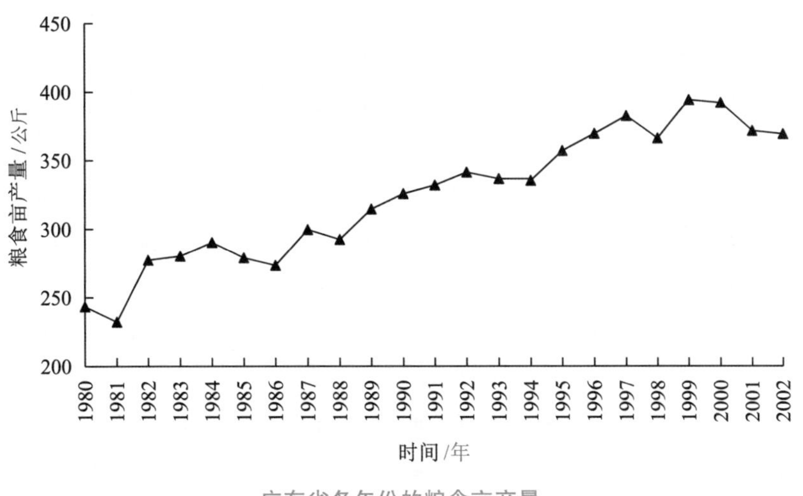

广东省各年份的粮食亩产量

三、突破提升阶段：2003—2018 年

2003 年以来国家与广东省加大对农业机械化扶持力度，出台了一系列扶持政策与措施。2002 年 12 月 6 日，广东省通过并在全国率先实施省人大《关于扶持农业机械化发展议案》，决定在 2003—2010 年投入 7 亿元扶持农业机械化发展。2004 全国人大颁布实施《中华人民共和国农业机械促进法》，并启动农机购置补贴政策，资金投入加大，农机化规范化管理加强，使广东省农业机械化发生了历史性巨变。

农业机械化总体水平由初级阶段进入中级阶段。2017 年底，水稻耕种收综合机械化水平由2003 年的 26. 51% 提升为 70. 13%，农作物耕种收综合机械化水

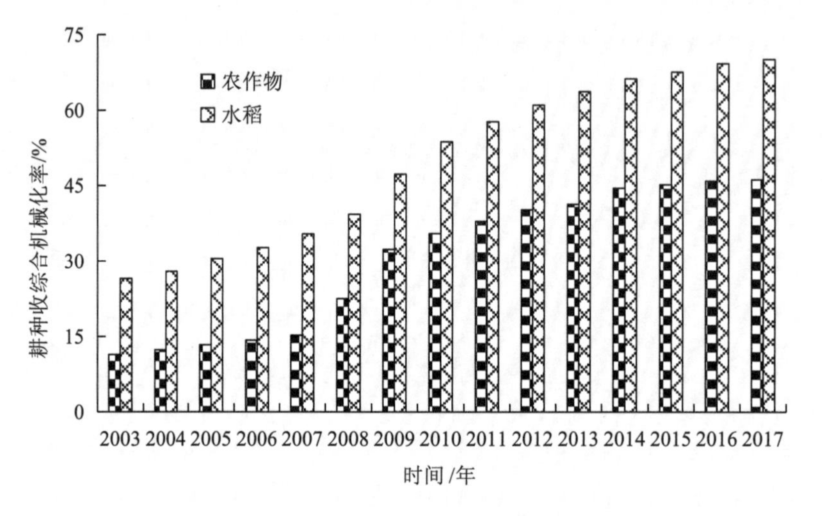

广东省各年份农作物耕种收机械化率

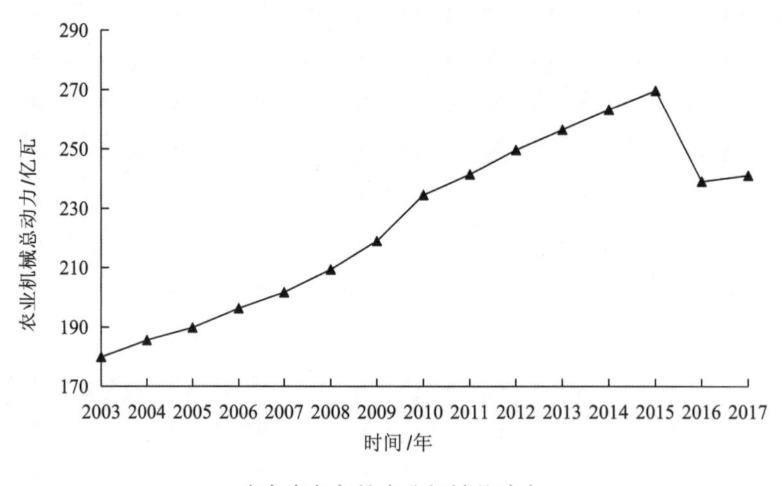

广东省各年份农业机械总动力

平由2003年的11.43%提升为46.19%。2012年农作物耕种收综合机械化水平首次超过40%，标志着广东省农业机械化水平进入新的发展阶段，传统农业生产方式正日趋衰减，现代农业生产方式正蓬勃快速发展。农业机械总动力呈直线增长趋势，2015年农业机械总动力为269.68亿瓦，较2003年提升了49.85%。截至2017年底，大中型农用拖拉机从2003年的8061台增加至30393台，联合收割机由2003年的2881台增加至27717台，农用机械数量与质量均有较大提升，农用机械的换代更新，推动了广东省农业机械化的快速发展。

关键领域技术产品得到突破。水稻生产领域，华南农业大学罗锡文院士团队首创“三同步”精量穴直播技术，实现了“行距可选、穴距可调、播量可控和仿形作业”，满足了不同区域、不同品种的水稻机械化穴直播精准生产的需求，该技术获得2017年国家科学技术发明奖二等奖。此外，罗锡文院士团队还成功研制了适应水田精细平整作业的水田激光平地机，作业后农田平整度小于3 cm，经鉴定为国际领先水平；广东省现代农业装备研究所成功研制了履带式旋耕机和纵置轴流式水稻联合收割机，其中纵置轴流式水稻联合收割机喂入量由2.0 kg/s提升至5.0 kg/s，大大提高了工作效率。

丘陵山地林果机械领域，广东省现代农业装备研究所研制了整形、修剪设备，除草设备，开沟施肥设备，喷雾设备，花粉采集与授粉设备，以及果园收获搬运设备，填补了丘陵山区农用机械的空白，大大提升了林果业的发展。

设施农业领域，广东省现代农业装备研究所针对广东省高温高湿、台风频繁的气候特点，集成光伏发电、环境调控、无土栽培设备、物流采摘以及物联网智能控制系统，打造了智能光伏温室。

农产加工领域，广东省现代农业装备研究所采用国内首创的柔性仿真剥壳技术，产品剥壳率达95%以上，剥壳效率为人工的600多倍。

在稻谷烘干、果蔬保鲜、畜牧养殖、水产养殖加工领域，大大提升了养殖生产机械化和信息化程度。

智慧农业精准农业领域，以华南农业大学罗锡文院士、兰玉彬教授为主的研究团队围绕农业航空作业平台、遥感、喷施、辅助授粉、撒播、产品质量检测评价、标准制修订等方面展开深入广泛的研究，在解决我国农业航空发展中的共性关键技术问题上取得了重大进展，并进行技术推广应用。兰玉彬教授团队建造了国内首个无人机风洞实验室，罗锡文院士团队对基于GPS的农业机械导航及自动作业关键技术进行了深入研究，攻克了导航定位、导航控制、电控液压转向、作业机具自动操控、自动避障导航、系统集成控制、监控终端等关键技术，先后研制成功无人驾驶水稻插秧机、无人驾驶水稻精量穴播机、无人驾驶拖拉机、无人驾驶棉花播种机、无人驾驶压路机和无人驾驶测量船等导航系统，应用结果表明，农业机械导航系统的导航精度可以稳定在5 cm的精度范围内，达到国际先进水平。广东省现代农业装备研究所针对农业生产粗放式管理模式，构建了集多种农情信息在线采集、远程传输、智能分析、远程精准调控、综合信息管理与发布等功能于一体的“一站式”智慧农业综合管理系统，促进了农机化与信息化的深度融合。

四、广东省农业机械化发展的未来

展望广东农机化事业的发展方向，首先要促进农业机械化“全面、全程”协调快速发展。“全程”机械化指农业生产的产前、产中、产后的各个环节都要进行机械化作业。“全面”机械化一是“作物”由粮食作物向特色农产品全面发展机械化，二是“产业”由种植业向畜牧业、林果业、设施农业等方面全面发展机械化，三是“区域”要因地制宜大力发展适宜丘陵山区的农业机械化设备。其次，要提升农业机械化的自动化、信息化、智能化水平，发展以大数据、物联网、人工智能为主的智慧农业，提高农业生产的精度与质量。

2018年9月，习近平总书记在视察北大荒建三江国家农业科技园区时进一步强调指出，中国现代化离不开农业现代化，农业现代化关键在科技、在人才。要把发展农业科技放在更加突出的位置，大力推进农业机械化、智能化，给农业现代化插上科技的翅膀。今天，回看农机化发展的非凡成就之时，广东的农机化事业已经站在了新的起点。以服务乡村振兴战略、满足农民对农业机械化生产的需要为目标，加强产学研深度融合提升技术创新能力，抓住粤港澳大湾区建设的机遇抢占农业科技制高点，广东农业机械化的未来必将更加辉煌。

（张汉月执笔）

砥砺奋进谱华章　逐梦扬帆再起航

江苏农业机械化发展的回顾与展望

> 江苏省农业农村厅

新中国成立以来，特别是1959年毛泽东主席提出“农业的根本出路在于机械化”号召以来，江苏农机人一直遵循党和政府的领导，矢志前行，不断探索实践，勇于改革创新，实现了从初级阶段向中级阶段的历史性跨越。全省农机化的发展为转变农业生产方式、提高农业劳动生产率、保障农产品安全供给、增加农民收入做出了突出贡献，江苏正从农机化大省迈向农机化强省。

一、全省农机化发展历程

江苏农机化经历了国投公营、体制转换、示范试点、市场主导、依法促进和“两全两高”机械化发展六个阶段。

（1）国投公营阶段（1949—1978年）。新中国成立后，江苏省农业机械化进入了大规模发展时期。1949—1965年，以国家投资为主，兴建水利机电排灌设施和国营拖拉机站；1966—1977年，国家支持农村人民公社集体投资、集体经营，发展中小型农业机械，基本形成了农机生产制造、科研推广、教育培训、使用管理和供应维修网络。

（2）体制转换阶段（1979—1985年）。为推进农机产权制度改革，政府放开了对农民购买拖拉机和经营运输业的限制，确立以农民为主体自主办机械化。1979年，农民开始个人承包集体经营的农业机械发展方式，适合农户家庭使用的小型拖拉机、柴油机、脱粒机等大量发展。1983年，省政府下发文件，放开了对农民购买拖拉机和经营运输业的限制。1983—1985年，全省小型拖拉机年增长量超过10万台，农民拥有的拖拉机达到35.55万台，占总保有量的71%。

（3）示范试点阶段（1986—1995年）。在部分县开展农机化试点，研究相应扶持政策，推广农机新机具、新技术，为农机化发展探路。1979年在无锡县东亭公社设立农业机械化试验点，消化、吸收从日本引进的成套水田作业机械化设备。1986年，无锡县和吴县被农业部确定为全国农业机械化综合试点县。1987年，国务院批准无锡县、吴县和常熟市设立农业现代化试验区。1988年，省农机局确定武进、太仓、海安、江都、丹阳、宿迁6市县为省农机化试点县。

（4）市场主导阶段（1996—2003年）。党的十四大确立了建设社会主义市场经济体制总体目标，各地农机部门运用市场调节机制，培育农机作业市场，发展农机社会化服务。1996年，以“南机北调”为代表的联合收割机跨区作业拉开帷幕。1997年，农业部等六部委成立了全国跨区机收小麦工作领导小组，出台了跨区作业优惠政策，极大地调动了农民投资购买农机积极性，以高性能联合收割机为代表的农业机械快速发展。

（5）依法促进阶段（2004—2015年）。2004年，国家《农业机械化促进法》颁布实施，江苏省开始了农机化政策法规系列化建设。2005年无锡市颁布了《无锡市农业机械维修管理条例》，2008年徐州市颁布了《徐州市农业机械安全监督管理条例》。2009年省十一届人大常委会通过了《关于促进农作物秸秆综合利用的决定》。2010年省人大常委会第十七次会议通过了《江苏省人民代表大会常务委员会关于修改〈江苏省农业机械管理条例〉的决定》。2013年省十二届人大常委会通过《江苏省农业机械安全监督管理条例》，形成了江苏特色地方性政策法规体系。

（6）“两全两高”机械化新阶段（2015年至今）。农机化改革创新力度进一步加大，由粮食等主要农作物生产全程机械化向设施蔬菜、林果茶等全面机械化发展，由高速度农业机械化转向高质量、高效益农业机械化。2015年，江苏省被农业部确定为全国首批粮食生产全程机械化整体推进示范省。2017年，原省农机局印发了《江苏省设施农业“机器换人”工程实施方案（2017—2020年）》和《江苏省绿色环保农机装备与技术示范应用工程实施方案（2017—2020年）》。目前，全省农业机械化事业整体步入了以农机“一项行动、两大工程”为工作核心、“两全两高”机械化发展的新阶段。

二、全省农机化发展成效

60年来，江苏农机化服务领域不断拓展，社会化服务体系逐步健全，科技创新能力不断提升，公共服务水平不断提高，对外合作交流不断提速。

（1）农机装备及作业水平质量提升，服务领域不断拓展。60 年来，我省先后发展了拖拉机、联合收割机、水稻插秧机等各类农机具，目前，全省农机总动力、大中型拖拉机、水稻插秧机、联合收割机、烘干机保有量分别达到 4991 万千瓦、18 万台、14.8 万台、16.9 万台、2.3 万台。2018 年，全省农业机械化水平达到 84%。60 年来，江苏省农机作业服务领域逐步实现了由耕种收向产前、产中、产后全程机械化延伸，由粮食作物向经济作物、园艺作物发展，由种植业向畜禽、水产养殖业和农产品初加工等全面机械化发展。

（2）农机社会化服务演变升级，服务体系逐步健全。60 年来，全省农机服务组织经历了集体经济体制下的村（大队）农机队、社区合作经济体制下的“忙统闲分”型农机服务队和市场经济体制下的专业化、社会化农机服务组织的演变过程。以农机合作社为主的新型农机合作组织成为农业生产的主力军和推动农民增收的重要力量。目前，全省有各类农机作业服务组织 1.18 万个，其中农机合作社近 9000 个，入社人数超 51 万人，农机社会化服务收入达 320 多亿元。

（3）农机装备技术成果全国领先，科技创新能力不断提升。60 年来，全省先后实施了国家跨越计划等农机科技项目 300 多项，突出农机化新技术、新机具研发试验与示范推广，推进产学研推相结合的科技创新体系建设，为我省农机化科学发展提供了技术支撑。2000 年，成功申报并完成农业科技跨越计划“高性能水稻栽插与收获机械化实用技术试验示范”项目。2005 年，原省农机局、省科技厅共同出资 240 万元开展油菜生产机械化关键技术攻关。2008 年，原省农机局在全国率先独立组织开展了农机排气污染源普查，全省共普查五大类农业机械 220 多万台，测算农机排气污染物 30.34 万吨。

（4）农机管理与推广服务升级，公共服务水平不断提高。60 年来，江苏省不断加强农机试验鉴定、安全监理、技术推广、技能人才培训等农机管理与推广服务能力建设，提升公共服务水平。农机试验鉴定基地建设和鉴定能力全国一流，先后承担了农用动力机械及零配件质量、轮式拖拉机、手扶拖拉机、谷物联合收割机、水稻插秧机的部级鉴定任务。农机安全监理装备和信息化建设投入全国领先，平安农机创建走在全国前列。农机技术推广服务队伍承担全国农机技术推广任务量居全国前列。农机技能竞赛、农机行业职业技能获证奖补等农机人才教育培训全国领先。

（5）农机装备制造产业快速发展，对外合作交流不断提速。60年来，江苏省农机制造水平和对外开放水平得到较快提高，截至2017年，全省农机工业增加值增幅达9.5%，全省农机工业（含内燃机）实现主营业务收入1302亿元，比上年同期增长7.1%，比全国农机工业高出1个百分点，实现利润112.36亿元，增长6%；主营业务出口交货值57.6亿元，比上年同期增长3%。形成了环太湖和沿江地区我国高性能收割机、插秧机、内燃机及配件、拖拉机、植保机械、旋耕机械等新型农机的生产集聚区。自2001年开始，“中国（江苏）国际农业机械展览会”已连续成功举办10届。

三、经验启示

60年来，江苏农机化事业的发展取得了巨大成就，也积累了宝贵的经验，主要有以下几点：

（1）农民群众是推动农机化发展的根本主体。在江苏农机化发展进程中，通过产权制度改革，让农民成为农机化投资经营的主体，极大地调动了农民群众和各种经济组织发展农业机械化的积极性，他们成了农业机械化发展的主要动力。实践证明，无论是开拓作业服务市场，还是推广普及新机具、新技术，只要能调动农民的积极性，发挥农民的创造性，保护市场主体合法的经济利益，农业机械化发展速度就愈快，效益就愈高，效果就愈好。

（2）市场主导是推动农机化发展的必然要求。改革开放以来，从手扶拖拉机普及到大中型拖拉机的推广，从脱粒机合作共用到联合收割机大规模跨区作业，市场的选择不断推动着农业机械向高性能、大中型方向发展。市场的主导还促进了农机服务的社会化、产业化，提高了农机作业的经济效益，调动了农民群众和各种经济组织投资农机化的积极性。江苏农机化的实践，成功探索出一条人多地少地区发展农业机械化之路：通过农机合作共用，把农业机械与分散的农户联系起来，构建适应家庭承包经营和现代农业要求的农机社会化服务体系，走集约、服务型发展之路。

（3）科技进步是推动农机化发展的不竭动力。随着农业生产和农村经济的发展，对农机具的需求日趋多样化，技术要求也不断提高。江苏省坚持从实际出发，加快新型农机装备和共性技术的研究开发、机制创新，既满足了农业生产的需求，又支撑了农业机械化的持续健康发展。“九五”期间，江苏省农机部门通过引进技术、合资合作，解决了水稻种植、收获机械化难题。“十五”以来，江苏省农机部门与80多家农机制造和流通企业建立了列名联系制度，与大专院校合作建立研发和中试基地、农机管理及科技人员培训基地，促进产、学、研、推资源整合，加快了农机化新技术、新机具的研发和推广。

（4）财政投入是推动农机化发展的关键举措。改革开放以来，随着家庭联产承包责任制的推行，农民成为农业机械投资经营的主体，国家对农业机械化的支持也由直接投入转变为财政补贴、项目安排、税费和燃油优惠等政策性扶持，促进了农业机械化发展。2004—2018年15年间，中央和省级财政农机化项目投入超过190亿元，其中中央财政投入107亿元，省级财政投入84亿元。特别是2004年，国家实施农机购置补贴政策，加大了对农业机械化的支持力度，加快了农业机械化发展进程。

（5）分类指导是推动农机化发展的有效途径。发展农业机械化，必须坚持因地制宜、分类指导、重点突破、选择性发展的方针。江苏省农机化先后走过了先麦后稻，先粮后油，先经济发达地区后经济一般地区，先解决稻麦生产关键环节后逐步实现全程机械化的道路。采取了试点示范，积累经验，有选择、分步骤推进的工作方式，先后解决了机电排灌、耕翻、小麦播种、植保和稻麦收获机械化，并集全省农机系统之力，全力推进水稻种植机械化，取得了良好效果。

（6）江苏省是全国最早提出并进行农机立法的省份之一，依法促进是推动农机化发展的重要保障。1983年，江苏省农机局参与了国家农业机械化法的立法工作。1985年和1986年，省农机局分别向省人大常委会和省人民政府提出地方性农机法规的立法建议。1992年召开的七届全国人大五次会议上，江苏省代表团向全国人大常委会提出农机立法建议，同时启动本省地方性农机法规的调研起草工作，先后设立了《江苏省农业机械管理条例》《省人大常委会关于促进农作物秸秆综合利用的决定》《江苏省农业机械安全监督管理条例》三部地方性法规，《江苏省农业机械推广办法》《江苏省农业机械实验鉴定和质量监督办法》两部省政府规章。目前，江苏省先后制定颁发了两部省级地方性法规、三部省政府规章以及徐州、无锡两市的地方性农机化法规，建立了完备的农机化政策法规体系，为农机化在法制框架下持续健康发展提供了有力保障。

展望江苏农机化发展的未来，省委、省政府的苏发〔2019〕1号文件《关于推动农业农村优先发展做好“三农”工作的实施意见》明确了农业农村工作走在全国前列的目标定位，为今后一段时间农机化发展指明了方向。江苏农机工作者将认真领会习近平总书记视察北大荒建三江国家农业科技园区时关于农业现代化的重要论述精神，重点实施主要农作物生产全程机械化整体推进行动、特色产业农机化技术“百园示范”行动、农业机械化公共服务提质增效行动、新型农机服务组织共育共建行动、农业“宜机化”作业条件提档升级行动、农机人才培养培育行动，立足高起点，着眼高站位，发展高质量，工作高水平，以农机现代化引领农业农村现代化。

（沈毅执笔）

跨越发展的天津农业机械化

> 天津市农业农村委员会

十一届三中全会翻开了农村改革开放的新篇章，天津的农业机械化与全国一样，也随着改革突飞猛进，在创新中发展，为促进农业增效、农民增收、农村经济持续发展及农村面貌改变做出了突出的贡献。

一、天津农机化的跨越式发展

伴随着农村改革开放的步伐，天津农业机械化事业历经体制转换、市场化变革和依法促进，在调整中发展，实现了从初级发展阶段向高级发展阶段的历史性跨越。

（一）初级发展阶段（1978—1986 年）

得益于国营拖拉机站、农机修造厂、农机供应站等的建设，天津市农业生产耕作环节的机械化发展较快，1978 年全市机耕率达 85.5%，但是播种环节和收获环节的机械化几乎是空白。此后近十年间，随着农村家庭联产承包责任制改革的推进，天津农民开始自发购置小型农业机械，发展以小型农业机械为主的农业机械化，机械化播种和收获开始有所应用。

（二）中级发展阶段（1987—2006年）

1987年，天津市农业耕种收综合机械化水平提升到41.68%（其中机耕率为90.9%、机播率为13.74%、机收率为4%），农业劳动者占全社会从业人员比重下降到39.53%，按照我国农业机械化评价标准，中级阶段耕种收综合机械化水平为20%～70%，农业劳动者占全社会从业人员比重为20%～40%，以此衡量，天津市农业机械化正式步入中级发展阶段。

进入20世纪90年代，随着天津农业产业结构调整的不断深化，农业机械化进入了以市场为导向的发展阶段，形成了国家、集体、农民多种经济成分共同经营的格局，并开始逐步由传统的大田种植业向养殖、产后加工等领域拓展。先后示范推广了土壤深松、精少量播种、化肥深施、主要粮食作物收获、旱作农业等一大批技术含量较高的农机装备与技术；研制开发了一批具有自主知识产权、适合天津市农业生产需要的农机产品；并引进了移动式喷灌机、小麦免耕播种机、工厂化穴盘育苗设备、大田激光平地机等一大批技术性能先进的农业机械。在此基础上，全市农业机械化迎来第一个快速发展期。到2000年，全市农业耕种收综合机械化水平达到60.1%，跃居全国第二；机耕率达到95.04%，远高于全国平均水平；机播、机收率分别达到48.63%和24.98%，也在全国名列前茅。但是，由于单纯依靠市场调节的制约，2001—2005年，全市农业耕种收综合机械化水平较2000年有所下降，直至农机购置补贴政策出台，才于2006年恢复并超过2000年的水平。在此期间，小麦耕、播、收机械化程度均达到95%以上，实现了全程机械化生产。

（三）高级发展阶段（2007年至今）

2007年，天津市委、市政府印发《关于推进城乡一体化战略进一步加快社会主义新农村建设的实施意见》，明确了“十一五”末主要粮食作物耕种收综合机械化水平提升目标。全市各级农机部门积极采取加大购机补贴力度、召开现场演示会、加强技术宣传、示范培训等措施，推动玉米机收、水稻机插和机收等粮食生产机械化薄弱环节作业水平提升。当年就使农业生产机播率提高16个百分点、机收率提高13个百分点，全市农业耕种收综合机械化水平提升至70.21%，农业劳动者占全社会从业人员比重下降至18.65%，天津在全国率先进入农业机械化高级发展阶段（按照我国农业机械化评价标准，高级阶段耕种收综合机械化水平应大于70%，农业劳动者占全社会从业人员比重应小于20%）。

此后，全市农机系统以加快推进农业现代化、支撑新农村建设为己任，以围绕“大农业”发展“大农机”理念为指导，全面加强农机化工作，天津市农业机械化迎来第二个快速发展期。组织实施了农业生产机械化五大推进工程，大力推动农机化作业领域由粮食生产向经济作物种植，由大田农业向设施农业，由种植业向畜牧业、养殖业、农产品加工业全面发展，有效解决了制约农机化发展的“瓶颈”问题。到2014年底，全市设施农业机械化水平达到26.85%。到2015年底，全市主要农作物耕种收综合机械化水平达到86.32%，位居全国前列，机械已替代人畜力劳动成为农业生产的主要方式。

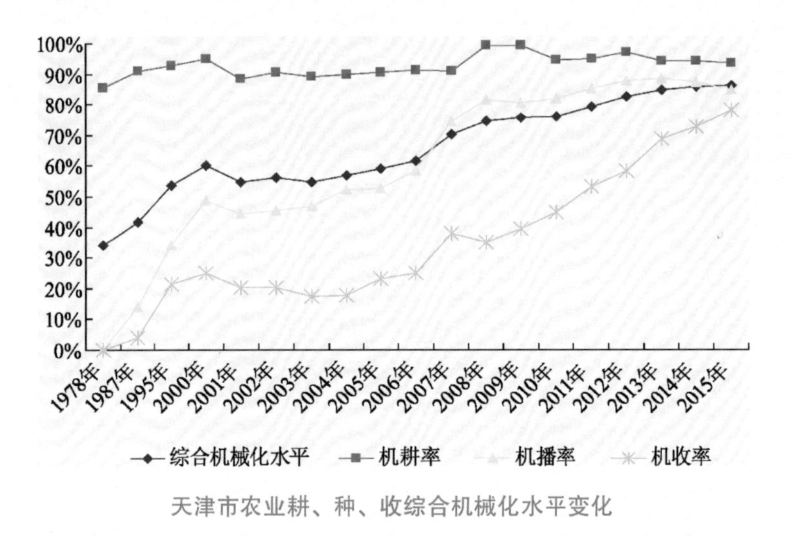

天津市农业耕、种、收综合机械化水平变化

进入“十三五”，天津市各级农机部门深入学习贯彻习近平总书记系列重要讲话精神和对天津工作“三个着力”重要要求，以服务农业生产、生活、生态为重要抓手，着力转变农机化发展方式，农业机械化保持了协调推进的良好态势，为现代都市型农业建设提供了更全面的装备保障和技术支撑。截至目前，全市农业耕种收综合机械化水平达到87%，继续保持全国领先位置；主要农作物全程机械化进一步推进，小麦耕种收实现全程机械化，水稻耕种收综合机械化水平达到94.73%，玉米耕种收综合机械化水平达到97.92%，也都实现了全程机械化；设施农业、林果业、畜牧业、农产品初加工机械化作业保持稳定。

二、天津市农机化发展取得的成果

（一）农机装备总量快速增加，结构持续优化

1978 年，天津市农机总动力仅有 149.01 万千瓦，保有拖拉机 1.64 万台、配套农具 2.51 万部、联合收割机 65 台，百亩耕地拥有动力仅 21.16 千瓦。经过改革开放 40 年的发展与积累，全市农机总动力以年平均 7.8% 的速度快速增加，到 2017 年底达到 464.65 万千瓦，比 1978 年增长 2 倍；百亩耕地拥有动力达到 79.26 千瓦，是 1978 年的 3.7 倍；农业机械原值增加至 40.87 亿元。

在总量增长的基础上，全市各级农机部门紧紧围绕农业结构调整的需要和农机产品更新升级的发展趋势，着力调整优化农机装备结构，天津农机化发展中“三多三少”（即小型机械多、大型机械少，动力机械多、配套农机具少，普通机械多、高性能机械少）的问题得到有效改善。尤其是 2004 年以来，在土地流转和适度规模经营对大型农机具的需求及农机购置补贴政策的拉动下，全市高性能、大马力的田间作业动力机械和配套机具快速增加。目前，全市拖拉机保有量 1.73 万台，其中 20 马力以上大中型拖拉机占到 90%。拖拉机配套农具 4.74 万部，

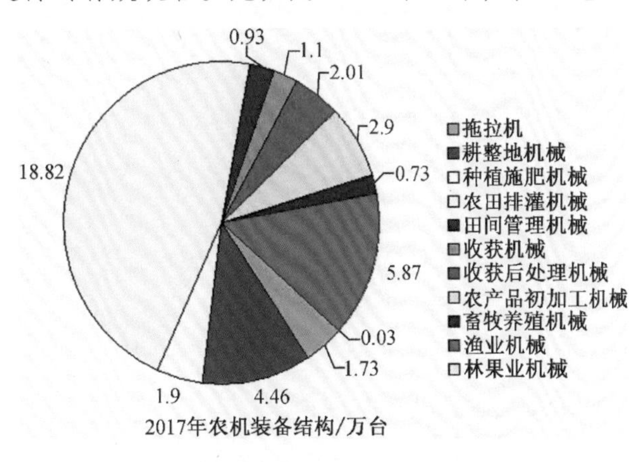

天津市农机装备结构调整示意图

比 1978 年增长了 88%，其中大中型配套农具占到 70%。拖拉机配套机具与拖拉机比值达到 2.74∶1，比 1978 年增长近 1 倍。联合收割机保有量达到 5736 台，比 1978 年增长 87 倍。播种机保有量达到 1.5254 万台，比 1991 年增加 1 倍以上，其中具有节种、高效技术特点的精少量播种机和免耕播种机占全市播种机保有量的 81%。新型水稻插秧机近十年间增加了 700 余台，有力地促进了水稻栽插环节机械化水平的快速提升。用于养地保墒的深松整地机、秸秆还田机和地膜覆盖机从无到有，到现今，分别发展到 1034 台、4465 台和 2908 台，对提高耕地质量、改善农业生产条件发挥了重要作用。同时，饲料加工机械、挤奶机等畜牧养殖机械和增氧机、投饵机等渔业机械也在 20 世纪 90 年代以后得到快速发展，尤

其是渔业机械以年均2000台的增量快速增长。微耕机、卷帘机、保温被、物理农业机械等农业设施设备在购机补贴政策实施后也实现了快速增长。农机装备总量的增加和结构的优化，使农业机械成为全市农业生产的重要物质基础，为农业综合生产能力持续提高提供了强有力的支撑。

（二）农机新技术为现代都市型农业提供支撑

依据科研与推广相结合、引进与创新相结合的原则，天津市成功研制、开发、推广了一大批新型农机具，引进示范推广了一大批农机化新技术，积极推动农机化新技术、新机具引进示范推广工作向适应土地集约经营、推进农业生产全程机械化及设施农业、物理农业、精准农业、畜牧水产养殖业需求方向发展，为先进农业技术标准化、集成化、规模化应用提供了载体。20世纪90年代以来，天津市通过实施节本增效、丰收计划、兴机富民和保护性耕作等重大科技项目，引进、组装集成、示范推广机械化土壤深耕深松、小麦机械化免耕播种、夏玉米免耕覆盖精量播种、旱地耕作蓄水保墒机械化技术和机具等，形成了具有天津特色的粮食生产机械化生产模式。同时，天津市组织实施了新型日光温室及机械化综合配套技术推广、蔬菜工厂化生产设施设备及技术示范等一批推广项目，有效促进了全市设施农业机械技术的应用和科技水平的提升；还组织实施了肉牛饲养、池塘养鱼机械化配套技术推广等项目，有效推动了畜牧水产养殖机械化水平提升和农业废弃物资源化利用。2002年，天津市还启动建设了农用航空服务站，对高效植保机械化技术进行了积极探索。“十二五”以来，天津市积极贯彻落实“实施土壤有机质提升和深松作业补贴”的精神，深入组织实施农机深松整地及激光平地作业项目，在提高农田抗旱防涝能力、促进农业节本增效方面取得了明显成效。

（三）农机社会化服务队伍不断壮大

随着农机领域产权制度改革的推进，农机大户、农机合作社、农机专业协会、农机作业公司、农机经纪人等新型农机社会化服务组织在天津不断涌现并发展壮大。尤其是20世纪90年代以后，农机经营形式由国家、集体经营为主转变为农户经营为主。1995年开始的小麦联合收割机跨区收获开启了农机服务社会化、市场化的先河，从事农业生产的劳动者与提供农机作业服务的经营者分离的农机社会化服务模式蓬勃发展，形成了以不同规模层次的农机专业户和各类农机作业服务组织为主体的农机社会化作业服务体系。2007年《农民专业合作社法》成为农机社会化服务向规模化、规范化发展的新引擎，目前，全市在工商登记注册的农机合作社达到280家，年作业量达623万亩，年服务农户66.8万户，年经营收入达2.76亿元，成为农业生产的中坚力量。在合作社的示范作用带动下，全市农机社会化服务的组织化、规模化程度明显提高，目前，全市农机化作业服务组织（含农机户）达到42411个；拥有农机原值在20万～50万元的农机户和服务组织706个，农机原值在50万元以上的农机户和服务组织343个，与2008年相比，分别为2.2倍和3.4倍；涌现出“一条龙”服务、订单服务、托管服务、承包服务等多元化的作业服务方式，跨区作业领域也由单一的小麦机收向水稻机收、玉米机收和机耕、机播等环节快速拓展。全市农机化经营总收入达14.2亿元，利润总额达5.98亿元，农机作业服务成为农民增收致富的重要渠道。

（四）农业机械化成为培育新型职业农民的重要途径

培养高素质的劳动者是促进农业科技普及应用、建设现代农业的重要保证。天津市在发展农业机械化的过程，造就了一批懂农艺技术、会操作机械、善于经营管理的高素质新型职业农民。20世纪90年代，天津各区农业机械化学校的办学目的是以培训拖拉机驾驶员为主。2000年以后，全市农机系统依托农机化教育培训、农机科技推广项目实施、农机职业技能鉴定等工作，结合各类重点培训项目，新增培训类别，组织开展了多渠道、多层次、多形式的农机化技术培训。2003—2016年，共鉴定合格农机修理、操作、服务、经纪等工种44253人次，为农村输送了大批实用人才。

（五）农业机械化推进农村绿色发展

2003年开始，为贯彻落实市政府蓝天工程战略部署，市农机部门制定了秸秆综合利用规划，将农业秸秆综合利用工作纳入农机化全盘工作中。2013年后的五年来，各级农机部门按照“农业优先、多元利用”的思路，不断加强组织推动和督促指导，充分发挥农业机械优势，全力推动秸秆粉碎还田、离田外运、商品化加工等技术措施落实，促使农作物秸秆综合利用水平快速提高，初步形成了具有天津特色的秸秆综合利用模式。全市农作物秸秆综合利用率达到97.3%，比2013年提高20个百分点，小麦秸秆基本实现了全量化利用；基本形成了以秸秆还田肥料化利用为主，饲料化、燃料化、原料化、基料化利用比重逐步提升的“五化”利用格局。

2017 年天津市主要农作物秸秆综合利用率

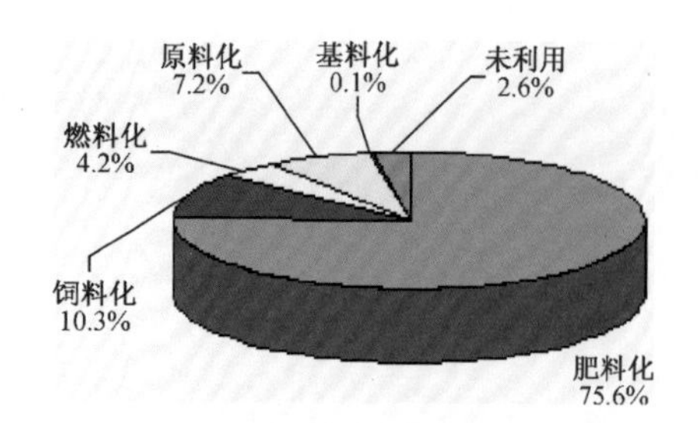

2017 年天津市农作物秸秆综合利用结构

此外，天津市农机部门还积极贯彻落实农业农村部关于打好农业面源污染防治攻坚战的部署要求，2015—2017 年，组织宁河区、静海区试点实施农用残膜机械化回收作业 26.5 万亩，为推进农业土污染防治做了有益的探索。

回顾改革开放以来天津农机化发展的历程，实践证明：近年来，农机依法行政的制度化、规范化、科学化水平不断提升，是构建农机化事业发展长效机制的根本保证；加大政策扶持和资金投入，形成了以政府投入为引导、农民投入为主体、社会投入为补充的多元化农机投入机制，是农机化全面、协调、可持续发展的基础；健全农机管理、科研鉴定、推广培训、安全监理等农机化管理和服务支撑体系，是农机化发展的有力保障。

党的十九大报告提出乡村振兴战略，为新时代“三农”发展指明了方向，提供了道路。今后，天津将深入贯彻落实党的十九大精神，牢固树立创新、协调、绿色、开放、共享的发展理念，立足于《天津市农业机械化发展第十三个五年规划（2016—2020 年）》主体框架，把实施乡村振兴战略构想融入其中。我们要适应新形势，把握新要求，加大政策创新和扶持力度，加大科技创新和驱动力度，加大农机改革和创新力度，统筹推进全程全面高质高效农业机械化，不断提升农业机械化发展质量，为深入实施乡村振兴战略做出新的贡献。

（胡伟，张竹音，刁承军执笔）

同重庆农业机械化一起走过的岁月

> 陈　建

1978年春节前，我接到西南农学院的录取通知书，得知自己被录取到农业生产机械化专业，由于那时我们都知道“我国将在1980年基本实现农业机械化”，所以我想，我毕业后干什么呢？

时间到了2019年，这是毛泽东主席“农业的根本出路在于机械化”著名论断发表60周年，也是中华人民共和国成立70周年。回首往事，感慨良多。

我本科毕业后，继续在西南农学院攻读农业机械化专业的硕士学位，后留校任教，一直从事农业机械及农业机械化的研究工作，不仅目睹了重庆农业机械化的发展历程，还参与了其中的很多工作。

重庆是有名的山城，山地、丘陵分别占辖区面积的76%和22%。20世纪90年代以前，这里的田间作业主要由人畜力完成，农业机械化主要局限在运输、抽水、打米、磨面、粉碎等作业，以S195和CC195柴油机作为动力的手扶拖拉机普遍用于运输。当时农业机械每年年末都要进行年检，年检对机器的要求是四净（油净、气净、水净、机器净）、三不漏（不漏油、不漏气、不漏水）、一完好（技术状态完好）。“净”和“不漏”是否达标可以用肉眼观察确定，但机器技术状态是否“完好”难以判断，一般认为，70%的机器是完好的，20%是“带病”的，10%是“趴窝”的。但没有依据，缺乏说服力。针对这一状况，我的硕士生导师陈忠慧教授等认为发动机的有效功率和燃油消耗率是衡量技术状态的最重要的指标，于是研究在用手扶拖拉机这两项指标的不拆卸检查仪器及拖拉机技术状态的调整技术，我也参与了这项工作，后来这一技术在全国范围内得以推广，并获得多项国家及省部级科技进步奖。

20世纪80年代末至90年代中期，一方面，由于农民务工人员进城，耕牛减少，重庆农村农忙季节劳动力短缺问题逐渐显现；另一方面，重庆摩托车行业竞争激烈，一些摩配厂家打算另找出路，但到底生产何种产品，大家心里都没有底。在这种背景下，重庆合盛工业有限公司老总一行到我院进行产品开发调研，陈忠慧教授亲自陪同他们到四川射洪县机耕现场，深入了解机械化耕作状况；后来陈忠慧教授、李庆东老师、何培祥老师在合盛公司决策生产何种农业机械的过程中起到了至关重要的作用，合盛公司最终选择以微耕机为主导产品；在产品的研发过程中，我和我院的叶进老师等人也给予了公司技术上的支持和帮助。1998年，我作为鉴定委员会主任委员，对合盛牌微耕机进行了推广鉴定。后来该公司发展成为全国最大的微耕机生产企业之一，生产的微耕机有3个系列12个品种，2009年生产销售近10万台，年产值3.8亿元，出口创汇535万美元，产品畅销全国20多个省市，并出口到中东、南美、东欧的近20个国家和地区。2007年合盛微耕机还作为重庆市市长礼物赠送给南非和肯尼亚政府。

受合盛公司的影响，重庆市不少摩配企业转行生产微耕机，使微耕机生产企业达100余家，2011年重庆微耕机产销量达70多万台，占全国总产销量的70%以上，成为我国名副其实的“微耕机之都”。微耕机的成功还带动了小型稻麦联合收割机、播种机、小型拖拉机、小型汽油机水泵机组等小微型农机的研发和制造。

微耕机结构紧凑、质量轻、转移方便，得到了用户的认同。微耕机的推广使用，有效地解决了农村劳动力及耕牛严重缺乏，田地耕作面临的难题，大大推进了重庆耕作机械化，开启了重庆微耕机耕作时代。2003年、2006年及2011年重庆微耕机的推广量分别是2000台、14500台及114875台，而耕作机械化水平由2003年的11.30%迅速提高到2011年的60%。目前，微耕机已经成为重庆最主要的、不可或缺的农业机械。

2007年，随着经济社会的快速发展，重庆农机化水平严重滞后于全市发展的实际需求，农机部门开展了农机化发展战略研究。我被重庆市农机局聘为农业机械化发展顾问，参与了这项工作。经调研，农机部门提出了“产推并举，两轮同驱”的工作方针，坚持重点突破、示范带动、整体推进，以建设示范基地的形式带动全市农机化全面发展。由于重庆具有典型的丘陵、山地地形及较为雄厚的制造业基础，当时农业部同意在重庆市建设全国农业机械化综合示范基地，同时要求，重庆市要通过建设农机化综合示范基地，探索出一条适合丘陵山区的农业机械化和农业现代化发展道路。

2011年，为贯彻落实《国务院关于促进农业机械化和农机工业又好又快发展的意见》精神，重庆市政府出台了《关于促进农业机械化和农机工业发展的意见》，提出：到2015年，全市农机总动力达到1540万千瓦以上，主要农作物耕种收综合机械化水平达到50%以上，其中水稻种植、收获环节机械化水平分别超过25%和50%，基本形成具有丘陵山区特色的农业机械化科技创新体系；到2020年，全市农机总动力达到2000万千瓦以上，主要农作物耕种收综合机械化水平达到70%以上，建成全国最大的小型农机装备制造基地。

经过多方努力，重庆市农业机械化有了明显的进步，主要农作物耕种收综合机械化率从2007年的13.23%提高到2012年的33.05%。

然而，随着农业机械化的推进，其面临的两大困境也日渐显露出来。一是在已实现机械化的环节，劳动生产率低、劳动强度大的问题非常突出。例如，机耕主要依赖微耕机，但其效率低，功能单一，“微耕机解放了牛，累死了人”是操作者的普遍反映。二是在没有实现机械化的地方和作业环节，机械化推进艰难缓慢。例如，联合收割机转移时常常需要搭跳板、挖临时通道，不仅费力耗时，还不时伴随着人、机伤害的危险。为此，一些重庆厂家想方设法地减轻机器质量，如降低喂入量，有的机型喂入量低至0.3 kg/s；降低含杂率要求，以换取清选装置的质量减轻。但即使如此，最轻的联合收割机也在300 kg以上，在没有机耕道的地方转移仍较困难。鉴于此，有的厂家计划将整机分成拆装容易的两部分甚至三部分，以便在转移时将其拆成几部分分别运输，到达收割现场后，再将其装配成整机。

针对这些问题，我撰写了一篇文章 *Agricultural Mechanization in Southwestern China during Transitional Period: A Case Study*，认为要进一步推进重庆的农业机械化，应该借鉴丘陵山区面积占比高达2/3的日本、韩国及我国台湾的经验，因为我们现在面临的难题与当年他们所面对的问题是相同或相似的。该文于2018年在 *Agricultural Mechanization in Asia, Africa and Latin America* 发表。

面对农业机械化的困境，2014年，重庆在全国率先实施了一项新的对策：开展农田宜机化改造行动，通过“改地适机”，为大中型农业机械取代微小型农机及人工作业创造条件，取得了很好的效果，受到全国广泛的关注及国务院的充分肯定。作为评审组组长，我参加了重庆市地方标准《丘陵山区宜机化地块整理整治技术规范》及《丘陵山区旱地作物宜机化梯台式土地整治技术规程》的评审工作。为了定量地衡量这项工作的成效，我详细调查了重庆市永川区及潼南区几个项目点的情况，研究了宜机化改造对劳动生产率、土地产出率、资源利用率以及适度规模经营等方面的影响，并将调查研究结果发表在《农机化研究》《农业机械》《农机质量与监督》等刊物上，还应邀以此为题先后在多个会议上作了专门报告。

2019年6月3日，为贯彻落实《国务院关于加快推进农业机械化和农机装备产业转型升级的指导意见》，重庆出台了《重庆市人民政府关于加快推进农业机械化和农机装备产业转型升级的实施意见》。同时，《重庆市农业机械化促进条例》已列入市人大2019年度立法审议项目。

回望重庆农业机械化波澜起伏的发展历程，我深刻地认识到，作为先进技术载体的农业机械导入农业生产后，根据系统的整体性和关联性的基本属性，与之密切相关的生物与作业环境应作适当的调整，仅靠“以机适地”是不能走得很远的，必须用系统工程方法来促进重庆农业机械化。作为农机“老兵”，我将继续不忘初心，伴随重庆农业机械化走向辉煌未来。

（作者单位：西南大学工程技术学院）

节水灌溉助力农业机械化

> 金宏智

我国农业机械分类沿袭了苏联的方法，通常仅涵盖耕、耙、播、收，不涉及灌溉。长期的农业生产实践表明：雨露滋润禾苗壮，有收无收在于水，收多收少在于肥。虽然种子、肥料、农药已成为粮食生产的基本条件，但是农业灌溉对于提高粮食产量仍具有决定性的作用。

我国是一个人口众多，人均占有资源相对不足的国家。目前，全国十几亿人口中农村人口占比高，人均耕地面积不足世界平均水平的40%，还被联合国列为世界上淡水资源最缺的13个国家之一。因此，农业灌溉固然重要，但不能简单地通过扩大灌溉面积来增加粮食产量。随着我国改革开放的不断深入，工业发展、城乡发展及生活用水猛增，加剧了与农业灌溉争水的矛盾。为此，党的十五届三中全会要求“把推广节水灌溉作为一项革命性措施来抓”，以缓解因水资源匮乏和自然环境恶化所带来的危机，以确保我国粮食生产安全。

节水灌溉就是用最少量的水获得最多的农作物产量、最好的经济效益和最佳的生态环境。推广节水灌溉技术离不开节水灌溉装备的支撑。节水灌溉装备与其他农业机械一样，都是满足农业生产中的农艺流程要求的执行平台。在20世纪50年代初期，美国人发明了节水灌溉的圆形喷灌机时，美国著名科技期刊《科学美国》称赞：“圆形喷灌机是自拖拉机取代耕畜以来，意义最重大的农业机械发明。”所以农业节水灌溉装备是农业机械最重要的组成部分，节水灌溉机械化也是农业机械化的重要组成部分。

我国节水灌溉技术发展是从1953年开启的，至今已走过66年的发展历程。这其中，大型喷灌机也经历了从无到有，从有到兴的过程。我十分幸运地见证和参与了这一进程，负责组建的几批科研团队成员始终站在喷灌科研第一线，一起走过了40多年的峥嵘岁月。我们针对大型喷灌机的科研工作，提出了拱形桁架（跨距30/40/50/60米）和塔架车的结构设计理论、多跨塔架田间通过性能与电控系统设计，并建立整机均匀喷洒的数学模型，形成了具有自主知识产权的大型喷灌机设计理论体系。40多年来，大型喷灌机日益受到青睐，推广应用面积逐渐扩大。1991年，国家科委、农业部、水利部5个司局联合发文，将大型喷灌机作为农业节水推广项目的重点产品，大型喷灌机已经成为现代农业装备体系的重要组成部分，给农业带来了巨大的经济效益和生态效益，是发展现代农业、提高农业机械化水平的重要措施之一。

20世纪80年代开始，我国农业经营模式向着集约化、自动化、机械化转变，有效地促进了大型喷灌机科研成果转化为生产力。1999年，中国农业机械化科学研究院改制为科技型企业后，先后在河北固安、涞水建成生产基地，目前已形成年产1000台套的生产能力。截至2017年，已累积销售3200多套大型喷灌机，灌溉面积达到110万亩，实现直接经济效益5.4亿元人民币。产品除满足国内市场需求外，还出口亚、非、拉等地区。2012年，大型喷灌机技术转让给委内瑞拉，实现了从产品输出到技术输出的转变。

粮食安全不能以耗竭水资源和破坏生态环境为代价，要以现代机械化、智能化新技术来武装农业，确保人力、土地、水资源的高效利用。目前，我国的灌溉面积占全国耕地面积的50.3%，节水灌溉面积占全国灌溉面积的46.4%；有效水利用系数由30%~40%提高到80%~90%；世界上所有的节水灌溉技术与装备我国几乎都有应用。在未来，落实习近平总书记关于“大力推进农业机械化、智能化，给农业现代化插上科技的翅膀”的重要指示，我们每位农机工作者义不容辞，将牢记使命和责任，迎接新时代的挑战。

（作者单位：中国农业机械化科学研究院）

水稻机械化“第一县”的选择之路

> 刘　卓　张桃英

2006年，《中国农机化导报》创刊成立的第二年，我们在报道农机化行业新闻的同时，积极加强选题策划，搜罗热点话题，寻找好的典型经验和做法，以推动农机化水平的提升。

在采访中，我们发现我国小麦从种到收全程已实现机械化，而2005年全国的水稻机械化插秧水平还比较低，机械化插秧面积只有2029.86万亩，仅约占水稻种植总面积的4.7%。

针对这种情况，我们在国内水稻主产区进行了广泛的采访调研，发现江苏省常州市武进区水稻机械化插播率接近91%，机械化收获面积突破90%，远远高于全国平均水平。武进区成为我国水稻生产全程机械化“第一县（区）”，并成功缔造了一个活力四射的“武进模式”。

中国区县何其多，为什么偏偏是武进成了水稻生产全程机械化第一县？在通往“第一县”的过程中，武进走了一条什么样的路，得以捷足先登？当时，许多地区对于如何有效推广机插秧还存在诸多困惑，曾经走过或者正在走一些弯路，对此我们进行了深入的采访。

水稻的机械栽种，主要存在机直播、机抛秧、机插秧三种方式。在我国，这三种方式各自占据一片市场，一些地区也正在三者之间权衡利弊。选择的过程就是认知的过程，常州武进在一步步的探索后，做出了大力发展机插秧的选择。

事实证明，他们的选择是明智的。

20世纪70年代，武进实行大苗移栽，秧苗容易受损伤，由此影响了产量。“那个时候，农机农艺都不行。”武进区农机局局长曹兴南如是说。1985年，武进开始着手建立“农机先行村”，从日本引进育秧方式，实行小苗移栽，几年下来全县共推广插秧机70多台。机具是有了，但性能不过关。延吉插秧机厂生产的插秧机不适应田块作业，只有前进挡没有倒退挡，转弯不方便，壅泥现象严重。加之生产组织方式也存在问题：育秧准备以及机插秧的很多辅助工作都由村干部负责，农民不参与。这样一来，农民的负担是轻了，但作为机手的村干部却大大增加了工作量，而工资却没有相应增加，生产积极性受到很大影响。农民和机手没有实现双赢。因此在推广了七年之后，发展水稻生产机械化的步伐于1992年再次停滞下来。

1998年，武进把目光落在了机抛秧上。插秧机可以减轻劳动强度，正常年景产量也不比人工插的低。当时武进区水稻种植面积为六七十万亩，机抛推广到鼎盛时工作田地曾达到10多万亩。但问题也随之而来：武进区人多地少，一户人家通常只有两三亩地，而机抛秧抛幅却可达15米多，很容易就把秧苗抛到别人田里去了；机抛秧苗根部必须带土，否则落到田里后不易扎根，往往出现倒伏，因此对天气情况的要求较高，一旦遇雨，秧苗遭浸泡就会出现抱团情况，抛撒不开；机抛秧是无序栽培，秧苗种植密度不均匀，影响通风、透光，易发生病虫害。

1999年，武进在全国率先推开新型插秧机作业试验。当年，武进投入大笔经费从日本引进2台高速插秧机；2001年，又引进韩国手扶式插秧机。经过反复对比试验，武进确立了以步行式插秧机为主要方向的发展路子。

从2001年的2台机机插200余亩到2002年的40台机机插2500余亩、2003年的171台机机插2.5万亩、2004年的356台机机插6.2万亩，再发展到2005年的884台机机插17.6万亩，武进区的插秧机保有量和机插面积呈几何级数增长，插秧机新增量、保有量和机插秧比例均长年领跑全国。

2006年，武进又新增插秧机420台，保有量达到1300多台，现已完成机插面积26万多亩，机械栽插率达到81%，武进成为全国首个完成水稻全过程机械化生产的县级单位。

纵观武进区水稻生产机械化的发展历程，从1999年引进到2001年进行对比试验，再到明确大力发展机插秧的工作思路，不难发现，武进是在不断的创新当中，找到了适合本地区发展的技术路线，将水稻生产机械化向前推进。

（作者单位：中国农机化导报社）

新中国农机工业发展之路

新中国农机工业的发展历程

中国农业机械工业协会

从 1840 年鸦片战争到 1949 年中华人民共和国建立，我国几乎没有任何工业体系和技术，农机工业更是无从谈起，虽然也制造了一些零星的农机具，但多为机械类工厂兼做，无专门的农机制造企业，农机制造能力非常薄弱，技术落后。可以说，新中国成立之初，我国农机工业处于近乎空白的状态。

现代农机工业作为我国机械工业体系的重要组成部分，几乎与我国现代工业化同时起步。如果将 1949 年作为我国现代农机工业肇启元年的话，我国农机工业从零基础起步，历经初期现代农机工业体系构建阶段、体制转换阶段、市场导向阶段、依法促进高速发展阶段，在党和国家的高度重视以及各项政策的支持下，经过几代农机人艰苦奋斗，从无到有、由小到大、从弱到强，不断发展壮大。2018 年我国农机工业 2066 家规模以上企业主营业收入为 2438. 74 亿元，我国成为农机制造全球第一大国。我国农机工业已经成为支撑农业机械化、现代化发展的强大物质基础，为把我国建成世界农机制造强国奠定了基础。

一、现代农机工业体系构建阶段（1949—1979 年）

中华人民共和国成立时，由于缺乏专业人才、行业技术、设施和技术装备等基础条件，只能生产一些结构简单的旧式人畜力农机具。当时，国家一方面抓旧式农机具改造和新式农机具研发，另一方面积极为建立我国现代农机工业体系创造条件，包括筹建生产企业、农机院校、科研和质检机构，规划构建产品结构体系等。至 20 世纪 70 年代末，基本建成包括农机教学、科研、制造、标准检测等在内的初具规模、较为健全的现代农机工业体系，形成了从零部件生产到整机制造的较为完善的产业链。

1949—1957 年 8 年间，国家向农机工业投资 3.24 亿元，从生产旧式农具、仿制国外新式农具起步，建成了一批农机制造厂，到 1957 年，全国农机修造厂发展到 276 家，有职工 12.3 万人，工业总产值达到 3.84 亿元，已经能够生产机引铧式犁、圆盘耙、播种机、谷物联合收割机等 15 种农业机械，并开始筹划生产拖拉机，农机工业产值快速增长。

从 1950 年开始，为解决农业生产急需，从苏联和东欧国家引进包括拖拉机、机引农具等在内的农机产品，与此同时，还重点引进成套的拖拉机制造技术、生产设备、检测仪器等，为我国农机工业初期的建设奠定了基础，创造了条件，当时我国农业生产急需的农机产品的研制也在稳步有序推进。

1950 年，大连习艺机械厂和山西机器公司分别仿制的我国第一台农用轮式和履带式拖拉机相继问世，揭开了我国拖拉机研发生产的序幕。1959 年，我国首个现代化拖拉机企业——中国第一拖拉机厂建成投产，结束了我国不能批量生产拖拉机的历史，将我国农机工业推向一个新的发展阶段。

1959 年 11 月 1 日，第一拖拉机制造厂举行落成典礼

1959 年，毛泽东主席“农业的根本出路在于机械化”的论断发布后，在全国掀起了一股农业机械化的热潮，农业机械化发展步伐加快，农机工业出现良好的发展势头。至 1960 年底，农机制造企业增至 2624 个，固定资产原值由 1957 年的 2.8 亿元上升到 21 亿元，农机工业占全国机械工业的比例由 3.8% 上升为 11.8%。

1960 年，农业机械部制定了农机工业发展规划，目标是在 3～5 年内基本建成我国比较完整的具有现代化技术的农机工业体系。此时，我国国民经济进入调整期。为适应国民经济调整形势，我国农机工业在发展战略上也做了相应的调整，将原定的“以拖拉机为纲”调整为“三个第一”（即小农具和半机械化农机第一、配套和维修第一、质量第一）的方针，将农机工业建设由追求高速度转为讲究实际效益。调整期间，我国的拖拉机、内燃机、机引农具等几个重点行业得到快速发展，生产能力有了较大幅度提升，基本形成了与当时农业发展水平和农村购买力相适应的产品体系，为农业生产的恢复和后续发展提供了有力保障。

1977 年 12 月召开的第三次全国农业机械化会议向全国发出了“全党动员，决战三年，为 1980 年基本上实现农业机械化而奋斗”的号召，为实现这一目标，在当时财力物力仍然较困难的情况下，国家加大对农机工业的投资、贷款，钢材和燃料优先供应等，农机工业得以较快发展。1979 年，我国的农机产量、产值都创造了新中国成立以来的最高水平。但是，由于当时过高估计了我国农业发展进程和农机工业实力，加之对当时我国基础工业薄弱等的认识不足，1980 年实现全国农业机械化的目标未能实现。

农机教育体系基本形成。1952 年，我国首所农机高等院校北京农业机械化学院成立，三年后，长春汽车拖拉机学院成立。从 20 世纪 50 年代到 60 年代，陆续建成设有农机设计和制造学科的镇江农业机械学院、安徽工学院、洛阳农业机械学院等 5 所高等院校，形成了较为完善的农机教育体系。到 1982 年，全国农机高等院校和设有农机专业的高校共有 60 余所，在校学生 2.7 万多人，每年毕业生 7000 多人，这些院校为农机教学、科研、生产和管理领域输送了农机发展急需的各类高级专业技术和管理人才，为我国农机工业建设和发展提供了人才保障。

科研体系基本形成。为解决农机工业初创阶段对相关技术的急需以及适应和满足农机工业持续发展的需要，1956—1959 年先后建立了按产品分类的部属研究院所，如拖拉机、内燃机及农机具研究所等。这些科研机构承担完成了行业绝大部分的关键共性技术、机器功能、结构原理实验研究任务；承接了国家和地方的重大科研项目和产业发展亟需的研发项目，并取得一大批优秀的科研成果，大部分科研成果成功实现了转化，有力地支撑了农机新产品的研发和行业技术进步。

二、体制转换阶段（1980—1995 年）

1980—1995 年，是我国农机工业的体制转换阶段。随着体制改革的不断深入，市场机制在农业机械发展中的作用逐渐增强，国家对农机工业的计划管理逐步放开，改国家单纯投资为多元投资，社会和民间资本开始进入农机工业，允许农民自主购买和使用农业机械，农机装备多种经营形式并存的格局初显，农机产品结构也相应发生变化。

20 世纪 80 年代初，我国农村实行家庭联产承包责任制，经营规模由大变小，大农机与小规模经营的矛盾凸现，原有产品已经不能适应市场需求，农机工业产值连续 2 年下滑。为适应农村经营体制的变化，满足市场实际需要，农机企业以市场需求为导向迅速调整产品结构，一是由以研制大中型农机为主调整为以研制中小型农机为主；二是由以研制种植业产品为主调整为产品覆盖农业各产业，各种中小型拖拉机、中小型联合收获机、中小型农副产品加工机械、饲料机械、畜牧机械和水产饲养设备等产销量快速增长，出现产销两旺局面。具有中国特色的中小型运输机械、低速汽车应运而生，得到了快速发展。

此时期，农机企业数量不断增加，产业规模有了较大增长，产品门类和品种不断扩大，结构趋于合理。1995 年底，全国有县以上农机制造企业 2120 家，职工 126. 5 万人，固定资产原值 455 亿元，当年完成工业总产值 703. 7 亿元，实现利润 23. 1 亿元。

三、市场导向阶段（1996—2003 年）

从 20 世纪 90 年代中期开始，我国工业化和城镇化进程加快，随着农村劳动力向非农产业和城市转移，农村劳动力出现了季节性短缺，对加快农业机械化进程的呼声日益高涨，在市场需求的强劲拉动下，我国农机工业又出现了新一轮发展高潮。

这一阶段，农机装备技术进步显著，各种新机型不断投放市场，特别是谷物联合收获机，以新疆-2 型自走式谷物联合收获机为代表的新一代机型研发成功，产品投产后迅速打开市场，掀起了我国自走式谷物联合收获机发展的高潮，促进我国小麦机收水平大幅上升。

新疆-2 型自走式谷物联合收获机不但打造了我国民族工业的自有品牌，还为我国大喂入量谷物收获机械的研发奠定了技术基础，同时，推进了具有中国特色的小麦收获跨区作业模式的形成和蓬勃发展。20 世纪 90 年代后期，具有中国特色的自走式玉米联合收获机、自走式全喂入稻麦联合收获机开发取得重大进展，多款产品技术已经成熟，具备量产和投放市场的能力。

新疆-2 型自走式谷物联合收获机田间作业

1994 年，党的十四大提出建立中国特色社会主义市场经济体制，企业改制取得较快进展，民营企业数量逐年增加，其资产和销售收入占比逐年提高。国际著名的跨国公司纷纷在我国独资或合资建厂，初步形成了国有或国有控股企业、民营企业、外资企业组成的多元企业结构。国际著名农机企业落地我国实行本土化生产，对促进我国农机装备的技术进步、产品综合水平提高和农机工业实力增强产生了积极影响。

四、依法促进阶段（2004—2013 年）

2004 年，国家颁布实施了《中华人民共和国农业机械化促进法》，并出台农机购置补贴政策，自此，我国农业机械化发展进入了依法促进的新时期。2010 年国务院颁布《关于促进农业机械化和农机工业又好又快发展的意见》，到 2013 年，中央财政已累计投入近千亿元用于补贴农民购置先进的农业机械，大大促进了社会农机购置投入，带动了农机工业发展。国家政策支持力度、农机工业产业规模、企业自主创新能力、科研开发、产品质量水平、合资合作以及进出口贸易均达到历史最高水平，我国农机工业迎来了历史上最好的发展时期，被誉为中国农机工业的“黄金十年”，呈现以下特点：

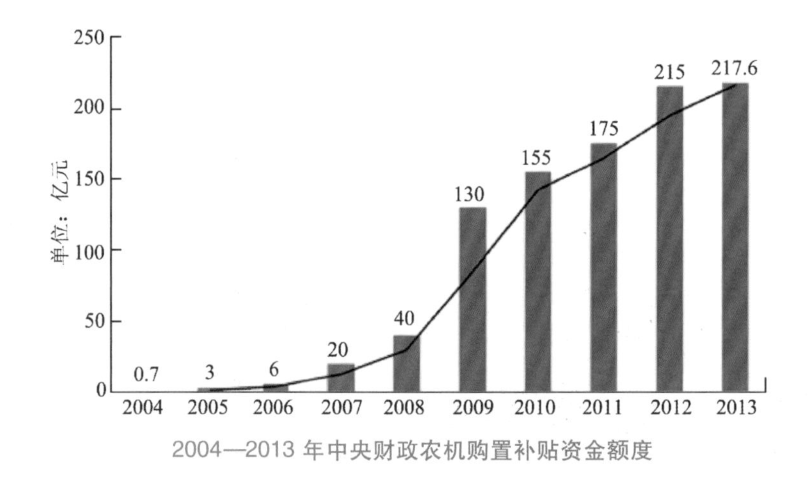

2004—2013 年中央财政农机购置补贴资金额度

（一）农机工业快速发展，产品基本满足国内市场需求

中国农机工业各项总量指标均实现了持续快速增长，我国一举成为全球第一农机制造大国。农机工业保持快速增长，产品种类逐步完善，对农业机械化的支撑保障能力进一步增强。

2013 年，全国规模以上农机企业主营业务收入 3571.58 亿元，同比增长 16.3%，高于全国机械行业平均 13.84% 的增速，实现利润达到 236.92 亿元，同比增长 9.6%。

十年间，我国农机工业逐步形成专业化分工、社会化协作、相互促进、协调发展的产业体系，产业结构和产品结构得到进一步优化。企业通过技术引进和自主开发，大型动力换挡拖拉机、大型自走式喷杆喷雾机、大型免耕播种机等一批科技含量高的农机产品应运而生，我国农机产品与国外先进产品之间的差距进一步缩小，形成了大中小型、高中低技术档次兼顾的产品结构，满足了国内市场90%的需求，促进了全国农作物耕种收综合机械化水平的提高。

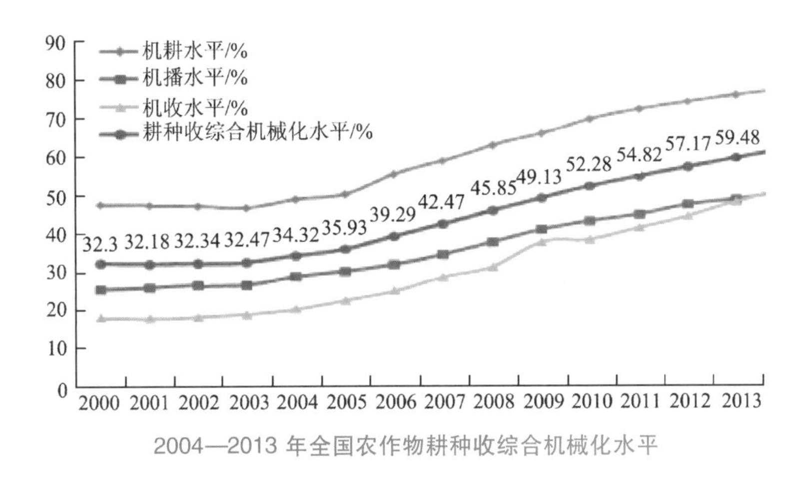

2004—2013 年全国农作物耕种收综合机械化水平

（二）产学研相结合的科研体系初步形成，有效支撑产业发展

十年间，我国农机行业构建起以生产企业为主体、科研机构和大专院校参加的产学研联合研发体系。目前，我国农机企业中大中型企业多数建立了技术开发中心，为企业产品研发和持续改进提高提供了技术保障；科研机构、大专院校充分发挥在共性和基础研究方面的优势，大批优秀的科研成果为行业新产品研发提供了有效的技术支持，推动行业技术进步成效显著。

（三）制造能力和制造工艺水平提升，产品质量水平显著提高

十年间，我国农机企业装备和制造工艺水平明显提高，生产效率和质量获得质的飞跃，农机骨干企业工艺装备水平快速提升，与国内其他行业的差距大大缩短；工业机器人、激光焊接技术、数控加工技术、电泳涂装技术已经应用于关键零件制造；加工制造工艺向柔性“专机 + 加工中心”模式发展，零部件加工和装配工艺技术水平大幅度提高，产品质量明显提升，部分产品的制造质量已接近或达到国际同类产品同期水平。

（四）“引进来、走出去”战略初见成效，国际化程度提高

国际农机制造巨头企业纷纷进入中国市场，有效带动我国农机工业水平提升，我国优秀骨干农机企业采用收购、引进等方式在国际市场上获得新技术和优秀人才，加快了企业国际化进程，提高了品牌的国际竞争能力。

截至2013年，我国农机行业规模以上外资企业已有147家，占行业规模企业总数的7.97%，其工业总产值占全行业的12.06%。

2009年，中国一拖集团相继在7个非洲国家建立装配厂和服务中心，2011年，收购了意大利ARGO集团旗下法国McCormick工厂。雷沃重工收购“阿波斯”等三大高端农机品牌，计划打造成中国农机装备制造的首个世界级品牌。中联重科在进入农机领域之后，在美国设立了农机研究所，随后又在意大利设立了欧洲研发中心。

国际市场竞争力的提升，促进了产品出口贸易额的稳步增长，自2004年起，我国农机工业出口总额一直大于进口总额。特别是在农机工业进出口强劲增长的2008年，更是以51.43亿美元的贸易顺差创造了历史新高。2013年，农机行业完成进出口总额119.3亿美元，同比增长6%，高于同期机械工业平均水平2.28个百分点，其中，农机行业出口总额93.77亿美元，进口总额25.53亿美元。

五、新常态发展阶段（2014年至今）

随着农业生产方式转变和农业产业结构调整，农机工业发展速度放缓。2014年，我国农机工业平均两位数的高速增长态势告一段落，中高速增长、稳步健康发展将是农机工业未来的常态。

目前，我国农机产品同质化严重、低端产品产能过剩与高端装备技术缺乏、产品有效供给不足的结构性矛盾依然突出，突破高端产品及关键核心零部件瓶颈是农机行业今后一段时间内的重大课题；加快提升制造装备水平、制造能力和产品质量是农机行业面临的一项长期任务。

农机装备列入《中国制造2025》十大重点发展领域，为农机工业发展提供了机遇。工业和信息化部、农业部、发展改革委组织编制了《农机装备发展行动方案（2016—2025）》（以下简称《方案》），农机工业必须以《方案》规划的任务和目标为依据，以农业部《关于开展主要农作物生产全程机械化推进行动的意见》为导向，紧紧围绕科技进步、创新驱动、产品转型升级、提质增效这条主线，以调整优化产品结构、突破瓶颈、主攻短板为重点，进一步深化农机农艺融合、机械化和信息化融合，紧跟智能制造和智能农机装备发展大趋势，不断研发和生产先进适用的农业装备，进一步提升支撑农业机械化发展的保障能力，为推进我国农业生产全程机械化和全面机械化进程做出应有贡献。

2018 年 12 月 29 日，国务院印发《关于加快推进农业机械化和农机装备产业转型升级的指导意见》（国发〔2018〕42 号），围绕装备结构、综合水平、薄弱环节、薄弱区域、相关产业机械化，提出 5 类 16 项量化指标，并综合考虑了与《全国农业现代化规划（2016—2020 年）》《农机装备发展行动方案（2016—2025 年）》《全国农业机械化第十三个五年规划》的衔接，明确提出 2020 年和 2025 年农业机械化和农机装备产业发展目标，充分体现了“全程、全面、高质、高效”的工作导向，有利于科学推动农业机械化和农机装备产业转型升级，为今后一个时期农业机械化发展指明了方向。

站在新的历史起点，回望中华人民共和国农机工业走过的历程和发展成就，我们深感欣喜，倍受鼓舞。但农机工业仍然大而不强，结构性矛盾仍旧突出，特别是低端产能过剩，高端产品不足；粮食作物机械、耕种收机械及平原机械相对过剩，经济作物、收获后处理机械及山区丘陵机械不足；农机产品质量还不能满足我国现代农业的需要，高性能的大马力拖拉机、大型谷物收获机、高端农机具、大型采棉机、甘蔗收获机、大型青饲料收获机及精准作业装置等高端产品市场基本被外资品牌占领；关键零部件如采棉头、打结器、轻简化农用柴油发动机、静液压驱动系统、总线及控制系统还主要依赖进口。

我们必须坚定不移地按照党的十九大提出的新时期国家发展的战略目标和任务，树立大农业观，种植业、畜牧业、渔业、农产品初加工等各产业协调发展，北方、南方各地区协调共进。加强农业机械化顶层设计，建立部际协调工作机制，以农机农艺相融合、机械化信息化相促进为路径，推动农机工业向数量质量效益并重转型升级。我们农机人要攻坚克难，砥砺奋进，加快推进向世界农机制造强国迈进的步伐，为我国农村和农业提供技术先进、品质优良和服务一流的农业装备，不断提升推进我国农业全程和全面机械化的支撑和保障能力，为早日实现我国农业现代化做出新的更大的贡献。

农业机械化的“东方红”赞歌

中国一拖集团

今年是新中国成立70周年，也是毛泽东主席提出“农业的根本出路在于机械化”论断60周年，还恰逢中国第一拖拉机制造厂（以下简称一拖）建成投产60周年，60多年来，中国一拖和“东方红”的发展见证了中国农机工业从无到有、从小到大的全过程，也见证了中国波澜壮阔的历史。中国一拖和“东方红”的历史是共和国农机工业的缩影，凝聚着一代代农机人的“初心”和“使命”。

“一五”期间由苏联援建的第一拖拉机制造厂建筑，如今已经成为全国重点文物保护单位，见证了共和国农机工业的发展历程

创业，日出东方

20世纪50年代初，刚刚成立的中华人民共和国百业待举，但首先要解决的是四亿人民的吃饭问题，为了在有限的土地上更多更快地生产粮食，中央下决心建设农机工业，用现代化装备武装农业。

中央举全国之力，从上海、长春等地抽调出专家和技术人员，在苏联专家的指导下开始筹备第一拖拉机制造厂。第一拖拉机制造厂的选址和建设，受到当时中国最高领导层的高度关注。1953 年 2 月，第一机械工业部汽车工业管理局成立新厂筹备处，开始搜集可能建厂地区的初步资料。听说要建设中国第一个拖拉机制造厂，西安、石家庄、哈尔滨等城市纷纷要求把工厂建到自己那里，但中央从工业布局和国防安全考虑，确定在中原地区的河南省内选址。

081，这个普普通通的数字，是第一拖拉机制造厂当年对外公开的代号。杨立功等一批“老八路”，肩负国家的重任和亿万农民的盼望，带着还没来得及卸掉的“盒子炮”，就开始了第一拖拉机制造厂的筹备和建设。

1953 年，时任国家计划经济委员会副主任的李富春，带领 12 位苏联专家，在郑州、洛阳、偃师、新安、陕州五个地区进行踏勘。当李富春带着专家的意见回到中南海向毛主席汇报后，毛主席沉思良久之后做出一个重要决定：“洛阳那么多帝王都住下了，难道还放不下一个拖拉机厂？”

1954 年 1 月，中华人民共和国第一个拖拉机制造厂定址洛阳。

1955 年 10 月 1 日，在洛阳涧西，这片曾经是隋唐皇帝御花园的土地上，一座现代化重型工厂破土动工。

1955 年 10 月 1 日，中国一拖举行隆重的开工典礼，时任河南省副省长邢肇棠参加奠基

当人们得知这里将要生产拖拉机，洛阳，这座当时人口不足十万的小城，立刻沸腾了。

当一根根钢桩打进这片古老的土地，生长起来的不仅是一栋栋高大的厂房，一条条绵长的柏油路，更是五亿农民一双双渴盼的目光。

第一拖拉机制造厂破土动工的消息传遍祖国的四面八方，工厂的创业者们很快就收到2600多封慰问信。一行行、一句句感人肺腑的鼓励话语，极大地激励着第一拖拉机制造厂的职工，大家心中只有一个信念——加快建设速度，尽早装备中国农业，完成新中国农机工业的奠基。

4年后，第一拖拉机厂就要生产出第一台产品了。但是，给这个“新中国第一”起什么名字呢？如今的洛阳东方红农耕博物馆的展柜中，陈列着一张毛泽东主席的亲笔批示，批示上写道：拖拉机型号、名称不可用洋字；各种拖拉机的样式和性能一定要适合我国的气候和地形；并且一定要是综合利用的；其成本要尽可能降低。

中国自己制造的拖拉机，要有中国人自己的名字。当时，人们先后提出“铁牛”“龙门”“白马”等名字，但都被一一否定。最后，当有人受陕北民歌《东方红》的启发，提出“东方红”这个名字时，获得了所有人的一致赞叹。

东方红，既歌唱毛主席，也歌唱新中国，歌唱新生活。援建一拖的苏联总专家列布科夫得知这个名字后，激动地回信说：“东方红，多好的名字呀，中国农民就要开着中国自己制造的拖拉机，去迎接太阳了！”

从此，中国第一拖拉机制造厂生产的拖拉机上，都有了醒目的“东方红”三个字。

1958年6月30日，第一拖拉机制造厂生产出第一炉铁水。紧接着，第一批锻件、第一台油泵、第一台柴油发动机……1958年7月20日，悬挂着毛主席画像的第一台东方红拖拉机，身披大红花、在人们敲锣打鼓的护送下，隆隆地驶出了第一拖拉机制造厂的大门。

中国农耕历史从此掀开了崭新的一页。

1959年10月12日，周恩来总理专程视察一拖，时任厂长杨立功向周总理汇报了工程进度。当听到一拖提前一年生产出我国第一台拖拉机时，周总理语重心长地叮咛：“你们要记着，你们是中国第一啊！要出中国第一的产品，育中国第一的人才，创中国第一的业绩！”

这“三个第一”，不但成为一拖人的核心价值观，更成为一拖人的文化基因。

1959 年 11 月 1 日，第一拖拉机制造厂门前锣鼓震天，洛阳民众纷纷汇集在这里，等待中国历史上的一个重要时刻——中华人民共和国第一个拖拉机制造厂将宣告建成。在万众瞩目中，时任国务院副总理谭震林在典礼上庄严宣布：“中国农民早已盼望‘耕田不用牛、点灯不用油’的伟大时代，开始到来了！”

由此，西北的雪山下、东北的黑土地上、中原大地、秦川沃土、海南椰林，到处都能看到东方红的身影。在中国农业机械化的历史进程中，东方红拖拉机完成了中国 70% 以上机耕地的作业，东方红拖拉机也由此在许多人的脑海中留下了不可磨灭的印记。

改革潮流，奔腾不息

40 年前，中国工业体系集中计划的协作模式已不能适应发展需要，一场改革开放大戏正徐徐拉开帷幕。第一拖拉机制造厂，再次成为历史转折大戏的开场。

1980 年，对中国一拖来说，是计划经济阶段最辉煌的一年。全厂 24000 余名职工，当年生产、销售履带式拖拉机 24000 多台，创造了 1959 年投产以来的最高纪录。

然而，一拖人脸上的笑意尚未收起，历史竟然和一拖人开了个几乎置其于“死地”的玩笑。这一年，作为改革的第一步，农村家庭联产承包责任制全面施行，似乎一夜之间就将广袤的原野分成了一块块“面条田”。在农村，“老黄牛重返战场，小毛驴趾高气扬，拖拉机离职休养”，计划经济生产线上开下来的“大铁牛”，一下陷入“户自为战”的格局中。

这年，在镇江、邢台等地举行的全国大型农机订货会格外冷清。一拖职工中流传着一则黑色幽默：“镇江不振，邢台不行”。计划经济模式下的一拖，像一艘习惯了在和风细雨中缓缓航行的大船，猛然被这市场的大浪高高举起，不知所措。

面对当时严峻的形势，一拖公司决策层在认真总结各方意见后，组织了千人调研大军，在 15 个省 47 个地区 106 个县进行调研。当时，许多农民向调研人员反映：“你们拖拉机厂不能光生产‘大家伙’，那在我们这些小地方根本转不开，你们也要生产点儿小的，最好是 1 头牛的价钱、8 头牛的力气。”

根据市场反馈的信息，一拖迅速调整航向，仅用几个月的时间，就研制出符合农民需求的东方红 15 马力拖拉机，并在 1983 年底形成年产 1 万台的生产能力。

在东方红农耕博物馆一楼，一台满是历史斑驳痕迹的东方红小四轮静静地停放在这里。它是一拖从计划经济时代进入市场经济时代过程中开发的标志性产品，它不仅“托起了中国农民的致富梦想”，也在 20 世纪 80 年代带动中国农机工业走出低谷。

因为适应市场的需要，东方红小四轮不但让一拖迅速走出改革初期的震荡，而且很快尝到了市场经济的甜头。但小四轮并不能代表企业的方向，什么产品才能代表一拖发展方向呢？一拖像当时很多企业一样，开始探索产品多元化发展道路。

在西藏自治区每年 3 月份的“开镰仪式”上，东方红拖拉机都是亮点

东方 32ZA91 型自行车通过生产许可证验收；东方红 665 越野汽车被批准为国家定型产品；东方红 4125A 柴油机被国家机械工业部命名为节能产品；试生

产的菲亚特 100-90T 拖拉机于北京南郊农场进行试耕；建机分厂从德国宝马格公司引进先进技术，试制出 BW141AD、BW217D 两种全液压震动压路机，技术达到国际 20 世纪 80 年代先进水平……

和当时很多企业一样，一拖在大公司、大集团战略目标引领下，先后兼并了江苏清江拖拉机厂、信阳柴油机厂、许昌通用机械厂、郑州煤机厂等企业，一拖集团的旗帜在全国各地高高飘扬。

不过，产品多元化战略是把双刃剑。步入 20 世纪 90 年代，在内外部各种因素的共同影响下，一拖很快就尝到了市场的冷酷无情。1994 年，一拖公司出现建厂以来首次亏损。面对困难，一拖集团制定了未来七年的发展规划，即“73111 工程”。

这段时期，一拖研制的东方红 1002、1202 拖拉机结束了国内不能生产 100 马力以上大功率履带拖拉机的历史，并首批发往黑龙江农垦地区；东方红 LT1101 五吨平头柴油载货汽车通过技术鉴定；东方红 802R 橡胶履带拖拉机研制成功，填补了该机型在国内的空白……

此后几年里，一拖几经沉浮，1997 年以 43. 3 亿元的销售收入再达高峰，并实现在香港上市，成为当时我国农机企业唯一的上市公司，但这之后多年，一拖一直在亏损边缘徘徊。

21 世纪初，一拖的年度工作报告上有这样一段话：“2000 年是我公司建厂以来生产经营形势最为严峻的一年，全年共完成销售收入 174500 万元，同比下降幅度为 50%，亏损 21000 万元，目前仍是公司经济效益主要支撑的履拖仅销售了 5959 台，同比下降幅度为 39. 5%，虽然轮拖同比增长了 63%，但其绝对数量仅为 449 台。”

面对困境，一拖领导层分析认为，企业之所以出现这种情况，除了宏观经济环境影响，主要还是企业过于短视，不适应激烈的市场竞争。于是，借用“外脑”，寻找一个切实的突破口和切入点，赢得时间少走弯路，就成了一拖人的共识。

2001 年 2 月 5 日，美国科尔尼管理顾问公司全面入驻一拖。根据科尔尼公司的建议，一拖审时度势，提出了“三分四层”发展战略。“三分”是指“分兵突围，分块搞活，分兵挺进”，通过分治管理，解决体制性矛盾。“四层”是指四个层次，即将农业机械、工程机械、动力机械三大板块做大做强，将零部件专业厂做精做专，对与主业关联度不大的生产单位综合治理，积极探索国际合作和资本运作，四个层次聚合竞争优势，着重解决结构性矛盾。

依靠改革的力量，一拖2002年扭亏，2003年实现盈利，当年销售收入达到47亿元，再次创下一拖历史上的最高纪录。出身于计划经济体制的一拖，终于在激烈的市场竞争中，趟出了一条看得见、行得通的路。

全面创新，走向卓越

作为共和国农机工业的“长子”，中国一拖对中国农机行业的贡献，在于经历60多年跌宕起伏，一拖不但在激烈的市场竞争中保持领先地位，还不断带领中国农机行业，走向更广阔的天地。

2003年，在对意大利菲亚特大轮拖技术进行多年消化吸收后，中国一拖准确把握中国农机市场的需求趋势，推出80～100马力东方红大轮拖系列新产品，一举轰动市场。

2004年，在中央一系列惠农政策的扶持下，农民收入快速增长，从事农业生产的积极性进一步增加，东方红大轮拖随即成为市场上的抢手货。当年，东方红大轮拖一举实现销售1.2万台。在国内走红的同时，东方红大轮拖也迅速打开了国际市场。2003年4月，中国一拖一次性出口委内瑞拉530台，成为当时中国最大的一笔大轮拖出口订单。随后，面向亚洲、非洲、南美洲等区域市场，中国一拖开始不间断地刷新我国大中型轮式拖拉机出口纪录。

摸索市场的艰辛付出终于赢得回报。2006年，中国一拖实现销售收入102亿元，几代一拖人梦寐以求的“百亿梦”终于实现。

梦圆百亿的欢欣和喜悦，并没有蒙蔽一拖人的双眼，一拖人清醒地认识到，不能让“百亿”变成企业的“天花板”，只有突破“百亿”，才能挺立潮头。

2007年元旦，一拖发布《创新宣言》，明确指出：面对企业深层次的问题和矛盾，唯一可以依赖的就是创新。

随着我国农业机械化进程的加快，东北、新疆等地区的大农场对拖拉机功率的要求不断提高，200马力以上重型拖拉机的需求不断增加。但由于拖拉机动力换挡技术长期被国际农机巨头垄断，致使中国该马力段的拖拉机长期依赖进口，这是当时整个中国农机行业面临的挑战。

为改变这种状况，2007 年开始，一拖与国际知名研发机构开展合作，实施“PST 项目”，瞄准欧洲 21 世纪轮式拖拉机先进技术水平，开发具有自主知识产权的动力换挡重型拖拉机，引领中国大功率拖拉机更新换代。

2010 年 9 月 28 日，在中国一拖建厂 55 周年之际，东方红动力换挡拖拉机在中国一拖刚建成的现代化工业园隆重下线，一举打破国际农机巨头对 200 马力以上拖拉机的垄断。这既是一拖人对共和国几代领导人关怀的回报，也是企业在新的历史时期，给全国数百万用户交上的又一份满意答卷。

与此同时，中国一拖已经认识到，要以全球视野，在全球市场的价值链中实现国际化，在国际市场上形成完整的营销网络布局，以获得企业的综合竞争优势。

2009 年 4 月 15 日，中非发展基金与中国一拖合资，成立“中非重工投资有限公司”，搭建中国面向非洲的技术装备输出平台。2011 年 3 月，一拖成功收购了一家位于法国的百年企业、意大利 ARGO 集团旗下的 McCormick 工厂。这是新中国成立后，中国农机企业收购世界级农机企业的第一例。

生产线上的 AGV 自动导向台车，东方红拖拉机生产线大量应用信息化和智能制造技术

“十一五”期间，中国一拖以建设世界一流的农业装备供应商为目标，以创新为动力，以重点技改项目为依托，不断聚集力量、增长实力。五年中，一拖建成洛阳新工业园、黑龙江生产基地和新疆生产基地，极大地拓展了企业的发展空间，企业核心竞争力全面提升。

2008 年 2 月，经国务院国资委批准，中国一拖重组进入中国机械工业集团。一拖开始在更高的平台上，用更宽阔的视野，参与全球市场大协作。

2012 年，中国一拖旗下的第一拖拉机股份有限公司，成功在上海证交所主板上市，中国一拖成为中国农机行业唯一的 H 股和 A 股双上市公司。

2014 年中国国际农业机械展览会上，展示了一拖用 3 年时间顺利实现商品化生产的东方红 LF 系列动力换挡拖拉机，配套的是一拖法国公司生产的动力换挡传动系，这是中国自主制造的最高端拖拉机首次批量亮相。它的亮相不仅让东方红拖拉机赢得了越来越多的用户，而且使国外同类产品降价幅度达到 30% 以上，有力提升了中国农机产品的国际竞争形象。在 2015 年中国一拖庆祝建厂 60 周年之际，东方红动力换挡拖拉机销量突破 3000 台，在中国掀起了一场农机升级换代的热潮。

比起前次搭建中国农机行业的大轮拖技术平台，一拖用了 20 年时间；此次搭建与世界发达国家同步的产品技术平台，一拖只用了不到 10 年。

在创新的路上，一拖人从未停止脚步。在移动互联网改变一切的今天，瞄准世界农机未来趋势，中国一拖不断加快创新步伐。

2016 年 4 月 21 日，中国首家拖拉机动力系统国家重点实验室在中国一拖挂牌成立。6 月，东方红 LW4004 无级变速重型拖拉机在国家“十二五”科技创新成就展上首次公开亮相。10 月，在武汉召开的全国农业机械展览会上，中国一拖发布中国首台无人驾驶拖拉机，引发行业轰动。

2018 年 8 月 11 日，中央电视台一套黄金时段节目全景展现东方红拖拉机无人驾驶作业。这是中国一拖自主研发的第二代无人驾驶拖拉机，具有一键启动、一键急停、自动换向、农具自动控制、动静态障碍物主动避让等功能，是中国一拖智能化拖拉机的代表产品之一。2018 年 10 月，中国一拖自主研发的国内首款无驾驶室的纯电动拖拉机——“超级拖拉机 I 号”亮相，再次引起轰动。

无人驾驶拖拉机

2019 年 4 月 3 日，200 台东方红 LX904 自动驾驶拖拉机交付仪式，在内蒙古自治区通辽市科尔沁汇双利农机合作社举行。这是我国集成自动驾驶、智能农机管理等先进农机技术的首次大规模应用，也是我国精准农业的又一次突破。这 200 台预装北斗农机自动驾驶系统的东方红 LX904 拖拉机，能实现精确到 2.5 厘米的精准作业，单台拖拉机即可完成播种、中耕到收获的全过程自动作业。

2019 年 6 月，中国一拖牵头组建的农机智能创新中心成功升级为农机行业唯一的国家级制造业创新中心。

在中国一拖发展的 60 年里，累计生产 355 余万台拖拉机和 270 余万台动力机械，大中型拖拉机市场占有率和社会保有量居中国首位，为中国人“把饭碗端在自己手里”做出了突出贡献。

站在中华民族伟大复兴的新起点上，中国一拖积极响应“大力推动农机机械化、智能化，给农业现代化插上科技的翅膀”的伟大号召，继续创新奋进，不辱使命。

（张智磊执笔）

亲 历 农 机 化

中国的十大拖拉机制造厂

> 刘振营

我国农机行业主要是从新中国成立后开始起步的。在当时一穷二白的状况下，只用了20年左右的时间，就建成了大中小型拖拉机制造厂10余家，可生产功率从10多马力到50多马力的各型履带式和轮式拖拉机。这些国有拖拉机制造企业，一方面为当时的农业生产提供了必要的农业机械动力，另一方面也为我国拖拉机产业今后的发展奠定了良好的基础。

一、第一拖拉机制造厂

中国一拖集团有限公司的前身——第一拖拉机制造厂是国家“一五”时期156个重点建设项目之一。1955年开工建设，1958年7月20日，中国第一台履带式拖拉机——东方-54拖拉机诞生，1959年工厂正式建成投产。中国一拖是由毛主席亲自敲定厂址、周恩来总理亲自任命厂长的工厂，堪称共和国农机工业的“长子”。经过70余年的发展，中国一拖已经成为以农业机械为核心，同时经营动力机械、零部件等产品的多元化大型装备制造企业集团，是中国农机工业的重点骨干企业。建厂以来，中国一拖已累计向社会提供了355余万台拖拉机和270余万台动力机械，为我国“三农”建设做出了积极贡献。

二、天津拖拉机制造厂

天津拖拉机制造厂始建于1937年，1956年被正式命名为天津拖拉机制造厂。1958年生产出TT-240型轮式拖拉机，这是我国第一台中型轮式拖拉机。

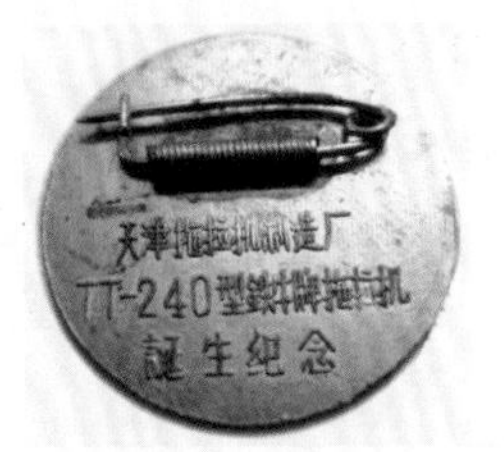

为纪念TT-240型铁牛牌拖拉机诞生而制作的纪念章

1972 年的天津拖拉机制造厂

天津拖拉机厂的“铁牛”品牌曾叫响全国，并出口到 20 多个国家，员工最多时达 8000 余人。2000 年，天津拖拉机制造有限公司与约翰·迪尔公司合资成立了约翰·迪尔天拖有限公司，主要生产 60 ～ 120 马力轮式拖拉机。2013 年，约翰·迪尔天拖公司解体。

三、上海拖拉机厂

上海拖拉机厂实际说的是两个厂：一是指上海七一拖拉机厂，另一是指上海拖拉机制造厂。

1963 年，丰收-35 型拖拉机交上海七一农业机械修配厂改进试制，1965 年 8 月，上海七一农机修配厂改名为上海七一拖拉机厂。丰收-35 型拖拉机于 1965 年 12 月 28 日通过市级技术鉴定，后经国家科委和八机部审查，于 1966 年初颁发了部级技术鉴定证书，同意成批投产，1966 年当年生产 608 台，至 1979 年，最高年产量达 8540 台。该厂于 1981 年划入自行车公司，改名为上海自行车二厂。

上海七一拖拉机厂

1958 年，上海农业机械厂第一台红

旗拖拉机试制成功。1960 年，上海农业机械厂改名为上海拖拉机制造厂。1969 年，七一拖拉机厂研制成功 5 台上海－45 型拖拉机，交由上海拖拉机制造厂生产。1979 年，上海拖拉机制造厂改名为上海拖拉机厂，上海－50 型轮式拖拉机正式通过国家鉴定，此后投入批量生产。

上海拖拉机厂曾红极一时，农民用麻袋装着现金，到厂里排队购买拖拉机。这一盛况的照片，当年曾出现在各大报端。

1990 年，上海－504 型拖拉机参加澳大利亚国际拖拉机拉力赛，荣获第一名，引起轰动。1989 年 12 月，上海拖拉机制造厂改为上海拖拉机内燃机公司。2002 年 1 月，上海拖拉机内燃机公司与意大利纽荷兰公司合资，组建了上海纽荷兰农机公司。

四、清江拖拉机厂

1965 年，江苏淮阴地区的清江机器厂接受了试制拖拉机的任务，这家于 1956 年公私合营成立的机械厂，是该地区最大的机械制造企业。1966 年 7 月，该厂第一台东方红－20 型拖拉机试制成功。1968—1969 年，先后试制成功东方红－40、东风－45、东风－50 等型号拖拉机。1969 年，清江机器厂更名为清江拖拉机厂，主产东风－50 型拖拉机。1972 年 3 月，第一机械工业部决定扩大清江拖拉机厂生产能力，由年产 3000 台增至 5000 台。1975 年上半年，扩建工程全部竣工。1976 年，生产东风-50 型拖拉机 1010 台，1978 年生产 2510 台，1979 年达 3500 台。1984 年，该厂拖拉机商标由东风牌改为江苏牌。

有老清拖人回忆，1970 年建成清江拖拉机制造厂，大批骨干调往该厂，大批学生和退伍军人分去该厂，连原在南京的农业部南京农业机械研究所都并入该厂。该厂生产的东风-50 型拖拉机深受市场欢迎，还在澳大利亚获得过国际金奖。在计划经济时代，在大力实施农业机械化的年月，清拖红红火火，当年是淮阴地区的骄傲。清江拖拉机厂因体制机制的原因，不适应市场竞争，生产经营一度陷入困境，曾经有一段与中国一拖集团合营的经历。

五、长春拖拉机制造厂

长春拖拉机制造厂有着辉煌的历史，曾与第一拖拉机制造厂和天津拖拉机制造厂并称为我国拖拉机制造三强企业。该厂 1958 年建立，曾隶属国家农机部、八机部、一机部管理。1959 年生产的上游牌拖拉机，参加了新中国成立 10 周年大典。

20 世纪六七十年代生产的东方红-28 型拖拉机，产品畅销全国并作为援外产品出口阿尔巴尼亚等国。在 20 世纪 80 年代，为适应农村改革，长春拖拉机厂最先推出小四轮拖拉机，12 型拖拉机是部优产品，曾获国家金牛奖和牡丹杯，150 型拖拉机是省名牌产品，250 型拖拉机在波兰获国际金奖。建厂以来，生产中小型拖拉机 85 万多台，出口亚非拉地区 1.2 万台。

长春拖拉机制造厂

20世纪90年代末，长春拖拉机制造厂运营遇到了困难。2007年，长春市政府利用长春拖拉机厂资源，重新组建长拖农业机械集团公司。2010年10月，长拖并入中国一拖集团。

六、江西拖拉机制造厂

江西拖拉机制造厂于1958年挂牌成立。1959年，江西拖拉机厂的八一牌万能拖拉机试制成功并轰动全国，当年就参加了北京五一劳动节献礼活动。

江西拖拉机厂后来并入江铃汽车集团，改称南昌江铃拖拉机有限公司，2005年与印度马恒达公司合资，成立马恒达（中国）拖拉机有限公司。

七、山东拖拉机厂

山东拖拉机厂成立于1960年，位于山东省兖州市，主要生产泰山-25型拖拉机。山东拖拉机厂发动机分厂始建于1955年，其前身为中匈友谊拖拉机站修配厂，1970年扩建为山东拖拉机厂发动机分厂。

2006年10月，山东拖拉机厂改制为山拖农机装备有限公司，2009年4月被五征集团整体并购。

八、湖北拖拉机厂

1958年10月28日，湖北农机厂正式成立。1965年12月20日，第一台东方红-20型拖拉机试制成功。1966年2月8日，湖北农机厂更名为湖北拖拉机厂，东方红-20型拖拉机正式批量生产。

1978年12月，神牛-25型拖拉机试制成功。1980年，东方红-20型拖拉机停产，改产神牛-25型拖拉机。1983年湖北拖拉机厂年产6200台，销售一空；1988年年产8100台，销售一空；1993年年产量创历史新高，达到10300台，仍销售一空。神牛-25型拖拉机先后出口到53个国家和地区，包括中东、非洲等友好国家，后来也出口到法国和美国等发达国家。1996年起企业逐年亏损，2000年3月，转为民营企业。

九、邢台拖拉机厂

邢台拖拉机厂在1968年建成，由薄一波同志题写厂名。邢台拖拉机厂生产的东方红-12型拖拉机，采用立式柴油机，不像其他的小四轮拖拉机由皮带传动，是中国第一家生产齿轮传动的小型拖拉机生产企业。

20 世纪 80 年代的邢台拖拉机厂

邢拖厂最初生产的东方红-12 型小四轮十分热销，因“东方红”商标已由一拖集团注册，后改为邢拖牌，主要产品有 12 ～ 25 马力系列四轮拖拉机，采用立式单缸和双缸柴油机，拥有“邢拖”“神农”“同力”三大系列品牌，深受用户青睐。昔日辉煌的生产场面，却因市场经营的种种原因，无法延续。2003 年，原邢台拖拉机厂的下岗职工重新建厂生产拖拉机，将“XT”商标重新注册，成立邢台一拖公司，开始了创业之路。

十、新疆十月拖拉机厂

1952 年国庆节，新疆十月汽车修配厂开工建设，1958 年改名为十月拖拉机厂。1958 年 5 月 13 日，新疆地区生产的第一台拖拉机从车间驶出，人们欢呼雀跃。第一台拖拉机为“跃进”牌 24 马力轮式拖拉机，实现了新疆农机制造业零的突破。

在跃进牌拖拉机的基础上，根据新疆地形特点十月拖拉机厂改良生产了“红十月”牌拖拉机，除了能耕地、开沟、打埂、泵水、磨面、发电、拖运货物以外，它的前头还配有割草机用来割草。1960 年，十月拖拉机厂共生产了 126 台红十月-25 型拖拉机，第一台还送到北京农展馆展出。

2000 年，十月拖拉机厂被新疆广汇实业投资公司兼并，当年的厂区成了商住小区，十月拖拉机厂的辉煌已成为历史。

上述记述是我个人收集整理的，难免有疏漏和差错。所记述的拖拉机制造厂，主要是 20 世纪五六十年代建成投产的厂家。此后在“1980 年实现农业机械化”的口号鼓舞下，建成投产的拖拉机制造厂家就更多了，但就基本技术来讲，主要是上述十家企业产品的复制。因此，这十家拖拉机制造企业，能够代表那个时代的拖拉机工业总体情况，它们的有些产品和技术甚至影响到现在。

这些拖拉机制造企业经历了改革开放的几十年变迁，目前大多数已面目全非，甚至不少已经销声匿迹，但他们的历史贡献不能被埋没。

有些事情，我们不能忘记。

（刘振营先生长期工作在农机领域，曾在农机学校任教10年多，在农业机械杂志社任主编、社长并主持《农业机械》杂志的出版20年，本文由作者根据自己以“清闲老农”网名发表的网文梳理而成）

联合收获机产业的发展与贡献

> 中国农业机械工业协会

中华人民共和国成立以来，我国联合收获机从无到有、从劣到优，无论是技术进步、产品质量还是产业链配套，都取得了令人自豪的进步和伟大的成就。2018年，我国农民享受农机购机补贴购买的谷物联合收获机有116660台，其中35家收获机生产企业销售轮式联合收获机17814台；71家企业销售玉米收获机32816台；72家企业销售履带式收获机66030台。中国粮食主要种植地区小麦、玉米、水稻已经基本实现了机械收获，花生、马铃薯、棉花、辣椒、葵花等经济作物的收获机械也越来越多。

一、谷物联合收获机的发展历程

新中国建立伊始，百废待兴，收获机械的生产基础薄弱，几近空白。直到1980年，全国谷物的机收率仅有3.1%，机收面积5988万亩。1980年，全国生产各类收获机5790台，工业产值2.1亿元；各类收获机的保有量为27045台，它们主要集中在国有大型农场，且均为小麦收获机械，其中黑龙江省有14081台、新疆维吾尔自治区有3335台，黄淮海和长江区域小麦、水稻收获完全依赖人力。

（一）轮式谷物联合收获机的发展

我国是小麦种植大国，用于小麦收获的轮式谷物联合收获机的研发和生产起步较早，经历了仿制、引进、自主研发和技术升级的发展阶段。

20世纪80年代初，国家农机部组织各骨干收割机厂积极开展先进技术和产品的引进。比如佳木斯和开封联合收割机厂引进了美国约翰·迪尔公司1000系列收获机；四平联合收割机厂则从德意志民主共和国引进了E512型联合收割机生产技术。这些产品都是传统的切流脱粒滚筒加键式逐稿器分离结构，是技术比较成熟和先进的联合收获机。1983年农村实行土地承包责任制后，粮食种植规模变小，农村迫切需要小型化的收获机械，此时小四轮拖拉机配套的小型铺放式收割机在全国开始大面积推广，大型联合收获机的发展受到制约。20世纪80年代中后期，开封联合收割机厂与德国CLAAS公司合作开发KC070型液压驱动履带式横轴流型水稻联合收割机，开启了轴流滚筒收割机的研制进程。同期，为了解决联合收割机利用率低的问题，桂林联合收割机厂率先研制生产了桂林-2型背负式联合收割机。

进入20世纪90年代，联合收获机企业的生产和产品开发都有了比较大的进步。其中最为有影响的是新疆联合收获机厂1993年根据市场变化生产的新疆-2联合收获机。这是切流加横轴流脱粒滚筒结构的中型自走式联合收割机，解决了我国谷物单产高、收获时比较潮湿、难脱粒的问题，既可在大面积地块收割作业，也可在几分地的小地块中作业，适应了家庭联产承包责任制后联合收割机作业转场多、卸粮频繁的特点，一进入市场就受到农民的青睐和欢迎，甚至是一机难求。随后雷沃重工、河北藁城等一批企业生产和销售新疆-2型联合收获机。这一时期的产品主要有新疆-2、雷沃谷神、中原-2、常柴-2、春雨-2、东方红-2、双力金鹰、佳联JL3060等，迪尔佳联JL1065、1048则在东北一枝独秀。新疆-2及其升级产品至今还是我国小麦收获的主导机型。在收获机进入市场的同时，生产企业创新产品营销和售后服务模式，在小麦和水稻收获的时候，农机企业生产线上的熟练工人全部下农田跟机服务，零配件送到收获作业现场。生产企业的保障性服务和“麦客”的跨区作业迅速推动了小麦、水稻联合收获机的快速发展。

2013年前后，由于粮食生产者的需求持续升温、购机补贴政策的大力推动、农机企业的不断努力，联合收获机出现了明显的技术升级：喂入量从2 kg/s升级到5 kg/s、6 kg/s，大大提高了作业效率。同期自走式联合收获机的制造质量和智能化水平也有了较大的进步，其作业性能和品牌影响力得到极大提高。2016年以后，我国轮式自走式联合收获机发展成为全功能的谷物联合收获机。冬小麦区的小型谷物收获机除了收获小麦外还能够收获水稻、玉米及其他杂粮作物。收获机的脱粒清选有横轴流、纵轴流及键式逐稿器等多种技术形式，喂入量也进一步提高到8 kg/s，能够满足不同地区和各类作物的收获需要。

（二）履带式水稻收获机发展

与小麦联合收获机相比，我国水稻收获机的产业化稍晚一些，基础也更薄弱。20世纪80年代，主要代表机型有开封联合收获机厂的KC070型履带式水稻收获机、湖州-138型、柳州-1.5型等产品。

20世纪90年代开始，日本企业进入中国，带来了日本国内较成熟的半喂入水稻联合收获机。这种机型价格昂贵，维护调试难度大，市场难以接受。2000年以湖州碧浪为代表的国产全喂入横轴流水稻收获机有了市场规模，国内水稻机械化收获的瓶颈得到突破。履带式水稻联合收获机单横轴流（喂入量1.5～2 kg/s）和双横轴流（喂入量2 kg/s）并存，同时半喂入水稻联合收获机也在积极推广中。

2009年，日本纵轴流水稻收获机采取本土化生产方式进入中国，纵轴流水稻收获机性能更加优越，还能收获小麦和玉米等作物，受到国内用户的欢迎，并逐步开始由中国向东南亚等国家出口。2013年以后，以国产单纵轴流为主的全喂入水稻收获机成为国内主力机型，喂入量也提高到4～6 kg/s，收获效率进一步提高。同时，由于丘陵山区水稻机械化的推进，喂入量在1.5 kg/s以下的履带式小型联合收获机（简易型）也得到了发展，我国水稻机收率快速提高。

（三）自走式玉米联合收获机的发展

我国最早的玉米收获机是20世纪80年代由中国农业机械化科学研究院与黑龙江赵光机械厂共同研发的牵引式、背负式机型，代表产品有4YL-2型和4YW-2型。自走式玉米收获机的开发从1988年中国农机研究院引进苏联KCKY-6玉米收获机开始，90年代初全国再次掀起玉米联合收获机的研发热潮。但是受产品成熟度差、农机农艺不配套等“瓶颈”的影响，一直得不到农民的认可，市场发展极为缓慢，玉米收获依然靠人畜力完成，玉米收获机械化与小麦收获机械化水平相差甚远。

1998年，新疆中收等企业研发出摘棒子剥皮的四行玉米联合收获机，河北藁城收获机厂也成功引进乌克兰赫尔松产品技术，在冬小麦产区还有互换割台的小麦/玉米两用联合收获机。它们都属于分段式玉米收获机，除了摘穗收获，还可以实现剥皮和秸秆还田、秸秆收获等功能，其作为成熟产品进入市场，解决了我国玉米收获完全依靠人力的困难，玉米机收率以年均5%的速度快速提升。

2016年后，随着玉米种植农艺的改善和小型粮食烘干企业的崛起，玉米收获机也实现了籽粒联合收获。目前，有关研发企业正在积极推广高含水籽粒联合收获机、履带式丘陵山区玉米收获机、茎穗兼收玉米收获机等，以充分满足市场和用户的需求。

二、谷物联合收获机对农机化事业的贡献

（一）突破了粮食生产最主要的“瓶颈”

多年以来，我国粮食生产中耗费时间最长、劳动强度最大的就是收获环节。20世纪90年代以前，每当“三夏”来临，全国县、乡主要领导挂帅，进城务工人员大多要返乡，全员参加抢收抢种。即使这样，往往“三夏”还需要一个多月的时间。由于收获时间长、收获环节多，往往丰产不一定丰收，靠天吃饭。联合收获机取得的巨大进步，实现了小麦、水稻、玉米三大粮食作物收获机械化，突破了收获“瓶颈”。2017年，全国小麦机收率达到95%、水稻机收率达到88%、玉米机收率达到69%。2018年，63万台联合收割机投入小麦收割，冬小麦主产区麦收只用了20天的时间，每天的机收面积最高达到2000万亩。我国黄淮海流域主要是两季种植，小麦及时收获保证了秋玉米的及时播种；秋玉米按时收获，冬小麦就能做到适时播种和来年的丰产丰收。由于能够及时收获和适时收获，既保证了粮食的生长周期，提高了产量，也大大减少了自然灾害对粮食丰收的不良影响。

（二）经济效益和社会效益显著

在我国，联合收获机催生了跨区作业模式，收获机成为农民致富的一个生产工具。2018年，驻马店汝南的一个雷沃重工用户，驾驶履带式谷物收获机跨区作业，先后用7个多月的时间，累积收获小麦、水稻、油菜等3500多亩，净收益15多万元。现在依靠收获机的劳动者被誉为“铁麦客”，是他们实现了谷物

收获的职业化和专业化。

目前我国粮食生产所需要的联合收获机95%以上是中国自己研发和生产的产品。2018年，我国具有较强制造能力的联合收获机企业有100多家，形成了年产20万台收获机的制造能力，是当之无愧的联合收获机制造大国。联合收获机的技术进步和产业发展，带动了大批农机零部件企业的发展。可以肯定，联合收获机产业进步在创造巨大社会效益的同时，也为社会带来了巨大经济效益。

（三）为农业现代化提供创新保障

国产联合收获机的发展离不开技术创新和进步，现在国产的联合收获机不仅采用HMT无级变速换挡技术，还广泛使用北斗导航定位技术，实现了无人驾驶、精准对行收获、脱粒清选质量控制、远程故障诊断、主动维修服务等技术，大大提高了收获机的工作性能和收获能力。在产品结构方面，有切流滚筒加键式逐稿器、横轴流滚筒、纵轴流（单纵、双纵）滚筒脱粒分离方式，同向筛、逆向筛、单风道、双风道等清选方式。在小麦机基础换装挠性割台收获大豆、绿豆，换装其他部件可以收获高粱、油菜、水稻、谷子、燕麦、荞麦等农作物。我国研发的小农生产用小麦联合收获机、高含水率的玉米分段联合收获机、水稻深泥脚田用全喂入收获机，都为世界收获机行业做出了技术创新和重大贡献。可以说，我国的谷物联合收获机为主要粮食生产全程机械化提供了必要的、重要的装备保障，为我国农机工业和农业现代化做出了重大贡献。

（宁学贵执笔）

农用运输车行业的发展历程

> 中国农业机械化科学研究院

农业生产中，运输是最消耗劳动力的作业，一般约占农业劳动量的40%以上。随着农村经济的发展，农村的运输量也在与日俱增，在此背景下，廉价实用、被称作“中国国情车”的农用运输车诞生了。经过近40年的发展，农用运输车（低速汽车）行业走出了一条从无到有、从小到大、从弱到强的自力更生的产业发展之路。

一、农用车的诞生与行业起步（1979—1986年）

1978年经济体制改革开始后，农村实行了家庭联产承包责任制，农民的积极性空前高涨，农业农副产品生产量大幅增长。农业生产运输仅依靠传统的人力车及拖拉机等交通运输工具已无法满足需要，作为最贴近农村的县级农机企业敏锐地意识到我国农村运输工具的潜在市场，几家县级农机企业开始着手开发适合这一需求的农用运输车辆。

1980年4月，三个农民走进安徽宣城地区的一个农机修造厂，要求在人力车上装发动机，从而拉开了我国农用运输车发展的序幕。廉价实用的农用运输车由此推向市场，并超出预想，市场反应良好，产品非常畅销。农用运输车产品的诞生，是伴随中国农村经济体制改革的深入、日益增多的货物量与落后的交通运输手段之间的矛盾而诞生的“中国国情车”。

20世纪80年代初，刚刚上马农用运输车的南京市溧水县农业机械修造厂

进入1984年，农用运输车开始渐渐渗透到农村，逐渐被农民认识并接受。据当时机械工业部统计，1984年农用运输车的年生产量首次超过2万台，达到2.8万台。此后，农用运输车的年生产量持续增长，1986年超过了6.4万台。为

了更规范地进行农用运输车的试制与生产，机械工业部农机局于1984年4月召开了由数十个有关企业参加的农用运输车研讨会，大会深入地分析和讨论了农用运输车的生产状况、市场动向及发展方向，并且发布了《关于快速发展农用运输车的意见》。1984年8月，机械工业部召开了机械工业工作者为发展农村经济服务的工作会议，与会代表提出了各种各样的建议，经过反复讨论与研究制定了新的增产计划。1984年10月，在四川召开会议并成立了由26个会员组成的全国农用车行业工作组。国家的一系列措施对农用运输车行业的扩大发展起到了重要的推动作用。

二、高速成长阶段（1987—1995年）

近十年的农村经济体制改革基本上解决了农民的温饱问题，农民的生活水平得到了明显的提高，也促进了农民生产观念的转变，农民的手里除了农业生产投入以外开始有了剩余资金，这使得农用运输车行业的高速发展成为可能。这一高速发展阶段的最大特征是，农用运输车行业遵循市场经济的发展规律，在没有政府投资的情况下完全靠自力更生而得以快速发展。农用运输车行业迅猛发展、销售量逐年递增的发展势头及发展前景引起了行政主管部门的高度重视。当时的国家机械工业委员会农业机械局于1987年开始对农用运输车行业实行目录管理，会同公安部交通管理局对农用运输车的生产企业及产品的质量、安全性，进行了彻底的监督和严格的管理。

在农村经济发展和农民收入增加的刺激及政府部门的正确引导下，农用运输车行业获得了快速成长，产量从1987年的12.7万台增加到1995年的230万台，远高于同期汽车18.2%和拖拉机14.1%的增幅。农用运输车、汽车、拖拉机等产品的生产比例由1987年的1：3.72：8.75变为1995年的1：0.632：0.850。农用运输车成为农机工业中一个富有活力的新行业，年产值从1987年的13亿元增长到1995年的230亿元，相当于农机工业产值的28%。农用运输车生产集中度也有了较大的提高，前10名企业的产量占全行业总产量的65%，其中三轮汽车企业最大年产量26万辆，年产值高达18.2亿元。

三、稳定发展阶段（1996—1999年）

经过9年的高速发展，农用运输车行业从1996年开始进入稳定发展阶段。在此期间，中国经济一度开始银根紧缩的宏观经济政策，农用运输车行业的成长速度也受到影响，行业增长率大幅下降，年平均增长率在10%左右。受以前农用运输车市场供不应求、利润丰厚的影响，许多企业蜂拥而入加进了竞争的行列，致使市场出现供大于求的局面，产品大量积压，价格竞争日趋激烈，一部分企业在竞争中被淘汰。在这一阶段，主要生产企业及消费市场的规模已基本形成，生产量与消费量呈稳定发展的态势，年生产销售量在1999年达到有史以来最高的320万台。与此同时，农用运输车行业经过已具备相当规模，产品结构和技术日臻完善，生产企业装备水平也有了很大的提高。

在稳定发展阶段，企业的生产线已经从手推式发展成流水线高效作业方式

农用车的产量巨大也引起了我国道路通行车辆构成的变化，特别是1997年国务院国办发〔1997〕35号转发国家计委和机械工业部《关于加强农用运输车的管理意见》，规定了“农用运输车是我国交通运输工具中的重要组成部分”，农用运输车与汽车、摩托车、拖拉机共同成为我国年产量在百万以上、保有量在千万以上的四种主要道路交通运输工具。

四、调整阶段（2000年至今）

进入2000年，农用运输车生产销售量回落到298万台左右，第一次出现了负增长，进入下降调整阶段。这一时期由于受国家宏观调控、市场竞争加剧、产业政策抑制等诸多因素的影响，农用运输车行业用了近10年时间才完成行业的调整。农用车生产企业已经从2000年的204家减少为2015年的121家，减少超过40%，2016年，三轮农用运输车生产企业继续精简调整至39家。

在调整阶段，有部分落后企业在激烈的市场竞争中退出市场，主要骨干企业的生产条件、产品水平与20世纪90年代相比有了明显的提高，基本形成了行业内的几大企业集团，如时风集团、五征集团、河南奔马、雷沃重工、成都王牌、四川南骏、山东黑豹等。经过阶段性调整，农用运输车行业的市场集中度也有了大幅的提高，四轮农用运输车市场集中度由2000年的46%增长到2016年的93.1%，三轮农用运输车市场集中度由2000年的91%增长到2018年的99.9%。

进入21世纪，农用运输车行业引入了先进的生产设备和现代化的企业管理理念，农用运输车行业的制造水平和制造能力有了质的飞跃，彻底摆脱了过去散、乱、差的低端制造形象，技术能力条件已与汽车行业相差无几，其中约有60%的企业与《车辆生产企业及产品公告》内载货汽车整车企业或改装企业的生产装备技术水平相接近，甚至好于相当部分的汽车企业，这些企业大多同时具有汽车整车或改装企业公告资质。2017年开始，按照《工业和信息化部关于开展低速货车生产企业及产品升级并轨工作的通知》，对低速汽车的生产企业和四轮农用运输车产品进行升级并轨，标志着四轮农用运输车退出历史舞台。

农用运输车行业引入了先进的生产设备和现代化的企业管理理念

五、农用运输车工业的巨大贡献

农用运输车扎根于服务“三农”，以“实用、安全、低价”的技术定位迅速发展起来，成为农村使用量最大的运输工具。进入20世纪90年代，农用运输车的产量首次超过农村运输重要工具小型拖拉机，农用运输车承担的运输量超越拖拉机、载货汽车居农村各种机动运输工具之首，成为农村运输工具的主力军，为解决农村运力不足，为广大农民脱贫致富奔小康，促进农村经济发展提供了有力手段。据统计，目前农用运输车保有量超过2000万辆，至少转移了农村1千万以上的青壮年劳动力。

时风农用车出口美国

农用运输车的发展是中国农业机械发展的重要组成部分。在我国农村经济体制改革之初，农机行业生产出现了严重滑坡而进行产品结构调整的情况下，1992年农用运输车行业的总产值和利税首次超过雄居农机行业之首的拖拉机行业，1996年农用运输车行业产值相当于当年农机工业总产值的30%，在农机工业发展史上留下了光辉的一页。经过30多年的发展，农用运输车行业的产值已超600亿元，从业人员超过40万，农用运输车的大发展还带动了柴油机、齿轮、前后桥、减震器等配套行业的发展，并造就了一批较大规模的农机企业，有力推动了农机行业的发展。2014年，时风、雷沃重工、五征分列中国机械百强企业的第11位、17位和23位。

农用运输车的广泛使用，进一步改变了我国农民千百年来出门以步当车、运货肩挑手推的原始作业生活方式。农用运输车使农村居民的活动半径和生活空间的扩大成为可能，同时促进了农民的时间观念、效益观念以及以本乡本土为基础的就业观念发生变化，加速了农村现代化的进程。农用运输车在很大程度上方便了婚丧嫁娶、赶集进城、农资运输、农产品物流，提高了农民生活质量，给农民和农村现代化带来了重大影响。

我国农用运输车的崛起，在世界范围内开创了发展中国家在特定阶段解决农村运输问题的先河。我国农用运输车的发展过程对广大发展中国家起着积极的借鉴作用，我国农用运输车逐步为国外市场所接受和认可也预示着农用运输车在国外有着良好的市场前景。2001 年 7 月，美国王牌公司与时风集团达成了农用车出口美国的协议，连续 2 批、共计 276 辆时风四轮农用运输车装箱运往美国，开创了我国农用运输车出口美国的先河，由此越来越多的农用运输车企业开始走向国际市场。

（张琦执笔）

改革开放前的六大联合收割机厂及其产品

> 刘振营

改革开放前，我国已建成六大联合收割机制造厂，生产不同型号的联合收割机。它们分别是：四平东风联合收割机厂，主要生产东风牌 4LZ－5 型自走式联合收割机；佳木斯联合收割机厂，主要生产丰收 4LZ－3 型联合收割机；开封联合收割机厂，主要生产 GT－4.9 型牵引式联合收割机；新疆联合收割机厂，主要生产新疆 4LQ－2.5 型牵引式联合收割机；依兰联合收获机厂，主要生产北大荒 4LQ－2.5 型牵引式联合收割机；北京联合收割机厂，主要生产北京 4LZ－2.5 型自走式联合收割机。

北京农业机械厂制作了谷物联合收割机试制纪念章，颁发给参与联合收割机试制的工程技术人员和职工。该纪念章为铜质珐琅材质，红五星下方刻绘有联合收割机图案，中间镌有“谷物联合收割机试制纪念”文字，底部有试制成功年份“1955”，背面铸有“北京农业机械厂”字样。

一、开封联合收割机厂和我国第一台牵引式联合收割机

开封联合收割机厂于1959年建厂，1972年开始投产GT－4.9型牵引式联合收割机，据记载，这是新中国第一台牵引式联合收割机，由北京农业机械厂（北京内燃机总厂前身）研制成功。该机型于1954年8月开始着手设计，1955年1月投入试制，同年4月15日组装完成，标志着中国第一台牵引式GT－4.9型联合收割机试制成功，并于1956年正式投产。

北京农业机械厂全体职工于1955年7月9日，写信给首届全国人民代表大会第二次会议，报告我国第一台谷物联合收割机试制成功，与会代表欢欣鼓舞。

GT－4.9型牵引式联合收割机重约7吨，割幅为4.9米，自带40马力的发动机，由东方红－54型拖拉机牵引。1972年，GT－4.9型联合收割机转到开封联合收割机厂生产。该机型主要在大型国营农场使用，是20世纪六七十年代我国联合收割机保有量最多的机型，一直到1982年停产。随着市场竞争的加剧和企业改制的深入，曾经闻名全国的开封联合收割机厂已注销。

二、新疆联合收割机厂和新疆－2型联合收割机

《新疆画报》1975年第1期封面报道了新疆第一农业机械厂生产的4LQ－2.5型联合收割机

提到新疆联合收割机厂（以下简称新联厂），人们自然会想到新疆－2型联合收割机。新疆－2型联合收割机是1992年通过鉴定的产品，在这之前，新联厂的主要产品是4LQ－2.5型牵引式联合收割机。

新联厂是在1898年建立的新疆机器局的基础上发展起来的，后改为迪化兵工厂、新疆兵工厂。1966年，改名为新疆第一农业机械厂。该厂历史悠久，到现在已有120多年的历史。

20世纪70年代初，中国农业机械化科学研究院与有关单位联合设计了4LQ－2.5型牵引式双滚筒联合收割机。1974年，新疆第一农业机械厂开始生产

该机型。1983 年，4LQ－2.5 型牵引式联合收割机获国家银质产品奖。

1992 年，郎中强走马上任厂长，他对市场进行了深入的调查研究，进一步摸清了农机市场的需求动向，发现小型自走式联合收割机市场需求量较大，而新联厂又有开发生产小型自走式联合收割机的优势，于是决定生产新疆－2 型联合收割机。新疆－2 型联合收割机标准型号为 4LZ－2 型，是中国农业机械化科学研究院收获机械研究所农机界老专家高元恩带领一批科技人员，结合德国克拉斯的技术，开发研制成功的小型自走式联合收割机。由于取消了键式逐稿器，其结构紧凑，湿脱性能好，分离损失小，价格适中，非常适合当时农村家庭联产承包责任制的经营规模。1993 年，试生产的 100 台新疆－2 型联合收割机投放市场后被一抢而空，深受农民用户青睐。1994 年，生产了 400 台又销售一空。此时，新疆以外的部分省市农机公司，纷纷来人来信订货，并且迫切要求在内地联营建厂，生产销售新疆－2 型联合收割机。

1995 年，整合多家企业的新疆联合机械集团公司成立了。接下来的几年，新联开始了中原联营厂的布局，不但在河北藁城、天津静海、山东平度、河南荥阳等地设立了若干组装分厂，还把几乎所有零部件分散部署在新疆以外的其他地区生产。新联厂实现了新疆－2 型联合收割机的零部件社会化生产、集中在分厂组装的格局。

这一机型的出现，对于刚刚兴起的小麦跨区机收作业，起到了推波助澜的作用。跨区机收的巨大成功，又反过来促进了新疆－2 型联合收割机的生产和销售。几年时间，新疆－2 型成为我国农机行业的明星机型，对我国谷物联合收获机的发展产生了极其深远的影响和引领作用，它的出现打造出我国民族工业的自主品牌，奠定了我国收获机械工业的技术基础，促进了我国收获机械行业和配套产业的快速发展。1999 年，新疆－2 型联合收割机在共和国 50 周年国庆典礼上，通过天安门广场，接受了党和国家领导人及全国人民的检阅。

1998 年，加入中国机械工业集团有限公司与所属中国农牧业机械总公司合并重组的中国收获机械总公司，更名为新疆中收农牧机械公司。2011 年，新疆中收农牧机械公司划转给中国农业机械化科学研究院，成为中国农业机械化科学研究院的全资子公司。

三、四平联合收割机厂和我国第一台自走式联合收割机

四平联合收割机厂的前身为1942年成立的吉林农业机械厂。新中国成立后，工厂在东北工业基地的建设中，把锄草机、综合铲耥机、联合收割机等农机具送往生产一线，见证了“北大荒”到“北大仓”的巨变。

由于当时全国收获机械生产能力低，自1958年起，全国各地纷纷改建扩建一批农业机械厂。1963年夏，吉林农业机械厂根据对苏联的实际考察情况和对黑龙江省调查的结果，正式向农机部提交了选择苏联联合收割机作为样机进行仿制生产的报告。1964年初，当时以生产小型农机具为主的四平农业机械厂，开始了研制我国第一台大型联合收割机的任务。经过连续奋战，终于在1964年4月底，成功制造出我国第一台大型自走式谷物联合收割机。当时只做了2台样机，空试成功后，在麦收时节，样机于北京芦合农村和黑龙江友谊农场，进行了两轮小麦田间实地收割，取得了成功。从此，结束了中国不能自己生产大型自走式联合收割机的历史，毛主席为产品欣然题名“东风”，寓意东风联合收割机要为农业现代化贡献力量，像春风吹绿大地那样助力中国农业发展。

1984年，四平联合收割机厂引进德意志民主共和国联合收割机制造技术，形成了SE514和东风4LZ－5两个系列的联合收割机产品，其产品在我国东北农场曾经是保有量最大的机型。由于各种原因，四平联合收割机厂跟不上市场竞争的步伐，2005年初改制为股份制企业——东风机械装备有限公司。

四、佳木斯联合收割机厂与约翰·迪尔

佳木斯联合收割机厂1946年建厂，原名“合江工业”，以农机修理和制造为主。20世纪50年代初，更名为佳木斯农业机械制造厂，引进苏联技术，生产脱粒机、播种机、开沟机。1980年与佳木斯收获机械厂合并，改称佳木斯联合收割机厂，简称“佳联”，主要生产丰收－3.0型联合收割机。1981年，佳联引进美国约翰·迪尔联合收割机技术，经过引进、消化、吸收，1984年开始小批量生产约翰·迪尔1000系列联合收割机。这一技术的引进，填补了中国大型联合收割机生产的空白，也结束了中国大型联合收割机全部依靠进口的历史。佳联成为全国唯一能生产大型联合收割机的企业，其产品在东北国营农场、新疆生产建设兵团及华北地区知名度极高，当时占有国内95%的市场份额。

1997年，佳联以部分优质资产与约翰·迪尔公司合资成立了迪尔佳联公司。

2004 年，迪尔佳联成为约翰·迪尔的独资公司。

五、依兰联合收获机厂与北大荒-6 型自走式大型谷物联合收割机

依兰联合收获机厂是黑龙江农场系统的农机制造厂，始建于 1963 年，20 世纪 70 年代初，为适应收获潮湿、难脱粒、高产的小麦，依兰收获机厂设计试制了小割幅双滚筒五七-2.2 型牵引式联合收割机。五七-2.2 型后改进设计为丰收-2.5型联合收割机，1983 年改进设计为丰收-3.5 型联合收割机。

1981 年，依兰收获机厂研制了北大荒-6 型自走式大型谷物联合收割机。1983 年，北大荒-6 型联合收割机通过科研成果鉴定，这是我国当时试制成功的最大喂入量的联合收割机。此后，农垦局发起组建了依联农机装备有限公司，2012 年 6 月，与雷沃重工联合成立了黑龙江雷沃北大荒农业装备有限公司。

六、北京联合收割机厂

北京联合收割机厂始建于 20 世纪 70 年代中期，是六大联合收割机制造厂中建厂最晚的，主要生产北京-2.5（4 LZ-2.5）型自走式谷物联合收割机。

该机由北京农具厂、中国农业机械化科学研究院和北京农业机械化学院共同研制。从 1970 年开始，经过五年多的不断试验改进，1975 年试制了 10 台第六轮样机，于当年五六月份，分别在河南和北京等地进行多点田间试验，性能指标符合技术要求，达到了国家标准，北京-2.5 型自走式联合收割机成为华北等地用于小麦收割的一种机型。后因种种原因，北京联合收割机厂注销了。

北京-2.5 型联合收割机作业中

我国联合收割机生产制造体系在计划经济时期完成，技术开发和生产制造由国家统一安排，力量集中使得国家在一穷二白的状况下，用比较短的时间就研制出农业机械中结构最复杂的联合收割机。也正是这六大联合收割机制造厂，给我们留下了宝贵的技术和人才队伍，而且今天仍然是我们联合收割机产业发展的基础。

（本文由刘振营整理而成，由于缺少资料和有的资料存在企业宣传失实等原因，文中难免有疏漏和差错，恳请知情者提出补充和指正）

小机器，大作为

微耕机对丘陵山区的重要意义

> 重庆市农业科学院

1959年在毛泽东主席“农业的根本出路在于机械化”的指示号召下，全国各省、地、县农机研究所相继建立。为解决丘陵山区机械化耕作问题，相关省市研究机构开发过绳索牵引式梭耕机、手扶拖拉机、小四轮耕作机、机耕船等。但是，直到20世纪90年代，我国仍然没有研制出一种小巧轻便、经济适用，能满足丘陵山区耕作需要的农业机械，农业生产仍然处于以人畜力为主的原始阶段。占国土面积2/3的丘陵山区，究竟拿什么来耕地？直到微耕机的出现，才找到了明确的答案！

微耕机

微耕机是指主要用于丘陵山区田间生产和园艺管理作业的微型耕作机械。国外的微耕机发展较早，主要以日本、韩国和意大利等国的产品为代表，普遍采用2.2~5.1 kW动力。我国微耕机的发展由重庆起步，经历了起步探索、市场培育、高速发展和结构转型四个时期。

（1）起步探索。1997年，意大利Benassi

公司的全轴全齿轮微耕机被引入中国，由柳州蓝天机电有限公司、重庆合盛工业公司进行改进试制。1998年，由重庆合盛工业公司开发的国内第一代齿轮传动、发动机直联的微耕机产品上市，当年销售98台。1999年，日本的齿轮链条传动微耕机被引入中国，由重庆富牌、重庆嘉耕农机公司进行改进试制，2000年实现了国产机型的上市销售。

（2）市场培育。1999年起，以合盛、富牌、嘉耕为代表的8家重庆企业陆续进入微耕机行业。在原重庆市农机局的努力下，从当年起为用户购机争取到每台800元的市级财政资金补贴，从而加快了微耕机在重庆地区的销售及推广使用。到2003年，重庆及周边省份微耕机产品市场逐步形成。

（3）高速发展。2004年，《中华人民共和国农业机械化促进法》颁布实施，农机购置补贴政策出台，推动微耕机产业进入高速发展阶段。到2012年，重庆微耕机生产企业快速扩张到100家，涌现出合盛、富派、鑫源、威马、耀虎、豪野等一批全国微耕机知名企业和知名品牌，产销量突破100万台，产值超过40亿元，产品覆盖全国20多个省市，出口到20多个国家。重庆成为全国主要的微耕机制造基地，微耕机成为重庆农机工业的主导产业。

（4）结构转型。从2013年起，受国家农机购置补贴政策调整影响，微耕机补贴额大幅降低，市场销售受到较大影响，重庆微耕机产销量以10%以上的速度逐年降低，一部分企业从农机制造领域退出。坚守的农机企业开始向小型收割机、田园管理机、果桑茶机械、农产品加工机械等领域布局，微耕机产品向经济作物领域及细分市场转型。2016年起，微耕机行业触底反弹，到2018年，微耕机产销量已基本恢复到2012年的水平。

微耕机的发展夯实了丘陵山区省份农机工业基础。以重庆为例，在微耕机产业形成以前，农机工业基础差、底子薄，仅有重庆柴油机厂和重庆农药器械厂两家农机制造企业。随着《中华人民共和国农业机械化促进法》的颁布实施，微耕机产业大发展，大量的摩托车零部件企业转行进入，形成了完善的微耕机整机生产和零部件配套体系，当前已有超过100家企业从事微耕机生产。2018年，全市农机工业总产值达到150亿元，微耕机占1/3，已成为国内有影响力的小型农机制造基地。“乡村振兴，装备先行”，依托重庆及丘陵山区相关省市的农机工业基础，必将为优化产品结构，丰富装备供给，推进丘陵山区乡村振兴做出新的贡献。

微耕机的出现实现了田间耕作由人畜力向机械化的历史性转变，对加快推进我国丘陵山区农业机械化有重要意义。20世纪90年代以前，丘陵山区没有合适的耕作机械，旱地主要靠人工用锄头翻地，作业效率0.1～0.2亩/天；水田主要靠牛拉铧犁作业，作业效率0.5～1亩/天。随着微耕机的推广应用，其旱地作业效率达到2～3亩/天，水田耕作效率达到4～6亩/天，大幅提高了农业生产率，降低了作业成本，被丘陵山区农民广泛接受。2010年前后，微耕机已发展成为丘陵山区田间耕作的主力机型，基本实现了对水田、旱地、大棚、果园耕作的全覆盖。

微耕机的普及，加快了丘陵山区农业机械化发展进程。2004年，重庆的主要农作物耕种收综合机械化率为12%，我国南方丘陵山区省份也处于同等水平。2006年，重庆提出“全面普及机耕、大力发展机收、重点突破机播”的农业机械化发展思路，微耕机得到大面积推广应用。2012年以来，我国微耕机的年产销量一直稳定在150万台左右，产品在丘陵山区农业生产中随处可见。2018年，南方14省市的主要农作物耕种收综合机械化率为40%，其中耕作水平普遍超过70%。微耕机的发展，对提高我国丘陵山区机械化耕作水平、加快推进农业机械化发挥了重要作用。

微耕机实现了丘陵山区耕作机械从无到有的历史性跨越，加快推进了丘陵山区农业机械化。展望未来，微耕机将向系列化、智能化、多功能方向发展，继续服务丘陵山区农业生产，为促进乡村振兴发挥重要作用。

（庞有伦执笔）

一个拖拉机站到现代化企业集团的蜕变

> 姜卫东

在山东日照市北经济开发区，坐落着山东五征集团现代化的汽车和农业装备生产基地。五征集团的前身，可追溯到成立于1961年的五莲县拖拉机站，也正是这样一个当时在五莲县工业版图上不起眼的小厂，历经五莲县通用机械厂、五征集团的演变和发展，蜕变成为农用车、汽车、农业装备、环卫装备和现代农业多元化协调发展，员工14000人，总资产130亿元的中国机械工业重点骨干企业。

一、20年艰苦创业谋发展（1961—1981年）

在毛泽东主席“农业的根本出路在于机械化”这一著名论断的指引下，1962年，山东省、日照市、五莲县政府共同出资购置8台拖拉机成立了五莲县拖拉机站，站址设在五莲县汪湖乡，由县长兼支部书记，承担全县的耕地任务。1971年撤站建立县拖拉机修配厂，厂址迁往洪凝镇北岭。为支援农业生产，1972年五莲县拖拉机修配厂将拥有的3台链轨车和5台轮式拖拉机全部下放到各个公社，职工也增加到30人。

20世纪80年代时的厂区

随着农村经济的发展，农业生产也开始向机械化迈进，农村对小型拖拉机的需求日益迫切。1973年10月，在生产条件极其简陋的情况下，五莲县拖拉机修配厂仅用三个月就试制出5台12马力拖拉机，受到了农民的欢迎。之后，企业排除一切困难，不断扩大生产规模，至1976年，累计生产拖拉机2000台，1976年以后，主要生产拖拉机配件。

1981年1月，根据县委、县政府的决定，由原五莲县拖拉机修配厂、五莲县内燃机配件厂、五莲县电器制修厂合并成立五莲县农药机械配件厂，为县属全民小型企业，主要生产五五二丙手动喷雾器铜配件，并达到了年产200万件的生产能力。1984年，药械厂更名为五莲县通用机械厂。

二、20年摸索前行求突破（1982—2002年）

改革开放是党和国家历史上具有深远意义的伟大转折，特别是随着农村改革的深入和农村经济的发展，农民对运输工具的需要也越来越迫切，这也为企业提供了干事创业的机会。

1983年以后，随着喷雾器市场的变化，企业为潍坊农药机械厂生产的配套件产量逐步减少，仅1983年就减少产量100万件，企业经营遇到了前所未有的困难。

为寻找发展出路，1984年，通过周密的市场调查，企业拟定了开发农用三轮车的计划，并于1984年10月试制成功了第一辆三轮车，为企业带来了生机。

那时的企业，基础差、底子薄，几乎没有正规的生产条件，产品质量和市场销量一直没有太大的突破。1988年，企业按照机械部行业整顿要求，在国家农机具质量监督检验中心的指导下，建成第一条三轮车装配线，确立了基本的产品开发思路、管理制度、质量标准和检验手段及相应的生产条件，并通过了行业整顿定点验收，这成为企业发展史上的一个重要里程碑。

1992年1月，姜卫东被任命为厂长，这时的五莲县通用机械厂无论是生产规模还是社会影响力在行业内和当地都微不足道，固定资产仅有400多万元、员工400多人。当时企业发展压力非常大，但开发研制的农用三轮车经过近10年的发展和完善，给农业生产方式带来了一场革命。因其经济实用性好，适合农村道路交通条件和农业生产特点，极大地解放了农村劳动生产力，促进了农村物流，在增加农民收入、改善农民生产条件和生活质量、推动农村经济发展等方面发挥了不可替代的作用，使很多农民由此改变了命运，摆脱了贫困，走上了发家致富的道路。企业看到了这一点，也认准了这条道路。

为迅速改变规模小、效益低的被动局面，1992年姜卫东担任厂长仅3个月就做出决策，实施了建厂以来最大的技改动作：在县里的支持下投资800万元新征土地60亩，新建三轮车厂区。这也是五莲县自1947年建县以来最大的技改项目。加快新产品开发，这使得企业成为全国最早开发全封闭式三轮车的企业之一。建立健全质量管理体系，产品质量水平得到很大提升。1993年，五征牌三轮车被中国质量管理协会和中国农机流通协会评为“使用可靠产品”，并以故障率最低获得全国质量第一名，这对企业是一次极大的肯定和鼓励。同时，积极拓展市场，努力提高市场份额。1993年，企业销售收入突破1亿元，1994年利润达到1330万元。1996年4月，由国家机械工业部组织的机械行业部分产品在京展出，五征牌多功能三轮车两进中南海，受到党和国家领导人的检阅，这是企业莫大的荣誉，同时也给予企业极大的发展动力。

任何企业的发展都不会是一帆风顺的，发展之路总是布满荆棘，充满曲折和坎坷。1995 年底，由于发展太快，各种资源跟不上，配套件出现批量质量问题，加之当时随着计划经济向市场经济全面转轨，国有企业的经营弊端已经显现，产销量急剧下滑，企业一度陷入困境，濒临破产，并被国家经贸委列为重点脱困企业。

要发展必须进行改革。对企业运行机制进行改革，无异于一次革命，需要莫大的勇气与魄力。危机时刻，企业模拟民营企业运行机制，进行了大刀阔斧、脱胎换骨的变革。变革产生了变化，而且成效喜人。

1998 年，起死回生的企业如同大病初愈，不料农用车行业又掀起价格大战，这无异于雪上加霜，但企业还是挺过来了，而且愈发健壮。当年，五莲县通用机械厂即全面扭亏为盈，焕发出生机和活力。

20 世纪 90 年代中后期，市场经济改革的大潮风起云涌，国企改革如火如荼。1997 年 9 月，党的十五届一中全会明确提出，用三年左右的时间，使大多数国有大中型亏损企业摆脱困境，力争在大多数国有大中型骨干企业中初步建立现代企业制度。

2000 年是国企三年脱困的最后一年。为响应国家号召，五莲县委、县政府决定对五莲县通用机械厂等县属国有企业进行改制。2000 年 1 月 2 日，县政府召开改制工作协调会议，对五莲县通用机械厂改制的有关问题进行专题研究，明确要求五莲县通用机械厂及早制定改制方案，加快推进企业改制进程。3 月 24 日，山东五征农用车制造有限公司创立大会暨第一届股东（代表）大会召开，由五莲县通用机械厂职工持股会、国有资产代表共同出资，依法成立新公司，员工全员持股。此次改制解决了企业的产权问题，使企业的管理者可以腾出精力经营企业，甩开膀子干事业。经营者与职工成为企业所有者，激发了广大干部职工的创业热情，令企业活力倍增。企业迈入健康持续发展的快车道，开创了五征发展史上新的篇章，这无疑是五征发展史上的第二次革命。

这一年，五征制定并实施了第一个五年规划，通过转换机制、加强核心制造能力建设、提升研发能力，产品的影响力和市场竞争优势显著提升，企业销售收入和经济效益实现了连续跨越式发展。当时，全国有 200 多家农用车生产企业，竞争异常激烈，五征在其他大企业纷纷落马的情况下，从强手如林的行业中脱颖而出，实现了以小搏大、由弱到强的转变，被誉为中国农机工业的“五征现象”，成为行业发展的“五征奇迹”。

三、20年创新发展铸辉煌（2003年至今）

三轮汽车市场有近20年的火爆，公司上下也产生了一种“小富即安”的思想。如何实现企业的持续健康发展，成为企业迫切需要解决的问题。2004年7月23日，由原机械工业部何光远部长率领10名工程院院士组成的院士考察团来五征考察，为五征发展把脉定位。经过多次反复论证，认为企业必须走多元化发展之路，规避行业风险，最终决定利用自身在农用车产业的优势，向与农用车关联密切的汽车产业发展。

原机械工业部何光远部长（左二）率院士考察团来五征集团考察，并题词“尊重知识、重视人才、依靠科技、再创佳绩”，鼓励发展车辆工业

2006年，五征集团制定实施了第二个五年发展规划，加快产业结构调整，努力向关联产业发展，全力打造多元化产业结构和产业优势。这一年，集团并购了浙江飞碟汽车制造有限公司，进入汽车行业。到2009年初，当世界金融危机仍在蔓延之时，五征已摆脱危机的影响，主动出击，并购了具有50多年发展历

史的原山东省机械厅直属企业——山东拖拉机厂，在业内产生了重大影响。五征集团拓展了农业装备产业链，并借助山东拖拉机厂的产品、技术、市场基础，为农业装备产业的发展夯实了基础。

从2011年开始，五征集团进入了全面升级、向国际化迈进的阶段。企业不断加快产业转型和产品升级、研发能力升级、装备制造能力升级和现代化管理水平升级，企业加速向高质量发展迈进。

2012年开始，五征进入环卫装备产业，为城乡垃圾的收集、处理、运输提供全套解决方案的十大系列产品，创造了新的经济增长点；紧跟国家汽车排放升级和环保要求，加快国五、国六产品和新能源汽车研发，与美国研发机构合作推出了3MX迈昂系列产品，颠覆了三轮汽车沿袭近40年不变的面孔和结构，被业界誉为颠覆传统之作，在欧洲市场也很受欢迎，为行业发展注入了生机。

五征集团并购山东拖拉机厂后，定位高端市场，致力于研发高附加值、性能可靠、具有国际竞争力的高端农机产品，开发了180～260马力“雷诺曼”动力换挡拖拉机；自主研发的青饲料收获打捆一体机，为国内首创，可替代进口产品，迫使国际同类产品降价50%左右；开发了玉米、小麦、花生收获机，烟草、马铃薯全程作业机械及植保机械等多个系列产品。

五征集团抓住国家“一带一路”倡议机遇开拓国际化道路，已在缅甸、加纳、科特迪瓦、越南建立了组装厂和销售公司；在乌干达成立了东非农业发展公司，建设现代农业示范园。国际化为企业创新发展提供了强有力的支撑。

从一个县拖拉机站演变到今日的中国农业装备的骨干企业，五征集团靠变革创新，走出了一条“困境中崛起、危机中超越、创新中突破”的发展之路。习近平总书记指出：“中国人要把饭碗端在自己手里”，要“大力推进农业机械化、智能化，给农业现代化插上科技的翅膀”。五征集团将认真落实习近平总书记重要指示，始终胸怀国家，心系“三农”，服务“三农”，初心不改，矢志不渝！

（作者单位：山东五征集团有限公司）

雷沃重工的农业装备之路

> 雷沃重工股份有限公司

成立于1998年的雷沃重工目前是国内最大的农业装备制造企业之一，也是国内唯一能够为现代农业“耕、种、管、收、储、运”全环节提供全程机械化自主品牌解决方案的企业。经过21年的发展，公司现拥有员工1.3万人，业务范围涵盖农业装备、工程机械、车辆、金融+互联网四大业务板块，已成为国内农业装备业的龙头企业。

一、突破两大领域，抓住机遇的雷沃重工

1998年，中国各行各业都取得了长足的发展，国家有了相对坚实的经济基础，农村由于实行了家庭联产承包责任制，越来越多的农村劳动力开始向城市转移。在解决中国人的吃饭问题上，我国农业机械化始终处在责无旁贷的位置，而当时的农机市场规模不大、企业不多，且大多为国有企业。雷沃重工的领导者洞察到这一市场机会，意识到市场需求已经发生了变化，认定未来农机行业将是一个朝阳的产业，于是，在这一年，雷沃重工毅然决然地进入了农机行业。

初创的雷沃重工首先涉足收获机械领域，选定以联合收割机为突破口进入农业装备产业。通过充分发挥市场手段，在整合社会资源实现产品研发突破的同时，雷沃重工开创了“差异化服务”的新模式。在麦收时节，派出数百人的服务队，跟随跨区机手驰骋在广袤的麦田里，为其提供贴身式跟踪服务。“差异化服务”改变了同业的竞争规则，树立了新的行业标准，进而促进了整个行业服务水平的提高。终于，2000年，雷沃“谷神”联合收割机以卓越的产品和服务品质，一炮打响，销量跃居同行业首位，并始终稳坐中国收获机械市场头把交椅。

雷沃公司现代化生产线

进入拖拉机领域是雷沃重工在农业装备产业扩张之路的又一次战略性选择，也是一次极具挑战性的抉择。在农业机收水平不断提升的同时，机械化耕种也逐步走入发展的快车道，而拖拉机，尤其大中马力段拖拉机正是机械化耕种必不可少的动力平台。雷沃重工下定决心进入这一领域，并且是直接切入国内企业不敢轻易涉足的50马力以上的大中马力拖拉机市场。在当时“中国大中拖市场将是外国品牌的天下”的氛围中，雷沃的这一决定并不为大家所看好。

然而，随着国家农机购置补贴等惠农政策的出台，2004年整个农机市场出现爆发式上升行情，70马力以上的拖拉机更是供不应求。这时的雷沃重工已建成世界一流的生产线，精心打造的“雷沃欧豹”拖拉机已经形成拥有多个系列的产品族谱，汇聚了业内最丰富的产品线资源，全国各地销售、服务网点的布局也基本完成。“机遇偏爱有准备的头脑”，这一年，雷沃重工成了最大的赢家，拖拉机总销量比上年增长了两倍，其中50马力以上的拖拉机销量达到1.1万台，首次领先国内同行。2006年7月，雷沃重工的数百台大马力拖拉机订单实现首批产品交货，这是我国100马力以上自主品牌拖拉机首次一次性几百台大批量打入国际市场，彻底打破了洋品牌对我国100马力以上大拖市场的长期垄断。

目前，雷沃产品对我国小麦机收贡献度达到60%以上，水稻机收贡献度达到 30% 以上，玉米机收贡献度达到 30%，耕种收综合贡献度达到 40% 以上。由此，雷沃重工在农业装备最主要的两大领域开始成为国内领军者。

二、全球模式道路上的雷沃重工

随着国外农机制造商加速进占中国市场，雷沃重工清醒地意识到，在经济全球化的大趋势中，企业只有掌握核心技术并主动走出国门，跨进“全球主流”之列，才能获得健康可持续的发展之道。全球化应当是中国机械装备产业的发展目标，也必定成为雷沃重工的既定战略。

作为国内装备制造业的骨干企业，同时也是农机行业“一带一路”上的先行者，雷沃重工积极应对形势变化，在全球已进入创新引领产业变革、国内经济发展步入新常态的大背景下，借力“一带一路”倡议，加快“走出去”，主动把握发展机遇，探索“全球研发、全球制造与分销”的全球发展模式，加强能力建设，实施创新驱动，着力提升研发、制造、营销、运营管理水平，推动内涵式增长。雷沃重工的“走出去”模式，不单单是把产品和服务简单地送往国外，更重要的是通过对全球资源的整合，实现全球研发和全球采购销售，提高产品的技术与服务水平，使雷沃产品与国际品牌站在同一水平线上。

2011 年，雷沃重工在意大利正式成立欧洲研发中心，先后在欧洲属地化整合组建了具有 500 多名国际化农业装备技术背景人员的研发团队，主要负责新技术平台的拖拉机、大喂入量谷物收获机和大型农机具的研发，成为企业科技创新的人才聚集高地。

2015 年，借助运营日益成熟的欧洲业务平台，雷沃重工全资并购了意大利国宝级品牌 ARBOS（阿波斯），通过后期有效的技术整合和转化，进一步提升了自身在高端农机领域的技术实力。随后，又全资收购了全球高端农具品牌和欧洲果园专用型高端拖拉机品牌。这使得雷沃重工具备了以高端拖拉机加配农机具成套产品组合征战全球市场的实力，填补了我国高端播种机及核心部件的技术空白。

2015 年 9 月，雷沃重工在欧洲正式成立阿波斯欧洲集团，整合了原雷沃欧洲技术中心及并购品牌资源，形成全价值链的业务运营平台，中国农机企业在海外的属地化运营由此开始实现零的突破。

三、技术创新道路上的雷沃重工

雷沃重工把核心技术突破作为企业持续发展的动力，将每年销售收入的3%～5%作为研发经费，2010年至今已累计投入研发经费40亿元，其中欧洲研发中心投入已超过10亿元。同时雷沃在国内建起了规模大、功能全、能力强的农机试制试验中心，提高关键核心零部件制造能力和试制试验能力。2017年，雷沃重工获批“国家级工业设计中心”。

雷沃重工在科技创新方面不断发力，成效显著。2015年11月8日，在全球最大的汉诺威农机展上，阿波斯拖拉机产品正式全球发布，突破了国内拖拉机产品尚不能自主的“动力换挡”技术，并在与国际顶尖品牌拖拉机同台竞技的舞台上，被授予“欧洲年度拖拉机”银奖。这是国内农机产品获得的首个国际奖项。2016年意大利博洛尼亚国际农机展（EIMA 2016）期间，阿波斯免耕播种机文丘管技术获得了由意大利农业协会（Feder Unacoma）组织评选的“技术创新金奖”，果园型拖拉机荣获“欧洲年度拖拉机”专业拖拉机类银奖。2017年，阿波斯拖拉机成功斩获红点奖，这是国内农业装备领域首个也是唯一一个荣获“红点奖”的产品，为国内农机行业首次斩获“国际工业设计界奥斯卡”。

与此同时，在2016年科技部公布的国家重点研发计划2016年度项目中，由雷沃重工牵头申报的“智能农机装备”重点专项三个科技创新项目获得国家重点研发计划立项，雷沃重工也成为行业内承担国家重点研发计划项目最多的农业装备制造企业。

在技术创新引领道路上，雷沃重工充分显示出与世界同步的企业能力。

四、智慧农业道路上的雷沃重工

农机智慧化将是驱动农业发展的重要一环，也将成为我国传统农业向智慧农业全面转型的重要步骤。雷沃重工对行业发展有着敏锐的洞察力，早在2012年就开始着手布局智能农机和智慧农业。

雷沃重工先后与IBM、拓普康、百度、中化农业等多家行业巨头达成合作，构建智慧农业创新共同体，共同推进精准农业和智能农业在国内的发展，建设现代农业生态圈。2016年，雷沃重工推出了国内农机行业首个智慧农业解决方案——阿波斯智慧农业解决方案（iFarming）。这一方案由雷沃重工联合意大利博洛尼亚大学、中国农业大学、华南农业大学、IBM、e田科技等“三国六方”

共同研发，从耕整、播种、种植、植保、收获到粮食烘干存储，将信息技术与农业生产全面结合，依托互联网、物联网与大数据实现集成与互联。企业、大学、互联网，国内国外，这种多维度的强强联合，在中国的农机界还是第一次。雷沃重工向“智能农业整体解决方案”服务商迈出了实质性的步伐。2017 年 10 月，雷沃阿波斯智慧农业 2025 战略暨百家智能化农机合作社建设正式启动，首批 100 家农机合作社开始全面推广使用 iFarming，这意味着农机专业合作组织在信息化、智能化建设方面迈出了实质性的一大步。

雷沃阿波斯智慧农业 2025 战略暨百家智能化农机合作社建设启动仪式

致力于助推“智慧农业”发展，雷沃重工推出“车联网”、智联云服务等，构建起了“收割机指数”大数据分析，在农业生产中上演了“智能夏收”“智能秋收”，引领中国农业进入了“互联网 +”时代。

雷沃重工的农业机械装备的发展道路，是中国农机工业进入 21 世纪的一个典型案例，反映了国家持续实施的强农惠农政策为企业健康发展提供了良好的外部环境，对外开放及“一带一路”倡议为企业融入全球经济提供了机遇，国家在技术创新、节能减排、出口贸易等方面的政策为企业的发展提供了支持，这些政策极大地促进了我国农业机械的应用和农机工业的发展，也是雷沃重工农业机械装备道路得以成功的基础。

（岳雯雯执笔）

新中国农机高等教育之路

奠基中国农业工程高等教育[①]

高良润口述，宋毅撰

报考公派留美硕士研究生

1945年抗战进入了后期，同盟国胜利在望，已经在为战后各国的经济、社会重建做着准备。这时，国民政府教育部发出公告，考试招收公派留美学习农业机械的硕士研究生，报考条件：一是专业要求较严，考生必须是学习机械专业或农学专业的本科毕业生；二是考生要有3年以上的实际工作经验。总共招收20名，其中10名是学习农学专业的、10名是学习机械专业的，考试在重庆、成都、西安、昆明4个地方同时举行。考试连考了3天，其中有半天考的是英语。

之所以会有这么一次大规模招考农业机械专业公费留美硕士研究生的机会，是当时长期驻美、抗战胜利后担任过中国政府驻联合国粮农组织首任代表、粮农组织筹委会副主席、中美农业技术合作团中方团长邹秉文先生精心策划、奔走呼吁的结果。邹先生原籍江苏省吴县，出生于广州，是中国植物病理学教育的先驱。辛亥革命后赴美留学，获得美国康奈尔大学农学学士学位，曾出任过中央大学农学院院长和中华农学会会长。1944年6月，他在出席美国农业工程师学会年会时发表了题为“中国需要农业工程”的演讲，认为中国太需要农业工程了，提出“中国需要一批有创造力的农业工程师来改进手工和畜力农具，并制造拖

① 本文节选自高良润口述、宋毅撰的《我与农业工程高等教育：中国农业工程高等教育奠基者之一高良润教授口述回忆》（中国农业出版社2015年出版）第三章“奠基中国农业工程高等教育”。高良润（1918—2017），江苏常州市武进区人。我国著名的农业工程学家、农业工程领域教育家，1981年被评为中国首批博士生导师，曾当选第六、第七届全国政协委员。

拉机，以满足东北、华北以及西北广大平原地区的需要”。基于这个认识，邹先生致力于推动美国万国农具公司帮助中国培养农业工程人才的合作，经反复磋商协调，万国农具公司与中国政府于1944年达成协议，由万国农具公司出资，美国艾奥瓦州立大学派出4名教授携带教学设备到中国，在南京帮助中央大学和金陵大学各建立一个农业工程系；同时，通过公开招考的方式选拔20名公费留学生给予资助，到美国去攻读农业工程硕士学位。由于中国国内的所有大学都没有农业工程课程，人们也不了解农业工程为何物，所以出国考试是以招收农业机械专业留学生的名义进行的。

赴美攻读农业工程硕士

1945年8月，经过出国前的培训和准备后，我们启程赴美国。我们是9月上船的，在海上漂泊了一个月左右的时间，于这年10月在美国的纽约上岸。

到达纽约后，邹秉文先生专门派了一名来自中国的工作人员到纽约迎接我们，陪我们在纽约添置衣服。我们在纽约住了约一个星期就赶往明尼苏达大学去报到。到美国后，按照邹秉文先生事先制订的计划，我们20人当中，10名大学本科学农学专业的人：吴相淦、吴起亚、李翰如、余友泰、崔引安、蔡传翰、张季高、何宪章、方正三、徐明光进入了艾奥瓦州立大学；10名大学本科学习机械专业的人：陶鼎来、曾德超、王万钧、水新元、吴克駉、陈绳祖、高良润、张德骏、李克佐、徐佩琮则进入了明尼苏达大学，到学校便上课了。

明尼苏达大学的农业工程系有4个研究方向：农业机械与设计、农田水利、农村建筑、农村电气化。入校后，学校和系里负责人都表态，4个研究方向可以任意选择，后来根据多种因素综合考虑，我们10个人全都选择了农业机械方向，也就是主修农业工程，辅修机械工程。

除选择专业课外，我们还补习农学方面的知识，我们这10个人都不是学习农业的，而且也都不是农民家庭出身，以前没有接触过农业。现在学习农业机械了，大家都认识到不懂农业怎么去搞农业机械。所以，我们学习得都很用功，考试成绩都很优秀，名列前茅，师生间和同学间都非常友好。明尼苏达大学农业工程系将我们10名中国研究生的名字刻在铜牌上，悬挂在农业工程系大楼的系主任办公室墙上，作为永久纪念并对来访的客人进行介绍宣传。

重回母校中央大学

1948 年 8 月，结束在美国的 3 年留学生涯后，我们 20 位同学中，除了徐佩琮留在美国转读其他专业的博士研究生，何宪章因事耽搁不能按期回国外，一行 18 人从美国西海岸结伴乘船回国。

我们都是国民政府教育部派出去留学的，回国后要向教育部报到，由教育部负责分配工作。当时，我有两个去向可以考虑：一个是出国前的工作单位中央大学，一个是台湾大学。这时的中央大学，不但有机械系，1947—1948 年还在美国专家的帮助下建立了中国第一个农业工程系，与我所学的专业很对口。经过再三考虑，我觉得还是中央大学更适合我，所以我婉拒了台湾大学的邀请，决定回到母校中央大学任教。

回到中央大学后，我可以进农业工程系，也可以进机械系，两个系都很缺教师，都希望我加盟他们那里。由于我本科是从机械系毕业的，又做过助教，系里老师们强烈要求我回到机械系，盛情难却，我最终落脚在机械系。

为农业工程高等教育奠基添砖加瓦

我们 18 位留美学子集体回国是当时教育界的一件大事，引起各方关注，国民政府教育部给我们分配工作的消息刊登在 1948 年第 188 期《中国农学会报》上，消息称“吴相淦到金陵大学”“崔引安到中央大学”“高良润、吴起亚等人尚未确定”。

为什么说我当时未确定去向呢？中间还有一段小曲折：按照当初邹秉文先生代表国民政府和万国农具公司商定的方案，除了资助我们 20 人到美国公派留学以外，还有一项重要内容是由万国农具公司赞助资金，美国派出 4 名教授携带设备于战后到中国帮助中央大学和金陵大学各建立一个农业工程系，双管齐下，帮助中国培养急需的农业工程人才。

当第二次世界大战结束时，4 名美国教授带着设备先后来到了中国，他们分别是戴维生（J. B. Davidson）、麦考来（H. F. Macolly）、史东（A. A. Stone）和汉森（E. L. Hansen）。戴维生和麦考来到南京后去了中央农业实验所，蒋耀①和万鹤群②在那里协助戴维生工作。1947 年蒋耀考取自费留美研究生，到艾奥瓦州立大学学习农业工程去了，戴维生需要有人帮助，我一回来便去给他当助手。可没有多久中央农业实验所感觉时局动荡，要整体搬迁疏散到台湾，而我又不愿意去台湾，就辞去了那里的工作。这时中央大学要我去任教，我就选择了回到母校机械系，我的同学崔引安和吴起亚则被安排在中央大学农业工程系任教。而我因为硕士期间学的也是农业工程学，所以同时也在农业工程系兼课。

1946 年下半年，史东教授来到南京，开始帮助中央大学在丁家桥分部筹办农业工程系。我回校后最初的任务还是给美国人当助手，照顾好史东教授的生活，辅助好他的教学工作，同时，向他学习如何做好农业工程的教学。谁承想，1948 年下半年国内形势变化很大，国民党军在战场上节节败退，淮海决战在即，史东教授为躲避战乱，向中央大学辞去了教职，匆忙飞回了美国，其他几位美国教授也因同样的原因离开了中国。因此，请美国学者来华直接帮助中国大学培养农业工程人才的计划宣告落空。

而这时，中央大学和金陵大学都已经按计划开办了农业工程 44 系，并于 1945 年招收了本科生，1948 年我在校任教时，中央大学农业工程系有 5 名学生，他们是卢经宇、李振宇、沈克润、胡中、李自华，新中国成立后，他们一直活跃在国内农业工程和农业机械化领域：卢经宇在农业部南京农业机械化研究所工

---

① 蒋耀（1913—2014）：江苏宜兴市人。1937 年和 1942 年先后获中央大学农学士和硕士学位，曾留校给著名农学家金善宝教授当助教。1945 年考入美国艾奥瓦州立大学学习农业工程，1948 年获农业工程硕士学位，同年回国。历任副教授，华东农林水利部技术专员，华东农科所农具系主任、研究员，农业部南京农业机械化研究所研究员、研究室主任、教授级高级工程师。他在 20 世纪 40 年代参与筹建中央大学农业工程系，50 年代研究水稻土耕翻窜垡机理基础，并领导了华东畜力水田犁的研制。20 世纪 50 年代末以来，致力于水稻育秧、移栽机械化研究，牵头研制的东风 - 2S 型机动水稻插秧机是世界上第一台水稻插秧机。曾当选为中国农业工程学会理事、顾问。

② 万鹤群（1919—）：江苏省武进区人，农业工程学家、教育家、农业机械化专家。1937—1941 年在重庆国立中央大学航空工程系学习，毕业后在国民政府经济部工业司任技佐；1943—1944 年任农林部病虫药械厂技术员，专门从事喷雾机性能试验和铸造工作。1944 年考取租借法案公费赴美国艾奥瓦州立农学院学习农业工程。回国后，1947—1949 年任南京中央农业试验所技师。新中国成立后，1950—1952 年任农业部北京双桥机耕学校教员；1953—1963 年任北京农业机械化学院农业机械化系副主任、拖拉机教研室主任，副教授；1963—1965 年任北京农业机械化学院通县农场技术负责人；1966—1977 年任湖南常德西洞庭农村内北京农业机械化学院中南分院副院长；1977—1994 年任北京农业机械化学院、北京农业工程大学科研处处长、农机化研究所所长、教授、博士生导师。他是中国高等农业院校现代农业机械化学科的主要创始人之一，为新中国培养了大批高级农业机械化专门人才。

作，担任过副所长；李振宇、沈克润、胡中在中国农业机械化科学研究院工作；李自华在北京农业机械化学院（今中国农业大学）工作。金陵大学农业工程系本科生也有5人，他们是蒋亦元①、吴春江、沈美容、史伯鸿、赵人鹤。他们毕业后在农业工程和农业机械化领域都做出了卓越的贡献。

1949年南京大学第一届农业工程系毕业班师生在丁家桥原校园内合影（前排右三为高良润）

美国教授走了，学校方面决定由同期留美归来的崔引安、吴起亚和我来担当中央大学农业工程的教学任务。虽然是情势所迫，有些“赶鸭子上架”，但从我本人来说，毕竟不同于刚走出校门的学生，抗战时期就有过在中央大学当助教的经历和经验，接受过中西方不同教育体制的严格训练，于是我就把教学重任承接了下来。俗话说“无心插柳柳成荫”，这一变故，也使我无意间成为中国最早从事农业工程高等教育的人士之一，直接参与了为我国农业工程高等教育奠基添砖加瓦的工作。

---

① 蒋亦元（1928—）：江苏常州市人，农业机械专家，东北农业大学教授、博士生导师，中国工程院院士。1950年从南京金陵大学农业工程专业本科毕业后，赴东北农业大学任教，1957—1959年赴苏联进修师从苏联农业机械理论权威、荣誉院士列多希聂夫教授；1982—1983年在美国密歇根州立大学做高级访问学者。先后担任国务院学位委员会学科评议组成员、农业部高校教学指导委员会副组长、中国农业工程学会与中国农业机械学会副理事长。他的学术成就包括：1）突破了国际公认难题，创造出割前脱粒水稻收获机器系统，取得“国际首创国际先进”的成果；2）创制摘脱同时切割搂集秸秆成条铺的快速水稻（小麦）联收机，解决了国内外不能在脱粒的同时收秸秆和落粒损失大的难题，并研制出气吸式割前摘脱禾本科牧草籽联合收获机；3）指出了相似理论中G. Murphy的π关系式合成理论中的重大缺点“组分方程必须具有相同形式”，首次提出并证明可以具有不同形式使预测精度显著提高。

中国农业机械高等教育事业发展历程

江苏大学

农耕文明是工业文明的摇篮，工业文明带动了农业生产技术和装备的革新。北魏末年的《齐民要术》和唐代的《耒耜经》被公认为是世界上最早的关于使用农机具的教育思想著作。在人类历经了漫长的人力、畜力农具时代后，随着19世纪中叶工业革命的到来，拖拉机被应用到田间作业，由此拉开了农业机械化和农业高等教育的序幕。我国的农业机械高等教育是中国农机化事业的重要组成，它随着新中国的成立得到了快速发展。

一、中国农业机械高等教育发展回顾

（一）发展历程、事件与特征

（1）萌芽期（新中国成立前）。金陵大学1922年开办农业专修科，1932年开设农具学课程。1944—1945年李翰如、张季高等28人公费赴美国攻读农业机械和农业工程硕士，其中大部分人成为新中国农业机械化事业的开拓者。1945年中央大学设农业机械组并招收第一届农机专业学生，这是中国最早的农机专业。

（2）起步期（1949—1980年）。新中国成立后，党中央高度重视农业机械化，全面推进农机研发、教育、管理、服务等体系建设。1949年吴湘淦的《农业机械学》问世，这是我国最早的农机专著，奠定了农业机械学科的基石。

1952年全国高校院系调整，农业工程系一律改为农业机械化系。农业机械专业按农业机械化和农机设计制造两个方向设置。在农业机械化专业方面，1952年合并成立北京机械化农业学院，后更名为北京农业机械化学院。1952年南京农学院和东北工学院的农业机械专业均改为农业机械化专业。1956年，西北工学院、西南农学院、华南农学院、华中农学院、沈阳农学院、浙江农业大学等6所农业院校也设置了农业机械化专业，1958年增加到31所。在农机设计制造方面，1955年成立长春汽车拖拉机学院，同年在南京工学院和长春汽车拖拉机学院筹建了第一批农业机械设计制造专业。1958—1960年，相继成立了镇江农业机械学院、洛阳农业机械学院、武汉工学院、安徽工学院和内蒙古工学院，1959年毛泽东主席提出“农业的根本出路在于机械化”的著名论断，同年8月成立农业机械部后，上述6所院校连同北京农业机械化学院被列为农机部直属院校。

在农机教育教学方面，国家在北京农业机械化学院、东北农学院农业机械化专业及南京工学院农机机械设计制造专业设置研究生班。1956年，南京工学院聘请了第一位外国农机专家——苏联罗斯托夫农业机械学院副教授、科学技术副博士尼古拉也夫。尼古拉也夫指导建设了我国第一个农机设计制造的研究生班，指导了8名全国第一批农机专业研究生。其间，1963年中国农业机械学会诞生，1978年北京农业大学、镇江农业机械学院、广东农林学院、南京农学院等9所以“农”命名的高校被列入全国88所重点大学，1979年中国农业工程学会成立。

（3）发展期（1981—2003年）。1981年国家开始实行学位制度，农业机械化与电气化为一级学科，北京农业机械化学院、中国农业机械化科学研究院、江苏工学院、吉林工业大学等4所高校的农业机械设计制造学科获全国首批博士和硕士学位授予权，后期国家又开始调整学科设置，导致农业机械人才培养的数量减少、质量下降，制约了农机行业的快速发展。1990年第四批学位授予时，农业机械设计制造一级学科调整为农业工程，下设农业机械化工程、农业电气化与自动化等8个二级学科，1997年至今，农业工程调整为下设4个二级学科。

总体上，农机高等教育呈现螺旋式上升发展，学科专业调整对农机人才培养造成了很大的影响。其间，1995年曾德超、陈秉聪、汪懋华当选为中国工程院院士，这是农机领域首批院士。1999年，美国国家工程院评选“20世纪对人类社会做出最伟大贡献的20项工程科学技术成就”，其中“农业机械化”排在第七位。

（4）高速发展期（2004—2013年）。2004年国家颁布了《农业机械化促进法》等法律法规。同年，国家开始实施农机具购置补贴政策，中央1号文件连续16年聚焦“三农”问题，均涉及农业机械化方面。2006年中国工程院农业学部“诞生”，任露泉、蒋亦元、罗锡文、陈学庚等农机专家先后当选院士。大批农业机械领域科研成果获国家科技成果奖，有力地支撑了农机行业的创新发展。

（5）高质量发展期（2014年至今）。这一阶段，国家更加注重农机自主创新能力的提升，着力推动教育、行业和企业高质量发展。政策上支持农机创新体系建设，2015年农机装备被列为《中国制造2025》十大重点发展领域之一。2016年发布《全国农业机械化发展第十三个五年规划》。党的十九大提出乡村振兴战略。2018年国务院出台《关于加快推进农业机械化和农机装备产业转型升级的指导意见》。随着国家大力发展农机高等教育，着力推进“双一流”建设，农机高等教育进入高质量内涵式发展阶段，中国农业大学和浙江大学两个农业工程学科进入国家一流学科行列，2017年赵春江当选院士，涌现了大批农机领域的长江学者、杰出青年等高端人才。教育部提出落实高等学校乡村振兴科技创新行动计划，农业机械高等教育站在新的历史起点上向更广领域、更高水平发展。

（二）发展经验

一是始终瞄准国家战略和需求。始终坚守为国家推进农业机械化、实现农业现代化的初心和使命，全面推进人才培养、科学研究与社会服务。

二是注重农业机械创新人才培养。坚守为党育人、为国育才的办学导向，培养具有家国情怀的一流农机创新人才。

三是积极推进学科建设和科技创新。集聚全国农业机械领域学者力量，凝练学科方向，建设学科大平台。加强农业机械基础理论和应用研究，创制适合中国国情的农机装备。

四是大力推进国际合作交流。推行“走出去、请进来”战略，加强国际学术交流、人才培养、科研合作和产业合作。

二、中国农机高等教育为农服务的使命担当

我国农机工业的发展离不开农机高等教育的支撑，二者紧密相连、相互促

进。60 年来，农机高等教育在人才培养、科技创新、社会服务及农机教育国际化等方面做出了突出贡献。

（一）培育了大批国家科技栋梁

人才是第一资源，农机高等教育破浪前行，培育了一批堪当时代重任的大师，成为我国高校农业装备科技创新的领衔力量。例如，参与建立中国农机化生产技术的曾德超，我国植保机械奠基人高良润，研制出中国第一台联合收割机的张德骏，拖拉机行走机构与土壤相互作用方面的知名专家吴启亚，农村能源学科的创建者吴湘淦，组建农业机械化科研机构的陶鼎来，农业机械化学科有杰出贡献带头人余友泰，创建生物环境工程学科博士点的崔引安，水土保持研究先驱方正三，中国农业工程学科先驱者之一李翰如，开拓农业工程学科、加速农业现代化建设的张季高，我国耕作机械奠基人钱定华，中国汽车拖拉机专业教育开拓者陈秉聪，我国排灌机械事业的创始人戴桂蕊，农业电气化与自动化学科开创者、“精细农业”研究先驱汪懋华，推动中国谷物收获机创新发展的蒋亦元，开拓了仿生脱附减阻耐磨研究新领域的任露泉，水稻精量穴直播技术与机具开发和推广的奠基人罗锡文，棉花生产全程机械化技术研究和大面积推广的贡献者陈学庚，我国农业信息技术的先行者赵春江，等等，农机各领域也涌现了大批杰出人才，有力地促进了农机行业的转型升级及创新发展。

（二）涌现了大批支撑行业发展的科技成果

创新是第一动力。大学是原始创新的重要发源地。60 年来，农机高等教育专家和学者深耕于农机领域，取得了很多原创性成果，极大地推动了农机行业的科技进步。例如，在耕种机械方面，农业部南京农业机械化研究所成功研制出世界上第一台水稻插秧机。华南农业大学研制的新一代水稻精量穴直播机，大幅度提升了水稻机械化种植率。1985 年，北京农业机械化学院研制的“搅刀—拨轮式施肥、排种器”获中国第 1 号发明专利。中国农业工程研究设计院等单位完成的“棉籽泡沫酸脱绒成套设备与技术”获 1990 年国家科技进步一等奖。在植保机械方面，江苏大学在国际上最先开展静电喷雾技术研究，使我国成为继美国之后第二个大面积应用静电喷雾技术的国家。农业部南京农业机械化研究所的无人驾驶自动导航低空施药技术装备解决了水田植保机械化的难题，为我国植保高效作业提供了全新的施药技术与装备。1958 年戴桂蕊的内燃水泵在全国农展会获特等奖，受到周恩来总理接见。江苏大学牵头制（修）订国家及行业标准100余项，“潜水泵理论与关键技术研究及推广应用”获国家科技进步二等奖等。在拖拉机与收获装备领域，吉林大学研制的“地面机械脱附减阻仿生技术”获国家技术发明二等奖。江苏大学的一种轴向喂入式稻麦脱粒分离一体化装置获2019年农机领域第一个中国专利金奖，研制的油菜、水稻联合收获机在雷沃重工等龙头企业产业化。在农产品加工工程方面，浙江大学在农产品品质无损检测领域做出重要贡献，“基于计算机视觉的水果品质智能化实时检测分级技术与装备”获国家技术发明二等奖。中国农业机械化科学研究院在薯类装备、屠宰装备、冷冻冷藏与保鲜设备等领域做出了重要贡献，特别是“马铃薯综合加工技术及成套装备研究与开发”获国家科技进步二等奖。江苏大学在农产品品质无损检测和有效成分萃取方面居国内领先地位，出版了我国第一部食品物理加工技术及装备专著。

（三）推动了农机国际化快速发展

1980年江苏工学院在国内首次受联合国工业发展组织和亚太农机网委托开设农机培训班，开启了农机教育培训国际输出的先河。2001年，在北美正式成立了“海外华人农业、生物与食品工程师协会”。2002年，第一个在中国设立总部的联合国官方机构——亚太农业工程与机械中心正式在北京揭幕。2010年，亚洲农业工程协会（AAAE）正式移居北京。立足新时代，农机高等教育国际化战略步伐加快，中国农业大学成立了“一带一路”与南南合作农业教育科技创新联盟，并依托联盟成立了10个“一带一路”农业合作中心。

江苏大学牵头成立了“一带一路”国际人才培养产学联盟、产学融合研究院、“一带一路”人才培养学院及农业工程国际大学联盟。华南农业大学建立了联合国开发计划署（UNDP）、粮农组织（FAO）和世界粮食理事会（WFC）授权的亚太地区蚕桑培训中心和中国国际农业培训中心。农机高等教育正以更为宽广的胸怀走向国际农业高等教育的中心，正在集聚世界农机高等教育的资源，以更大力度服务乡村振兴战略。

三、新时代中国农业机械高等教育发展展望

（一）差距与问题

与发达国家相比，我国在农业机械化水平、农机装备制造水平、产品可靠性和农机作业效率等方面，整体仍落后20～30年。农业装备学科世界前20名高校中无中国高校。农业装备基础研究薄弱、技术集成度不够、行业吸引力不强、农机人才流失、农业装备一流学科建设严重不足等，已成为农业机械高等教育的短板和瓶颈。

（二）新时代新使命

坚守服务新时代农业机械化事业的初心，加快建设农业装备一流大学和一流学科，着力培养堪当时代重任的农业装备新人，以发展农业装备大型化、高端化和智能化为制高点，为全面服务国家乡村振兴战略、实现农业机械化和现代化的“农机梦”而不懈奋斗。

（三）发展目标

到2025年，建议设立农机装备一级学科，新增农业工程国家一流学科2～3个，新增农业工程类国家一流专业10个以上，重点突破农业机械基础理论和农机再制造关键技术，大幅提高复合型、创新型农机创新人才培养的数量和质量，实现农机高等教育“从弱到好”。

到2035年，农机装备学科进入世界农机装备学科行列，重点以信息化技术提升农机装备水平，培养的农机创新人才水平达到国际水准，实现农机高等教育“从好到优”。

到2050年，农机装备学科进入世界农机装备学科前列，并与发达国家农机装备学科“并跑”，部分领跑，重点以智能化农机技术引领农机装备升级，培养的农机创新人才水平居世界前列，实现农机高等教育“从优到强”。

（四）趋势展望

农机高等教育积极响应国家将农机装备列入《中国制造2025》《国家创新驱动发展战略纲要》重点发展领域，大力实施乡村振兴战略，加快推进农业机械化和农机装备产业转型升级，大力推进高等学校乡村振兴科技创新行动计划等战

略举措，深度聚焦服务国家战略重点和国家急需，推动农机装备向大型化、高端化、智能化，农机科技创新向战略性、基础性、前瞻性，农业装备学科向交叉化、集成化，人才培养向创新型、应用型、复合型等方向发展。

（五）战略举措

（1）实施农机装备人才专项培养计划。大力培养创新型、应用型、复合型农业机械化人才，大力推进产教融合培养，“校院所企”协同培养，国际联合培养等。注重学生工程技术能力的培养，人才培养融入行业院所、企业需求。根据《制造业人才发展规划指南》预测，农机装备到2025年的人才缺口将高达44万人。2019年仅28家单位招收农业机械化硕士生，且招生计划数不足700人，仅占拟录取总人数（约70万）的千分之一。希望国家有关部门大幅增加农机装备学科博士、硕士、本科指标。在26个农业工程类一流专业基础上增加10个左右农业机械类国家一流专业。在以农机装备为特色的相关高校中实施农机装备人才奖学金专项和免费培养专项。大力推动相关高校、行业龙头企业和科研院所共建研究生分院、研究生实践基地、企业博士后工作站等。

2015年在江苏大学举行的全国大学生智能农业装备创新大赛，搭建学校、企业、行业协同培养创新人才平台，2016年已升级为国家级赛事

（2）加强世界农机装备一流学科建设。加强“新农科”建设，延伸农机装备学科链。强化“涉农”学科链建设，加强农业装备学科与生命科学、信息科

学的深度融合。当前，农业机械所在的农业工程学科，仅有2个学科入选国家一流学科（全国共有465个一流学科），只占0.43%，这与当前党和国家对农业机械化的迫切需要与高度重视极不相称。希望国家设立农机装备一级学科，促进工学、农学融合发展，攻克任何单一学科知识体系都无法解决的农机装备要面对的复杂问题。增加农业工程国家一流学科2~3个，为更多农业工程学科进入世界一流行列提供支持。

（3）实施农机装备科研创新计划。围绕农业机械高端化、智能化和薄弱环节，重点攻克农机先进制造技术、先进传感技术等共性技术，创制低量无公害植保机械、先进排灌装备、高效收获机械等薄弱环节重大农业装备。创制无人农机系统、智慧植物工厂系统等智慧农业装备。推动智慧农业示范应用，促进物联网、大数据、智能控制等信息技术在农机装备和农机作业上的应用。加快农业装备科技成果产业化推广，促进农业机械生产力跃升发展。希望在国家重大专项、农业农村部科技项目及国家自然基金重大重点项目中设置农机装备专项，筹建农机装备国家协同创新中心和国家重点实验室。

（4）大力实施农业机械高等教育国际合作。推进“一带一路”海外农业装备科教合作，借助“一带一路”国际农业装备产能联盟及对外援助项目，推动先进农机技术及产品“走出去”。推进同发达国家农机教育的全方位合作，共建世界高端联合研究所，建设联合实验室，建立农业装备国际（产能）合作联盟，加强国际农业工程大学联盟建设。

（5）大力推进现代农业机械国家智库建设。加快国家农业装备战略研究院建设，制定我国农机工业发展的技术路线图、加强智慧农业和绿色农业发展战略研究。建设农业装备科技成果转化和技术服务中心，建立研发、设计、检测及标准等大数据平台，健全农机装备成果转移转化机制等。

六十多年风雨历程，农机高教破浪前行。新征程、新目标、新气象。农机高等教育工作者将不忘初心、牢记使命，着力建设世界一流农机装备学科群，大力培养农业装备时代新人，为我国实现“全面全程、高质高效”农业机械化新目标不懈奋斗，努力为中华民族伟大复兴的中国梦做出农机人新的更大贡献！

（袁寿其执笔）

从北京机械化农业学院到北京农业工程大学[①]

中国农业大学工学院

北京农业工程大学的前身是1952年10月建立的北京机械化农业学院，后改为北京农业机械化学院，1985年10月经上级批准更名为北京农业工程大学。1995年9月北京农业工程大学与北京农业大学合并组建中国农业大学。

43年的办学历程中，学校经历了3次整体大搬迁和8次隶属关系改变，对学校发展产生重大影响，在办学方向、培养目标及学科专业建设等各方面收获了发展的喜悦，也经历了坎坷和曲折，但适应经济社会发展需要的教育理念和学科建设始终不断向前迈进，这也是教育与经济社会相互依存、不断演进的历史潮流。

一、我国第一所农业机械化学院的诞生

（一）北京机械化农业学院的建立

农业机械化是建设现代农业的重要标志。党和国家领导人非常重视现代农业机械的制造和使用，重视培养农业机械化方面的人才。在中华人民共和国成立之前的1948年8月，为了培养建设现代农业的农业机械制造、使用和管理人才，有关部门就将联合国中国善后救济总署（CNRRA）的一批美制拖拉机运到解放区华北人民政府冀衡农场，开始举办有地方干部、转业军人、农场职工参加的拖拉机训练班，并由善后救济总署的美籍技术人员韩丁先生等担任教员。

① 本文内容摘编自中国广播电视出版社2013出版的《探索之路——中国农业大学跨越百年的办学历程》（王步铮，艾荫谦，赵竹村）P335－458。

1949 年 12 月，为了适应各地国营农场建设的需要，冀衡农场的拖拉机训练班迁至北京双桥国营农场，并在农业部直接领导下，先后培训 500 余名学员学习使用、维护拖拉机和现代农机具。并以此为基础于 1950 年 4 月 1 日在双桥农场成立了“中央农业部机耕学校”，教员主要是高等学校教师、工厂技术骨干、留学回国人员、美籍技术人员等，学员主要是转业军人、国营农场管理干部、技术骨干及地方干部、拖拉机站工人等，举办的拖拉机手、康拜因手、机务手等各种训练班共培训学员 2595 人。

1951 年 11 月 28 日，为进一步适应高层次农业机械化人才培养的需要，农业部呈送政务院财经委员会报告，请示将“中央农业部机耕学校”升级为“机械化农业专科学校”。1952 年 4 月 21 日，中央人民政府政务院财政经济委员会发文批准“中央农业部机耕学校”升级为“中央农业部机械化农业专科学校”。

1949 年 12 月，中央农业部在华北农业机械总厂内成立了“华北农业机械专科学校”，以培养机械化农机具的制造、试验、鉴定和技术推广人才，并由农业部张林池副部长兼任校长，著名机械专家清华大学刘仙洲教授任教务长，留美归国的农业机械专家李翰如、陈立及总厂技术骨干担任教师。当年招收学生 40 名。

新中国成立后，全国农业生产得到逐步恢复与发展。为了适应农业的社会主义改造和现代化建设的需要，为了给新中国的国营农场、集体农业培养大批高级技术干部和管理干部，1952 年 7 月 1 日，教育部在全国高等农业院校院系调整方案（草案）中提出设立“北京机械化农业学院”，由北京农业大学农机系、南京大学和金陵大学的农业工程系、中央农业部机械化农业专科学校、华北农业机械专科学校等合并组成。在 1952 年 7 月召开的全国农学院院长会议上，教育部正式决定成立“北京机械化农业学院”，并向中央人民政府政务院文化教育委员会报告。1952 年 7 月下旬，农业部、教育部联合成立了“北京机械化农业学院筹备委员会”，由农业部副部长张林池任主任，国营农场管理局副局长潘开茨任副主任，委员有教育部农林教育司周家炽副司长及有关部门负责人和专家。后由于南京大学农学院与金陵大学农学院合并组建南京农学院、两所大学的农业工程系合并组建南京农学院的农业机械系，最后决定由北京农业大学农机系、中央农业部机械化农业专科学校、华北农业机械专科学校合并组建“北京机械化农业学院”。1952 年 10 月 15 日，农业部在临时院址——中央农业部机械化农业专科学校举行了学院成立大会，11 月 1 日挂校牌，11 月 24 日政务院正式发文批准。我国第一所为集体农业、现代农业企业和现代化农业建设培养高级技术干部和管理干部的高等学府由此诞生。1953 年 1 月，由于平原省撤销，平原省农学院（源于晋、冀、鲁、豫解放区办的北方大学太行山分部，1951 年 7 月迁往平原省新乡市）的 100 余名师生并入北京机械化农业学院。1953 年 7 月，正式校舍初步建成，学院由临时校址迁至正式校址——北京市海淀区小月河西边，成为著名的北京八大学院之一。

1952 年北京机械化农业学院的校门

刚刚成立的北京机械化农业学院，没有等一切条件具备才开学，而是发扬艰苦奋斗、自力更生的精神，在简陋的条件下一边办学，一边自己动手创造条件。缺少教室、实验室、办公室，就把农场的机库、平房办公室改成教室、实验室及学校的有关办公室和教工宿舍；缺少教具、模型，经费紧张，教师和实验人员就自己动手制作。由于在国内难以买到合适的汽车、拖拉机模型，从苏联进口又很贵，教师和实验人员就采购破旧汽车、拖拉机零部件，自己动手解剖了吉斯-150 汽车和德特-54 拖拉机、福特拖拉机、雷诺拖拉机等不同国家各种型号的 7 台汽车、拖拉机。自力更生制作的这些实物模型，不仅为国家节省了外汇和经费，而且大大方便了教学和保障了教学质量。

由于我国农业长期处于依靠人力、畜力的一家一户小农生产阶段，北京机械化农业学院刚一诞生就受到社会各界的高度关注。各界人士都想亲眼看看拖拉机什么样，看看新式农机具，看看“机耕”现场，来学院参观者络绎不绝。中央领导人来学院视察，各界人士万余人来学院参观，苏联、东德、波兰、朝鲜、日本等国的外宾也先后来学院考察。

（二）从北京机械化农业学院到北京农业机械化学院

刚成立时，北京机械化农业学院设立了农业机械化、机械化农学、社会主义农业企业经营管理 3 个本科专业，也是 3 个系，学制为 4 年；设立了农业机械化、机械化农学、社会主义农业企业经营管理、机械化畜牧 4 个专科专业，学制为 2 年；另设有 1 年制研究生班。

1953 年 7 月，根据形势发展和高等学校的院系、专业调整部署，教育部、农业部联合下发了《关于北京机械化农业学院方针任务的决定》，“该院经学科调整后，已然成为一所专业性质的农业机械化学院，学院应改名为‘北京农业机械化学院’”。根据指示，学院进行了学科调整，1953 年 7 月，“北京机械化农业学院”更名为“北京农业机械化学院”。1954 年开始招收外国留学生，起初主要是越南留学生，后来还有来自印度尼西亚等国的留学生。

1958 年，经农业部批准，学院增设了农业机械设计制造系、农业电气化系、农田水利系，农业机械设计制造系设有农业机械设计制造和拖拉机设计制造两个专业。1960 年 6 月，农业部《转报我部所属两所全国重点高等学校的专业设置与发展规模的意见》规定的学院发展规模是，本科学生 6000 人，研究生每年 200 人，进修生每年 200 人，函授生另定，短期训练班及来华留学生的规模临时按需确定。1960 年下半年，除原有的农业机械化、农业机械设计制造、拖拉机设计制造、农业电气化、农田水利 5 个专业外，学院又增设了农业电子学专业。

1958—1960 年，在完成教学任务的同时，学院还积极推进科研技术革新，完成并用于生产的科研技术革新，涉及密植播种机、牧草收获系列机具，以及水稻、玉米等农作物和蔬菜播种、中耕、收获机具，还有水稻人力和畜力插秧机、耘禾器、水稻收割机、土豆挖掘机、玉米苞叶剥除机、废机油再生机等 140 多项，技术革新成果在生产实际中得到了应用。还编写了一些有关科技小册子供农民和农机工人使用。

二、探索办学道路，学院建设稳步推进

（一）学习苏联教育经验，重视理论联系实际

在学院筹建时期，筹委会教学规划组在曾德超先生的主持下，以苏联教学计划、教学大纲、生产实习大纲为蓝本，结合我国情况，制订了各专业教学计划、各门课程的教学大纲及实习大纲。教学计划特别强调理论密切联系实际，要求农业机械化专业的学生在毕业前必须具备三级钳工、三级驾驶员、三级修理工的操作技能。农业机械化系全程教学计划中安排了教学实习（包括汽车和拖拉机驾驶实习、金工实习及认识实习）、机耕实习、麦收实习、大修实习和毕业实习，增加了习题课、课程设计等教学环节。采用五分制代替过去的百分制，有些课程以口试代替笔试。毕业设计选题包括农机、拖拉机、运用、修理 4 个方面，1955 届农业机械化专业学生试行了毕业设计答辩，1956 届学生举行了隆重的毕业设计答辩。高等教育部组织翻译出版了各专业的苏联教材，作为我国高等学校教材试用本。

1953 年春，学院开始组织师生参加专业俄文速成学习，经过学习，大部分教师可以借助字典阅读俄文专业书刊。苏联莫斯科莫洛托夫农业机械化电气化学院副教授特鲁伯尼柯夫、农业机械专家乌里扬诺夫和运用专家格罗别茨、修理专家安吉波夫、农业电气化院士布茨柯、农业电气化专家鲁布佐夫都曾在学院工作或短期讲学培训。

在当时的国际、国内条件下，向苏联学习的各项举措，使学校快速走上正规化办学的正确道路。当然，学习苏联也不是完全照搬照抄。1953 年的 58 门课程教材中，完全使用苏联教材的 9 门，作为主要参考的 9 门，其他课程主要是使用根据苏联教材结合中国实际进行修订和自己编写的讲义或教材。

为了在生产实际中锻炼学生的能力，也是服从当时农业生产的急需，1957 届和 1958 届两届学生，均在农垦部王震部长的亲自动员号召下，到北大荒参加开荒工作一年。农业机械设计制造系学生于 1960 年参加了河北省的机械化麦收

工作。每个学生从入学到毕业均到国营农场、拖拉机站和机器修理厂等进行过各种实习。

（二）加强教师队伍建设，不断提高教学质量

从建院初期，学院就特别注重不断充实专业师资队伍，千方百计调入全国知名的农业工程科技人员。先后有曾德超、陈立、李翰如、柳克令、陈伯川、吴留青、万鹤群等在美国及其他国家留学学习农业工程的科技人员来院任教。数学教授余介石、材料力学教授余新福、有丰富教学经验的电工学教师汪树模等国内知名基础课和技术基础课教授也都是这一时期先后调入的。

1953 年 7 月，选派一批教师赴苏联攻读农业机械副博士学位，选派少数农业机械化系学生赴苏联农业机械化及农业院校本科学习。1956 年，又选派 1955 届、1956 届毕业生 6 人赴苏联攻读农业机械化及农业电气化副博士研究生，为学院进一步发展和建立农业电气化专业准备师资。与此同时，还选派一批讲师、助教赴苏联及国内的清华、北大、北航等院校进修。

（三）向科学进军，研究生培养逐步走上正轨

1956 年，按照党中央的号召，全院出现了向科学进军的热潮，教师、干部纷纷制订集体和个人向科学进军规划，学习科学知识，钻研科学技术，开展科学研究工作。虽然当时师资、科研力量薄弱，科学研究从零起步，但总是开始了中国农业机械化的探索之路，并在农业机械化教学科研和农业机械的研究与推广中发挥了重要作用。例如，拖拉机教研室设计制造出我国第一台 20 马力的万能自动底盘拖拉机，农机教研室改装出多用双轮双铧犁和深耕犁，修理教研室青年教师编写了《拖拉机修理学》等实用教程。1957 年，曾德超、万鹤群、李翰如、柳克令、崔引安、陈立等参加筹建中国农业机械学会和创办《农业机械学报》这一反映我国农业机械学科最高学术水平的专业刊物。

在培养研究生方面，除开办研究生班外，1956 年开始招收副博士研究生，并招收派往苏联攻读副博士学位的研究生。另外，选拔一批本科生赴捷克、匈牙利等国家留学。1960 年开始招收 3 年制研究生。至此，学校已具备了培养研究生高层次人才的能力。曾德超、陈立、王朝杰、李翰如、柳克令、陈伯川、万鹤群等一批农业机械、农业机械化、拖拉机知名专家，他们以高度的爱国热情和聪明才智，推动了学院科研和研究生培养等各项事业的发展建设。

三、学习贯彻“高校六十条”，试行半工（农）半读

1961 年 9 月，中共中央正式批准试行《教育部直属高等学校暂行工作条例（草案）》（简称“高校六十条”）。1961 年 12 月，院党委制订了《北京农业机械化学院关于试行教育部直属高等学校暂行工作条例的初步意见》，修订了各专业的教学计划，在新的教学计划中贯彻了以教学为主、理论联系实际、加强基础理论和基本训练的原则。

在检查和总结几年来在科学研究工作经验教训基础上，制订了科学研究十年规划。4 种典型犁架的强度分析、由元线犁体曲面设计、华北旱作地区犁头（滚堡犁）耕深极限等理论研究，以及悬挂四铧轻型犁、割晒机、土壤耕作力学、拖拉机易损零件磨损理论、轴瓦修复工艺、曲轴喷镀、射流式深井泵、犁铧刮渗处理、灌区水盐运动规律等一批重点课题研究取得成果。1962 年，开始出版发行《教学科研资料》内部刊物，至 1964 年底共出版 17 期。

试行半工（农）半读，首先是学习贯彻 1964 年 8 月 31 日刘少奇同志“关于两种劳动制度和两种教育制度”的意见及周恩来总理的有关指示。周恩来总理在全国人民代表大会的报告中指出：教育事业按少奇同志指示，今后若干年内，一方面对现有全日制学校进行改革；另一方面试行半工半读，半农半读。国务院副总理谭震林根据以上精神，指示北京农业机械化学院要在全国不同地区办 4 个分校同时试行半工（农）半读。

1965 年 1 月，学院制定并上报有关半工（农）半读的改革文件。1965 年 2 月，农业部正式批准学院试行半工（农）半读。根据试行半工（农）半读的计划和上级批准的文件，学院从 1965 年春开始试行“两种教育制度”，既有全日制，又开始试行半工（农）半读。采取学生自愿报名，经组织批准的办法，从农业机械化、农业机械设计制造、农业电气化、农田水利等 4 个专业各抽 1 个班参加半工（农）半读试点，分别在河南博爱农场设立河南分院、在湖南常德设立中南分院等，进行半工（农）半读。以上半工（农）半读试点由于“文化大革命”全部终止。去河南分校的师生于 1966 年 8 月全部返回北京。

四、战备疏散和三次全校性的大搬迁

“文化大革命”期间，北京农业机械化学院是全国高校中遭受破坏最为严重的学校之一。十年中，学院经历了下放“五七”干校、战备疏散和3次全校整体大搬迁，损失巨大。这十年，学院只办各种短训班培养各类技术人员和少量的工农兵大学生；1966届、1967届、1968届、1969届和1970届共5届3040名本科生和研究生中，除1966届621名学生基本上修完了5年课程以外，其他年级，尤其是1969届、1970届的1246名学生，仅学了1年多或不到1年的课程；教学和科研工作基本处于停顿状态；100多名骨干教师调离；政治运动、搬迁、建校劳动成了1200多名教职工的主要工作。这场灾难历时之久、危害之大、影响之深是空前的。

1969年10月，为贯彻上级备战疏散的命令，大部分师生被下放到河北省涞源县，与铁道兵一起，凿山洞、修铁路，另有约300名教工到河南博爱农场（学院分校）、200余名师生到石家庄拖拉机配件厂、200余名师生到山东潍坊柴油机厂等下放劳动。学院原有的教学秩序、生活秩序被打乱。

1970年6月23日到8月中旬，根据上级战备疏散部署，学院又分批迁往重庆，计划与西南农学院合并。全院千余名教职工和大部分家属，以及学院的各种教学仪器、设备、图书、农业机械、拖拉机和实习工厂、修理厂的生产设备，甚至地下埋的电缆线也被挖出，全部搬到了重庆西南农学院内。学院刚到重庆时，仍称北京农业机械化学院，1971年全国教育工作会议后，决定改名为四川农业机械学院，不再与西南农学院合并。后因易与四川成都的四川农机学院校名相混，经批准又改为重庆农业机械学院。

由于未能与计划中的西南农学院合并，1973年10月6日，农林部、国务院科教组联合呈送国务院关于学院迁至河北省邢台市建校的报告。1973年10月12日，国务院国发〔1973〕140号文件同意并批转此报告。1974年11月，国家计委批复同意学校的迁建计划书。在重庆刚刚开始的招生办学，因再次大搬迁，又停了下来。

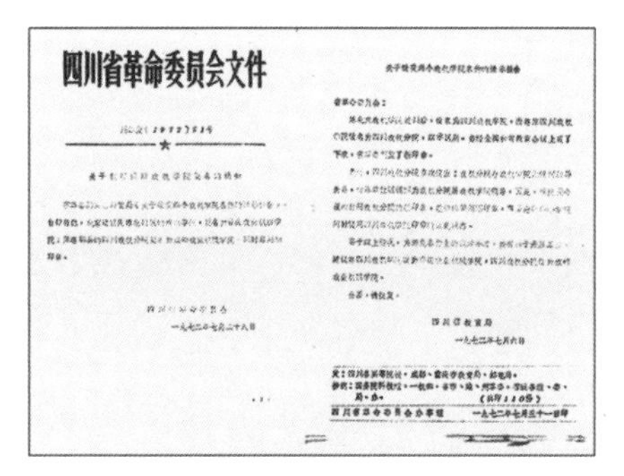

四川省革命委员会文件

1972年，四川省教育局关于学院更名为重庆农业机械学院的批文

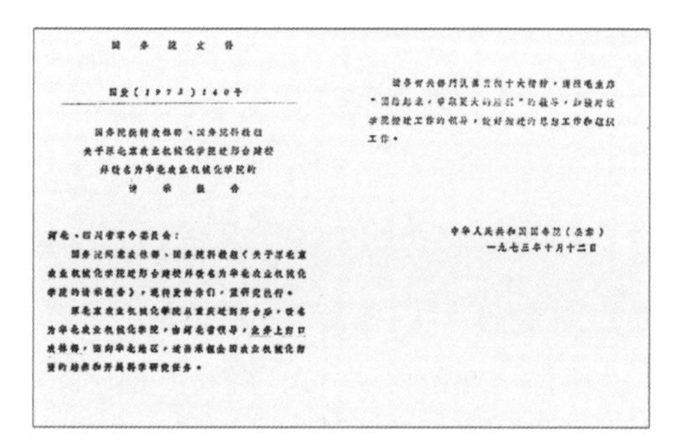

国务院文件

国发〔1973〕140号

国务院批转农林部、国务院科教组
关于北京农业机械化学院迁邢台建校
并改名为华北农业机械化学院的
请示报告

河北、四川省革命委员会：

国务院同意农林部、国务院科教组《关于北京农业机械化学院迁邢台建校并改名为华北农业机械化学院的请示报告》，现转发给你们，望研究执行。

北京农业机械化学院从重庆迁到邢台后，改名为华北农业机械化学院，由河北省领导，业务上归口农林部，面向华北地区，适当承担全国农业机械化方面的培养和开展科学研究任务。

请当地有关部门认真贯彻十大精神，遵照毛主席“团结起来，争取更大的胜利”的教导，加强对该学院搬建工作的领导，做好细致的思想工作和组织工作。

中华人民共和国国务院（盖章）
一九七三年十月十二日

1973年，国务院转农林部、国务院科教组关于北京农业机械化学院迁邢台建校并改名为华北农业机械化学院的请示报告

学院于1975年上半年开始迁往邢台。1975年11月15日，在邢台市正式办公并启用“华北农业机械化学院革命委员会”印章。1976年2月，学院党委根据华北农业机械化发展的需要，在教学、生活条件都非常困难的情况下，决定新设立农机修造专业和农机机务专业。由于条件所限，1976年实际招收工农兵学员130人。

“文革”结束后的1977年，按照中央恢复高等学校统考招生制度的决定，学院分别在河北、山西、内蒙古三省（区）招收农业机械化、内燃机、拖拉机和农业机械设计制造4个专业的学生160名，1978年3月8日，学生入学。1978年3月9日，根据教育部关于各高等学校挖掘潜力尽可能扩大招生的指示，又招收新生28名。1978年，农林部以农林（科）字第78号文下达学院招生计划。按照计划，学院的农业机械化、农业机械修造、农业机械设计制造、内燃机、拖拉机、农业电气化、农田水利工程等7个专业在全国13个省市（区）录取新生240名，同时恢复招收硕士研究生，当年录取研究生13名。

由于历经大搬迁，当时学院领导体制不明确，很多政策没有落实，教职工积极性不高。为此，1977年8月28日，万鹤群教授等19名教师干部写信给邓小平同志反映情况。同年8月30日和9月3日，邓小平、陈永贵、纪登奎等同志分别作了批示。遵照党中央、国务院领导同志的批示精神，学院是农林部和河北省双重领导、以农林部为主的重点高等学校，同时调整和加强了领导班子。1978年3月，上级派张纪光同志到院担任党政一把手，深入贯彻执行全国和省教育工作会议的精神，学院各方面工作有了新的进展。但是，由于建设项目不配套且缺

乏必要的教学、实验设施等条件，1977 级和 1978 级近 500 名学生的教学质量难以得到保证。如何解决在河北邢台办学的困难成了当时最重要的问题。

经学院多次反映情况和请求，1978 年 6 月 6 日农林部、教育部联合向中央领导呈文《关于华北农业机械化学院迁回北京恢复北京农业机械化学院的报告》，但无结果。1978 年 8 月 22 日，学院党委再次报告农林部党组并转呈邓小平、李先念等中央领导，反映学院在邢台办学的困难处境和当年新生推迟入学、1979 年无法招生的情况，请求中央批准学院回迁北京原址办学。

十一届三中全会发出了“全党目前必须集中主要精力把农业尽快搞上去”的号召，中央领导对在“文化大革命”中遭受严重破坏的农林院校的恢复和发展给予极大关注。为了尽快解决回迁北京原址办学这一关系到学院生死存亡的大问题，学校几经努力，终于获得了中央领导的批示同意学校迁回北京原址办学。

为了使回迁工作有步骤地进行，学院党委决定，两年内实行北京、邢台两地办学。实验室的建设放在北京。1979 级新生在北京上课，1977 级学生当年暑假后、1978 级学生 1980 年 2 月回北京上课。党委还加强了思想政治工作，把搬迁和整顿恢复结合起来，统一思想、统一行动。1979 年 7 月底，成立“北京农业机械化学院邢台留守处”领导小组，统一领导邢台的教学、科研、后勤、搬迁和基建收尾工作。1983 年 10 月，搬迁全部完成，邢台留守处随即撤销。

五、北京农业机械化学院的新生

1979 年回京办学，遇到的困难是罕见的。当时一机部的机械科学研究院等 13 个单位占用了学院 90% 以上的教学用房，张纪光同志提出千头万绪必须抓住关键，学院领导集中精力抓了校舍的收、修、建工作。1979 年 7 月至 1980 年 6 月，不到一年收回校舍 1. 9 万多平方米、修复房屋 1. 7 万多平方米、临建平房 5000 多平方米，完成了 1. 7 万多平方米的房屋设计和备料任务，补充了一些基础课和技术基础课的实验设备，恢复和增加了急需的实验室和实验项目，恢复了工厂，临时搭建了图书馆，为 9 个专业本科生和研究生的教学工作提供了保障。

1979 年 2 月 12 日至 3 月 3 日，学院召开党委扩大会议，传达党的十一届三中全会精神，讨论如何实现工作重点的转移。党委确定的方针是：立足现有基础做好工作，创造条件把工作重点转移到以提高教学质量和科研水平为中心的轨道上来。为此，学院成立了曾德超教授任组长、万鹤群副教授任副组长的专业调整领导小组，提出了改造老专业和筹建新专业的五条原则：1）坚持教学科研两个中心之前提；2）坚持专业调整与研究方向必须具有我校特色，即工程技术与农业紧密结合，学生既要懂工程技术，又要懂生物技术；3）坚持专业设置与研究室建设成龙配套，将缺腿的农业经济管理、农学、生物学、农产品加工贮藏、环境控制、能源、畜牧机械等学科专业补齐；4）坚持按学科设专业和研究室，打好学生的三个基础，即理论基础、工程基础、技能基础；5）坚持理论与实践相结合，普及与提高相结合，侧重于提高。这五条原则为学院农业工程学科和研究室的发展建设拟定了框架。

1979 年，为适应农业现代化建设，发展现代种植业、养殖业和农村建筑，率先创办了全国第一个“农业建筑与环境工程”本科专业，增设了“水利机械”本科专业。80 年代初，又率先创办了全国第一个“设备工程与管理”本科专业。学院修订了研究生培养方案，“农业机械设计制造专业”涉及农产品加工机械、农用动力、耕耘、收获机械、畜牧业机械、水利机械、机械学、农业生物环境、农村能源工程、农业系统与管理工程等研究方向。

1980 年至 1982 年，学院连续 3 年克服困难，挖掘招生潜力，在仅能使用学院原校址不足 1/10 教学用房的情况下，使在校学生达 1100 人，学生数量恢复至“文化大革命”前的 1/3；加快基建、稳定教学秩序，使得 1977 级和 1978 级 402 名本科生及硕士生按期毕业。

另外，迁京一年，科研工作就摆脱了多年来基本上在外搞协作的被动局面，承担的部、省、市科研课题相当于前 27 年的总和。学院在农业机械化区划规划与预测、农机拖拉机修理理论、饲料加工成套设备、喷灌机械成套设备、触电保安器、特基合金模具与制模工艺、土壤机器系统、齿轮啮合原理、农机强度，以及数论、射影几何等方面的研究都取得了较好的成果。科研活动的开展，促进了教学、科研、生产三结合，培养了一批学术带头人。1981 年，教育部批准学院具有招收博士研究生资格，学院成为全国首批具有博士学位、硕士学位授予权的高等学校之一。1982 年 12 月 28 日，学院以院字〔1982〕175 号文件上报农牧渔业部，申请更名为“北京农业工程大学”。

六、进入发展新时期，更名为北京农业工程大学

（一）研究生培养与学科建设促学校发展转型更名

从 1978 年恢复招收研究生以来，学院招收研究生人数逐年增加。1984 年 1 月，国务院学位委员会下达第二批博士和硕士学位授予单位和专业目录，学院拥有了农业机械设计制造、农业机械化 2 个博士授权专业和农业机械设计制造、农业机械化、农业电气化 3 个硕士授权专业。1990 年 10 月，按照新版《授予博士、硕士学位和培养研究生的学科、专业目录》，学院具有 3 个博士点和 10 个硕士点，其中“农业工程”下设的“农业机械化”“农业电气化与自动化”“农业机械设计制造”“农业水土工程”“农村能源工程”“农产品加工工程”“农业生物环境工程”“农业系统工程及管理工程”8 个二级学科专业均获硕士学位授权，成为全国唯一获得农业工程学科全部 8 个专业硕士授权的高校。

1985 年 5 月，首届博士研究生毕业典礼隆重举行，标志着我国首位农业工程专业博士的诞生。1989 年 11 月，国家教委批准农业机械化学科为国家重点学科。1991 年 6 月，获批设立“农业工程”博士后流动站，进一步推动了学院农业工程学科的建设和发展。1993 年，“农业部设施农业工程重点实验室”获批建设，同年获国家教委批准招收外国来华攻读博士、硕士留学生。到 20 世纪 80 年代末，学院共招收硕士研究生 655 名，博士研究生 59 名，研究生班招生 28 名，代招出国留学研究生 19 名，联合培养研究生 5 名；到 1991 年底，学院共授予 432 人硕士学位（含外单位 14 人、在职人员 14 人），授予 25 人博士学位。

与此同时，一大批在生产实际中得到广泛应用并在全国产生重要影响的科研创新成果相继涌现。1985 年，谷谒白教授研制的“铰刀—拨轮式排种排肥器”，获中华人民共和国第一号专利。旱作地区碳镀深施机具及提高肥效技术措施、全方位深松机的研制及其应用、薄壁高强度灰铸铁件材质及其孕育剂的研究和应用、单机离心泵及系列水泵水力模型、行走式节水灌溉技术及机具、小型混合饲料加工设备、饲料加工成套设备、肉鸡饲养厂的成套工艺及设备、湿帘风机降温系统研究、5HG4. 5 型粮食干燥成套设备、微机有限元软件包、农业自动化检测控制和农电自动化技术，以及大别山区社会与经济发展战略、农村经济持续稳定

协调发展的问题与条件等，先后获国家和省部级科技成果奖励。

学科、专业及学院的建设发展与学科带头人的努力工作和重要贡献密不可分。除前已述及的学科带头人外，汪懋华、崔引安、黄文彬、潘承彪、余群、吴春江、曹崇文、董学朱、周一鸣、白人朴、高焕文、常近时等一批不同学科方向的带头人和博士生导师，为学院学科和专业建设及科学研究做出了重要贡献。

学院逐步发展，已成为为“三农”服务的，涉及机械、电气、电子、计算机、土木、建筑、农畜产品加工、水利、能源、系统工程与管理等多学科的工程性高等院校，已具备成为工程性大学的条件。为了适应形势发展的需要，促进农业院校工程类学科和专业的发展，拓宽为农业现代化服务的方向，满足农口系统对各类工程技术人才的需求，也为了反映办学的实际，为了有利于学校在这一学科领域的国际学术交流，经 1982 年、1984 年、1985 年 3 次报请，1985 年 10 月 5 日，农牧渔业部批准学院由“北京农业机械化学院”更名为“北京农业工程大学”。

1987 年初，学校召开第七次党代会明确办学性质和任务：北京农业工程大学是“直接为农业和农村现代化服务，以农业工程科学技术为主干，与农业生物科学技术紧密结合，具有工、农、管、理、文多学科，面向全国的综合性高等学校”。“要努力办成既是教育中心又是科研中心，并在农业工程及某些工程学科领域内创立自己的特色，成为国家在这些领域的先进科技教育基地之一”。

在邓小平同志的教育要“面向现代化、面向世界、面向未来”号召的指导下，为了深化教育改革，学习海外先进经验，学校积极开展对外教育和学术的合作交流。1991 年 11 月 16 日，中日两国政府签订 5 年期技术合作项目“中国农业机械维修技术培训实施协议”，日方总投资 5 亿日元，在北京农业工程大学建立“中日农机维修技术培训中心”，培养农机高级维修技术人才。该项目从 1992 年 4 月正式开始，到期后经双方协商又延长了一段时间。该项目的实施不仅完成了中日政府协定中规定的任务，还为学校的农业机械的维修技术培训，为农业机械化学科的发展及有关专业的实验实习提供了物质技术基础，同时也促进了学校与日方有关方面的学术交流与合作。

1992 年 10 月，北京农业工程大学主办了大型国际学术会议“北京国际农业工程学术研讨会”，参会代表共计 400 多人，其中包括来自美、英、法、俄、日等 20 多个国家和地区的代表 94 人，还有我国台湾地区农业工程方面的专家学者 16 人。会议期间，还举行了 40 多年来首次大规模的“海峡两岸农业工程交流研讨会”。

经学校向农业部申请，1993 年 5 月，以色列外交部部长西蒙·佩雷斯访华期间，中以双方一致同意在北京农业工程大学建立“中国—以色列国际农业培训中心”，1994 年 4 月，中心在学校正式挂牌成立。中心的宗旨是：为中国和东南亚地区培训高级农业技术人才，引进以色列和其他发达国家的先进农业技术，促进国家间的农业技术交流与合作。

1995 年 4 月，农业部正式批准了中美合作办学项目“北京农业工程大学国际学院”。1995 年 10 月，美国中北部高等教育委员会评估并正式批准北京农业工程大学国际学院具有美国大学学历教育资格和美国科罗拉多大学学位授予资格。1998 年，获国务院批准在中国境内授予美国科罗拉多大学学士学位，同年获得北京市首批中外合作办学许可证，获准在本科和研究生学历层次上合作办学。

（二）学校合并再更名，进入发展新高地

进入 20 世纪 90 年代以来，学校发展改革步伐明显加快。1991 年招收本、专科生和研究生共约 800 人，1992 年为 900 多人，1993 年为 1200 多人，1994 年为 1300 多人。1995 年在校本、专科生达到 4200 多人，研究生 300 多人。

同时，学校加大了进入国家“211 工程”的建设步伐。1995 年 5 月 24 日，国务院批准北京农业大学与北京农业工程大学合并组建成立中国农业大学。同年 9 月 13 日，农业部召开全校干部大会，正式宣布组建成立中国农业大学。同年 11 月 20 日，国务院副总理姜春云亲自为中国农业大学校牌揭幕并发表重要讲话，“过去北京农业大学和北京农业工程大学在农、科、教的结合上做出了表率。今天，这两所农业高等学府合并成立了中国农业大学，这是贯彻《中国教育改革和发展纲要》精神，加快教育体制改革，提高教育质量和办学效益，合理配置教育资源，增强学校综合实力的重要举措”。中国农业大学被列入国家第一批“211 工程”和“985 工程”重点建设大学。

（韩鲁佳摘编）

亲 历 农 机 化

见证农业机械高等教育的发展[①]

> 高良润口述　宋毅撰

从20世纪50年代中后期开始直到80年代初期，农业机械化在党中央最高领导层号召下，全党动员，逐渐走入发展高潮。1955年，毛泽东在《关于农业合作化问题》一文中提出，在20～25年时间，在全国范围内基本实现农业技术改造的伟大任务。1959年，毛泽东提出“农业的根本出路在于机械化”的著名论断。

与此相适应，农业机械高等教育一直在迅速发展。农业机械高等教育起步于新中国建立初期，经1952年全国高等院校院系调整又得到较快发展。院系调整期间，南京大学的工学院独立出来，以所属的电机、机械、土木、建筑、化工5个系，再并入金陵大学的电机、化工两系，组建成一所多学科的工业大学——南京工学院。后来在华东地区高校院系调整时，南京工学院又并入了浙江大学、山东工学院的无线电通讯和广播专业，厦门大学工学院的机械、电机两系和上海交通大学的有关无线电科系，使学院总共有了建筑、土木、电力、机械、电信、化工、食品7个系，共23个专业。我本人就是在这时随着南京大学工学院机械系转到了新组建的南京工学院，在那里担任副教授和金属工学教研室主任。南京工学院成立后，1955年开办了农业机械设计制造、汽车拖拉机设计制造等专业，我也改任农业机械教研室主任，承担农业机械设计制造方面的课程教学任务。

1952年北京农业大学农业机械系也独立出来，成立了北京机械化农业学院，后更名为北京农业机械化学院；此后，1955年在吉林省会长春成立了长春汽车拖拉机学院，后改名为吉林工业大学。到1958年前后，各地又先后成立了一批

---

① 本文节选自高良润口述、宋毅撰的《我与农业工程高等教育：中国农业工程高等教育奠基者之一高良润教授口述回忆》（中国农业出版社2015年出版）的第四章。

以农业机械类专业为重点的工科学院，如安徽工学院、洛阳农业机械学院、内蒙古工学院、武汉工学院等。院系调整时成立的南京农学院农业机械化系则扩建为南京农学院农业机械化分院。这里要说明一点，当时学习苏联模式，苏联的农业机械设计和农业机械管理使用是分开的，科研机构中既有负责研究设计的农业机械研究所，也有负责管理和使用的农业机械化研究所；高校中既有农业机械设计制造系，也有农业机械化系。受其影响，当时，由机械工业部门管理的院校，农业机械类专业就叫农业机械系或农业机械（拖拉机）设计制造系，而农业部门管理的院校则叫农业机械化系，两者是有区别的。

当年设在南京工学院的农机学院筹建处

1960 年，为适应农业机械化事业大发展的需要，经过国家计划经济委员会、教育部和农业机械部批准，以南京工学院的农业机械、汽车拖拉机两个专业的师资和设备为基础，筹建了南京农业机械学院，并在这一年开始招生；1961 年，南京农业机械学院校址迁往江苏镇江，改名为镇江农业机械学院；1963 年，吉林工业大学的排灌机械专业和排灌机械研究室又迁入镇江农业机械学院，拓展了镇江农业机械学院的业务范围。

之所以会在镇江成立一所农业机械类高等院校，其中还有一段曲折的经历：1959 年，国家农业机械部成立后不久，就提出以南京工学院机械二系的农业机械、汽车与拖拉机两个专业为基础，筹建南京农业机械学院的方案。1960 年 1 月 20 日，南京农业机械学院筹备处正式成立，办公地点暂时设在南京工学院内，并且开始选择校址，着手基本建设的准备工作。当时正处于三年困难时期，大学云集的南京市，已经不能再承担一所上万人规模的大学所带来的各种负担。这年 3 月，南京市人民政府批复同意南京农业机械学院校址设在南京市郊区江宁县东山镇土山以东、宁溧公路以北地区，由市里统一安排。此后，农业机械部牵头邀请了建筑工业部、清华大学、南京工学院、吉林工业大学、华东工业建筑设计院及南京农业机械学院筹备处的相关负责人在北京召开会议审查南京农业机械学院初步设计方案。就在这时，南京军区空军司令部来函，提出在东山镇建设学校对空军机场环境会有影响，要求另选校址。于是从1960年5月起，南京农业机械学院筹备处向农业机械部和中共江苏省委请示后，又派人到无锡、常州、镇江等地选址。7月，经农业机械部、江苏省、南京市同意，将校址改在江宁县东山镇以东孙家山附近；9月30日，农业机械部批复正式成立南京农业机械学院。不料，到10月，南京军区空军司令部再次提出，调整后的校址对空军机场的环境仍然有影响，鉴于此，南京市决定，原拟在东山镇建设的各院校全部另选地址。这种情况下，根据江苏省委有关部门作出的“可在镇江或新沂选定院址”的批示，农业机械部会同江苏省有关部门到镇江考察，11月，中共江苏省委决定在镇江市东郊后官庄征地建校。1961年6月21日，农业机械部正式批准将南京农业机械学院更名为镇江农业机械学院。

1970年，南京农学院农业机械化分院又与镇江农业机械学院实行了合并。当时归属农业机械部领导的院校共有7所，分别是安徽工学院、吉林工业大学、洛阳农业机械学院、内蒙古工学院、北京农业机械化学院、武汉工学院、镇江农业机械学院；地方所属的农业机械院校有4所。另外，还有40余所农业院校内设有农业机械方面的专业。农业机械部所属的7所院校是综合性工科高等学校，主要任务是培养在我国基本实现农业机械化所需要的从事农业机械科学研究、设计制造、运用管理等方面的高级工程技术人才。到改革开放后的20世纪80年代初，机械部所属高等院校已有29个专业、15个研究室（所）；教师3405人，其中讲师以上教师2012人；在校学生达12000人，研究生127人。他们中的大多数，后来成为我国农业机械院校、农业机械科研机构、农业机械工业生产单位和各级农业机械管理部门的技术业务骨干。

我所在的镇江农业机械学院，随着学校规模的不断扩大，系科、专业的逐步增加，学校在保持农业机械传统优势的基础上，不断向多学科方向发展，1982年，经机械工业部批准，镇江农业机械学院更名为江苏工学院；1994年，又更名为江苏理工大学；2001年，江苏理工大学与溯源于1934年的镇江医学院和创办于 1958 年的镇江师范专科学校合并，成立了江苏大学，名称一直沿用至今。

我从 1952 年高校院系调整离开南京大学起，一直都在这所学校工作，南京工学院期间，我被评为教授，先后担任了金属工学教研组主任、农业机械教研室主任；镇江农业机械学院时期，我当过学院的副院长，同时还是农业机械工程系教授，1981 年还被国务院学位委员会评为国家首批博士生导师，一度还担任了学院的排灌机械研究所所长；江苏工学院时期，我先后担任过学院副院长、顾问、排灌机械研究所名誉所长、农业机械工程分院名誉院长；到江苏大学时期，我由于年事已高，离开了教学一线岗位，但仍在力所能及地做着一些与专业有关的工作。

1981 年成为博士研究生导师以后，我在培养研究生的方向上，除农业机械之外，还拓展了流体力学、农产品加工、农业机械结构和材料等专业内容，为学校以后设立新的博士点奠定了基础。1983 年初，学校应联合国工业发展组织、亚太农机网的要求，设立了农业机械高级人员培训班，接纳亚非拉国家大学毕业以上程度的高级科技人员，委任我担任培训班班主任，为亚非拉国家培养了一批农业机械专业的高级人才，同时还增进了国际友谊，加强了国际学术交流，扩大了我国农业机械在国际上的影响。

华南农业大学农工学科的六十年

> 华南农业大学工程学院

悠悠六十载，栉风沐雨，春华秋实。记忆浸润流光岁月，留下铿锵步履。

华南农业大学于 1958 年成立农业机械化本科专业，农业工程学科从它诞生的第一天开始，就将历史赋予的农业工程教育视为己任，矢志不移，勇往直前。

一、艰苦奋斗创基业（1958—1965 年）

1958 年 5 月，根据国家对农业机械化人才的需要，华南农学院以原农业机械教研组为基础，在农学系下增设农业机械化专业。伍丕舜、张育初、邵耀坚等老一代农业工程人在专业建设初期勇挑重担、艰苦创业，在当时几乎为零的基础上，为农机专业的发展壮大打下了坚实的根基。

由右至左分别为邵耀坚、伍丕舜、张育初

建设之初，百业待兴，教研组成员一次次开会，反复探讨，研究怎样才能开拓出农机专业的新天地。在新专业创办不到2个月的时间里，农业机械教研组全体教工将弃置的旧小汽车改装为“东方红”号拖拉机，作为华南农学院“七一”献礼大会的礼物。在今天看来，拖拉机是一种非常普及的农业机械，但是在1958年，新中国生产的第一台拖拉机才刚刚诞生，农机专业教工自主改装的这台拖拉机就显得意义非凡。

1958年7月，作为农业机械化专业的教学基地的农械厂在东区的一座简单的平房中办起来了。建厂初期，设备仅是几台残旧的老式机床、拖拉机。教学基地的建立标志着万里长征迈出了第一步。经过工人和下厂教师坚持不懈的努力，工厂后来发展到可以造发动机和插秧机。

作为教学基地的农械厂建设初期的福特汽油拖拉机和履带式拖拉机

专业建设不能没有实验室，实验室建设不能因为缺钱而停滞，有困难克服困难，没条件创造条件。教职工们完全靠人工剖切的方式制作了链式拖拉机教具，将小麦联合收割机改装成水稻联合收割机和整体式水稻联合收割机，改造了修理实验室的专用加工设备。老一代农业工程人呕心沥血，慨当以慷，用一砖一瓦构筑教育的殿堂，用一言一行培育国家的栋梁。在他们几十年如一日的默默耕耘下，农机专业克服了建设之初的困难，为日后的发展壮大奠定了坚实的基础。

师资队伍的建设是专业发展的重中之重，也是立足之本。教研组通过各种方法引进人才，首先接收了分配来的约20位应届毕业生，接着陆续从外单位调入几位教师，师资队伍增至38人。1958年8月，农业机械化专业筹备就绪。

首届农业机械化专业毕业生与教师合影

1958年9月，农业机械化专业迎来了第一批新生，共193人，其中五年制本科生85人，三年制专科生108人。同年9月底，这些新生被下放到广东惠阳、新会、湛江等农村参加公社化运动及生产劳动，开始了在大学的第一课。1961年7月，高教部及省高教局批准华南农学院成立农业机械化系。同年11月，为了贯彻中央关于“调整、巩固、充实、提高”的方针，学校将农机修理专业合并到农业机械化专业。1961年12月，中央农业部委托学院培养边疆师资班。1963年7月，第一届本科五年制学生毕业。这标志着走过了初建时期的风风雨雨，农业机械化专业的建设开启了新的篇章。

学科带头人邵耀坚教授首创了拖拉机叶轮行走装置，将第一台轮式拖拉机开下了水田，奠定了华南地区地面机器系统研究的理论基础。学科创办以来，开拓者们执着追求、务实进取，积极贯彻“国家高教六十条”和教育与生产劳动相结合的方针，不仅担负繁重的教学任务和生产劳动，而且积极开展农机领域科学研究，为后人孕育了“务实创新、艰苦奋斗”的基因。

二、十年“文革”志不移（1966—1976年）

1966年6月2日，华南农学院党委向全校师生员工宣布停课开展“文化大革命”，各项工作基本停顿。全国各地纷纷办起“五七”干校，华南农学院也在粤北山区翁源县成立华南农学院翁城“五七”干校。

同年11月，农机系大部分教工下放翁城干校。在干校期间，生活十分艰苦，干校学员不叫苦不喊累，以最大的勇气，克服困难，努力工作。翁源县在山区，种植技术落后，农作物产量低，下放的教工通过各种渠道，及时地向广大农民宣传和推广泡青肥、人造肥及改良水稻直播机等新技术。当时干校有水田、旱地、鱼塘300多亩，教工们虚心向农民学习，逐渐学会了犁田、耙田、扯秧、插秧等农活。他们发挥专业优势，经过艰苦努力，种养业都取得了好成绩，副食品生产基本达到自给，通过技术推广在当地起到了示范作用，推动了当地农业生产的发展。同时，他们还主动承担了干校“工业联队”的管理任务，负责十几台汽车、拖拉机和机床等的维护，在一定程度上保护了科研设备，为以后恢复科研工作创造了条件。

1970年8月24日，经华南农学院革委会同意，原农业机械化专业改为农机具设计制造专业，并调回部分教工及干部，进行招生筹备工作。广东省革委会于1970年10月30日正式发文，决定原中南林学院与华南农学院合并，改校名为广东农林学院，院址设在华南农学院。搬迁合并工作于1970年11月完成，原中南林学院部分教工调入农机系。1970年11月16日，农机系首批工农兵学员共32人入学，专业为农机具设计制造，学制为三年。这是“文革”期间的首次招生，学员均来自基层，农机系的教学工作逐步得到恢复。学员有一定的生产实践经验，珍惜学习时机，掌握了不少科学知识。后来，他们又在实际工作中努力锻炼提高，一大批人成才，为社会主义现代化建设事业做出了贡献，发挥了不可替代的作用。

“文革”期间，广大教师和科技人员克服了种种困难，发扬敬业、乐业精神，长年累月坚持驻在农村、林区和工厂的科研基点，与基层科技人员和群众一道，紧密结合生产，开展科研和科技服务工作。1971年6月，农机系组织教育革命小分队，自带设备及教具深入梅县、惠阳等农村，协助当地从实际出发，结合开展科学实验或推广先进生产经验、新技术和新机具，大力开展技术培训活动，办培训班近500期，受训人数达6万多人次，深受当地农民群众的欢迎。

1973年，农机系为广东省第一机械工业局举办的“农机管理干部（局级）培训班”开学，每期4个月，共办3期，并组织到东北、广西、湖南等地进行参观学习。之后几年时间，农机系为广东省第一机械工业局培训县农机局长107人，公社农机管理干部620人。1974年10月，农林部发文至各省、市、自治区农机局，肯定了农机系通过举办多期培训班，对加强农业机械的管理工作，起到了很好的作用，要求各地学习推广。

“文革”十年中的农机系，几经搬迁，自强不息，始终与学校命运共浮沉，与时代脉搏同起伏。

三、改革发展壮根基（1977—1991年）

“文革”结束后，随着1977年拨乱反正工作的深入进行，全国高校恢复统考招生。1977年到1991年，经过整顿、恢复和领导班子调整，学校教学、科研工作逐步走上正轨。1978年3月14日，农机系招收农机具设计制造专业学生29人，农业机械化专业学生59人。这批春季入学被称为1977级的新生，年龄参差不齐、背景各不相同，最大的32岁，最小的16岁。

农机系1977级毕业生留影

从1978年开始，随着我国教育事业进入新的发展阶段，从学校到系，师资队伍建设被提上重要日程，一方面重视发挥老教师的传帮带作用，另一方面采取脱产进修与在职培训相结合、国内培养与国外培养相结合等方式，加速培养中青年学科带头人及青年教师。农机系教师梯队建设有了显著的变化，师资队伍的素质得到更大提高，多次获得广东省高等学校教学优秀奖、部属重点高等农业院校优秀教师等省部级奖项。

1978年12月，农机系在学校跃进区第一区建立了农机试验站，接受广东省机械局机械化育秧插秧技术推广任务。试验站从开始成立到后来的发展，许多教师都倾注了大量心血智慧，不仅可进行收割机和插秧机的试验，还开展了无土育秧技术的研究。1981年9月，“水稻温室薄土育秧设施的设计及配套机械的研究”获得广东省人民政府科研成果二等奖，这是对农机系教师们多年不懈努力的肯定，自此翻开了农业工程学科科研工作的新篇章。在各种荣誉的激励下，农机系教师们的科研创新热情空前高涨，形成了风清气正的良性发展氛围。

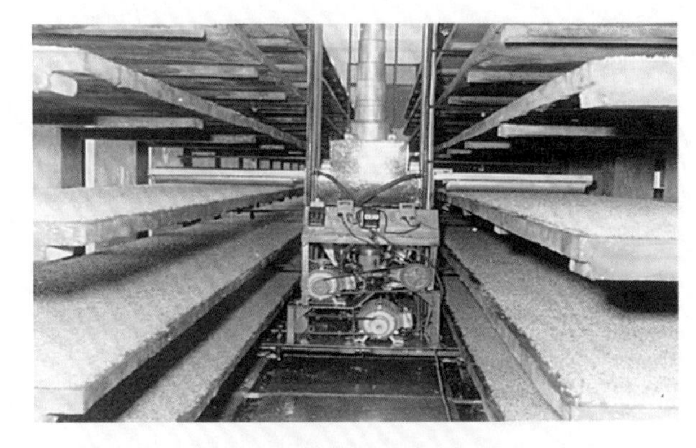

农机试验站机械化育秧工厂

随着农机系办学规模逐渐扩大、办学层次快速提升，研究生教育从无到有。农业机械化专业作为学校首批19个获得国务院学位委员会批准的硕士学位授权专业之一，1979年招收了第一批硕士研究生。1986年9月，农业机械化专业被国家教委及农业部批准为博士学位授权点。

在改革开放的新形势下，为了主动适应国家经济建设和社会发展的需要，1984年华南农学院改名为华南农业大学，为学校扩大改革和开创新局面创造了有利条件。1985年，农业机械系改名为农业工程系。

四、与时俱进谱新篇（1992—2008年）

1992年，农业部批准华南农业大学在“农业工程系”基础上组建“工程技术学院”，农业工程系发展为学院建制。2001年“工程技术学院”更名为“工程学院”。工程技术学院作为以农业工程为主干学科、农工结合的工科院系，肩负着农业现代化、农村工业化和服务经济社会的重任，但在当时办学遇到了许多难题：在人才培养上，出现招生难、就业难，被称为“二等专业”；在办学经费上，国家财政拨款严重不足；在办学条件上，教学设备破旧，教学手段落后，实践条件缺乏；在后勤保障上，受到市场机制的冲击，供求矛盾很大。如何走出办学的困境是学科发展必须攻克和解决的新课题。

改革是一场新与旧、陋习与进步、自然与人为的矛盾的斗争。1993年，学院被学校选定为学校综合改革的唯一先行单位，积极助推思想大解放，奏响了改革的序曲。以“主动适应经济建设发展的需要”为导向，不断地进行教育教学改革；革除科研力量分散的弊端，抓住发展“三高农业”的机遇，成立以各学科带头人为主的科研团队，积极向国家、省部委申报科研课题，获得明显成效；在学科建设上，抓住学校和“211 工程”的历史机遇，形成了以农业机械化为主干学科的农业工程学科群。农业机械化工程于 1999 年被批准为农业部重点学科，2007 年被批准为国家重点（培育）学科。2003 年 10 月，获批成立农业工程博士后流动站。农业机械化及其自动化专业于 2007 年被批准为国家级特色专业，农业机械学课程于 2008 年被评为国家级精品课程。“南方农业机械与装备关键技术”实验室 2007 年被批准为省部共建教育部重点实验室，2008 年被批准为农业部南方农业机械与装备重点开放实验室。

通过努力，学院在水稻生产机械与装备关键技术、南方特色农作物生产机械与装备关键技术、精细农业关键技术等领域取得了一批重要成果，为我国的科技事业，尤其是南方农业机械化工程发展做出了重要贡献。

五、科学发展新跨越（2009—2018 年）

由于人才培养中心地位的确立，农业工程学科发展的目标清晰明确，经过十年来的共同努力，教学、科研和社会服务等工作都取得了历史性重大突破，为建设国家与地方的现代农业发挥了越来越重要的作用。

国家技术发明奖

证 书

为表彰国家技术发明奖获得者，特颁发此证书。

项目名称：水稻精量穴直播技术与机具

奖励等级：二等

获 奖 者：罗锡文（华南农业大学）

中华人民共和国国务院

2017 年 12 月 6 日

证书号：2017-F-301-2-01-R01

罗锡文院士团队荣获 2017 年国家技术发明二等奖

农业工程一级学科在 2016 年全国第四轮学科评估中并列第四名。2009 年，学科带头人罗锡文教授当选为中国工程院院士，代表中国农业工程专家再次登上了国家设立的工程科学技术方面的最高学术殿堂。2015 年，广东省启动了华南农业大学高水平大学建设，农业工程学科群被学校列入重点支持学科。在此之后的几年里，人才培养、科学研究、社会服务等方面得到了跨越式的发展，达到了前所未有的高度。农业航空应用技术成为学科新涌现的发展方向之一，2016 年“国家精准农业航空施药技术国际联合研究中心”正式挂牌。2017 年，罗锡文院士团队的“水稻精量穴直播技术与机具”获得国家科学技术发明二等奖，学科在国家级科研奖励方面取得历史性突破。2018 年获批建设“高等学校学科创新引智计划”（“111 计划”）基地，国家级科研平台建设再创佳绩。农业工程学科在水稻精量穴直播机、农田精准平整机、稻谷集中干燥装置、农业机械导航及自动作业系统、水稻精量播种生产线、甘蔗收获机、山地果园运送装备、蔬菜播种机与嫁接装置、水果采摘机器人和农业航空技术等领域处于国内领先水平，形成了一批填补国内空白、国际领先的重大成果，并实现了技术转让及产业化应用。

历史的年轮记录了华南农业大学农业工程学科六十载春华秋实。六十年来风雨兼程，砥砺前行，薪火相传，不忘初心。如今站在新起点，踏上新征程，新一代农业工程人将牢记使命，增强时代感、使命感、方位感和紧迫感，凝心聚力，务实用心，为新形势下农业工程学科的建设发展努力奋斗！

（李君执笔）

奋斗的轨迹

江苏大学农机学科的时间轴

> 江苏大学农业装备学部

江苏大学前身为镇江农业机械学院，这是一所响应毛泽东同志“农业的根本出路在于机械化”的号召，在国内首批以农业机械化为使命而设立的全国重点大学。它因农机而生，为农机而兴，笃学创新，结出硕果，经历过辉煌，遭遇过低谷，追溯时间的轨迹，这就是中国农机高教事业发展的一个侧影。

时间追溯到约 60 年前　1960 年成立南京农业机械学院，校址由南京迁往镇江后，1961 年学校更名为镇江农业机械学院。农业机械设计与制造专业成为学校的起家专业，培养出我国第一届农机专业本科生。当时的农机学科云集了我国农机研究领域的奠基人，如我国植保机械奠基人高良润教授、我国耕作机械奠基人钱定华教授、我国拖拉机行走机构与土壤相互作用方面的知名专家吴起亚教授等。1964年镇江农业机械学院开始自行招收硕士研究生，当时指导教师仅3人，农机学科的高良润教授是其中之一，当年招收的2名硕士研究生是我国农机事业培养的第一届硕士生。学校组织主编了我国首部《农业机械理论及设计》，实现了我国农业机械设计理论专业教科书从无到有的突破。在国际上首次提出倾斜动线法犁体曲面设计方法，研制了混窜型犁体，获全国科技大会奖。

时间追溯到40年前　1978年我国恢复研究生教育，同年镇江农机学院被国务院确定为全国88所重点大学之一，农机学科招收硕士研究生12人。1981年11月，国务院学位委员会颁布第一批博士、硕士学位授权学科，农业机械设计制造学科获得博士学位授予权，钱定华、高良润两位教授获得博士研究生指导资格，并开始招收博士研究生。1985年4月28日，学校培养的农业机械设计制造学科博士研究生张际先通过博士毕业论文答辩，这是我国自行培养的第一位农业机械设计制造学科博士，其导师为钱定华、高良润教授。张际先的博士论文是关于土壤对固体材料粘附和摩擦性能的研究，解决了传统农具犁的脱土问题。

在老一辈农机专家们和学科带头人桑正中教授的带领下，学校农机人践行着开拓进取、自强不息、呕心沥血的精神，农机学科从弱到强，走向了第一个辉煌。1987年农机学科被评为机械部重点学科；1994年被评为江苏省重点学科；1995年3月人事部批准在全国99个单位设立博士后流动站，农业工程博士后流动站榜上有名，成为学校的第一个博士后流动站；受联合国工业发展组织和亚太地区经社会的委托，共举办了13期农机培训班，为30多个国家培训了大量高级农机管理人员和专家。在这期间，学校涌现出一批著名农机学者，如桑正中、陈翠英、吴守一、翁家昌、项祖训、官镇等教授。桑正中、吴守一教授主编的《农业机械学》成为恢复高考后全国高等院校农业机械专业统一使用的第一种专业教材，并被译成日文使用，该教材在1992年获全国优秀教材奖。

时间追溯到20年前　由于农村土地承包等国情及国务院学位委员会进行了学科调整，农机学科发展转入低潮。1998年农业机械设计制造学科调整确认为机械设计及理论学科博士点，农业工程博士后流动站调整确认为机械工程博士后流动站，农机本科专业停止招生。几乎在瞬间，学科没了，专业没了，以至于很多人都对农机学科的发展前景表示怀疑。

农机学科何去何从，新一代的农机人面临艰难的抉择和严峻的考验。在学科带头人毛罕平教授的带领下，农机团队秉承老一辈农机人自强不息、开拓进取的精神，上下同欲，铿锵前行，积极投身农机事业的“战场”，在极为不利的环境条件下，靠自己的双手，书写着一个又一个从“0”到“1”的传奇故事。2000年申请农业生物环境与能源工程、农机化工程学科硕士点并双双获批；2003年获得农业生物环境与能源工程博士点、农业工程一级学科博士点；2003年重新申请获批农业工程博士后流动站；2004年获批江苏省现代农业装备与技术国家重点实验室培育点。

时间追溯到15年前　2004年11月1日我国正式施行的《中华人民共和国农业机械化促进法》助推了我国农机的发展。为了顺应我国农机发展需求，打造学校农机办学特色，2005年3月江苏大学成立了农业工程研究院，成立之初该院是江苏大学人员最少、最不引人注目的二级单位。正因为有过低潮时的切肤之痛，才更加历练了农机人不畏困难与艰辛，同舟共济不懈奋斗的精神。他们信念如山，着力构建科研创新团队，不断提升学科特色和科研能力。江苏大学的农业工程事业又一次进入了发展的快车道，老一辈农机人的梦想得以实现。2006年农业生物环境与能源工程学科被评为江苏省重点学科；2007年农业电气化与自动化学科被评为国家重点学科；2007年获批现代农业装备与技术教育部重点实验室；2007年农业生物环境工程团队获评省级科技创新团队。

时间追溯到10年前　党的十七届三中全会明确提出要“加快推进农业机械化”，新一代的农机人不忘初心、牢记使命，始终围绕农机打造品牌：农业工程学科于2009年被评为江苏省一级学科和国家重点学科培育建设点，2010年被评为省优势学科后，连续10年获政府高强度建设经费支持1.16亿元。2012年获批江苏省“2011协同创新中心”，连续8年获政府高强度建设经费支持0.72亿元。政府的大力支持使得农业工程学科取得了跨越式发展。2009年“温室关键装备及有机基质的开发应用”项目获国家科技进步二等奖。2011年7月学校恢复农业机械化及自动化本科招生，2014年成立农业装备工程学院，师资阵容不断扩大。由江苏大学牵头，联合国内实力最强的高校、研究所和企业组建的现代农业装备与技术协同创新中心协同攻关农业装备领域核心关键技术。

时间追溯到 5 年前　2015 年国家将农机装备列为《中国制造 2025》重点发展的十大领域之一，农机学科发展迎来了新的黄金时期，江苏大学农机人没有不拼搏的理由：为了取得温室环境调控的试验数据，设施农业工程团队在数九寒天通宵达旦地“喝西北风”；燥热难耐的夏天，收获机械团队在田间地头挥汗如雨，紧跟在收获机后面看作业实效……农机人正是用奋斗的本色擦亮农机的底色，学科实力不断攀升，行业影响力不断提高：学科获批省部级以上平台 7 个，学科排名由2000 年的第 7 位、2012 年的第 5 位跃升到全国第 3 位。由毛罕平教授倡导并发起的全国大学生智能农业装备创新大赛，获教育部高教司委托主办，大赛升格为国家级赛事，并以章程形式确定大赛秘书处常设江苏大学。在国家发改委国际合作中心的指导下，由江苏大学发起，70 家单位联合成立农业装备国际（产能）合作联盟，构建“产、学、研”国际创新平台和跨区域合作平台，共同促进“一带一路”沿线国家农业装备行业发展。由江苏大学发起，成立农业工程大学国际联盟，17 个国家或地区的 32 所高校加入联盟，致力于创建农业工程领域国际化交流合作平台。

近 60 年来，江苏大学历经镇江农业机械学院、江苏工学院、江苏理工大学、江苏大学的校名变迁，农机学科培养了一大批优秀人才，60% 的校友植根于农机行业，并逐渐成为行业的中流砥柱和栋梁之材。60 年来学科优势凸显：农业工程学科排名全国第 3 位；以农业工程学科为主要依托，学校工程学、农业科学两个学科分别进入 ESI 全球排名前 4‰和前 1%；拥有农业电气化与自动化国家重点学科、农业工程江苏省优势学科、国家新农村研究院、现代农业装备与技术教育部重点实验室、植保工程农业部重点实验室、江苏省农业装备与智能化高技术研究重点实验室等平台；学科群仪器设备总值达 5 亿多元，整体研究条件达到国际同行一流水平。

六十年风雨兼程，六十年激流勇进，六十年筚路蓝缕，六十年春华秋实。正是这一代代农机人厚重的积累，才有了今天农业工程学科耀眼的辉煌。江大农机人那些无悔的奉献化为了岁月的皱痕，成了记录他们几十年艰苦奋斗的墨宝，成了鞭策后辈前进的精神动力。

传承农机精神，服务农机发展，江苏大学农机人一直在路上！

（王亚娜，毛罕平执笔）

吉林大学农机学科发展历程

> 吉林大学生物与农业工程学院

建于1955年的长春汽车拖拉机学院的农业机械专业和拖拉机专业是吉林大学生物与农业工程学院的前身。60多年来，学院秉承“明志、笃行、精耕、创新”的院训，为我国农业机械设计制造专业的创建，农业工程及相关专业人才的培养，地面-车辆系统力学、高速精密播种、地面机械脱附减阻仿生技术、农业系统工程等领域的开拓研究与应用做出了突出贡献，成为国家农业机械化发展的重要力量。

一、学科初创，戮力同心（1955—1959年）

新中国成立后，经过三年的国民经济恢复时期，开始了第一个五年国民经济建设计划。为培养大量的各种专门人才，借鉴当时苏联的办学经验，国家有计划地对全国高等学校进行了院系调整，设置了一批单科性的工业院校。1955年，长春汽车拖拉机学院应运而生，农业机械、拖拉机专业分别于1957年、1958年诞生。1958年11月5日，经中共中央批准，长春汽车拖拉机学院下放由吉林省领导，并改名为吉林工业大学①。

1955年，由崔引安先生牵头、十几位教师组成的团队，筹办起全国第一个农业机械设计制造专业。李复先生任学校教务长兼农业机械系主任期间，争取到了各大农机厂捐赠的农机产品，为农机实验室充实了一批教具，打下了实践教学的基础。陈秉聪先生等主持创建了国内第一个土槽试验台（在相当长的时间内是亚洲最大的土槽试验台），打下了良好的科研基础。

1956年至1957年，时任实验室主任谢毓琦在考察国内相关学科专业实验室设计的基础上，以满足大型耕种机械、收获机械的展示、实验为主，进行了内部

① 《吉林大学校史》编委会. 吉林大学校史（1946—2006）［M］. 长春：吉林大学出版社，2006.

平面设计，并主持修建了农机实验室。实验室对农业工程及相关学科专业的教学、科研、人才培养等起到了重要作用。

由机械部派来的袁矿苏、张德骏先生和原吉林工业大学拖拉机专业带头人陈秉聪先生，先后任系主任。他们有创造性、有远见，扩大了专业范围。袁矿苏主持设立了农机测试技术方向，张德骏主持增设了农业系统工程学科，陈秉聪主持创建了地面机械仿生技术方向。这三个方向，后来都在全国同类学科中处于领先地位①。

二、无问西东，砥砺前行（1959—1986 年）

1959 年 4 月 29 日，毛泽东在《党内通信》中提出了“农业的根本出路在于机械化”，他所要求的“一批科学技术人员”需要高等院校一段时期的系统培养和积累。因此，在 1959 年至 1969 年这段时间里，吉林工业大学农业机械系始终按照苏联五年制模式培养本科生、副博士研究生模式培养研究生，积累经验，并进行调整。

学校首届农机本科毕业生是来自山东工学院 1954 级内燃机专业的学生。他们响应国家号召，1955 年整建制调整到长春汽车拖拉机学院，专业也改为农机；1956 年，他们又整建制调整到南京工学院；1957 年，他们又整建制回到吉林工业大学。当时按照苏联的模式培养，大学本科为五年制，后由于“大跃进”，提前半年毕业。1959 年 2 月毕业时，学校已更名，但毕业文凭落款仍为“长春汽车拖拉机学院”，并且对专业变更情况专门作了注明②。

建校之初，在培养本科生的同时，就开办了研究生班，在苏联专家伊·帕·巴尔斯基的帮助指导下，培养了拖拉机专业的研究生和青年教师。

首届研究生自 1960 年开始培养。但因当时没有获得招生计划，农业机械学、拖拉机专业研究生分别在哈尔滨工业大学、清华大学按照苏联副博士研究生的模式进行培养。1961 年，考虑到人才培养条件，经教育部批准，农业机械学专业研究生正式回到吉林工业大学进行培养③。1965 年 11 月，首届研究生获得毕业文凭。“文革”前研究生导师：农业机械专业为崔引安、张德骏，分别指导机组

---

① 谢毓琦先生回忆，2018 年 2 月。
② 徐岫云先生回忆，2018 年 3 月。
③ 杨孝文先生回忆，2018 年。

平衡、土壤力学方向；拖拉机专业为陈秉聪，指导水田行走机构方向。他们共培养了26名研究生。吉林工业大学农业机械系还为全国各地培养了一批师资力量。1961年至1962年，开设的本科生课程“耕作机械”（周作伸）、“收获机械”（赵学笃）、“特种机械”（王天麟）、“农机测试技术”（韦寿康）等辐射全国，来自20多所学校的进修教师进行了学习。

1978年，设置了畜牧机械专业。1985年，设置了食品机械专业。

1981年，农业机械设计制造（含拖拉机）学科取得硕士学位授予权和博士学位授予权，成为国内首批硕士点和博士点之一①。1986年，农业系统工程及管理工程学科取得硕士学位授予权。

在科研领域，1978年4月，农机教研室研发了“B2T－6播种中耕通用机”；1979年4月，王海田、周作伸、孙宝臣的项目“QZ－200型泵吸反循环水井钻机”获得吉林省科学技术成果二等奖；1983年，马成林副教授参与完成的“BZ型综合号播种机”获国家发明三等奖，在东北、西北、华北地区被广泛应用。

三、明志笃行，自强不息（1986—1997年）

为了适应我国农业机械化事业和农机工业发展的需要，经机械工业部批准，吉林工业大学农机工程学院于1986年7月成立。学院设有农业机械工程系、拖拉机工程系、食品工程系，开办了农业机械、拖拉机、畜牧机械、食品机械4个本科专业；其中，农业机械、拖拉机学科（专业）具有博士学位授予权。有教授9名（其中博士生导师3名），副教授18名。至1986年，已培养本科生4200多名，硕士研究生78名，博士研究生2名②，并为11个发展中国家培养了18名农机专业本科留学生和进修生。

1988年8月，农业机械设计制造（含拖拉机）学科被评为国家重点学科。1989年2月，获准设立农业机械设计制造博士后科研流动站，后调整为“农业工程”博士后科研流动站。至1997年，农业机械设计制造（含拖拉机）学科是国内本领域唯一的国家重点学科，成为吉林工业大学优势和特色学科之一。1995年，农业机械设计制造学科被列为国家“211工程”重点建设学科。1995年，陈秉聪教授当选为中国工程院院士。

---

① 吉林工业大学年鉴［M］，1995.

② 吉林工业大学农机工程学院院友录［M］，1986.

至1997年，累计培养本科毕业生5800余名，授予硕士学位204名，授予博士学位42名，博士后出站3名。农业机械设计制造学科作为国内本领域唯一被授权培养国外来华留学研究生的单位，培养了国外来华留学的博士1名（为吉林工业大学首名国外来华留学博士）、硕士2名。

学院根据“依托行业、服务地方”的指导思想，紧密围绕我国农机工业和发展优质、高产、高效、创汇农业的需要，广泛开展理论研究、应用研究和技术开发。例如，为了解决农业机械和越野车辆在水田、沼泽、滩涂地带的通过性问题，研究开发了多种仿生步行机构，其中“机械式步行轮”在1987年加拿大蒙特利尔国际发明博览会上为我国赢得了唯一的一项金奖；为了解决机械工作部件与土壤等物料黏附严重的问题，运用仿生学理论，在国内率先研究土壤动物减粘脱土的机理与规律，以及功能仿生脱附技术和仿生功能材料；在创立精密播种理论、开发新型播种机方面也取得了突出成果。

1997年12月，根据学校调整院系行政机构的决定，撤销农机工程学院、食品与包装工程学院。原农机工程学院的农机工程系、农机工程实验室所属教学、科研和实验人员合并到新建的机械科学与工程学院管理。原农机工程学院所属党政管理、德育教师、图书资料人员及食品工程系、食品工程实验室所属教学、科研和实验人员合并到新建的生物资源工程学院管理。原农机工程学院汽车拖拉机工程系、拖拉机实验室所属教学、科研和实验人员合并到汽车工程学院管理。

四、重整旗鼓，蒸蒸日上（2001—2015年）

2000年6月5日，教育部决定将原来的吉林大学、吉林工业大学、白求恩医科大学、长春科技大学、长春邮电学院合并组建新的吉林大学，同时撤销原五校的建制。2001年5月，吉林大学生物资源工程学院、机械科学与工程学院农业工程系、农机实验室合并为农业工程学院，后更名为生物与农业工程学院。原吉林工业大学机电设备研究所，也归属学院管理。

经过50多年的建设，学院的学科专业已由20世纪80年代初单一的农业机械设计制造学科，发展成以农业机械化工程为带头学科，仿生科学与工程为特色学科，涵盖农业工程、食品科学与工程、生物工程、包装工程、农林经济管理等学科的多学科人才培养体系，构成了工管结合的良好学科生态，形成了地面机械仿生理论与技术、农业工程仿生关键技术、精确农业创新技术与农业生物环境控制、农业机械化系统分析与管理工程、农产品转化增值工程等主要研究方向。特别是经过“211工程”和“985工程”建设，学科的总体水平显著提高，位居国内同类学科前列，在国际上也有一定影响。

学院拥有农业工程、食品科学与工程一级学科博士学位授予权，农林经济管理一级学科硕士学位授予权，发酵工程二级学科硕士学位授予权。

2007年，任露泉教授当选中国科学院院士，学院形成了以任露泉院士为核心的学科带头人队伍、以博士生导师和中青年博士为主的骨干队伍，年龄结构和学历层次结构较为合理。

至2015年6月，学院已累计培养本科生8600多名，硕士研究生661名，博士研究生326名，留学生7名，博士后40多名。

2003年，马成林教授等完成的“高速精密播种及播前土壤处理的成套技术与装备”获国家科学技术进步二等奖；2006年，任露泉教授等完成的“地面机械脱附减阻仿生技术”获国家技术发明二等奖；2013年，任露泉院士等完成的“仿生耦合多功能表面构建原理与关键技术”获国家技术发明二等奖。2013年12月14日晚，中国首个月球探测器“嫦娥三号”在月球表面成功软着陆。李建桥教授科研团队承担了探月II期的“模拟月壤研制及××”项目。吉林大学是教育部所属高校中唯一进入月面巡视探测器移动系统研发工作的参研单位。

国际性学术刊物《仿生工程学报》（*Journal of Bionic Engineering*）于2004年创刊，于2006年入选Web of Science，在创刊4年内连续进入EI、SCI两大世界著名检索系统。2010年，发起创建“国际仿生工程学会”，秘书处常设在吉林大学。至2013年，学会拥有来自亚洲、非洲、大洋洲、南/北美洲、欧洲的39个国家和地区的注册会员518人。

五、甲子芳华，整装待发（2015年至今）

2015年吉林大学学科调整后，食品科学与工程系整建制并入新成立的食品科学与工程学院，生物工程系绝大部分并入生命科学学院；原吉林大学军需科技学院农林经济管理专业部分并入生物与农业工程学院农林经济管理系。

2017年，国家“双一流”建设启动，农业工程和仿生科学与工程学科进入经教育部批准、吉林大学自主建设的国家一流学科“机械与仿生工程学科群”，成立“吉林大学仿生科学与工程研究院”，为实体科研机构，依托2000年建立的“地面机械仿生技术教育部重点实验室”，按学校人才与学术特区体制机制运行。2018年，工程仿生教育部重点实验室在教育部评估中获评“优秀”教育部重点实验室；2019年，“仿生科学与工程”一级学科博士点获批；“仿生科学与工程”新工科本科专业获批，并将迎来2019年的首批本科生。《仿生工程学报》2017年度影响因子达到2.325。

甲子芳华。在64年的风雨征程中，学院汇聚了崔引安、袁矿苏、张德骏、陈秉聪等一批来自国内外的学术大师和教育精英；自力更生，建立起土槽实验室和农机实验室；历时20载，创建了工程仿生教育部重点实验室；为国家建设、社会发展和科技进步培养了大批栋梁之材，孕育了丰富的学术思想精华，创造了众多的高水平科研成果，赢得了良好的学术声誉和社会声望，形成了优良的传统和扎实的院风，凝练出自力更生、厚积薄发的学院精神。

学院适应新形势，瞄准国家发展目标和地方经济建设，与人工智能、农业信息化、智能制造相结合，不断凝练研究方向，提出了“仿生提升、农机振兴，多学科交叉融合”的发展战略，响应习近平总书记“大力推进农业机械化、智能化，给农业现代化插上科技的翅膀”的号召，面向农业机械化、智能化、现代化，面向学术前沿和国家重大需求，继往开来，共铸灿烂明天！

（马研，于海业执笔）

七十载艰苦奋斗　新时代再铸辉煌

东北农大农机化学科发展与贡献

> 东北农业大学工程学院

东北农业大学工程学院坐落在美丽的冰城夏都哈尔滨，始建于1948年，是东北农业大学建立最早、在学科建设和人才培养方面具有强大优势的农业工科学院。70余年来，在余友泰教授、吴克騆教授、程万里教授、史伯鸿教授、蒋亦元教授等老一辈著名专家的带领下，经历了艰苦创业、蓬勃发展、曲折与探索、恢复与发展、勇攀高峰的岁月，在数代工程人的不懈努力下，创建并发展了我国农业机械化工程学科，为新中国农业机械化的教学与科研、生产与管理培养了大量高层次人才，为我国农业机械化事业的发展做出了巨大贡献。

一、发展历程

新中国成立前夕，根据东北解放区第三次教育工作会议的精神，要在解放区中心城市哈尔滨创办一所高等农业院校，定名为“东北农学院”，行政关系属东北政委会农业部。1948年8月，在辽沈战役的炮火硝烟中，中国共产党亲手缔造的第一所高等农业学府——“东北农学院”终于诞生了，刘达为院长。1949年6月12日，在哈尔滨市新香坊实验农场成立了“东北农学院附设拖拉机技工学校”，这是工程学院的发端。

1949年9月，在拖拉机技工学校的基础上成立了“农业机械专修科”，学制两年。1950年，设立了“农业机具系本科”，学制四年。余友泰、吴克騆、黄季灵、王德亭、蒋亦元、史伯鸿、沈美容等一批老师来校任教，余友泰为首任系主任。1951年，农机具系与农机专修科合并为东北农学院第二部。1952年春，东北农学院哈尔滨王兆屯新校区竣工，农业机械专修科与农业机具系从新香坊迁至王兆屯本部办学。1953年，1800平方米的农机实习工厂建成，同年，3位苏联农机专家华·库·克列沃谢耶夫、乌·瓦·安吉波夫、帕·德·特列契亚闊夫来农机系工作，指导农机系的教学改革和师资培养，创办了农业机械、机器修理及机器运用3个师资进修班，这是新中国首批培养高级农机化人才的师资进修班。1956年6月，实行本科五年制。这期间，农机系为全国高校的农机专业培养了一大批教师。1958年，农机系成立黑龙江省农机研究所，即现在的黑龙江省农业机械工程

哈尔滨市和平路上的东北农学院

首任农机系主任
余友泰教授

科学研究院的前身。1962年9月，招收了第一批农业机械化硕士研究生。1977年10月，全国恢复高考，农机系4个专业招收了135名学生。

1978年12月，东北农学院从阿城迁回哈尔滨市办学，学校迁到现校址（马家花园）。1981年11月，获批农业机械化全国首批博士学位和农业机械化、畜牧机械化、农业机械设计制造3个首批硕士学位授予单位。1983年，农机系调出部分教工与农田水利系组建成农业工程系。1985年，农工系与农机系合并成立新的农业工程系，设农业机械化、农业机械设计、农业电气化、农田水利、土地规划及利用、畜产品加工6个专业委员会。1988年，畜产品加工专业由农业工程系分出组建食品科学系。1989年9月，农业机械化工程学科被评为国家重点学科。1991年，土地规划及利用专业由农业工程系分出组建经济管理系。1993年，农业工程系成立计算机应用、建筑工程、机电工程及电力系统工程4个专科专业，学制三年。1994年，东北农学院和黑龙江省农业管理干部学院合并组建东北农业大学。1995年4月，工程学院正式成立，翻开了学院发展的崭新一页。

1996年，农业工程学科进入“211工程”重点建设学科行列。1995年，蒋亦元教授研发的割前脱粒水稻收获机器系统攻克了国际公认难题，获得了国家技术发明二等奖，这是新中国成立以来农机领域获得的最高奖。1997年，蒋亦元教授当选中国工程院院士。在蒋院士的带领下，学院在人才培养、科学研究和学术交流等方面取得了丰硕的成果。

农机系的几位老先生
（前排左起：程万里、吴克騆、余友泰、佟多福、史伯鸿；后排左起：戴有忠、蒋亦元、叶仲文）

迈入21世纪，学院各项事业快速发展，2000年，农业工程学科被批准为一级学科博士点。2001年，获批黑龙江省农业工程重点开放实验室。2003年，建筑面积达8000平方米的农业工程研究中心破土动工，2004年11月正式投入使用。2007年，学院成为农业部国家现代大豆产业技术体系机械研究室依托单位。2010年，获批北方寒地现代农业装备技术黑龙江省重点实验室。2011年，黑龙江省高校校企共建生物质能工程技术研发中心成立。2012年，新型农业装备制造产业学科群被评为黑龙江省重点学科群，成为黑龙江省粮食产能提升协同创新中心平台的一部分立项建设。2013年，“农业机械化工程”学科梯队被评为黑龙江省领军人才梯队“535工程”十个第一层次重点建设梯队之一。2015年，获批寒地农业可再生资源利用技术与装备黑龙江省重点实验室，同年，中国农业工程学会2015年学术年会系列活动在学院成功召开。2016年，农业工程国家实验教学示范中心获得教育部批准，成为学院第一个国家级平台。2016—2019年，学院先后获批了3个农业农村部的科研平台，分别是生猪养殖设施工程重点实验室、北方马铃薯全程机械化科研基地、北方一季稻全程机械化科研基地。学院在自身发展壮大的历程中，也为学校院系的规模发展做出了巨大贡献。1998年10月，食品科学系由学院分出成立食品学院。1999年，农田水利工程系由学院分出成立水利与建筑学院。2012年，计算机系与电气化系由学院分出成立电气与信息学院。

2017年7月，在党的十九大召开前夕，工程实训中心大楼落成并投入使用。工程学院以全新的姿态迎接着我国高等教育又一个里程碑式的新起点，以及“双一流”和高水平大学建设新时代的到来。

二、新时代的快速发展

学院现为黑龙江省农业工程学会、黑龙江省管理科学与工程学会的依托单位。学院建有各级各类教学科研平台10个，总面积21000平方米，仪器设备总值9600万元，整体实力居国内先进水平。中国工程院蒋亦元院士是学院的学术带头人，2019年5月入选“中国农业机械化发展60周年杰出人物”。李文哲教授、陈海涛教授先后成为农业工程黑龙江省重点一级学科（“双一流”建设学科）和农业机械化工程国家重点二级学科带头人。李文哲教授是国务院农业工程学科评议组成员，陈海涛教授是国家农业工程专业教学指导委员会委员、黑龙

罗锡文院士为蒋亦元院士送上“中国农业机械化发展60周年杰出人物”证书、奖状和奖杯

江省“535”工程领军人才梯队第一层次带头人。陈海涛教授、吕金庆研究员分别为国家大豆产业技术体系和马铃薯产业技术体系岗位科学家、机械化功能研究室主任，王金武教授为国家水稻产业技术体系机械化岗位科学家。李文哲教授、王福林教授和王金武教授是黑龙江省教学名师。

学院设有3个一级学科：农业工程、机械工程、管理科学与工程；3个二级学科：农业机械化工程、农业生物环境与能源工程、农业系统工程与管理工程，其中，农业机械化工程为国家重点学科。1个一级学科博士点：农业工程；2个一级学科硕士点：机械工程、管理科学与工程；3个专业学位授权点：机械类、能源动力类、工程管理。1个博士后流动站：农业工程。农业机械化及其自动化是国家特色专业，也是黑龙江省一流专业。农业工程学科是学院的优势和特色学科，在全国第四轮学科评估中为B+。2018年，农业工程学科入选黑龙江省一流学科和学校高峰学科建设行列。

学院始终立足“战略粮仓”黑龙江，着眼全国粮食安全，紧密围绕国家和北方寒地现代大农业绿色发展之重大需求，在水稻、大豆、玉米、蔬菜等主要粮食和经济作物生产全过程及可再生资源实用化高值化利用技术领域，形成了地域特色鲜明的6个稳定科研方向：水田全程机械化技术装备、旱作农业机械化技术装备、寒地可再生资源利用技术装备、北方特色农产品储藏与加工技术、植物工厂化技术和农业机械化生产与管理。学院拥有6个省部级以上教学科研平台，是国家大豆和马铃薯产业技术体系机械功能研究室建设依托单位。2000年以来，学院承担国家省部级以上课题300余项，产出了一大批原创性重大科技成果，例如，蒋亦元院士团队研发的水稻割前脱粒收获技术及机器系统；赵匀教授团队研发的水稻栽植机械化技术与装备、李文哲教授团队研发的寒区沼气综合利用技术、陈海涛教授团队研发的原茬地免耕覆秸精密播种机械化技术和秸秆纤维地膜制造技术及配套机器系统、王金武教授团队研发的液态肥深施理论与技术等。

学院一直致力于社会服务体系建设。近五年来，学院先后与多个市、区、县、局、场开展合作共建，促进实用技术推广转化、服务地方经济建设。2BMFJ系列原茬地免耕覆秸播种机入选2017年中国农业农村新技术、新产品和新装备，玉米原茬地免耕覆秸精播机械化生产技术入选2019年农业主推技术，大豆免耕精量播种及高质低损机械化收获技术入选2019年国家十大引领性农业技术。

走进新时代，学院继续全面深入学习和贯彻习近平新时代中国特色社会主义思想和十九大精神，不忘初心，牢记使命，勇于担当作为，构建高水平人才培养体系，产出具有寒地大农业特色和重大影响的农业工程原创科技成果，为黑龙江社会经济发展和国家农业现代化建设做出新的更大贡献。

（陈海涛执笔）

坚持农机教育　勇担科研重任

> 山东理工大学农业工程与食品科学学院

一

今日的山东理工大学于1956年建校，1958年成为山东农业机械化学院，招收农业机械化本科专业学生。此后，山东工学院、山东农学院及莱阳农学院的农业机械化本科专业相继合并进来，成为当时山东省唯一的农业机械化本科院校。1990年11月，学校改名为山东工程学院，由单纯的农机院校发展成理工类院校。2002年3月，山东工程学院与淄博学院合并建立山东理工大学。

自1956年建校以来，农业机械化专业一直是学校的主体。农村实行家庭联产承包责任制以来，农业机械化进程曾一度有过徘徊，各大高校农机类专业招生名额也不断缩减，但山东理工大学始终坚持农业机械化、农机设计与制造、农业电气化、拖拉机设计与制造等本科专业的招生。汪懋华院士曾感慨，“全国农机化是低潮，你们这里是春天”，这是对学校坚持农业机械化专业办学的充分肯定。自2004年以来，学校每年招收农业机械化及其自动化本科专业6个班240人，占全国该类专业招生总额的1/5，为全国的农机事业培养高层次人才做出了贡献。

1998年6月，农业机械化工程学科成为山东工程学院首批硕士学位授权学科点，2006年学校获农业工程一级学科硕士学位授予权，2013年获一级学科博士学位授予权。首届博士研究生李玲的学位论文《双孢蘑菇采后衰老过程中能量代谢及其调控的研究》获山东省2018年优秀博士学位论文。学科还拥有农业工程、农业工程与信息技术、农业管理硕士专业学位授予权。2016年农业工程学科成为山东省首批一流学科建设单位，2019年申报了农业工程一级学科博士后流动站。

山东理工大学农业机械化专业是国家级特色专业和山东省品牌、特色专业，在教学评估中被上级部门称为“贴近行业办学的典范”，承担了培养农机人才的社会任务，为全国输送了大量高级专业人才。在2019年评选出的“中国农业机械化60年杰出人物”中，董佑福、骆琳等3人就是我校农机专业的毕业生。

二

在山东理工大学农业机械化专业60多年的发展中，学校始终围绕服务我国农业机械化事业这个中心，在教学育人服务社会的同时，也在农机科研领域取得了一些标志性成果。

秉持绿色可持续发展理念，着眼于保护生态和培肥地力，提出了“生态沃土机械化”新型耕作模式及相关技术。在精量播种技术与机具研究领域，开展了小麦精少量播种机、玉米免耕播种技术与机具、水稻灭茬宽苗带旱直播技术与装备，以及大蒜立直播种技术与装备的研制。“机械化育苗、移栽工艺和机具设备研究”获2003年山东省科学技术奖科技进步三等奖。玉米收获技术与装备研究团队通过近20年对玉米生产机械化的研究与推广，获授权发明专利22项，见证了从2000年玉米机收水平全国1.7%（山东3.7%）提升到2018年全国接近70%（山东85%），为山东乃至我国的玉米收获机械技术发展与推广做出了贡献。秸秆处理技术与机具、固体废弃物综合处理技术与装备、在农产品高值化挤压加工设备的研制与应用、农产品保鲜技术研究、经济作物机械化——冬枣规模化生产智能农机具研发、设施农业全程机械化、精准农业航空技术研发，等等，一大批特色农机教科研项目为国家农业机械化贡献了自己的力量。

作为山东省一流学科，山东理工大学农业工程学科的农业机械化及其自动化专业已获批山东省一流专业，近年来发展势头良好。未来，学校将在已有的基础上进一步深化内涵发展，提升学科水平和竞争力，向国家一流专业方向发展；整合各种力量，进一步做好科研工作，向自动化智能化作业方向、向精准农业航空技术方向发展；走绿色化产业道路、产学研相结合道路，孵化科技创新，实现高水平成果的重大转化，为农机化事业再创佳绩。

（马骁轩，张银苹，张道林，刘元义执笔）

以兵团精神育人，为屯垦戍边服务

> 石河子大学机械电气工程学院

石河子大学机械电气工程学院具有悠久的办学历史，其前身为1959年成立的中国人民解放军新疆生产建设兵团农学院农业机械化系，1996年石河子大学成立后更名为石河子大学工学院机械电气工程系，2001年成立机械电气工程学院。

60年来，农业机械学科（学院）按照学校发展战略方针，以兵团经济社会发展为导向，以科教兴兵团、人才强兵团为己任，坚持“以兵团精神育人，为屯垦戍边服务”的办学特色，深化改革，与时俱进，努力探索地处边疆艰苦地区和非中心城市高校的发展模式，走内涵发展道路，以教学科研工作为中心、以学科建设为重点，取得良好的发展成效。

目前，学院拥有农业工程、机械工程2个一级学科博士学位授权点，农业工程为部省合建重点学科和自治区“十三五”重点学科，农业机械化及其自动化为国家级特色专业；2个工程领域专业硕士学位授权点（农业工程、机械工程）和1个农业推广领域硕士学位授权点（农业机械化）。形成了棉花生产全程机械化关键技术与装备研发、新疆特色林果生产全程机械化关键技术与装备研发、特色农畜产品生产加工关键技术与装备研发和规模化畜禽养殖关键技术与装备研发4个稳定的具有区域特色的研究方向。

学院现有中国工程院院士1人、国务院特殊津贴专家5人、现代农业产业技术体系岗位科学家3人，建了一支以院士领衔、中青年博士为学术骨干、学科梯队优势明显、服务地方经济建设能力强的学术队伍。

学院以国家、区域对农业机械装备重大需求为导向，通过农业工程、机械工程、电气工程的学科交叉，并与农业高新技术的融合，着重解决了农业机械化工程研究中的重大共性科学和工程关键技术问题，建立了“农业农村部西北农业装备重点实验室”“特色作物生产机械装备国家地方联合工程实验室（新疆兵团）”“绿洲特色经济作物生产机械化教育部工程研究中心”“吉林大学工程仿真教育部重点实验室新疆分室”“新疆生产建设兵团农业机械重点实验室”“新疆兵团特色作物生产机械化工程实验室”多个科研平台，为农业机械化工程研究提供坚实的研究基础保障。

展望未来，石河子大学农机学科继续以服务区域经济发展为目标，聚焦产业发展需要，推动产学研协调发展。

一是加强科学研究的有序引导。加强科学研究与“中国制造2025”“一带一路建设”等国家战略和新疆、兵团经济社会发展需求有效对接，围绕新疆兵团农业规模化经营、机械化生产、灌溉农业及新型工业化建设等重点方向，形成相应科研团队，充分发挥特色和优势。二是强化产学研结合，争取在棉花生产可持续发展技术体系建设与产业升级关键技术装备、新疆特色果蔬机械化生产关键技术装备、规模化畜禽养殖场精细化养殖关键技术装备、农牧产品加工技术与装备、农业信息技术应用与装备、特色装备制造业等方向形成创新性成果。三是围绕新疆和兵团地方经济发展中迫切需要解决的一些重大需求和关键技术问题，以科技成果转化提升科技创新能力。

学院立足兵团“大农业、大农机、新型工业化”的实际需求，以科研成果促进兵团的发展，在兵团“向南发展”中发挥支撑作用。同时将最新的生产和科研成果反映到教学内容，并通过科研开发补充教学设备，提升教师综合素质，从而形成教学、科研、生产三位一体、协调发展的格局。

学院将继续贯彻习近平新时代中国特色社会主义思想，紧紧围绕新疆社会稳定和长治久安总目标，凝心聚力，真抓实干，为实现有特色高水平工科学院目标而努力奋斗！

（坎杂执笔）

坚持产学研结合　服务内蒙古农牧业发展

＞ 内蒙古农业大学机电工程学院

1960年6月，经内蒙古自治区人民委员会批准，原内蒙古畜牧兽医学院成立了农牧业机械系，同年，原内蒙古林学院开始招收林业机械专业学生。1999年6月，内蒙古农牧学院和内蒙古林学院合并，组建了内蒙古农业大学，同时成立机电工程学院。近60年来，学院认真贯彻党的教育方针，落实科学发展观，遵循高等教育规律并抓住机遇，坚持产学研结合的办学理念，为内蒙古自治区及西部地区农业机械化事业的发展做出了积极的贡献。

一、突出区域优势，农牧机产品开发推广工作硕果累累

学院始终突出农、牧、林学科优势，以草业畜牧机械化和北方干旱寒冷地区农牧业机械化为特色，形成了草原畜牧业机械、高寒干旱地区农业机械、农牧业智能化技术与装备3个稳定的研究方向；并建立了自治区草业与养殖业智能装备工程技术研究中心；畜牧业机械装备设计试验与优化、农业生物环境的数字化检测与调控、农业工程学科通用检测与数据分析3个学科建设平台；农业工程成套设备、湖泊与环境工程、新能源技术、畜牧工程4个研究所。在上述科研平台的支撑下，近年来学院主持完成省部级以上各类科研项目100多项，获国家科技进

步二、三等奖各1项，获省部级以上科技进步奖16项。完成的科研成果中有30多项得到转化，开发出具有国内领先水平的技术与装备，主要包括：① 保护性耕作关键技术及装备；② 玉米、甜菜等施肥铺膜播种综合机械化技术与装备；③ 马铃薯生产、贮藏关键装备与技术；④ 秸秆饲料加工关键装备与技术；⑤ 牧草收获和饲草料加工装备与技术；⑥ 水草收割船；⑦ 浓缩型风力发电机；⑧ 移动式风洞及土壤风蚀测试设备。典型科研产品如“2BP系列铺膜播种机”“铡草、揉碎机械”“青黄贮饲料收获机械”“马铃薯播种与收获机械”等畅销内蒙古自治区和山西、河北等11个周边省区，在农牧业生产中发挥了极其重要的作用，取得了良好的经济效益、社会效益和生态效益，得到了中央、自治区有关领导及国内外专家的充分肯定和高度评价。

二、坚持“农科教”“产学研”结合，为内蒙古经济建设服务

学院坚持“农科教”“产学研”结合的办学理念，校办农牧业机械厂依靠学院农业工程成套设备研究所的技术力量，将深施化肥、地膜覆盖、精少量播种、坐水点播、高密度压捆、秸秆铡切揉碎、网上养猪等技术成果物化为机械产品，大规模应用于农业生产。研发生产的部分产品被列为国家重点推广项目，出口国外。20世纪90年代“产学研”的典型产品“2BP系列铺膜播种机”，年均生产3000台（套），在华北、西北地区100余个旗县推广，总应用面积超过1000万亩，产生了可观的社会经济效益，并带动了自治区和周边省市农牧林业的经济增长和社会发展。结合自治区草原畜牧业的发展需求，研发的“蝗虫吸捕机”“毒饵喷撒机”和“牧草种子喷播机”对草原虫害、鼠害和草场的恢复起到了明显的作用，既达到防治的效果，又达到环境安全和成本较低的双赢效果，对加快草原生态建设步伐具有十分重要的作用。自治区广大草原和农牧交错区土壤沙化严重，不仅已成为制约这些区域农牧业可持续发展的突出的环境问题，而且严重威胁着国家的生态安全。基于此，学院集中力量攻关，开发了移动式风蚀风洞、旋风式集沙仪、布袋式集沙仪、可移动式低速微型风洞、单体集沙仪、多通道无线风速廓线，为草原和农牧区交错区土壤避免沙化提供了有效的解决途径。

三、发挥专业特长、技术优势，为畜牧业发展提供有力的智力支持

近年来，学院依托农业电气化与自动化学科平台，结合人工智能等信息技术的发展，以牛、羊等草畜为研究对象，开展智能化、福利化养殖技术与装备的研究；开发可穿戴式设备或非接触式测试设备，通过对家畜信息的感知，研究其草原牧食行为及草原资源利用情况；开发家畜养殖中发情监测、分娩监测、行为监测、体重监测和健康监测等工程技术和设备。对饲草料作业机械进行信息感知，突破国产化、智能化的核心技术，研发智能化设备。通过以太网、无线网络、应用客户端、微信平台对采集到的行为信息、环境监测等数据进行监控；并采用大数据、云平台技术构建信息数据库；采用建模技术实现数据挖掘和行为分析，为畜牧业生产企业或畜牧、食品等科学研究单位提供个性化数据分析，为精准畜牧业、福利化养殖业服务提供数据支持。充分发挥高校的专业特长和技术优势，为畜牧业发展提供强有力的智力支持。如为实现自动化、福利化健康养羊，准确高效地监测羊只个体信息有利于分析其生理、健康和福利状况，因此相继开发了羊只智能防疫通道、羊只声信号监测与行为识别系统、基于图像处理的非接触式羊只体尺测量系统、基于三轴加速度传感器的羊只行为监测及健康评估系统等多种设备。针对肢蹄疾病所引起的奶牛跛行导致奶牛的采食量和产奶量下降的问题，开发了能自动识别奶牛早期跛行的检测系统，记录每一头牛的肢蹄健康状态，及时对轻度跛行的奶牛进行治疗，对恢复跛行奶牛的生产力及提高奶牛的福利养殖水平，降低淘汰率，具有十分重要的意义。

经过近 60 年的发展，学院已积淀了丰厚的历史底蕴和厚重的大学精神，学院将“立足内蒙古，面向全国，服务三农三牧”，为建设西部地区农业工程领域高素质人才培养基地和农业工程技术的支撑基地而努力奋斗。

四、未来农牧业机械化发展的展望与启示

扎根于祖国北方这片拥有丰富草地、耕地资源的地区，内蒙古农业大学机电工程学院在农牧业机械化领域近60年的不断研究与创新，为推动内蒙古地区及西北地区的农牧业发展，以及打造我国重要的粮食、农畜产品生产基地建设做出了重要贡献。

学院作为科研院校承担着内蒙古自治区农牧业机械化发展的理论研究、应用推广及科研方向的引导作用，一直带动着内蒙古及西北地区的农牧业机械化领域装备水平持续向前发展，学院的农牧业机械化建设过程对内蒙古及西北地区及国家未来继续发展农牧业现代化发挥着不可替代的示范作用，并提供了理论参考和实践经验。为响应中央提出的“创新、协调、绿色、开放、共享”发展理念，在自治区加强对发展绿色农牧业政策倾斜的背景下，学院农牧业机械化发展建设方向不再只局限于生产效率与生产安全的要求，并开始向绿色生产转变。内蒙古自治区的农牧业机械化发展方向在与国家及世界主体融合先进科学技术大方向统一的前提下，又与国内其他地区有所差异，内蒙古作为国家的粮仓，地域辽阔、土地资源充沛，但同时又地处寒冷的北方地区，且草原沙化现象愈加严重，沙漠、山地多。在此复杂的地形地貌及气候环境条件下，迫使学院需要立足于内蒙古独特的生产环境寻找到更适合于本地区的农牧业机械化发展道路。因此，需要时刻掌握当前国际国内和内蒙古地区的不同科研基础进程及未来发展方向，明确接下来的农牧业机械化发展任务。内蒙古的农牧业机械化发展在保持以转变农牧业机械化发展方式、提升发展质量效益为主线不变的前提下，还应以大力推广先进地区适用技术为重点，全面提升农牧机装备、作业、服务、科技和安全生产水平。另外，必须以发展资源节约、环境友好、增产增收的现代农牧业机械化为目标，调整优化农牧机装备结构，加强农机与内蒙古地区农艺融合、主攻薄弱环节短板，推进农牧业生产全程机械化。针对地区多山、寒冷、干旱的自然条件，学院加强建设人才队伍、促进技术创新，培育发展主体、提升服务能力，强化公共服务、提高管理水平，实现农牧业机械化高产、优质、高效、生态、安全、可持续发展。这将是未来提高内蒙古自治区农牧业现代化水平过程中要切实着重思考的问题。

虽然目前内蒙古自治区农牧业机械化水平在持续稳步提高中，但是为了实现加快推进主要农作物生产全程机械化的目标，学院仍然需要加大创新力度，加快学院基础科研向实际农牧业机械产品转化的步伐，加快内蒙古地区推进现代农牧业机械化发展、积极推进设施农业与经济作物技术装备应用、扩大绿色环保机械化技术推广应用。同时，内蒙古自治区农牧业机械化发展为未来行业继续向前积累了宝贵经验。其中，坚持教学、科研工作，深挖地区特色与贴合实际农牧业生产问题，密切关注农牧业机械化的发展及应用实际情况，紧紧跟随政策导向、实时调整科研任务是学院近 60 年能够一直引领内蒙古地区农牧业机械化发展方向的根本所在，也是未来为实现地区及国家农牧业现代化建设需要一直坚持不变的思路。

习近平总书记考察内蒙古时强调关注生态保护、坚持绿色发展在内蒙古地区的特殊重要性，因此未来内蒙古地区将承担起筑牢祖国北方重要的生态安全屏障的新任务。根据学院及内蒙古农牧业机械化发展过程的启示，可以明确看到未来内蒙古地区的农牧业发展将杜绝以牺牲生态环境为代价追求经济建设的发展思路，未来的内蒙古地区农牧业机械化发展道路在信息化、自动化、产业化的基础上还需增加绿色发展的要求。因此学院科研任务的重点也必须时刻紧跟政策调整方向，实现绿色的农牧业机械现代化科研再突破。

（张永执笔）

一位农机老教师的教学科研之路

记山东理工大学汪遵元教授

> 王兴南

前几天，我去看望已83岁高龄的汪遵元老师，当他得知他的学生董佑福、骆琳被评选为“中国农业机械化60年杰出人物”的时候，将一生贡献给农机教学科研事业的他，露出了欣慰的笑容。

“雄伟是山的梦，宽阔是海的梦，蔚蓝是天的梦，翱翔是雄鹰的梦。”

那么，教师的梦是什么？桃李芬芳四溢就是教师的梦！

汪老师（后排左一）在大学时与同学的合影

1955年，汪老师在天津耀华中学（现天津十六中）高中毕业。当时他报考大学填的志愿都是“机械”专业。开始想报清华大学的“工程机械”，后来看了苏联电影《幸福生活》和小说《拖拉机站站长和总农艺师》，对那在辽阔田野上轰鸣的拖拉机和在麦海中行驶的联合收割机很是向往，就报了北京农业机械化学院的“农业机械”。于是，他就成了北京农业机械化学院1955级的学生。

学校拥有较强的师资力量和教学设备，学习也较正规，每年的麦收和秋耕时学生都到北京郊区的农村参加机收和机耕实习，有较多的实践锻炼机会。

1958年下半年，正值全国“大跃进”，农村成立了人民公社，在这种形势下，学完基础课和部分专业课的他们这届学生，被学校派往农村实习和锻炼。他先被派到河北省徐水县一个刚成立的公社，一边参加农业劳动，一边在公社铁木工厂搞炊具机械化，如试制地瓜切片机等。

汪老师（左一）与同学在徐水人民公社

后又到了徐水县机械厂，该厂主要生产和维修锅驼机（锅炉和蒸汽机连在一起的一种动力机器）。当时厂里没有大学生，他就和工人们一块劳动，休息时给他们讲机械制图，还将锅驼机配上水泵、水车等进行灌溉排水。

1959年初，他们在生产牵引式联合收割机的北京农机厂实习劳动。麦收前，厂里将生产的联合收割机发往各县。因为当时没有人会使用，就让他们这些实习的学生前去使用。他和福建的一个同学被派到大明。这个地方离他们的驻地有70多里，那时交通很不方便，为了赶农时，他们像后来唱的歌那样，“哪里需要哪里去，拿起背包就出发”，步行到了那里。实际上他们也没有操作过这种机器，就从发动到驾驶边学边干，碰到不会的就翻书本，书上没有的就琢磨着解决。麦收后，他们又去了石家庄拖拉机修理厂，和工人师傅一起大修汽车和拖拉机，并在车间制订修理工艺文件等。

这次实习锻炼历时近两年，地点从农村生产队、公社到地区，几乎接触到当时农村所有型号的拖拉机、发动机和农业机械，经历了从运用、维修到制造的各个环节。

1959年底，毕业后的他被分配到山东农学院农机教研室。当时的山东农学院重视教学与科研的结合，因此学校的学术气氛较浓。他当时在教学之外，曾做过“地瓜收获机”和“地瓜插秧机”等科研课题。

1960年底，他一人带着山东农学院农机化专业一个班的学生，到黄河孤岛林场实习一年，和学生及林场工人同吃同住同劳动。当时那里的条件非常艰苦，又正值困难时期，住的是用树枝茅草搭的四面透风的棚子，冬天只好戴着棉帽子睡觉，吃的是窝头咸菜。实习内容主要是秋天用拖拉机耕地，冬天对拖拉机进行大修。

汪老师回忆起这些上学和毕业后的实践经历时，感到自己的专业知识实际上是在实践中学到的，而且比在课堂上学的要扎实得多，涉及面要广泛得多，确确实实地得到了真正的锻炼，为以后的教学和科研打下了坚实的实践基础。

1962年8月，山东省决定将位于德州的山东农业机械化专科学校升为本科院校，更名为山东农业机械化学院。同时决定，将山东农学院和莱阳农学院农业机械化专业的教师和学生，转到山东农机学院。因此，汪老师就和山东农学院1960级农业机械化专业的学生，调到了位于德州的山东农机学院。过了两个月，学校决定搬迁到淄博，他又和这些学生一块儿来到了淄博。

1963年，他被学校派往母校北京农业机械化学院农机教研室进修一年。当时北农机的农机教研室有50多人，人才荟萃，拥有李翰如等国内著名农机专家。他在那里以助教的身份参与了专业课教学的各个环节。看到那里的教师多数都有科研任务，感受到教学带动科研、科研反哺教学的浓厚气氛，他认识到专业教学离不开科研。

他进修回来后的几年主要从事农机课的教学。这期间，有两件事令他印象深刻：

一是时任山东农业机械化学院院长王志廉提倡到基层调查研究。教师每3至4人一组，分别到全省各地县的拖拉机站、农机大修厂等单位调研，他是去的聊城。调研前要求写出调研提纲，调研后要向院长汇报。同时学校召开毕业生、领导、工人等的

汪老师和他研制的花生收获机

座谈会，征求他们对学校课程设置和教学内容的改革意见。这次调研，对今后学校的教学改革起了很大作用。

二是学习解放军的教学方法。当时正值全国学习解放军的“郭兴福教学法”，其中的实物教学、因人施教、由简到繁、归纳要领等教学方法使他受益匪浅。

受到北京农机学院教师做科研的影响，汪老师在教学之余也做了几项科研。开始是研制花生和油莎豆收获机，并通过了鉴定。后又根据国外的资料，研制了三轮拖拉机（后面一个轮驱动），当他开着刚研制的三轮拖拉机想在校内转一圈时，就看到不少人在贴大字报，“文化大革命”来了！

“文革”时搞教育革命。当时山东农机学院只设“农业机械化”一个专业，按照苏联的办学模式，专业课程设置只限于拖拉机、农机的运用和修理。他就根据以前的调研提出：为什么我们不能突破苏联的办学模式？为什么学校只能设一个专业？为什么不能设置生产需要的机械制造等课程？他对教学改革很是热心，誓要将教学改革进行到底，还因此得了一个“汪到底”的绰号。

1972 年，学校讨论今后的办学方向时，他提出应根据社会需要增设新的专业。经过讨论和调研，学校确定设置拖拉机内燃机制造、农机制造、农机修理和农业机械化 4 个专业，由单纯的农机运用和修理转向农机设计和制造。此后，学校又设置了汽车、拖拉机和机制工艺设计制造专业，在此基础上发展到现在的车辆工程、农业工程、机械工程、电气工程等重点学科，成为全省的品牌专业。

1976 年 9 月，学校迎来 1976 级工农兵学员。

同年 10 月，我和几名教师参加了以汪老师为队长的教改小分队，带领农机专业 1976 级一班的学生到山东省淄博市淄川区罗村农机厂实行半工半读的“开门办学”。我的任务是给学生上“机械制图”课。1977 年 5 月这门课授课结束，学生要进行测绘练习。我就问汪老师让学生测绘什么，他说我们所在的厂正在生产小麦收割机，不如就测绘小麦收割机吧！这样，我让能力强的学生负责装配图，其他学生每人测绘一个部装图和几个零件图，用两周多时间顺利完成了测绘任务。接着他又提出，我们能不能在学生测绘的基础上改进一下？在汪老师的带动下，我们几名教师和几个学生一起，连夜修改图纸，并对几个经常出故障的部件在结构上进行了改进（共改进 134 处），就这样产生了一份新的小麦收割机图纸。经厂里同意后，按新图纸立即投产，又找了几个技术好的学生亲自加工，终于在麦收前将这台改进后的收割机生产了出来，在淄川、张店参加了小麦收割，结果大获成功，创造了淄博市单机收割亩数的最高纪录，并在1977年召开的淄博市科技大会上，获得大会科技奖。

从罗村回来后，学校成立了农机教研室，汪老师任主任。他根据在北京农机学院进修时的笔记和多年的实践经验，也得益于当时学校农机具很齐全，编写了《农业机械学》教材，并开始承担农机专业专业课的教学、实习和毕业设计任务。

1984年，学校成立了以汪老师为带头人的农机研究室。在确定研究方向时，他认为，做犁和收获机的研究很难突破。他了解到山东农业大学一名教授提出了“小麦精少量播种”的理论，这种方法经试验既能节约种子，又能增产，但目前还没有与这种农艺配套的播种机，于是就确定了研制“小麦精少量播种机”的研究方向。为了便于推广，他将当时的9行播种机去掉3行，加大行距改为6行，并改进了排种器参数，使之播种的深度和株距更加均匀。秋天他在淄川选了一块地进行试验，发现用这种播种机播的麦子茎秆矮、粗、壮，麦穗饱满，收获后经测量，增产5%~10%。在此基础上，他和省农机推广站联系推广。他亲自到各地宣传“小麦精少量播种”的好处，以及如何将现有的播种机进行改进等，经两三年在全省的推广，小麦增产效果明显，由此他在1989年获得了农业部科技进步二等奖和国家科技进步三等奖。

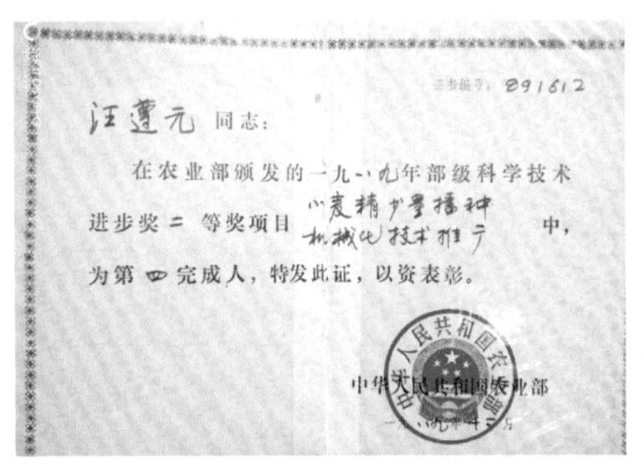
891612

汪遵元同志：

在农业部颁发的一九八九年部级科学技术进步奖二等奖项目小麦精少量播种机械化技术推广中，为第四完成人，特发此证，以资表彰。

中华人民共和国农业部

为表彰在促进科学技术进步工作中做出重大贡献，特颁发此证书，以资鼓励。

奖励日期：

证书号：

获奖项目：

获奖者：

奖励等级：

国家科学技术进步奖评审委员会

汪遵元教授的获奖证书

在此基础上，他又开始研究播种小麦等作物的“通用精量播种机”。这种播种机的关键是要有可靠的排种器，当时国内外虽然有玉米、花生等大粒种子的穴播排种器，但适合小麦这种小粒种子的排种器尚无资料，他决定要研究一种适合于单粒小麦的排种器。为了解决这一难题，他将大粒种子穴播排种器的穴孔变小，进行试验。但由于小麦粒小、重量轻，不是充不进去造成“空穴”，就是几粒种子挤在一起达不到要求。后来他又想了很多方案，甚至在家里找来蒸馒头用的“篦子”等改进后进行试验，但都没有什么突破。我看他那一阵神情有些恍惚，脸庞也日渐消瘦。

“内侧囊种”排种器试验台

有一天，他忽然想到，所有穴播排种器都是在圆周外侧充种，在内侧充种不行吗？于是就加工了一些用于内侧充种的排种器进行试验，效果较好，取名为“内侧囊种”排种器。但要想只有1粒小麦充进穴内，穴孔的形状和大小就必须设计合理且加工准确，于是他在实验室加工了各种不同形状的“内侧囊种”排种器。经过在试验台上的反复试验，又到田间进行了播种试验，终于获得了成功！在省科委组织的“内侧囊种”排种器专家鉴定会上，专家们一致认为，这种解决精播小麦、玉米、大豆、棉花、花生等多种种子的精播器，是一种突破，达到国内先进水平。

遗憾的是，这种排种器若批量生产推广，需要几万元制作模具，当时因经费紧张没有继续。由于当时没有申请专利，反而被来参加鉴定会的外单位的人学去，他们进行了生产，在山东、河北、新疆等地进行了推广。

1986年，汪老师在任学校农机系主任期间，为适应社会主义市场经济对应用型、创新型人才的需要，带领农机教研室的教师，对农机专业的人才培养方案和课程体系进行了改革。改革的主要内容：

一是增加实践教学环节。在教师的带领下以小分队的形式开展暑期实践活动；在专业课前增加一周认识实习，在专业课后增加一周专业课程设计，并纳入教学计划。

二是加强创新能力的培养。将创新思维和方法渗透到专业课教学中；开设“产品开发方法学”（必修）和“科技方法论”（选修）两门课程；开展课外科技小组活动。

三是改革毕业设计。毕业设计选题杜绝“假题假做”，必须是生产实际或教师的科研课题；毕业设计采用学生选择题目、指导教师选择学生的“双向选择”；以设计的实用性和创新性作为评定成绩的重要标准。

几年的教学改革取得明显效果，获得了1998年山东省教学成果一等奖。这些改革措施，多数已纳入现行的教学计划。

此后，他带领教研室的教师们又进行了玉米收获机、小麦割前脱粒收获机、小四轮背负式谷物摘穗联合收获机具等的研究。

汪老师知道，由于我国人多地少，要解决13亿多人口的吃饭问题，出路只有两条：一是种子；二是提高复种指数，也就是实行间耕套作。然而间耕套作实行机械化较难，只能育苗移栽。因此，他又在1995年申请了“机械化育苗、移栽工艺和机具设备的研究”课题，并成功中标成为国家“九五”重点攻关项目，这是农业机械学科的第一个国家“九五”重点攻关项目。他带领课题组成员经过几年的艰苦努力，于1999年通过农业部组织的鉴定，达到国内领先水平，取得18项国家专利。

由于在教学科研中的突出贡献，他成为享受国务院政府特殊津贴的专家，获得“全国优秀教师”“山东省劳动模范”“淄博市优秀共产党员”等荣誉称号。在北京农业机械化学院建校60年时，他被评为该校60年来十位优秀校友之一。

汪遵元教授的奖章

汪老师在回顾他一生走过的教学科研道路时，感慨既有顺境也有逆境，既有成功也有失败。

当问他对专业教学的体会时，他说，专业教学必须与生产实践相结合，教学必须与科研相结合，学科专业建设必须与社会需要相结合。

汪老师不吸烟、不喝酒、不喝茶，吃饭也不讲究，穿着也很随意，从不参与玩扑克、打麻将等游戏，似乎过着现代年轻人难以理解的苦行僧的日子。有人问他追求的是什么，他说，人生的目的在于奉献，而不在于享受，人生的价值在于创新。

不要以为这只是个口号，这确确实实是他们这一代教师所践行的信念。

（作者单位：山东理工大学）

以校为荣，为国争光

一位老农机人的回忆、感想和期望

> 高宗英

1981年12月4日，在奥地利格拉茨工业大学（TU Graz）主楼二层会议大厅举行的博士学位授衔仪式上，时任校长瓦尔德·怀特（Walter Veit）高声宣布：在今天获得学位证书的十名博士中，有一位来自远方的客人——中华人民共和国的高宗英先生。大厅里顿时响起了热烈的掌声。“高宗英”，听到自己名字的那一刹那，我的心情真是万分激动。作为镇江农机学院（现江苏大学）派出的首位出国留学人员，通过自己的不懈努力，我终于获得了新中国改革开放后第一个内燃机博士学位。

DIE TECHNISCHE UNIVERSITÄT GRAZ
ERZHERZOG-JOHANN-UNIVERSITÄT

VERLEIHT UNTER DEM REKTORATE SR. MAGNIFIZENZ

DIPL.-ING. DR. TECHN. WALTER VEIT
ORDENTLICHER UNIVERSITÄTSPROFESSOR FÜR BETRIEBSWIRTSCHAFTSLEHRE UND BETRIEBSSOZIOLOGIE

HERRN DIPL.-ING.
ZONGYING GAO
AUS NANJING, VOLKSREPUBLIK CHINA

DEN AKADEMISCHEN GRAD

DOKTOR DER TECHNISCHEN WISSENSCHAFTEN

ER HAT IM ORDNUNGSGEMÄSSEN PROMOTIONSVERFAHREN DURCH SEINE DISSERTATION

„DIE BERECHNUNG DES EINSPRITZVERLAUFES IM DIESELMOTOR MIT BERÜCKSICHTIGUNG DER ZWISCHENRÄUME IM DÜSENHALTER UND DER WELLENKAVITATION“

UND DURCH DAS MIT AUSZEICHNUNG BESTANDENE RIGOROSUM SEINE WISSENSCHAFTLICHE BEFÄHIGUNG ERWIESEN

GRAZ, DEN 4. DEZEMBER 1981

PROMOTOR

REKTOR

DEKAN DER FAKULTÄT FÜR MASCHINENBAU

高宗英博士毕业证书

我1936年8月出生于江苏南京，1957年大学本科毕业于南京工学院（现东南大学）机械工程系，在校学习期间因品学兼优，主要课程的考试成绩均为优秀（按当时学苏联的5分制的5分），获得了“特等优秀生”称号。大学毕业下放劳动一年后留校任教，参加了学校汽车拖拉机专业的创建，任汽拖教研室秘书兼内燃机教学小组长。

1959年，毛泽东主席提出了“农业的根本出路在于机械化”的口号。在这一背景下，根据国务院的指示，当时的第八机械工业部（即农业机械工业部）决定以南京工学院的机械二系（即农业机械、汽车拖拉机两个专业）的全部师资设备为基础，在南京建立一所为农机工业服务的部直属高等院校，并立即成立了“南京农业机械学院筹备处”，后因当时设计规模过大，在南京地区选址困难，于1960年决定改在镇江新址建校并定名为镇江农业机械学院（以下简称镇江农机学院，1982年8月更名为江苏工学院，1994年1月又更名为江苏理工大学）。此后不久，根据农业机械部的决定，吉林工业大学排灌机械专业和研究室于1963年由长春迁来镇江；十年“文革”开始后，南京农学院农机化分院的部分师生又于1970年并入镇江农机学院。此后，第八机械工业部与第一机械工业部合并，学校遂归合并后的机械工业部领导。再以后，机械工业部撤并，学校改属江苏省领导，并在2001年与镇江医学院、镇江师范专科学校重组为现在的江苏大学，但学校以“大农机”为特色的办学方针始终保持，初心不改。

我从镇江农机学院成立伊始，就和汽拖专业师生一道参与了学校的建设工作，并义无反顾地由南京迁来镇江。内燃机专业从汽拖教研室独立出来后，我又先后担任内燃机教研室和长春迁来的排灌机械教研室主任。

由于农业机械的重要性和归口农机部的业务范围很广（含整个农机，拖拉机、工程机械、内燃机和排灌机械等行业），因此在建院初期，尽管条件艰苦，但由于部里的重视，全体教职工的努力，加之进来的生源素质较好，年轻的镇江农机学院在全国农机行业的口碑是相当不错的，1978年被国务院确定为全国88年重点大学之一，全国不少农机重点企业（如洛阳的第一拖拉机制造厂等）的主要领导或骨干也大多是我校的毕业生。

党的十一届三中全会开启了改革开放的新时代，1978年全国科技大会上吹响了“科学的春天”的号角，给包括我在内的广大知识分子带来了新的力量。接着，国家开始了向国外（主要是向西方国家）派遣留学生的工作，条件是中青年骨干并具有较好的外语和业务基础。我在大学期间学的是俄语，英文还停留在中学水平，当然达不到留学水平，幸好因为大学毕业后从事的是内燃机专业方面的教学和科研工作，知道德语在这个行业的重要性，故在大学毕业后即利用业余时间积极开始第二外语——德语的自学并在国内相关刊物上翻译、发表过一些专业文章。因此，在经过对外语和专业基础的突击准备后，我有幸通过了国家教委组织的外语测评和机械部的专业考试，顺利成为改革开放后国家首批出国留学的访问学者和镇江农机学院首位出国留学人员。

虽然以德语通过考试入选，但我并未选择去汽车工业最发达的德国进修，而是选择了同为德语国家的奥地利，因为我通过以前自学德语和阅读、翻译专业资料知道，奥地利格拉茨工业大学的安东·毕辛格（Anton Pischinger）和鲁道夫·毕辛格（Rudolf Pischinger）教授，以及他们的内燃机教研室在柴油机燃烧理论和燃油系统方面的研究水平处于世界前列，而且与格拉茨工业大学同在一个城市的还有世界上最大的内燃机研究所——李斯特内燃机研究所（AVL），其创始人汉斯·李斯特（Hans List）教授更是世界最著名的内燃机权威，他不仅是格拉茨工业大学内燃机学科的奠基人，而且在1926—1932年就曾来过中国，在当时上海的同济大学担任教授，对中国十分友好。因此在行业中也流传着这样的比喻，“如果说德国是内燃机的故乡，那么格拉茨现在则是内燃机的首都”，能到这样的地方去学习，无疑曾是我最大的心愿。

1979年上半年，我被安排到上海外国语学院进行了三个月的德语培训（主要是提高口语会话能力），并于当年10月3日和首批去奥地利留学的十几名“同学”一道搭乘中国国际航班飞往欧洲。鉴于当时的国际形势，飞行的是一条在今天看来有点奇怪的航线：北京—德黑兰（伊朗）—沙迦（阿联酋）—布加勒斯特（罗马尼亚）—维也纳（奥地利），经过3次转机共20多小时的飞行后，才于次日到达奥地利首都维也纳。在中国驻奥地利大使馆休息一天后，即由使馆派专人把各位留学人员送往各自的进修目的地，从此开始了两年多的留学生活。

到达格拉茨工业大学的内燃机教研室后，我受到导师毕辛格教授的热情接待，除了安排研究课题和德语补课任务外，他还亲自陪我去李斯特内燃机研究所（AVL）拜访了80多岁高龄的李斯特教授。柴油机是效率最高也是应用最广的热力发动机，它是农业机械、拖拉机和工程机械、汽车车辆乃至铁道运输和船舶在内的各种工作机械的心脏，而燃油喷射系统更是其上最为重要和精密的部件。我接受的任务正是大学与AVL和德国宝马（BMW）公司合作的柴油机燃油喷射方面的研究课题。

我接下这个任务时的心情是喜忧参半，喜的是这项工作对今后国内的机械工业发展很有必要，而我在这方面也有一定的基础；忧的是课题难度较大，时间又很紧迫，因为按规定，我国首批出国访问学者学习年限为两年，加上还要补习三个月左右的德语，实际学习和工作时间连两年都不到。开始时，由于我有一定的德语基础，国外实验和计算条件又比较好，再加上有外国同事的帮助，课题进展得还比较顺利。工作一开始我就以较快的速度查阅了大量资料，熟悉了计算机的使用方法，用 FORTRAN 语言编出了计算程序，掌握了测试技术和手段，迅速进入了课题的关键阶段。但是也与别人一样，当工作进展到一定阶段时即碰到计算结果与实验不相吻合的难题。为此，我不分昼夜地加班加点，拼命工作，放弃了节日和周末休息，一周工作七天，别人一天工作八小时，我就工作十五六小时，有时实在累了就在办公桌旁的长椅上躺一下起来再干。

最终，我改善和发展了格拉茨工业大学和德国慕尼黑工业大学在柴油机喷油系统方面的计算方法，创造性地建立了“柴油机燃油喷射系统变声速、变密度的计算”理论，解决了柴油机高压喷射研究方面的难题。指导教授毕辛格（R. Pischinger）知道后特别高兴，除了向合作公司通报外，还特别告知了李斯特教授，得到了他老人家的赞许。为此，我在毕辛格教授组织的报告会上做了专题报告，到会的除本专业的师生外还有合作方代表，大家一致对我能在这样短的时间内就取得重要成果表示祝贺。会后，毕辛格教授特地向我提出，希望我能进一步把成果总结一下，争取写成博士论文，让他的教研室，也是格拉茨工业大学能够为改革开放后的中国大陆培养出第一个博士生。

然而，按国家规定，我们这批访问学者的出国学习年限只有两年，而且并没有攻读博士的任务。为此，指导教授特地赶往维也纳中国大使馆面见杨成绪大使，说明这项工作的意义，建议延长我在奥地利的停留时间，并表示可以为此提供必要的费用。大使馆欣然同意了奥方的请求，但谢绝了对方提供额外经费的好意，同意将我在奥学习期限延长三个月。我在出国前虽然已是讲师，但只是大学本科毕业并无研究生学历，大使馆又特别出具公证书，证明我在大学四年学习期间所有课程考试成绩均为“优秀”。据此，毕辛格教授提请大学学位委员会特批我作为正式博士生入学。不过这时已是 1981 年 6 月底，离我原定的回国时间只有三个月，延长后到年底也不过半年，时间已是非常紧迫。在这段时间内我要总结现有的成果，制作相应图表，在合作公司的试验台上做进一步论证，最后还要写成近两万字的博士论文提交答辩，工作量之大可想而知。特别是 9 月底送别了第一批同来的访问学者，而新来的同学还在德语班学习时，我深深感觉到了孤独，但同学们的临别赠言“加油，为中国人争气”也深深鼓励了我，使我能鼓足勇气奋力去完成最后阶段的冲刺。

终于到了1981年11月底，在克服了重重困难之后，我交出了一份优秀的博士论文并顺利地通过了答辩。于是就出现了本文开始时在大学主楼大厅发生的那一幕。就这样，我用了两年零三个月的时间完成了外国朋友通常需要四到五年才能完成的任务。那天授衔仪式上来祝贺我的人群中，除了奥方大学的教授和同事、中方大使馆和留学生的代表外，令我惊喜的是，已经85岁高龄的李斯特教授也亲自来到了现场，他把和老毕辛格（A. Pischinger）教授联合主编的内燃机全集新版第一卷《内燃机设计总论》赠送给我并在书上签名留念（此书后经我翻译在我国机械工业出版社出版，李斯特教授还特意为中译本写了序）。世界著名内燃机大师的到来，令当时还比较年轻的我感到无比的荣幸、终生难忘。

由于我是改革开放后学校的第一个出国留学人员，也是第一个学成归来，而且是取得博士学位后谢绝国外公司的挽留毅然回到母校的教师，受到了学校领导的表扬。作为新中国第一位大农机学科内燃机专业的博士，不少媒体都对此有所报道。然而我仍然保持着一颗平常心，谢绝了天津大学、浙江大学和同济大学等国内著名高校的邀请，不忘初心，毅然留在本校工作，积极投身学校内燃机学科的教学和科研工作。

1984年，当时的国家教委和国务院学位委员会特批我为教授、博导。1990—1995年，在学校由江苏工学院更名为江苏理工大学的过程中我担任了学校行政领导职务。2006年，我已满70高龄，遂从工作岗位退休。

今年是毛泽东主席著名论断“农业的根本出路在于机械化”发表60周年，作为学校的老一代“农机人”，我仍然关心学校的发展，深知如果没有党中央和毛主席的指示，就不会有当时的农业机械部（八机部），也不会有那时的全国重点高校——镇江农机学院和后来的江苏理工大学以及现在的江苏大学。为此我衷心地希望自己和团队的一小步能与全校师生的共同努力汇聚成向前发展的一大步。希望国家含内燃机在内的大农机事业能因此向前迈出更大的步伐，祝愿祖国各项事业繁荣昌盛，蒸蒸日上。

（作者单位：江苏大学）

新中国农机科研事业发展之路

农业装备产业科技创新成就与展望

王　博　方宪法　吴海华

民以食为天，国以农为先，农业始终是国民经济的基础。农业装备是现代农业发展的物质基础，是不断提高土地产出率、劳动生产率、资源利用率和实现农业农村现代化、乡村振兴的重要支撑，也是实现制造强国的重点领域。农业装备技术已经从机械替代人畜力的机械化阶段，发展到以电控技术为基础的自动化阶段，乃至以信息技术为核心的智能化阶段，推进农业生产由传统粗放式向装备智能化、资源高效化、作业精细化、管理智慧化的全生命周期精细生产方式转变。总体上，随着新一代人工智能技术广泛渗透及深入应用，农业装备技术发展特点是融合生物、农艺、工程技术，集成先进制造、信息、生物、新材料、新能源等高新技术，深入拓展微生物、养殖、加工等产业领域，向高效化、智能化、网联化、绿色化方向发展，并向提供全链条的农业装备与信息技术解决方案延伸。

一、产业科技发展成就

新中国成立以来，我国农业装备产业和科技创新取得了长足进步和突出成效，产业发展经历了起步发展、建立体系、对外开放、高速发展等发展阶段，正进入调整转型阶段，成为世界农机装备制造和使用大国；科技创新经历了改造仿制、引进消化吸收再创新等阶段，正进入以自主创新为核心能力的新阶段，成为科技大国；技术发展实现了从人畜力、机械化和自动化，到以信息技术为核心的高效化、智能化、绿色化发展，推动农业生产进入以机械化为主导的新阶段，走出了一条中国特色的产业科技创新发展道路，为保障我国粮食、食品、生态安全和推进农业农村现代化、乡村振兴做出了重要贡献。

一是产业规模及能力不断提升。我国现代农机工业从零起步，不断发展，特别是近15年来，快速壮大，截至2018年，我国农机装备产业企业总数超过8000家，其中规模以上企业超过2300家，规模以上企业主营业务收入达到2600亿元，能够生产4000多种农业装备产品，市场规模占全球的30%以上，国际贸易总量占全球的20%；制造能力和水平不断提高，国际化步伐加快，生产效率和产品质量获得质的飞跃，成为世界农机装备制造和使用大国。

二是研发和产业体系基本形成。随着生产能力和技术水平的提高，我国农业装备产业已经初步形成了涵盖科研、制造、质量监督、流通销售、行业管理等方面较为完整的体系，有数千家大中小型企业、30多家国家及省部级农机科研机构、40多所开设农机相关专业的高校，以及覆盖全国的部级、省级质量监督、鉴定推广等机构，支撑形成了大中小型企业融通发展、科技与经济融通发展、各类创新主体及要素融通发展的格局。

三是技术和产品不断优化升级。攻克了精细耕作、精量播种、高效施肥、精准施药、节水灌溉、低损收获、增值加工等关键核心技术，能够研发生产农、林、牧、渔、农用运输、农产品加工、可再生能源利用7个门类所需的65大类、350个中类、1500个小类的4000多种农机产品，主要农机产品年产量500万台左右，保有量超过8000多万台（套），农机总动力达到10亿千瓦，形成了与我国农业发展水平基本相适应的大中小机型和高中低档兼具的农机产品体系，满足90%的国内农机市场需求，支撑农作物机械化水平达到68%。

四是科技创新能力和实力不断提升。布局建设了一批国家重点实验室、国家工程实验室、国家工程技术研究中心、国家级企业技术中心等国家级和省部级科技创新平台，以及农业装备产业技术创新战略联盟等创新保障与服务体系，培养了一支高水平科技创新队伍，初步形成市场导向、企业主体、产学研融合的产业技术创新体系，在产品开发、技术标准、检测测试、应用推广等方面服务全面覆盖骨干企业和中小微型企业，研发规模世界第一，论文发表量世界第一，专利申请量世界第二。

特别是，“十二五”以来，我国农业装备科技创新在关键核心技术及重大装备方面取得突出成效，构建了自主的农业智能化装备技术体系，推动农业装备信息化、智能化发展。动植物生长监测、智能感知与控制技术等应用基础及关键共性技术研究紧跟前沿，助推农业精细生产；一批重大装备实现生产自主化，与国际先进水平齐平，加速了农业装备技术向信息化、智能化高端发展；一批先进适用农业机械化技术及高性能装备应用推广和辐射扩散提升了产业整体水平，基本解决了主要农作物高质高效机械化生产技术瓶颈及装备制约难题，有力地促进了农业机械化和农机装备转型升级高质量发展。

一是农业装备信息化、智能化应用基础及关键共性技术研究紧跟国际前沿。动植物生长信息感知技术、农业生产土壤及环境信息实时监测、农作物生产过程监测与水肥药精量控制施用、农机工况智能化监测等技术取得了重要进展，研制了植物叶绿素、蒸腾速率、温湿度、CO_2等气体、光照等传感器，开发了土壤养分水分、播种量、作业深度、行走速度、喷药量、部件转速等传感控制系统，实现了试验应用，技术达到国际先进水平。

二是现代多功能作业装备智能化发展迅速。总线控制、GPS 及北斗定位导航、机器视觉导航、激光高程控制技术、基于神经网络作业功率自适应控制等智能化技术的应用，突破了复式整地、深松监测、精量播种、变量施肥、精准施药、高效喷灌、收获智能控制等关键技术及装备，水稻精量直播机、高速移栽机、智能变量施肥播种机、高地隙及水田智能植保机、植保无人机、大型智能采棉机等一批智能化农业装备实现了应用，形成了适应不同生产规模的配套粮食全程作业装备配套体系，技术延伸拓展应用于棉花、番茄、甘蔗、花生、马铃薯等优势经济作物环节装备，初步形成了智能化农业装备体系。

三是高端智能化农业装备参与国际产业竞争。200 马力级、300 马力级大型拖拉机传动、电控等关键技术自主化水平不断提升，实现了产业化。400 马力重型拖拉机实现了无级变速传动技术自主化研发，推进了我国重型拖拉机自主化发展。60 行大型智能播种施肥机突破了种（肥）远距离气流输送、种肥分开侧深施、种肥深度准确控制、播种质量实时检测等关键技术，达到国际先进水平。10 kg/s 大喂入量智能谷物联合收割机与世界主流技术水平齐平，实现了导航作业、在线测产、智能调控、故障诊断等功能。以大型农业装备智能化为引领，带动信息技术、智能化技术在中小型农业装备中的推广和应用，形成一批具有特点的信息化、智能化农业装备解决方案。

四是设施园艺装备技术持续提升。低碳环控型温室、节能与绿色能源利用、环境调控及精细耕整地、精量播种、肥水一体化等高效生产技术及配套装备实现应用，形成具有高抗逆、低能耗、环境智能可控、配套装备完善的设施园艺工程技术体系，提升了设施结构的抗逆性能、能源与资源利用效率、智能化控制水平。新型养殖设施、环境调控、养殖数字化监控与远程管理、饲料营养加工及快速溯源与在线检定、个性化饲喂设备、养殖场废物环保处理等技术提升了猪、鸡、水产、奶牛养殖集约化、自动化、智能化水平，显著提升养殖综合生产效益。

五是农产品产地商品化水平不断提升。以提升增值减损能力、能源利用效率和关键装备国产化为切入点，突破了能源高效利用、干燥、保质贮藏、品质检测、精选分级和包装等关键技术，太阳能高效集热与高效利用、热风与真空干燥、自然冷源高效利用等技术及装备的应用促进了量大面广的果蔬产地干燥和预冷节能降耗；粮食、果蔬、棉花、禽蛋等农产品智能化检测分级和畜禽自动屠宰、称重分级成套装备及技术，进一步提升了农产品加工智能化水平。

二、面临的机遇与挑战

在新的科技革命与产业变革形势下，尤其是党的十九大提出乡村振兴战略，坚持农业农村优先发展，实现农业农村现代化等重大战略任务，为农业装备科技创新指明了方向，我国农业装备产业和科技进入高质量发展的重要战略机遇期。未来一段时期，我国农业装备产业仍将处于由制造大国向制造强国、科技强国、质量强国转变的时期，应用基础研究薄弱、关键共性技术及高端装备产品供给不足、创新领军人才缺乏等仍旧是制约产业自主创新能力和核心竞争力提升的关键，跨国企业主导产业国际竞争格局也将制约我国农业装备产业由价值链低端向高端发展，需要加快创新驱动发展，推进产业转型升级。

一是要夯实信息化、智能化应用基础研究。要以装备为载体，以信息和知识为要素，通过互联网、物联网、云计算、大数据、智能装备等现代信息技术与农业产业的深度跨界融合，实现信息感知、定量决策、智能控制、精准投入的全新农业生产方式，实现农业生产由“机器替代人力”“电脑替代人脑”的转变，大幅提高农业生产效率、效能、效益。

二是要强化高质高效农业装备技术创新。解决“谁来种地”“怎么种地”的问题，保障农业产出高效、产品安全、环境友好，迫切需要发展智能农业装备，构建农业全程信息化和机械化技术体系，提高水、肥、种、药等的利用率，降低生产和加工过程的损失率，实现传统精耕细作与现代物质装备相辅相成，达到高产高效与生态资源永续利用。

三是要发展自主可控农业装备产业。实践证明，市场换不来技术反而丢掉了市场，依靠他国技术和产品解决不了我国地貌多样、农艺繁杂的农业生产国情问题。习近平总书记说："关键核心技术是要不来、买不来、讨不来的"，要把关键核心技术掌握在自己手中，实现技术及装备自主可控，掌握产业发展主导权，保障现代农业产业安全。

三、发展方向及重点

我国农业装备产业科技创新要面向世界前沿，立足我国全程全面机械化和农机装备产业转型升级的重大需求，准确把握当前农业装备与农业机械化发展面临的精细生产、装备智能、高效绿色机械化等重大科技问题，瞄准竞争焦点，坚持目标导向与问题导向结合，找准突破口和主攻方向，围绕粮经饲、农林牧渔、种养加等领域，统筹农村生产生态生活，深度融合新一代人工智能技术，形成产业链协同创新布局，重点开展土壤提质、植物感知、机器智能等信息化、智能化应用基础，智能化设计、传感与控制、智能作业与管理等关键共性技术，高效栽植、精量播施、智能收获等高端重大装备关键技术研究，发展新一代智能农业装备技术、产品、服务体系，为农业装备行业提供高质量科技供给。

一是加强农业装备应用基础研究，提升自主创新能力。以土壤、动植物及环境感知和调控为重点，开展不同种植制度、耕作方式、作业机具、气候与环境等对土壤质构形和作物生长生产的影响机理，以及土壤耕层、养分等检测方法的研究；开展动植物生理、生长、环境信息感知技术、材料、元器件，以及种、水、肥、药、光、热等精准精量调控及精细饲喂技术及系统研究；开展土壤工作、采收作业等所涉部件的减阻降耗、耐磨延寿、表面强化等技术及材料，以及土壤工作、栽种、采收等作业新部件研究。

二是强化智能技术与装备融合，发展高水平的智能农业装备。推进农艺、农机、制造深度融合，重点研究农业装备智能设计、验证、制造、检测、试验技术；

研究农业生产过程中人、机、动植物、生产环境等信息的智能获取、融合、决策等技术，研究智能作业技术；研发智能农林动力、育制种、耕整、栽植、播种、施肥、植保、喷灌、采育、收获等智能作业装备，智能放养、饲喂、消毒、畜禽产品采集等智能养殖设备，种子、粮食、果蔬、棉花、林材，以及禽蛋、畜禽、水产等切割清理、分等分级、安全包装、品质监测、溯源等农林产品智能加工装备。

三是加强高效绿色农业机械化技术及装备研发，推进全程全面机械化发展。围绕薄弱环节、薄弱区域、特色农业需求，结合我国旱作、水田等农业生产区域性特点，围绕水稻、小麦、玉米、薯类、杂粮等粮食作物耕、种、收、干燥等全程机械化生产需求，开展适合一熟制、多熟制、间套作等不同种植制度、种植规模的机械化生产模式、技术及装备研发；结合高陡坡地、山地丘陵梯田、深泥脚水田等生产需求，研究适应作物生产特点、具有区域适应性的棉、油、糖、蔬、林、果、茶、桑、草等轻简化机械化生产模式、技术及装备；围绕植物工厂、设施园艺、设施畜禽及水产养殖等发展需求，开展结构设施、能源利用、环境控制、生长调控、作业装备、废弃物利用等设施工程化技术及装备研发。

我国是世界农业装备生产和使用大国，产业发展已进入新的历史阶段，主要矛盾已由总量不足转变为结构性矛盾。当前及未来一段时期，将实施创新驱动、乡村振兴、制造强国战略，新型工业化、信息化、城镇化、农业农村现代化“四化”同步推进，保障粮食、食品、生态三大安全，转变农业发展方式，实现一二三产业融合发展，推进供给侧结构性改革，要求不断增强高水平科技供给能力，以农机与农艺融合、装备与信息融合、制造与服务融合、生产与生态融合为路径，推进“关键核心技术自主化、主导装备产品智能化、全程全面机械化”，形成新一代智能农业装备技术、产品、服务体系，构建以企业为主体、以市场为导向、产学研用深度融合的农业装备技术创新体系，不断优化完善以创新为导向的产业政策体系，不断增强自主创新能力和产业核心竞争力，加快推动农业装备产业向中高端升级，实现我国由农业装备大国向强国转变，走出一条有中国特色的农业机械化、智能化发展道路。

（作者单位：中国农业机械化科学研究院）

农机科技创新体系建设的历史贡献与使命

骆　琳

今年是建国70周年，也是毛泽东主席“农业的根本出路在于机械化”著名论断发表60周年。在这个特殊的时期，重温毛泽东主席的著名论断，回顾我国农机行业科技体制和创新体系的变革历程，总结经验，探讨新时代加快创新体系建设、提升自主创新能力的路径，对提高农业装备科技水平，支撑农业机械化发展，推进农业现代化进程，具有十分重要的意义。

一、我国农机科技创新体系建设与发展的历程

我国农机行业科技体制和创新体系的建设与发展，大致经历了四个阶段。

第一阶段：创建时期（1950—1965年）

新中国成立初期，农业生产发展迫切需要农业机械化起步支撑。1950年，西北农具研究所和华东农业科学研究所农具系成立，开启了新中国农业机械科研事业。1956年，一机部农业机械研究所（中国农业机械化科学研究院前身）成立。到1957年底，全国共建起6个省级以上农机科研机构。1959年，在毛泽东主席发表了著名论断，并提出“每省、每地、每县都要设一个农具研究所”的号召后，除西藏、青海外，各省都建立了省级农机科研机构，随之各地市、县也纷纷跟进，至1959年底，县以上农机科研机构猛增到658个。各级院所艰苦创业，重点进行了机构设置、科研基本条件与科技队伍建设，使其从无到有，初具规模；科研工作走“选、改、创”和“引进技术、消化吸收”的技术发展路线，从进行农具改良、半机械化农具研制和引进机具试验选型，逐步转到自主研发设计，取得了一大批深受欢迎的技术研究成果；开展农机化区划研究，参与农机具

推广和农机化试点工作。随着工作体系的逐步完善，基本形成了覆盖全国的农机科研组织系统构架和政府完全主导的计划型科技管理体制雏形。

第二阶段："文革"及恢复整顿时期（1966—1984 年）

十年"文革"期间，全国许多初建不久的农机科研单位被撤销，科研人员被下放劳动，科研工作受到严重影响。1978 年全国科学大会召开以后，我国农机科研事业开始恢复并得到快速发展。1979 年，在中国农业科学院内恢复了北京农机化所和南京农机化所，农业部成立了农业工程研究设计院；之后，相继恢复和重建了呼和浩特牧机研究所和无锡油泵油嘴研究所。地方省、市、县农机科研机构也在 20 世纪 70 年代逐步恢复或新建。经过"六五"期间的恢复性整顿与建设，逐步形成了由省部级独立设置的科研院所和有关高校、行业主导企业内设承担行业技术归口工作的研究所（称为"二类所"）组成的较为完整的农机科研体系。据统计，至"六五"末，我国部级农机科研院所达到 11 个，科技人员 3851 人；省级农机科研院所 38 个，科技人员 4140 人；地市级农机所 224 个，科技人员 2908 人；县级农机所 1623 个，科技人员 5236 人。另有二类所 12 个。

在此期间，党中央、国务院两次召开全国农业机械化会议，确定相关的方针政策，制定发展规划，推动农机工业和农机化的发展。农机科研院所积极响应，力排干扰、坚持科研。在后期恢复性整顿与建设中，各院所整体状况得到较快改善，科研工作、行业技术工作、条件建设等取得突破性进展，并在不同领域逐步形成科研优势。院所专业领域迅速拓展，队伍扩充、手段建设普遍加强，科研实力大幅提升；科研向纵深推进，一大批创新成果获得国家和省部级奖励，大量成果广泛应用于生产实际；省部级院所联合攻关、省市级院所与企业协作研发的组织方式，在解决重大共性技术难题和重点产品关键技术方面起到重要作用；行业情报交流、标准化与质量检测工作方面，陆续建立起相应机构开展工作；广泛、深入地参与农机化活动。全国各地市县普遍建起农机修造厂，其技术力量逐步增强。这一时期，计划主导型科技管理体制逐步完善，科研院所作为创新的主体，成为我国农机行业科技的主要来源、企业的技术依托，科研任务和经费由上级部门下达和财政拨款；各级院所分工协作较为普遍，院所与企业、农机化有关部门配合密切，科技创新体系建设表现出较强的整体性、系统性。

1982 年，我国农村经济体制改革全面铺开，开始普遍推行家庭联产承包责任制，1984 年，经济体制改革全面启动。农业生产经营方式的变革对整个农机行业产生了巨大的冲击，行业科研和生产的重点随之调整转向为适应农村经济发展需求的多样化、轻简型、方便实用的中小型机械。

第三阶段：科技体制改革前期（1985—2005 年）

为适应经济体制改革的需要，发挥科技对经济建设应有的支撑作用，1985 年中央发布了《关于科学技术体制改革的决定》。科技体制改革起始，主要是改革拨款制度、培育技术市场、改变管理体制，目的是扩大科研单位的自主权，调动广大科技工作人员的积极性，推进科技与经济的结合。农机科研院所根据上级体制改革部署和要求，调整领导班子，开始实行院所长责任制；机构调整的同时细化专业分工、划小核算单位，实行课题承包制。在纵向课题、事业经费逐年减少的压力下，科研人员走向市场、走进企业，面向产业需求，以合同制的方式开展多种形式的横向合作和有偿技术服务，并尝试创办经济实体，拓展创收渠道。运行了一段时间后，课题承包制弊端显露，出现严重的“小三化”现象（科研课题小型化、科研力量分散化、科研行为短期化）。1995 年全国科技大会召开后，中央做出关于加速科技进步的决定，随后下发了《国务院关于“九五”期间深化科学技术体制改革的决定》，提出“稳住一头，放开一片”（稳基础研究，放应用研究和成果转化推广）的改革方针，旨在通过“结构调整、人员分流、机制转换、制度创新”建立起适应市场经济体制和科技自身发展规律的新体制，选择了四个部委若干院所开展试点工作（其中包括中国农业机械化科学研究院）。到 1999 年，国务院决定对 10 个产业部门所属 242 个科研院所先行启动整体转制；2000 年又对其他部门所属科研机构按不同性质进行以管理体制、产权制度和人员身份转换为特征的分类改革。与此同时，各省地方科技体制也参照中央部门模式开始进行分类改革。这一时期是农机科研院所思想观念、组织结构、管理体制、运行机制和科技发展模式深度变革的重要时期。由于大幅核减事业经费，压缩科研项目及条件建设的财政投入，而面向市场的技术服务回报率极低，加之运行机制的不适应，农机科研院所一度生存艰难，适应改革、深化改革成为唯一的选择。各院所发展的总体思路基本转向为以市场为导向、以效益为中心，提倡以知识形态和实物形态两类产品为经济建设服务，并注重发挥科技优势和支撑作用，坚持科研基础职能，强调科技成果转化和产业化发展，同时推行企业化管理。中国农机院先行先试，各院所彼此学习、交流互鉴，主要工作：一是，优化专业布局，改课题组承包为部门承包，广泛开展横向合作，同时加强行业标准化与质量检测、信息等服务；二是科研中试向产业延伸，在自身专业优势领域创办科技型企业，探索现代企业制度；三是利用已有资源开展多种经营，推进后勤服务社会化、市场化。同时，调整内部组织结构，精简管理机构与人员，建立竞争性人事制度、激励性分配制度和企业化成本核算制度。这一时期，科研任务以承揽横向项目、开展技术服务为主；各院所不同程度地出现了科研人才流失、专业优势弱化、研究领域萎缩、科研条件建设停滞的现象，科研工作各自为战，交流多、协作少，参与农机化活动也逐渐减少。

至此，原有的计划主导型农机科技管理和农机科研体系已不复存在。省级以上农机科研院所或改企转制或划为公益二类事业单位，实行事业费差额补助，也有部分保留为公益一类事业单位。地市及县级农机科研单位，除少数保留科研职能外，大部分转型转制面向市场求生存。另外，原附加在高校、企业内的行业技术归口管理职能也随之消失。行业创新主体趋向多元化，除科研院所外，还有大型骨干企业的研发中心和高校的农机专业研究机构。

2004 年，《中华人民共和国农业机械化促进法》颁布实施，农业机械化和农机工业的发展进入快车道，加快农业装备发展呼唤着科技创新体系的建设。

第四阶段：深化改革与创新发展时期（2006 年至今）

2006 年初，中央召开了新世纪第一次全国科学技术大会，部署实施《国家中长期科学和技术发展规划纲要》（以下简称《规划纲要》），确定了“自主创新、重点跨越、支撑发展、引领未来”的指导方针，提出建设创新型国家的总体目标。此后，国家科技投入逐步加大，科技创新围绕《规划纲要》目标任务系统推进、重点突破，同时科技计划管理方面政府引导和市场机制并重，力促产学研结合。由此，农机行业科技创新翻开了崭新的一页，创新能力建设步伐加快，创新体系建设也进入了历史新阶段。农机行业科研院所、高校和企业创新热情高涨，联合争取纵向课题项目，优势互补、协同创新，呈现出前所未有的创新活力。2007 年，由中国农机院牵头全国十五家重点高校、特色优势院所和骨干企业，成立了“国家农业装备产业技术创新战略联盟”。随之，全国各地一大批创新联盟、工程技术中心、重点实验室、协同创新中心等创新组织如雨后春笋般涌现。2010 年国务院颁布《关于促进农业机械化和农机工业又好又快发展的意见》，对加快农机行业科技创新体系建设，提升行业科技创新能力提出新要求。同年，党的十七届五中全会召开，提出要建立“以企业为主体、市场为导向、产学研相结合的技术创新体系”。2012 年党的十八大再次强调，要以企业为核心搭建科技创新平台，建立健全科研联合协作机制。在政府科技计划和创新投入的引导下，行业技术创新主体逐步向企业转移，高校、院所围绕着产业创新需求与企业紧密合作开展科学研究和技术创新活动，新型科技创新体系初步形成。

这一时期，特别是“十二五”以来财政对农机行业的科技投入有了较大增长。科研规划重点布局、全领域覆盖，科研项目突出创新链系统性、产业链整体性，行业科技交流日益广泛深入。科研院所在强化科研的同时，积极探索具有院所特点的科研与科技产业、行业服务协同发展新模式和现代院所制度；相关高校强化农业工程学科建设，建设了一批高水平的专业实验室；行业大型骨干企业逐步建立了一批国家或省级企业技术中心。这期间，农机行业在诸多领域形成了明显的特色和优势，在关键核心技术及重大装备研发方面取得突出成效，缩短了与国际先进水平的差距，行业自主创新能力得到有效提升。目前全国拥有省部级农机科研院所 30 个，其中部级 4 个、省级 26 个；设有农机专业的高校达到 46 所。各省部级农机质检、鉴定推广机构在农机科技创新中也发挥了重要的作用。

二、农机科技创新体系建设的历史贡献与经验

农业是国民经济的基础，是整个经济社会发展的根本保证和重要支撑。经过 70 年的发展，我国农业发生了翻天覆地的变化，取得了举世瞩目的巨大成就，现已进入由传统农业向现代农业转变的新的历史阶段。在这个伟大的历史进程中，农业机械及其运用作为农业技术的物质载体和先进的生产手段发挥了无可替代的支撑和引领作用。然而，没有农机科技创新体系的建设和农机工业的发展，就没有我国农业发展的昨天和今天。目前我国已成为世界农机第一制造大国和使用大国，到 2018 年全国农作物耕种收综合机械化率已超过 67%，农业机械化水平实现了从初级阶段向中级阶段转变的历史性跨越，农业生产方式实现了由传统人畜力为主向机械化作业为主的历史性转变。农业装备的科技发展引领并支撑着

农机工业的技术创新，不断为农业机械化发展提供先进适用的技术装备。近年来，围绕水稻、小麦、玉米、马铃薯、棉花、大豆、油菜、甘蔗等主要农作物的优质高效机械化生产，研发突破了一批关键技术瓶颈和装备难题，大幅提升了产业整体技术水平，为农业机械化发展和农机行业转型升级提供了有力支撑。

70 年来，农机科技创新体系的发展、变革经历了跌宕起伏的实践过程和艰难探索，不论是计划经济时期的栉风沐雨，还是改革开放中的砥砺前行，始终是以提高行业创新能力为核心，以改革求进步，以创新求发展，不断推动用先进的工业文明成果装备“三农”，服务于现代农业建设。这个生动的实践过程如同一幅波澜壮阔的历史画卷，蕴含着几代农机人艰苦创业、无私奉献的汗水和智慧，展现着几代农机科技工作者锐意改革、敢为人先的创新精神。他们在创造了行业发展辉煌业绩的同时，也为未来农机科技事业发展积累了宝贵经验和精神财富。

回顾历史，带给我们以下几点经验与启示：

（1）农业机械化是农业发展的根本出路，农业机械科技创新是机械化发展的根本支撑。

农业机械是实施农业革命的重要工具，它使得先进的农业生产技术得以高效推广应用，不断突破人畜力所不能承担的农业生产规模、生产效率限制，实现人工所不能达到的现代农艺要求。实践证明，农业机械化运用先进适用的农业机械装备农业，对于提高农业劳动生产率和土地产出率，提高农业抗灾减灾能力，节本增效，增加农民收入，降低农业资源消耗，提高农牧业废弃物利用率，保护土地、保护生态环境，具有不可替代的作用。农业机械不仅是促进农业持续改善生产条件、转变增长方式、增强产业竞争力的物质基础，而且是推动农村经济发展和乡村振兴的科技载体。没有农业机械化就没有农业农村现代化；而农业机械化，有‘化’必先有‘机’。农业机械化的发展，必以先进适用的农业机械为前提。只有围绕农业产业需求不断创新，研发出更多的农机新技术新产品，才能真正推动农机工业的发展，也才能为农业机械化发展提供所必需的技术与装备。

（2）科技体制改革是历史的必然，也是现实的选择，唯有改革才能够释放创新发展的动力。

计划经济时期，在完全计划主导型科技体制下，科研产品领域尚能适应行业发展与企业产品结构的基本需要，科研体系的整体性、系统性也较强；但随着经济体制改革的推进和产业的快速发展，这种体制暴露出科技工作与经济建设需求脱节，科研机构创新潜能得不到有效发挥，行业科技资源得不到优化配置和高效利用，不能整体发挥应有的效能等弊端。造成这种状况的内在原因是在市场经济体制逐步建立后，作为非市场主体的科研院所，由于缺乏对市场反应的敏感性，故对课题项目的产业化前景考虑不足，或选题易于偏离实际需求，或一些项目有产业化价值但缺少推动产业转化的内动力，造成科技成果“束之高阁”、实际转化率低。要革除体制弊端，使之与经济体制改革相适应，体制改革就成为历史的必然选择。

科技体制改革前20 年为近乎完全市场（化）推动时期，改革最直接的成果是推动了科研院所进入市场，科技人员建立了市场竞争概念，他们的改革意识与思想观念发生了较大变化，锻炼了面向市场生存的能力，增强了组织活力。但此期间，课题承包制带来的“小三化”现象，证明课题承包制在组织方式上有悖专业化协作、多学科组合这一现代科研工作的基本规律，是科技管理的一个“禁地”。这一时期科研院所生存艰难的普遍境遇证明了农机科研服务于“三农”职能特点的公益性，在科技经费管理上不可置于“非农化”地位。农机科研不但具有农业科研的一般属性，而且在研究、试验、示范、推广过程中又具有特殊性。农机科研周期长、难度大，产品的研发过程比一般机械产品要复杂、漫长得多，所需投入也相对高得多，故资金的基础支撑作用尤为突出。由于投入长期严重不足，致使农机科研无法深入，由此带来的技术储备不足、关键核心技术极度匮乏对今天农机产业的发展而言是一个难于弥补的损失。“十一五”以来，科技体制改革取得重大进展，迅速激发了行业的创新活力。首先，纵向课题和科研经费大大增加，强力支撑了行业高校、院所和企业的创新发展；其次，推动企业成为行业技术创新的主体，使其成为创新决策、研发投入、科研组织和成果应用的主体，这无疑是企业作为市场竞争主体在创新角色上的合理归位，符合企业最能体现面向创新需求的市场经济规律；再者，科技管理上有别于计划经济时期政府直接推动和改革前期完全市场化的做法，采取政府宏观布局科技发展、政策资金引导多元主体参与、市场化运作配置创新资源的组织方式，促使国家意志和市场的创新需求更加契合。这一管理体制创新适应了我国现阶段市场体制还不够完善、科技急需发展的现实需求，将为行业科技创新体系建设带来深远影响。

（3）“农机农艺融合”“产学研结合”创新是农机行业科技创新的重要组织形式和手段。

农机科研作为研究农业生产体系中机械化生产技术、工艺及其装备的一门科学，与农艺技术同属农业科研领域两个不可分割的重要组成部分。“只有农艺没有农机等于纸上谈兵，只有农机没有农艺等于无的放矢。”在我国农业发展和机械化推进过程中，农机与农艺的相互关系经历了“农机服务于农艺”“农机农艺相结合”“农机农艺融合”和“农艺适应农机”几个阶段，并且现代化程度越高，两者融合越紧密、越深入。只有“农机农艺融合”创新，才能解决农业生产中普遍存在的机艺互不适应的问题，也只有做到机艺融合配套，才能建立起机械化生产技术体系，实现全程机械化的发展目标。“农机农艺融合”创新反映了农业装备科学研究的内在规律和现代农业发展对科技创新的基本需求。

高校、科研院所和企业在创新链中具有不同的功能定位和优势。“产学研结合”创新能够有机整合行业创新资源向企业集聚，推动技术创新和科技产业化；把知识资源作为技术创新的直接要素，从而大大缩短研发周期；使研发活动在对接市场的过程中直接探究成果转化的可行性，少走弯路，降低研发成本；使科研人员直接进入生产领域，实现技术与市场的紧密结合，加速成果转化。多年“产学研结合”创新的实践显示了这种优势互补、资源共享、互利共赢的创新模式在有效提升行业创新能力和创新效率方面的独特价值。

三、新时代农机科技创新体系建设的历史使命

随着农业现代化进程的加快和乡村振兴战略的实施，我国农业及农村经济社会发展已进入历史新时期。2018 年底，国务院颁布《关于加快推进农业机械化和农机装备产业转型升级的指导意见》，强力推动农机行业高质量发展，为乡村振兴提供机械化支撑。农业装备科技创新面临新需求、新机遇、新挑战。深化科技体制改革，加快农业装备科技创新体系建设，提升农机行业自主创新能力，用科技发展支撑转型升级、引领发展未来、夯实发展后劲基础，是新时代赋予我们的历史使命。

目前，行业科技创新体系建设面临诸多艰巨任务和难解之题，需要在深化改

革和创新发展中实现突破。而当下，提高创新体系整体效能需要重点关注和亟待解决的主要有以下三个方面：

（1）优化体系主体结构，完善创新功能。

从行业整体情况看，一方面，企业技术创新主体地位还没有真正确立，创新能力薄弱、动力不足。农机行业虽然规模大，但企业数量多、中小企业占比大，综合实力不强，“主体”不强、“地位”难树。另一方面，高校、科研院所和企业基本创新职能（角色）缺位、重叠现象依然较为普遍。创新链前端的“缺位”意味着核心技术、关键共性技术的“重大缺失”，而后端的低层次“重叠”意味着科技资源的“严重浪费”。因此，需要进一步明晰企业、高校和科研院所的职能定位和创新主体地位。首先，要全面贯彻落实中央和地方扶持企业科技和经济发展的相关政策，加大行业科技发展规划实施力度，壮大企业实力，发挥行业大型骨干企业在提升行业核心技术能力、集成创新水平方面的重要引领作用，推动企业加快向技术创新主体地位转变。其次，结合行业基础性、关键共性技术和重大产品创新，通过项目实施，提升高校、院所在主攻领域的科研能力，实现基本职能定位的回归，同时避免研发低水平重复，并通过长期不懈的努力，稳定队伍，建立优势，培养人才。要充分发挥管理体制改革的杠杆作用，解决好创新体系的整体性与系统性问题，逐步形成产学研定位科学明晰、职能互补、整体优势突出的主体结构和创新链接。

（2）推进建立“农机农艺深度融合”“产学研紧密结合”的创新机制。

进入“十一五”后，农机农艺融合、产学研结合逐渐成为行业科技创新活动的普遍组织形式，在破除科研“孤岛”现象，解决行业科技资源分散、重复、低效等问题等方面取得了显著成效。但“机”“艺”融合不畅，产学研结合不够紧密的状况一直难有深层次的改变。究其原因，我国农业科研农机、农艺两大部分机构分设，且行政隶属关系分属工口、农口，致使两者科研活动长期分隔，协同创新存在体制障碍和行动自觉；产、学、研各方受传统价值追求、成果和贡献评价导向的影响依然存在，特别是对科技资源共享缺少开放的心态，对合作创新中风险责任的分担彼此难以约束，合作形成的知识产权、成果转化收益等分享也缺乏共同遵循和有效监管的制度。有些科研项目的结合只是争资争项的结果，在创新目标、研发内容上缺少足够的一致性和契合度。因此，必须通过改革破除体制阻隔和行动桎梏，建立新的行之有效的融合机制。在农机农艺融合方面，可在国家、省农机化主管部门设立两级农机农艺融合协调机构或强化职能，建立政府主导、产学研推相互配合的推进机制。产学研结合方面，可学习借鉴发达国家的一些经验做法，进一步完善科技管理中鼓励、激励产学研结合，科技资源共享，创新风险分担、知识产权保护和成果利益分配，技术评价等政策制度体系，增强可操作性。充分发挥已有行业产业技术创新联盟等创新平台的示范带动作用，推动产学研真正形成紧密结合、优势突出的运行机制。

（3）强化科研条件与队伍建设，夯实创新基础。

行业各类创新主体自身所具有的综合科技实力是决定行业自主创新能力强弱的关键。由于历史的原因，农机行业企业、高校和科研院所在科研能力建设方面“欠账”较多，需要有重点、有计划地逐步加强。首先，要加强科研基本手段与平台建设。应尽快把过去受条件限制想上而未能上或因新任务新环境必需上的基础试验室建立起来，提高科研手段的现代化、智能化、绿色化水平，建立各类共享性试验基础数据库，构建现代农机装备标准和检验检测体系，加强物联网、大数据、移动互联网、智能控制、卫星定位等信息技术应用于农机装备的关联技术平台建设。其次，要强化专业人才培养和创新团队建设。发挥产学研结合的特殊优势，探索复合型科技创新人才的培养模式。推进农机装备创新中心、产业技术创新联盟的建设，加强国际交流与合作及相关领域技术、人才、信息的跨界融合。通过这些工作为夯实基础前沿、突破核心技术提供支撑，为开展关键共性技术研究和核心零部件、重大产品攻关创造条件。

当前，新一轮科技革命和产业变革正广泛并深刻影响行业创新与发展。我国农业装备正快速向大农业各产业拓展，并向高效化、智能化、网联化、绿色化方向发展，科技创新呈现出向多学科交叉融合、全领域延伸发展的新趋势。我国农机科技创新体系建设正站在新的历史起跑线上，任重道远、使命光荣。我们充满信心并满怀期待！

（作者单位：山东省农业机械科学研究院）

致力于中国农业机械技术进步及产业升级

中国农业机械化科学研究院

中国农业机械化科学研究院（简称中国农机院）成立于1956年。60多年来，秉承“器利农桑”的历史使命，中国农机院经历了创业之艰难、“文革”之动荡、发展之蓬勃，见证了中国农业机械化事业和现代农机工业从无到有、从小到大、从弱到强的发展历程，见证了中华人民共和国七十年波澜壮阔的发展历程，而今迈步创新引领的改革发展新时代，致力于推动中国农业机械技术进步及产业升级。

成长——我国农业机械化科学研究中流砥柱

中国农机院成立伊始定位为全国农业机械化综合性的科研机构，主要任务是解决我国农业机械化的科学技术问题。中华人民共和国成立之初，为推进农业生产力的恢复和发展，在整合人畜力农具的改进推广、机力农机具的引进试验和研究设计的工作力量的基础上，1956年10月，一机部成立了农业机械研究所；1957年8月，农业部成立了中国农科院农业机械化研究所；1962年7月，经周恩来总理批准，一机部农业机械研究所和中国农科院农业机械化研究所合并成立中国农业机械化科学研究院，由农机部、农业部共同领导，以农机部为主。从农业机械研究所到中国农业机械化科学研究院至今，其先后隶属于一机部、农业机械部、农业部、八机部、机械工业部、机械委、机电部、国家机械工业局、中央企业工委、国务院国资委。1998年12月，原机械工业部呼和浩特牧机所并入；1999年7月，整体转制为中央直属科技企业；2000年5月，在国家工商局领取了企业法人营业执照；2000年10月，原机械工业部第十设计研究院（洛阳）和原机械工业部第三勘察研究院（武汉）整体并入；2001 年 1 月，中国包装和食品机械总公司并入；2011 年 11 月，重组国机集团所属中国收获机械总公司、洛阳中收机械装备有限公司；2013 年 11 月，重组国机集团所属长春机械科学研究院有限公司。

60 多年来，中国农机院历经四个重要时期：一是创建与发展期（1956—1985 年），开辟了农业机械、畜禽机械、农机化、运用与修理、材料工艺、电气化与技术试验鉴定、技术情报等研究领域；二是改革与调整期（1986—1999 年），成为国家科研体制改革试点单位，率先实行三年事业费削减到位，开始由单纯科研型单位向科研经营型单位转变；三是成长与壮大时期（2000—2008 年），转制为企业后，对科研体制、人事管理制度、经济分配政策、职能管理机构等方面进行了一系列深化改革，走科技与经济相结合的发展道路；四是改革发展新时期（2009 年至今），逐步建立完善的产学研结合的产业技术创新体系，形成了以农业工程、食品科学、机械工程为重点的学科布局，以及以高端装备、农业工程、信息技术与服务为核心板块的研究、制造、贸易、服务等全产业链的业务布局。

60 多年来，中国农机院承担了 2500 多项国家及省部级科研项目，制定和修订了 1400 多项国家、行业标准，获得 550 多项国家及省部级奖励，拥有 700 多项国内国际专利，为我国农业生产提供了种植业、畜牧业、林业、渔业、农产品加工、农业运输、可再生能源等门类共 3200 多种先进适用农业机械，为我国现代农机工业发展提供了 80% 以上的技术和产品，服务于我国 80% 以上的企业，为推动我国农业农村和农机工业的发展做出了重大贡献，成为我国农业机械化科学研究的中流砥柱。

改革——走科技产业协同发展的道路

改革开放以来，特别是转制以后，中国农机院一直坚持“领先半步”的科技产业发展思路与体制机制创新探索实践相结合之路，走在了科研院所改革的前列。

改革之初，针对科研体制改革的特点和要求，确立了“以经济效益为中心，科研立院、人才兴院、依托行业、服务农业”的指导思想，探索实施了内部研究所（中心）公司化、科研成果孵化企业、横向科研有偿合同制、技术经济责任制、干部聘任制、骨干入股等一系列大胆的改革，在科技与经济结合等方面取得了重大的制度突破，科技水平和自我发展能力得到提高，实现了从求生存到求发展的转变，产业从无到有、从小到大，形成了适合自身发展的科技成果研发转化一体、产供销一体、技工贸一体的多样化科技与产业发展模式。

进入21世纪，中国农机院以“领先半步”思路推进系统改革和创新发展，以加强自主创新能力为纲领，坚持“科研立院、人才兴院、发展产业、服务农业”的方针，以及“自主创新、领先半步”的发展战略，建成统筹院与行业发展、院与所属企业两级的技术创新体系，形成可持续的系统保障能力。现代企业制度改革方面，建立了集权与分权相结合的母子公司制集团管理体制，成为全资、控股、参股、直属研究所（中心）不同产权和多种股本结构并存、跨区域分布、跨行业融合的大型科技企业。机构改革方面，充分发挥院总部的“大脑和心脏”功能，按照职能拓展、人员精减的原则，改革职能管理部门，实现业务准确对接、决策快速反应、管理精细高效。管理机制方面，发挥投资决策、目标管理、资金财务、人才管理“四个中心”的作用，实行管住资产权、强化监督权、放开经营权的“三权”管理。人才制度方面，实施“用好现有人才、留住关键人才、引进急需人才、培养未来人才”的人才凝聚战略，推行管理、经营、科技人员分类分层及岗位动态管理，建立基于业绩与能力的薪酬分配体系，建立与市场相接轨的选人用人机制。实现了技术创新带动产业发展、产业回馈科研的良性循环，走出了一条科研院所转制为企业的创新发展之路。

近年来，围绕供给侧结构性改革和国有企业高质量发展新要求，中国农机院坚持在新发展理念指引下深化改革，围绕打造农业机械领域战略策源中心、技术创新中心、产品辐射中心和国际交流中心，推进发展理念由强调规模扩张向重视发展质量转变，发展方式由粗放增长型向持续稳健型转变，发展动力由依靠要素投入向创新驱动转变，运营模式由重资产运营向轻资产运营转变，资源配置由相对分散向聚焦主业转变，以农业机械化技术研究与开发为核心，着力打造“技术 + 资本”双引擎，发展高端装备、农业工程、信息技术与服务三个板块，聚焦农牧业装备、特种装备、汽车配套、农产品与食品工程、冷链与环境工程、勘察设计与施工、信息技术与精准农业、标准与检测、出版传媒等领域，形成了集团式发展的产业格局，成为我国农机行业一流研究机构、重要骨干企业，并致力于打造成为具有国际一流水平的农业装备研究基地和集高新技术研发、高端装备制造、工程项目承包为一体的高质量发展的创新型企业。

创新——引领产业科技进步

创新是引领发展的第一动力。计划经济时代，面向集体农业、个体承包农业等小规模农业和高度计划的工业体系，中国农机院形成了公益性研发模式，成为行业企业产品技术的供给源，满足了我国农业生产的需要。科技体制改革以后，中国农机院逐步走向市场，形成了研发与成果转化相结合模式，既服务行业又发展自身产业。进入21世纪，应科技革命和产业变革新趋势，围绕提升自主创新能力和产业科技竞争力，突出科技创新的市场取向和价值定位，以国家级科研平台为核心构建形成了适应院情、科产融通、创新驱动、支撑发展的应用基础、技术研发、产业转化、辐射扩散“四位一体”产业技术创新体系，形成了以土壤植物机器系统技术国家重点实验室、农业生产机械装备国家工程实验室为应用基础和关键共性技术研发平台，以国家农业机械工程技术研究中心、国家草原畜牧业装备工程技术研究中心为成果转化与产业化的平台，以农业机械生产力促进中心、国家农机具质量监督检验中心、全国农业机械标准化技术委员会、农机工业中小企业技术服务示范平台等为产业创新服务平台，以农业装备产业技术创新战略联盟、食品装备产业技术创新战略联盟、饲草料生产科技创新联盟等为产学研合作纽带的科技创新格局，实践形成了纵向一体化创新链的协同创新模式、横向一体化产业链的协同创新模式，推进重大产业技术及产品创新。中国农机院在长期的发展和改革实践中，始终把科技创新摆在发展全局的核心位置，凝聚形成推动稳定、健康、持续发展的强大动力。

改革开放以来，中国农机院取得了一批批代表领先水平的重大科技成果，构建了我国现代农业装备技术及产品体系。播种机械方面，形成了从2行、4行、6行、12行、19行、24行到48行、60行的大型精量播种机系列化成果；喷灌机械方面，形成了平移式、圆形、卷盘式等系列喷灌机组；植保机械方面，形成了牵引式植保机械、悬挂式植保机械、自走式高地隙植保、无人机植保机械、水田植保机械等系列成果；收获机械方面，形成了 4 kg/s、6 kg/s、8 kg/s、10 kg/s喂入量谷物联合收割机系列化成果，形成了背负式玉米收获机、籽粒直收、穗茎兼收、摘穗自走式玉米收获机和青贮饲料收获机等系列化成果，形成了 3 行、5 行、6 行采棉机系列化成果，并拓展了马铃薯、油菜、甘蔗、西红柿、甜菜、葡萄、红枣、橡胶等优势经济作物收获机械；秸秆收集及处理装备方面，形成了大中小型方捆型打捆机、圆捆型打捆机等系列化成果；畜禽养殖机械方面，形成了饲料加工、高效饲喂、废弃物综合利用等成套工艺装备；农产品及食品加工方面，形成了农产品干燥加工、分等分级加工、油脂加工、屠宰加工、粮油加工、果蔬加工等成套工艺及装备。成果应用转化和辐射扩散，不断丰富和完善着我国农机产品结构，推动了我国农机工业从小到大、由弱向强发展，为我国农业农村发展做出了重大贡献。

中国农机院长期坚持发展自身科技产业与引领服务行业有机结合。“九五”期间，组织实施了国家重点科技攻关项目“农业适度规模经营关键技术装备研制”、国家重点开发项目“主要农副产品深加工关键技术与成套装备研制”“水稻干燥机关键技术与成套设备产业化开发”等，总投入 1. 37 亿元，其中，国家拨款 6370 万元。2007 年，在科技部等部委推动下，中国农机院牵头，联合 15 家行业骨干企业、优势高校和科研院所组建了农业装备产业技术创新战略联盟，成为新型的技术创新组织，经过多年发展，成为我国农机行业重大技术创新组织推进及实施主体。

“十一五”期间，依托联盟形成产学研结合的体制机制，组织实施了国家科技支撑计划“多功能农业装备与设施研制”“大型农用动力与作业装备研制”，以及国家 863 计划“秸秆收集固化成型关键技术及装备”“现代农机智能装备与技术研究”等重大项目，总投入 4. 71 亿元，其中，国家拨款 1. 61 亿元。“十二五”期间，组织实施了国家科技支撑计划“现代多功能农机装备制造关键技术研究”“农业与食品行业制造与自动化生产线关键技术与示范”“现代节能高效设施园艺装备研制与产业化示范”“农产品产地商品化处理关键技术与装备”，以及国家 863 计划“智能化农机技术与装备”等重大项目，总投入 8. 68 亿元，其中，国家拨款 3. 93 亿元。

2011 年 6 月 10 日，中国农机院在北京组织召开“十一五”国家科技支撑计划“多功能农业装备与设施研制”重大项目总结表彰会暨“十二五”国家科技支撑计划“现代多功能农机装备制造关键技术研究”重大项目启动会

“十三五”期间，牵头提出了国家重点研发计划“智能农机装备”重点专项，总投入 19.3 亿元，其中，国家拨款 9.8 亿元。一批重大技术创新项目的组织实施，凝聚形成了 3000 多人的我国农业装备研发核心队伍，为行业提供了 1000 多项的农业装备数字化设计、信息化及智能化关键共性技术，以及 1000 多种重大农业装备产品，引领我国农业装备信息化、智能化等关键技术紧跟国际前沿，大型拖拉机、大型智能联合收割机、精量植保机械、变量施肥播种机械、大型秸秆打捆机、农产品智能分选装备、精细饲喂装备等技术水平与国际水平平齐，带动产业整体技术水平提升，进入智能化发展新阶段。

发展——终生立志于此

民以食为天，国以农为先，“农业的根本出路在于机械化”。农业装备技术发展从以机械替代人畜力的机械化阶段，到以电控技术为基础的自动化阶段，及至以信息技术为核心的智能化阶段，呈现出高效化、网联化、绿色化发展新趋势，推进农业生产由传统粗放式向装备智能化、资源高效化、作业精细化、管理智慧化的智能生产方式转变。

围绕贯彻落实创新驱动、制造强国、科技强国、乡村振兴等重大战略，中国农机院将不断深化产学研深度融合的技术创新体系建设，面向世界农业装备科技前沿，立足我国全程全面机械化和农机工业转型升级的重大需求，准确把握当前农业装备与农业机械化发展面临的精细生产、装备智能、高效绿色机械化等重大科技问题，围绕粮经饲、农林牧渔、种养加等领域，着力推进土壤、动植物、环境及机器感知与调控为重点的农机农艺融合新原理、信息化与智能化新技术、装备新材料与新工艺结构等应用基础研究，推进构建农业全程信息化和机械化技术体系；着力推进农机、制造、信息深度融合，发展农业装备智能制造、绿色制造、服务型制造；着力发展智能育制种、耕整、栽植、播种、施肥、植保、喷灌、收获等智能作业装备，畜禽、水产等智能养殖设备，种子、粮食、果蔬、棉花及畜禽等农产品切割清理、分等分级、安全包装、品质监测、溯源等智能加工装备，推进实现农业生产全过程的“信息感知、定量决策、智能控制、精准投入、高效作业”的智能生产；着力推进高效绿色农业机械化生产模式和解决方案、集成技术、适宜装备等研发，促推全程全面农业机械化发展；形成应用基础研究、技术创新、成果转化、行业服务的产业链协同创新布局，不断推进农业装备前瞻性研究，引领性原创成果重大突破，为农业装备行业提供高水平科技供给。

2019 年是新中国成立 70 周年，再一次回望中国农机院的发展和改革历程，从事业单位到全民所有制企业，从农机而延伸拓展，从科研而科产融通，不变的是中国农机院的庄严使命，不变的是中国农机人“终生立志于此”的朴实追求。习近平总书记指出“中国人的饭碗任何时候都要牢牢端在自己的手上”，要“大力推进农业机械化、智能化，给农业现代化插上科技的翅膀”。站在新的历史起点上，中国农机院将以习近平新时代中国特色社会主义思想为指导，坚决贯彻党中央、国务院决策部署，深入贯彻新发展理念，继续秉承“推动中国农业机械技术进步及产业升级”的历史使命，以“价值型农机院”为引领，致力于建设“创新农机院、智慧农机院、幸福农机院”，在新时代中国特色社会主义的新征程中做出更大的贡献，在实现中国梦的伟大实践中再立新功！

（吴海华执笔）

为农业机械化事业耕耘

——中国农业机械学会的发展回顾与展望

中国农业机械学会

中国农业机械学会自酝酿筹备开始，伴随着我国农业机械化事业的发展而耕耘，在助推我国农机化技术进步的历程中收获。回顾历史辉煌，我们不忘初心；展望未来，我们牢记为中国农业现代化承担的使命而砥砺前行。

一、中国农业机械学会的发展历程

新中国成立以后，我国农机化事业开始起步，成立行业科技社团逐渐提上日程。1951 年 1 月，农业部召开第一次全国农具工作会议，首次酝酿成立中国农业机械学会。1955 年，党中央号召“向科学进军”，广大农机科技工作者热情空前高涨，开始创建学术组织并开展活动，经当时内务部和全国科联批准，1956 年 2 月 9 日，来自全国各地的 100 余名农机科技工作者在京召开大会，成立了中国农业机械学会（下称中国农机学会）筹备委员会。筹委会边筹建边开展活动，最先成立了编辑委员会，并于 1957 年创办了《农业机械学报》和《农业机械译报》（1958 年 7 月更名为《农业机械》）等。1959 年毛泽东主席提出了“农业的根本出路在于机械化”的号召后，学会的筹建工作日益加快。

1961 年，中国农机学会（筹）召开学术年会。唐有章（曾任中国农机学会第一届理事会副理事长兼秘书长）、郭栋才同志（曾任中国农机学会第一届理事会代理事长、第二届理事会理事长）出席会议并发言。

1963 年 3 月 3 日在京召开有 200 多位代表参加的首次代表大会，宣告中国农机学会正式成立，选举产生了由92人组成的第一届理事会，清华大学第一副校长、著名机械专家刘仙洲教授任理事长，唐有章任第一副理事长兼秘书长；理事会下设编辑、普及工作、拖拉机与农用动力、农田排灌机械、农田作业机械、农机制造工艺、运用修理和农机教育8个专业委员会，办公地点设在中国农机研究院内。之后全国的27个省、自治区、直辖市相继成立了农机学会或学组，学术交流及普及活动蓬勃开展。“文革”中学会活动被迫停顿，直到“文革”结束之后，科技界迎来了科学的春天。农机学会于1978年5月在京召开理事扩大会，调整补充领导机构，郭栋才任代理理事长。地方学会也逐步健全了组织，从此各级学会组织又恢复了勃勃生机。

1961年，中国农机学会（筹）召开学术年会，唐有章（左）和郭栋才同志参加会议并发言（图片源自《革命与流放》唐有章口述，刘普庆整理，湖南人民出版社1988年出版）

1980年10月在京召开第二次全国会员代表大会，选举产生了由130名理事组成的中国农机学会理事会，中国农机研究院院长郭栋才任理事长，专业委员会扩大到14个。1984年6月在京召开第三次农机学会会员代表大会，选举产生了由98名理事组成的理事会，机械工业部部长何光远当选理事长，华国柱任第一副理事长。1993年10月在河南洛阳召开第五次会员代表大会，选举产生了由126名理事组成的理事会，机械工业部总工程师李守仁当选理事长，下设19个专业分会。1998年11月在上海召开第六次会员代表大会，选举产生了由132名理事组成的理事会，中国机械装备（集团）公司总裁高元恩当选理事长，下设19个专业分会。进入21世纪后，2002年10月中国农机学会在广东珠海召开第七次会员代表大会，选举产生了由137名理事组成的理事会，中国农机研究院院长陈志当选理事长，下设20个专业分会。2010年9月在上海召开第九次会员代表大会，选举产生了由161名理事组成的理事会，中国工程院院士、华南农业大学教授罗锡文当选理事长，下设20个专业分会。2018

年11月在杭州召开第十一次会员代表大会，选举产生了由147名理事组成的理事会，中国农机研究院院长王博当选理事长，下设23个专业分会。

中国农业机械学会第十一次全国会员代表大会于2018年11月25日在杭州隆重召开。大会期间对中国农机学会“中国农业机械发展贡献奖”“中国农机学会青年科技奖 ”获奖人员进行了表彰。图为汪懋华、任露泉院士出席颁奖典礼

经过50多年的发展，学会适应形势需要，切实加强自身建设，形成了以会员为基础的民主办会组织架构，办事机构和分支机构健全，专职工作人员队伍稳定，各种活动开展规范正常，挂靠单位对学会办事机构的业务指导和工作支持力度不断增强。截至2019年6月底，学会有分支机构25个，单位会员131个，个人会员分布在全国31个省、自治区和直辖市，人数超过万人。

二、促进农机化技术发展，成就辉煌

在农机学会的发展进程中，学会始终积极贯彻党和国家的方针政策，坚持民主办会原则，积极发挥桥梁、纽带和科技工作者之家的作用，带领和团结广大农机科技工作者，紧紧围绕“三农”行业，大力促进科技进步，为推进我国农业机械化进程发挥了不可替代的作用。特别是进入21世纪以来，学会进一步切实发挥智力密集、人才荟萃、网络健全、横向联系的优势，通过夯实学术交流平台、搭建国际化交流平台、建设科技成果服务平台、完善人才培养举荐平台、构

筑科学普及平台和拓展社会化服务平台，不断提高学术活动质量和水平，服务科技成果创新应用，推动科技创新进步，如今农机学会已经成为我国农业工程装备领域创新体系的重要组成部分。

（一）夯实学术交流平台，着力提高学术活动质量和水平

50 多年来，农机学会始终坚持做好开展学术交流这一主业，共召开各种学术年会、学术交流研讨会等超过 700 次，有超过 5 万人次参加，交流论文超 2 万篇。

近 20 年来，学会已形成每双年举办大型综合性学术年会、每单年举行专题学术会议，各分支机构每年举行各专业性研讨会的格局，学术交流呈现出形式多样化、内容专业化、活动品牌化和精品化、效果实效化的特点。如 2010 国际农业工程大会以“创新·合作·分享”为主题，吸引 13 个国家和地区的 600 余名代表参会，组织了 11 个专题分会场（包括 3 个国际分会场），大会论文光盘收录论文 489 篇；2018 中国农业机械学会学术年会暨“现代农业装备技术创新与高质量发展论坛”以“科技创新　乡村振兴”为主题，600 多名代表参会，组织了 11 个专题分会场。目前，农机学会的学术年会作为我国农业机械工程领域重要的科技交流平台之一，已成为行业学术交流的品牌和精品。

农机学会围绕不同的时期和条件，针对农业生产各个环节的明确问题进行学术交流，并提出解决问题的技术方案和路线，开发机具并改进推广，解决生产实际问题。20 世纪 90 年代末，我国南方水稻收获后霉变问题严重，为落实江泽民总书记关于解决粮食烘干问题的批示，1999 年学会等单位召开了“粮食干燥机械化发展”“农产品干燥技术”等学术会议，对推广烘干机、解决我国粮食干燥等问题提出了重要建议和技术措施，促进问题得以较好解决。

学会的相关学术交流，引领相关学科的发展应用，促进了学科交叉，扩大了农机学科内涵。学会名誉理事长蒋亦元院士在 2006 年年会的学术报告中最早提出“农机与农艺结合”，抓住了农机行业的关键问题，得到行业科技工作者的充分重视与关注。在 2008 年的学术年会上，学会特邀中国农学会的农艺专家参加，以此为主题设专题分会场，农机、农艺专家首次共同探讨农机与农艺结合问题，并达成多学科多专业协调发展促现代农业发展的共识。学会的组织引领，推动了新型农业生产技术模式——现代物理农业工程技术的产生与发展；跨学科及部门的地面力学理论及应用的交叉学科专业分会——地面机器系统分会，举办了多次国际学术会议，在国际上颇有影响。此外，农机学会围绕“三农”需求开展学术交流，促进农机化软科学研究，推动农机化和农村经济发展。

（二）搭建国际化交流平台，着力推动学术发展

开展国际交流合作一直是学会工作的重要组成部分。多年来学会始终积极发挥行业国际民间科技交流窗口的作用，以多形式开展国际合作，内容不断丰富，效果日益显著，使得中国在国际农业工程领域影响力越来越强。

学会早在 1957 年就邀请苏联莫洛托夫农机化电气化专家来华讲学；1979 年邀请日本农机学会、美国农业工程师学会等国际著名学术组织来华讲学、技术座谈，就“拖拉机的发展”“牧业机械”“农业系统工程”等方面进行广泛交流。进入 21 世纪以来，邀请国际著名专家来华交流已经变得越来越常态化和普遍化。

在筹备和成立初期，学会就派遣专家先后赴苏联、日本、美国和加拿大等国考察，并撰写《美国农业机械化十例》《加拿大农业机械化见闻》《90 年代国外农机产品和技术》等书籍，广泛介绍先进国家农机化情况。改革开放后，学会每年都派遣行业内人员组团出访和参观，参加国际学术组织（如国际农业与生物系统工程学会 CIGR、亚洲农业工程学会 AAAE）及外国国家专业学术组织（如美国农业工程师学会、德国工程师协会、意大利农机工业协会、日本和韩国农机学会等）举办的专业学术活动，了解和学习国外先进技术，拉近与世界先进水平的距离。

改革开放之后，为便于更多国内科研人员参加国际交流，学会开始在国内组织召开国际学术会议。其中，首次规模较大的“1991 国际农机化学术交流会”由中国农机学会与中国农机研究院组织，外国专家 80 余人、我国科技工作者 180 多人参加，在国内外均产生了较大反响；“第十二届国际地面车辆系统学术会议”是学会首次受国际地面车辆系统学会理事会委托于 1996 年在北京成功举办的，主题是面向 21 世纪的地面车辆新技术和新理论；2011 年 12 月，学会收获加工机械分会和江苏大学在江苏镇江联合主办了“2011 收获机械技术及装备国际高层论坛”，共有 160 余位中外专家参会，论坛设 12 个主题、8 个专题进行研讨，论坛研讨场面热烈。

尤其值得一提的是，2004 年 10 月，我会为主协助国际农业与生物系统工程学会（CIGR）在北京主办了举世瞩目的“2004 年国际农业工程大会”，参加会议的国内外专家学者达 900 余名。时任国务院副总理回良玉出席了大会开幕式并致辞。这次大会是 CIGR 首次在我国举办大型国际会议，国际灌溉排水学会、联合国粮农组织、亚洲农业工程学会、欧洲农业工程师学会等 21 个国际、区域性组织或机构作为大会协办单位。2014 年 9 月，学会在北京又成功举办了以“农业与生物系统工程——提升人类生活品质”为主题的“第十八届 CIGR 世界大会”。时任国务院副总理汪洋出席大会开幕式并致辞，来自 51 个国家和地区的 2000 余位学者参加了大会，其中外方代表约 500 人。大会主要议题涵盖了 CIGR 七大技术分会领域，大会 9 个分会场邀请了 69 位中外著名专家作分会场主旨报告。据不完全统计，会议期间有 789 人次进行了分会场交流，682 篇论文进行了论文墙报张贴交流。大会共收到 1912 份论文摘要，经评审有 1198 篇论文摘要被编辑收录在论文摘要光盘集中。本次大会是 CIGR 最高级别学术会议首次在中国举办，对我国和世界农业与生物系统工程的发展有着重要的意义。

农机学会联合中国农业工程学会自 1989 年 3 月正式加入 CIGR 之后，一直认真履行义务并积极派员参加其活动。从 1994 年开始，我国科学家就陆续分别在其有关分会和执行董事会、主席团等层面，担任各种职务直至最高职务。自亚洲农业工程学会（AAAE）创建以来，农机学会一直积极参加其各项活动并发挥作用，进入 21 世纪后我国科学家陆续担任过该组织的秘书长、副主席和主席等职务，AAAE 秘书处和杂志 IAEJ（国际农业工程期刊，Ei 检索）也于 2010 年起首次离开创建地点迁至中国，由学会和挂靠单位配备各项条件运营，这标志着农机学会代表我国农机科

2010 年，国际仿生工程学会成立大会暨第三届国际仿生工程学术年会在珠海举行（吉林大学提供）

技界在亚洲农业工程领域的地位和作用日趋重要，这也和我国作为世界农业大国的地位越来越相称。此外，学会名誉理事长、吉林大学任露泉院士及其团队积极参与创建了国际仿生工程学会，该组织经批准已于2010年在华成立，其秘书处和学会地面机器系统分会秘书处共同设在吉林大学。

（三）建设科技成果服务平台，为成果发布和应用服务

学会自成立以来，一直注重不断加强科技成果服务平台的建设，高质量地编辑出版各种期刊、书籍，加快采用信息化建设手段，努力为科技成果发布和应用提供权威、便捷的服务。

学会主办的《农业机械学报》刊发的论文反映了我国农业机械、农业工程学科的最新研究成果和最高学术水平，现已成为我国农业工程领域科技工作者进行学术交流、提高科研素质的重要园地。自创办以来，截至2018年底共编辑出版了49卷313期，刊登论文11043篇；自1979年复刊后，《农业机械学报》经历了季刊→双月刊（1999年起）→月刊（2005年起）的发展历程；2008年《农业机械学报》被美国《工程索引（核心）》（Ei Compendex）全文收录，自2013年以来连续获得中国科协精品科技期刊工程项目支持。《农业机械学报》的严肃性和权威性，在业内树立了良好的形象，为行业科技进步发挥了巨大的促进作用。此外，学会与中国农机研究院合作创办的科普月刊《农业机械》，是我国创办最早的综合性科普期刊，20世纪80年代曾创下科技类期刊最高发行量（每期达18万份），是农机工作者的良师益友和发展农业生产力的桥梁。另外，20世纪学会陆续参与联合办刊的还有《拖拉机手》《农村机械化》等杂志。学会各分会也积极出版专业刊物，如学会排灌机械分会主办的《排灌机械》（2010年更名为《排灌机械工程学报》）、拖拉机分会主办的《拖拉机》（现更名为《拖拉机与农用运输车》）等。学会及分支机构还编辑出版了许多国内外学术会

第1卷 第1期　　农業机械学报　　1, №1
1957年12月　　ACTA AGROMECHANICA SINICA　　December, 1957

創刊詞

中国农業机械学会筹委会主任委員　孙景魯

在本刊准备出版的前夕，中国共产党中央委員会於10月25日公佈了1956年到1967年全国农業發展綱要（修正草案）。这是一个具有偉大历史意义的文献，它給我国五亿农民以及农業部門和其他有关部門的工作人員指出了今后十年內的奋斗目标，在它的光輝照耀下，通过全国人民的努力，我国农業將在合作化的基础上迅速地發展强大的社会主义农業。

綱要中第七条指出："根据生产的需要，經过地区适应性的試驗和改制，积極推广那些适合当地条件的改良农具和新式农具。經常注意农具的保养和修理的工作。加强新式农具使用的技术指导。随着国家工業化的發展，有步驟地积極地实行农業机械化。从一九五六年起，在尽可能短的时間內，机械制造部門和农業部門应当經过广泛的試驗研究工作，拟出一个适合我国条件的农業机械化方案，为推广农業机械化做好准备，随即制造适合各地的机械，供应农民；随时改良，随时推广。"这是給我国农業机械化問題指出了明确的道路。我們全国农業机械工作者們，都为此而感到百倍鼓舞和获得無比的信心和力量，願意为它的实现而貢献出我們全部的力量。

农業机械化电气化是我国社会主义建設重要內容之一。运用先进的机械化电气化生产方法，可以大大提高农業生产的劳动生产率和作業質量，以达到減輕自然災害，扩大耕地面积，增加复种指数，提高單位面积产量，發展农村副業生产，改进农产品貯存方法和初步加工方法以防止腐爛損失等目的，因此在国民經济上，具有十分重大的意义。毛主席在1955年7月31日省委、市委和区委書記会議上所作"关於农業合作化問題的报告"中指出："如果我們不能在大約三个五年計划的时期內基本上解决农業合作化問題，即农業由使用畜力农具的小规模的經营躍进到使用机器的大规模的經营，……我們的社会主义工業化事業就会遇到絕大的困难，我們就不可能完成社会主义工業化。"

要实现农業机械化，必須学習苏联先进經驗，苏联在农業机械科学原理上所作的貢献和在农業机械化事業方面的光輝成就，在世界上是首屈一指的，而且进步的速度也是惊人的。它的發展也同样和原子能發电站、噴气式运輸机、火箭技术和人造衛星一样，有着丰富而深湛的基础科学作为基础的。新中国成立以来，我国大部分农業机械工作者，由於积極学習了苏联，理論水平和業务水平有了很大的、迅速的提高，农業机械工作者的队伍也不断地壮大。这一事实說明了我們必須进一步向苏联学習，深入的鑽研，使农業机械科学者在我国的社会主义建設事業中作出更大的貢献，这一信念不許絲毫动搖！

学習苏联在农業机械科学原理上的成就，必須緊密的結合中国实际，我国农業生产技术在勤劳智慧的农民生产实际的創造下，有它独特的成就和貢献，因此就必須根据我国的优良的农業傳統、自然条件、以及先进的农業生物科学所規定的农業技术要求和农業經济

《农业机械学报》创刊词

议论文集、专业科技书籍及科普读物。

排灌机械 PAIGUANJIXIE　1982（11月试刊）

（季刊）（总第一期）·十一月卅日出版·

敬请提出批评
欢迎各项建议
务望踊跃投稿
征集有关广告

编辑：《排灌机械》编辑部
出版：中国农机学会排灌机械专业委员会
江苏工学院排灌机械研究所
地址：江苏镇江
印刷：江苏镇江前进印刷厂　发行：镇江市邮局
代号：28—81　订购处：全国各地邮局
登记：江苏省出版登记证096号
定价：0.25元　（试刊赠阅）

1982 年 11 月，《排灌机械》创办

进入 21 世纪，农机学会特别注重加强科技成果服务平台的信息化建设，学会在 2003 年建立了官方网站，定制了“农业机械学报采编平台”。现代网络信息传播手段的建立，为科技人员搭建了信息快速互通的便捷服务平台。

（四）完善人才培养举荐平台，为行业不断提供创新人才

纵观学会的发展，学会各届常务理事会、理事会、各专业分会委员会的成员，都是由当时行业有代表性的科研院所、高等院校、政府管理部门和企事业单位的骨干人员组成的，汇聚了科研、教学、管理、制造和使用等行业各类杰出人才。他们通过学会组织开展的各类学术交流活动，为行业难点热点问题提出解决方案、明确行业发展方向和趋势，已经并正在发挥着越来越重要的专家智库作用。

学会一直注重创造条件培养各类青年科技人才，在 21 世纪初成立了青年工作委员会，开设了青年科技论坛等多种形式的交流活动，为培养青年科技人才提供便利条件。学会还开展青年人才表彰举荐工作，促进青年拔尖科技人才的脱颖而出，从 2008 年开始设立了“中国农业机械学会青年科技奖”，目前已开展了 6 届奖项评选。学会面向全国农机行业科技人员开展的评奖推优工作，起到了表彰鼓励我国农机行业科技人员立志农机、献身科研、勇于创新、服务基层的积极作用。

（五）构筑科学普及平台，促进全民科学素质提高

学会努力发挥农机科普工作主力军和科技工作者之家的作用，面向农村基层用户开展农机科普工作具有较好的传统，早在1979年学会就召开了有140人参加的第一次全国农机科普工作会议。联合《农业机械》杂志社等单位开展了5届“《农业机械》全国用户满意品牌”评选活动等多种科普活动；农垦农机化分会长期坚持每年举办多期“农垦农机化管理干部培训班”等专业技术培训班。这些活动注重针对性、连续性和实效性，较好地发挥了科普将科学技术转化为直接生产力的桥梁作用。为此，学会曾荣获“中国科协农村科普工作先进集体”称号。

（六）拓展社会化服务平台，满足行业需求

改革开放以来，学会努力拓展社会化服务平台建设，在承担政策研究、标准起草、科技评价等方面，各个专业分会开展了一系列工作，满足了政府和社会的需求。

学会农机化分会长期坚持农机化发展研究，承担了政府部门委托的许多工作任务，为政府科学决策提供咨询、建议和依据，取得了大量有广泛影响的研究成果及政策建议，为行业发展发挥了积极而重要的作用。如2009年承担了农业部农机化司委托的《中国农业机械化科技发展报告（1949—2009）》编写任务；2010年接受委托主持全国农业机械化发展“十二五”规划编制，该规划已被采纳并在全国实施，指导全国农业机械化发展；2010年参与《国务院关于促进农业机械化与农机工业又好又快发展的意见》的政策制定和出台，为其提供理论研究支持。

学会标准化分会在参与组织制定国家标准、参与并主持制定农业机械行业标准和技术规范、组织标准调研和学术交流及标准国际化合作方面做了大量工作。如仅2010年就参与组织制定了43项农业机械行业国家标准和20项农机行业标准；2011年组织编制了农机标准化“十二五”规划。特别是2016年底，学会发布了团体标准管理办法，开始制定学会团体标准，其中2018年批准发布34项中国农机学会团体标准。

学会多年来为国家科技支撑计划、各类重点和重大项目提供了科技成果评价服务，涉及农林动力、多功能作业关键装备等领域400多项新技术、新产品，涉及行业150余家单位。学会的科技成果评价工作为这些重大技术创新项目的圆满完成奠定了坚实的基础。

三、展望未来，任重道远

我国农业机械化事业正迈向新的时代，农业机械装备行业正快速向大农业拓展。习近平总书记明确提出“要把发展农业科技放在更加突出的位置，大力推进农业机械化、智能化，给农业现代化插上科技的翅膀”。作为肩负着引领农机行业科技进步崇高历史使命的中国农机学会，一定要发扬学会优良传统，自觉深入贯彻习近平总书记的重要论述精神，紧密结合国家“三农”工作的远景规划、目标和任务，全面推进学会各项工作的开展，积极推动我国农机行业的科技进步。

学会将以创新发展为基本思路，全面加强自身建设；加强学术会议和学术期刊这两大学术交流精品工程，加强国际科技交流合作，扩大在国际组织中的影响力；更自觉地做好农机行业的人才工作，吸纳全行业的各方面优秀人才到学会的各个层面来，拓展学会服务领域，使学会成为行业智库，满足行业发展和政府宏观决策的需要。

展望未来，任重而道远，我们一定要不忘初心、牢记使命，继承和发扬老一辈农机人的光荣传统。在全体农机人的共同努力下，中国农业机械学会一定能够在“推进农业机械化、智能化”的伟大事业中，砥砺前行，继续奋斗，不断取得新的胜利！

（张咸胜，张振新执笔）

亲 历 农 机 化

我的农机情缘*

> 袁寿其

中国农业机械学会成立于1963年3月，同年4月我也在上海农村来到人世间，可谓是学会的同龄人了。值此学会50华诞之际，回顾自己大半生的人生历程，竟发现自己是十足的“农机人生”。

记得读中学时，父亲是生产队的引水员，农忙时父亲每天都要去开水泵抽水灌溉。运气好的时候父亲会带被水泵叶片打坏的大鱼回家烧着吃，想必是那时河水没有被污染，河中的鱼太多的缘故吧。

我与农机似乎有着“天注定”的情缘，作为一名普通高中的学生竟然在1980年考上当时的全国重点大学——镇江农业机械学院水力机械专业。入学时不少同学认为，水力机械专业就是研究水泵、抽水机，没有意思，而对我来说却算是子承父业了。

大学毕业我又荣幸地留校分配在排灌机械研究所工作，开始涉足小型潜水电泵的研究、设计与开发。1991年在农业机械设计制造学科师从我国农业机械领域内著名专家高良润教授攻读博士学位，潜心从事潜水离心泵研究。由于潜水泵机电一体化适应了20世纪80年代我国农村分田到户的需求，发展迅速，很快形成了一个年产1000万台的行业。20多年后，由本人主持的“潜水泵理论与关键技术研究及推广应用”获国家科技进步二等奖，也算为农村排灌事业做了一点工作。

我与中国农业机械学会最早的联系当属在《农业机械学报》1993年第2期上发表《面积比原理和泵的性能》一文。记得当时我非常激动，因为那可是一级学报，公认的权威期刊。从此，我就与学报结下了不解之缘。今天稍作统计，竟发现20年来自己和学生在农机学报上发表了69篇论文。2002年我开始担任学

---

* 本文写作于2013年中国农业机械学会成立50周年之际。

报的编委，10余年的编委生涯中，我亲历了学报的长足发展，尤其是学报被美国EI收录时，我激动兴奋之情难以言表，这说明中国农机科研成果已获得国际的认可和重视。

作者（左）和博士研究生在一起

我于2001年起担任中国农机学会排灌机械专业委员会主任委员，并于2002年当选为中国农业机械学会第七届、第八届副理事长。10多年来，我对学会的工作和各项活动总是尽心尽力。2006年在江苏大学组织承办了第八届中国农机学会全国会员代表大会，这是首次在高校召开的学会全国会员代表大会，会议非常成功，同时也充分展示了学校在农机学科建设方面的成果，给全国同行留下了良好的印象。

近年来，作为中国农机学会的副理事长和江苏大学的校长，我一直在关注国家的农机政策，思考和实践如何发挥学校的学科优势，大幅度缩小我国农业装备水平与发达国家的差距，努力将学校建设成为我国农业装备与农业工程领域人才培养、科学研究和社会服务的重要基地，这可以说是作为一名“老农机人”的新梦想。为此，学校先后成立了农业工程研究院、农产品加工工程研究院、生物质能源研究所及新农村发展研究院等一批专职科研机构，并相继恢复了农业电气化与自动化本科以及农业机械化方向本科招生，使得学校“工中有农，以工支农”的办学特色得到进一步保持和弘扬。学校先后建成了国家水泵及系统工程技术研究中心、教育部现代农业装备与技术重点实验室，并牵头组建了现代农业装备与技术协同创新中心。上述这些工作得到了学会和广大同行专家的厚爱与鼎力支持。今年学校被评为中国农业机械突出贡献单位。我本人于2010年荣获中国农业机械发展贡献奖，2012年被学会推荐荣获第五届全国优秀科技工作者。

今天，中国农业机械学会走过了辉煌的五十年，我自己因与农机有着深厚的情缘而备感充实和欣慰。古人云，五十而知天命，如果说，中国农机学会的“天命”是凝聚全国农机行业专家学者致力于我国农业现代化的话，那我的“天命”自然是其中一位辛勤的耕耘者。

中国第一号发明专利证书诞生的始末

> 钱明亮

20 世纪 80 年代初期正是我国科技与经济蓬勃发展之际，彼时的技术市场十分活跃，急需相关法律法规予以保护。为适应形势的需要，1980 年 1 月国家正式批准成立了中华人民共和国专利局。《中华人民共和国专利法》也及时颁布，并于 1985 年 4 月 1 日起正式实施。

1983 年末，中国专利局在北京举办了首届“中国专利代理人”培训班。当时的北京农业机械化学院（北京农业工程大学前身）积极响应，学校有关部门努力配合，从各个不同的院系专业和科研管理部门等抽调了四位教师参加学习。

记得是在严寒冬季，我们一批人集中在北京市劳动人民文化宫内，每天由专利局相关专家系统讲授有关中国及世界专利法的知识。大约集中学习了一个多月时间，最后进行了严格的考试。有幸，我们四位同志都通过了考评，并由中国专利局正式授予中国第一批“专利代理人”资格证书。

此时，北京农业机械化学院也于 1984 年 3 月正式成立了学校“专利事务所”。学校科研处抽调专人全面负责专利代理工作，从院系抽调的 3 位同志兼任不同专业的基层代理工作。

当时我在农机制造系是搞科研管理工作的，此时更感到增强知识产权保护观念的重要性，所以有意识地加大了专利知识的宣传，并注意进行发现、培养和申报有关专利项目的工作。

因此，在 1985 年 4 月 1 日，《中华人民共和国专利法》正式实施第一天，我们事先已准备好了各种申请专利的相关法律文件，一大早就赶到中国专利局受理处，递交了一份发明专利的申请项目：

名　称：“搅刀——拨轮式排肥排种器”

申请日：1985 年 4 月 1 日

申请人：北京农业机械化学院

申请号：85100820

发明人：谷谒白、倪良泉

代理人：郎秀英、钱明亮

中国专利局经过各种法律审查手续后，于 1985 年 12 月 26 日以第 1 号发明专利证书的编号，正式批准授权该申请为中国发明专利。

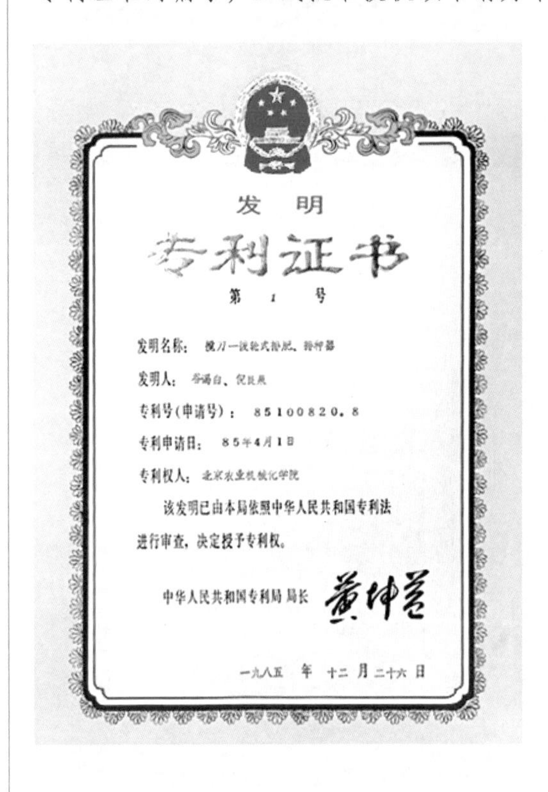

发明

专利证书

第 1 号

发明名称：搅刀—拨轮式排肥、排种器

发明人：谷谒白、倪良泉

专利号(申请号)：85100820.8

专利申请日：85年4月1日

专利权人：北京农业机械化学院

该发明已由本局依照中华人民共和国专利法进行审查，决定授予专利权。

中华人民共和国专利局 局长

一九八五 年 十二 月二十六 日

回想起来，当时中国专利应是按照国际惯例以英文字母排序的，农业的英语为 Agriculture，A 字排序第一，农业机械又属农业范畴；而且我们提请的时间又是《中华人民共和国专利法》实施第一天的清晨，赶了个大早。

按照正式授权来看，属于农业机械行业的该项发明获得中国第 1 号发明专利，真是赶巧了！但也是很有意义的。

该项发明专利技术被授权后，曾多次进行技术转让。根据它设计的施肥播种机在全国被广泛应用，为我国大田作物的种植机械化起到了很大的推动作用。

（作者单位：中国农业大学）

情系农机不言悔　心系油菜机械化

> 廖庆喜

华中农业大学农机学科源于原华中农学院1958年创立的农业机械化教研室。随着时代进步和技术革新，学校事业得到大力发展，农业机械化高等教育也发生巨大变化，农业机械化内涵进一步丰富，原教研室逐步拓展为农业机械化系、农业工程系、工程技术学院，直至发展到现在的华中农业大学工学院。无论环境和条件如何改变，作为农机化事业队伍的一员，我们内心始终不变的是，围绕农业机械化工作开展教学科研和社会服务工作，为中国农业机械化做贡献。

我自本科阶段进入华中农业大学农业机械化专业学习直至博士研究生毕业，现为华中农业大学工学院的一名教师，一直从事农业机械化方面的教学、科研及管理工作。1996年我在硕士研究生期间从事关于油菜籽加工处理的课题研究，自此开始了解油菜这一重要的油料作物，对其田间机械化生产、产后加工等方面产生了浓厚的兴趣。湖北是我国第一油菜种植大省，而中国作为油菜第一种植大国，其油菜机械化生产水平低下，从2000年开始，我明确了以油菜精量播种技术及其配套装置/装备研究与开发作为本人专业科学研究主攻方向之一，并正式开始围绕油菜机械化播种与种植技术及其配套装置/装备研发等的科学研究工作。经过研究积累，我非常有幸于2007年作为首批国家现代农业（油菜）产业技术体系科学家岗位入选为“油菜松土直播机械”岗位科学家，并于2016年被调整为“油菜耕种机械化”岗位科学家。

近十余年来，我与团队成员立足我国油菜生产对油菜机械化种植技术的实际需求，利用现代工程技术手段和方法，深入开展油菜精量排种、土壤工作部件关键技术攻关，坚持绿色高效发展，研制耕种集成系列装备。

针对油菜籽粒径小、易破损、难以实现精量排种的技术难题，我们开展油菜精量排种技术攻关，研发了正负气压组合式油菜精量排种器、集排离心式油菜精量排种器、滚筒集排式油菜精量排种器、油菜小麦兼用槽轮式精量集排器、油麦兼用气送式集排器等油菜排种器，多项技术填补了国内油菜精量排种技术空白，提出的正负气压组合式油菜精量排种技术、油菜小麦兼用型精量排种技术、中央集排离心式油菜排种技术居国际先进水平或国内领先水平，且正负气压组合式油菜精量排种器、集排离心式油菜精量排种器已经实现产业化。

针对冬油菜区油菜直播要求开畦沟、稻茬秸秆量大、土壤黏重板结、油菜精量直播种床耕整技术难度大的问题，我们提出了牵引组合式开畦沟技术、高速旋耕灭茬碎土技术、秸秆翻埋旋耕碎土组合式耕整地技术，研制了铧式开畦沟犁、组合式船型开沟器、犁式正位深施肥装置、扣垡犁、深浅旋组合式种床整备装置5种耕整部件和油菜松旋联合耕整机、被动式联合耕整机、液压驱动型联合耕整机、驱动圆盘犁对置组合式耕整机、后置旋转开沟免耕开沟机、犁旋一体机6种耕整装备。部分耕整部件及装备已安装在相关油菜直播机上进行产业化应用。

为实现油菜轻简高效种植，实现油菜产业绿色发展，我们以油菜精量排种技术为核心，采用油菜直播作业功能模块集成化设计方法，研制适应不同区域油菜种植模式的系列化油菜精量联合直播机10余种，其中2BFQ-4、2BFQ-6、2BFQ-8油菜精量联合直播机，2BFL-6、2BF-12离心式油菜精量联合直播机，2BYM-6/8油菜小麦兼用播种机6种机型通过湖北省农机推广鉴定，列入国家农业机械购机补贴目录；2BFQ-4、2BFQ-6型油菜精量联合直播机、2BFL-6离心式油菜联合直播机、2BYM-6/8油菜小麦兼用播种机4种机型在湖北黄鹤拖拉机制造有限公司、湖北桦磊农业机械制造有限公司、河南豪丰农业机械制造有限公司等企业实现了产业化；2BFQ-24宽幅折叠气送式油菜免耕精量联合直播机、2BFQ-19春油菜精量联合直播机和2BFQ-9春油菜精量联合播种机在新疆等地进行了连续4年的试验示范，2BKS-2.0免耕开沟撒播机、2BZ-4振动式油菜直播机通过了田间生产考核。主要成果获省部级科技奖6次，“油菜机械化生产技术与装备研发”团队先后入选农业农村部科研杰出人才及其创新团队、湖北省高等学校优秀中青年科技创新团队、武汉市高新技术产业科技创新团队。

我们研发的油菜精量联合直播机多年来均被列为农业农村部和湖北省等省部级主推技术；研发的油菜直播机在湖北、四川、湖南等19个省市自治区开展了试验、示范及推广与应用。其中在湖北省的应用成效尤其显著，基本实现了湖北省内油菜种植区域全覆盖，获得湖北省科技成果推广二等奖2次，并获批农业农村部油菜全程机械化科研基地建设项目。

作为一个中国农业机械化工作的亲历者、研究者、见证者、践行者，更是受益者，回顾过去，展望未来，在毛泽东主席提出“农业的根本出路在于机械化”的著名论断和习近平总书记提出的“大力推进农业机械化、智能化”重要论述指导下，油菜机械化生产技术与装备团队将以服务乡村振兴战略、满足亿万农民对机械化生产的需要为目标，深刻把握农机科技创新与发展大势，持续着力攻关油菜耕种关键技术，提升原始创新能力，加强产学研深度融合，加快突破智能化科技创新，研制先进适用耕种集成系列装备，坚持协同创新，服务油菜产业发展，力耕油菜产业美好未来，为中国的农业机械化和现代化发展贡献自己的力量。

（作者单位：华中农业大学工学院）

矢志创新一甲子　扬帆起航谱新篇

南京农机所的发展与成就之路

> 南京农业机械化研究所

农业农村部南京农业机械化研究所（以下简称南京农机所）的历史，可以追溯到1934年的中央农业实验所病虫机械实验室。中华人民共和国成立之初，我国农业生产方式极其落后，党和国家高度重视农业装备技术研发、改良和应用，1957年南京农机所应运而生，直属农业部（现农业农村部），致力于解决南方机械化装备技术问题，拉开了我国利用工业科技成果改造传统农业的创新征程。南京农机所正式建所以来的发展史，也是新中国农机科研事业发展的一个缩影。

曲折发展五部曲

艰苦创业、下放撤销、复所重建、改革奋进、快速发展，这是描述南京农业机械化研究所建立和发展的五个关键词。

南京农机所从筹建开始就坚持艰苦奋斗和一切从实际出发的精神，边筹建、边调研。因陋就简搭建芦席草棚作为栖身之所，自己动手运砖送瓦参加基建。组织十余名科技人员沿长江下游两岸的稻麦、稻麦棉区进行农机化基础情况调查，以明确建所方向和任务。

1958 年 3 月，南京农机所用 4 个多月时间对浙江、江西、广东、福建 4 省的水田、山区农业机械化基础情况进行调查，提出了南方水田地区农机化研究工作应掌握的重点和首先应解决的 10 个问题。在调查研究先行一步的前提下，从 1958 年起，南京农机所以水稻生产作业机械为中心，引进选型、改进研制水田地区成套作业机具，解决从动力整地到进仓整个生产过程的主要作业机械化问题，并对农机修理的体制、工艺和装备等进行了研究。

建所初期农机所部分职工合影

1959 年，毛泽东主席发表了“农业的根本出路在于机械化”的著名论断，农机科研人员的干劲更足了。经过近 10 年的努力，南京农机所研究力量得到充实和加强，科研条件大为完善，建成了动修、耕耘、种植等专业试验室，试制工厂，试验农场等，增添了大量试验用仪器设备，形成了以南-105B 型畜力牵引水稻插秧机、南-4103 型沤田绳索牵引机、南-2604 型三自动远射程喷雾机等为代表的一批在生产实践中行之有效、大量推广并影响较大的科研成果，有些成果在国内甚至在国际上都处于领先水平。

“文化大革命”期间，南京农机所命运多舛，先是隶属关系划归江苏省代管，绝大部分科技骨干转入“五七干校”，后机构被撤销，科研人员下放江苏清江拖拉机制造厂，大量科研样机、仪器设备和资料档案等被毁损，500余平方米的植保机械试验室被弃用。

1978年，中国吹响了改革开放的号角，迎来科学教育的春天，农机化科技也迎来曙光。当时的国家领导人李先念等亲自批示，同意恢复南京农机所，复兴中国农业机械化的梦想重新扬帆启航。

复所之初，研究所前瞻性地布局了耕作机械、育插秧机械、植保机械、农村能源开发利用和节能、农副产品加工和养殖业设备、农业机械修理、测试仪器和电子产品、农机化软科学等重点研究方向。下放企业的科研骨干返回岗位，重新捧起《农业机械设计手册》，搭建试验台架，试制部件样机，研究所边基建、边研究、边扩大。南京农机所成功研制系列犁和旋耕机，配套动力覆盖手扶、小四轮和大中型拖拉机，结构形式多样化，以及卧式、立式割台等种收割机和联合收获机，适宜小麦、水稻的样机定型并批量生产；研制推广简易水稻育秧设备和机动水稻插秧机并批量生产；研制的烟雾机在林业、防疫等领域大显身手，并向核电、食品加工等领域拓展。南京农机所开展的农业机械化区划、农业适度规模经营等农机化研究软科学成果，为党和国家作决策提供了科学依据。南京农机所还建立了国家植保机械产品质量监督检测中心、农业部南京设计院和农业部南方种子加工工程技术中心，创办了《中国农机化》和《中国农机安全报》等期刊报纸。

在20世纪90年代，我国农村土地家庭联产承包责任制全面推行，城镇化和工业化刚刚起步，农业机械化发展缓慢，农机工业企业纷纷转型改行，农机化科技成果的产业需求基础逐渐弱化。同时，国家科学技术体制改革不断深化，农机化技术更多强调商品属性，在政府科技投入保障不足的情况下，不少农机化科研机构转制为企业，科研骨干流失情况突出。南京农机所也面临同样困境，国家科研经费投入在1996年至2005年10年间仅为2200万元，科研设施老化落后，科研人员不足。

尽管科研条件艰苦，收入待遇较低，南京农机所依然有一批科研骨干选择坚守科研，矢志创新。“新型背负式机动喷粉喷雾机研制开发项目”斩获2001年度国家科技进步二等奖，大中型种子成套加工技术与装备实现产业化应用，并出口巴基斯坦、缅甸等国家，先后获多项省部级科技奖励。

许多选择坚守的“50后”“60后”农机人，终于在21世纪初，重新感受到中国农机化事业“忽如一夜春风来，千树万树梨花开”的新境界。2004年国家颁布《中华人民共和国农业机械化促进法》，实施农机购置补贴政策，促进农业机械化技术发展，引领现代农业发展方向。南京农机所抓住机遇，乘势而上，聚焦产业重大需求，源源不断为现代农业提供配套机械化技术或装备产品，学科建设、科技创新、人才团队、平台条件和合作交流等各项事业取得良好进展，逐渐发展壮大成为国家级公益性专业科研机构。2013年南京农机所成为中国农科院科技创新工程第一批试点单位，逐步形成了“耕整地机械、种植机械、植保机械、土下果实收获机械、穗粒类收获机械、果蔬茶类收获机械、茎秆类收获机械、农产品分级与贮藏装备、特色农产品干制与加工装备、生物质转化利用装备、农机化技术系统优化与评价、农业机械智能控制技术”等12个科研创新团队，牵头建设农业农村部现代农业装备“学科群”重点实验室，拥有14名国家现代农业产业技术体系岗位科学家，1名江苏现代农业产业技术体系岗位科学家，开始了扬帆起航的新篇章。

农机科研结硕果

水稻是我国三大主粮之首，是国家粮食安全的基石，水稻机械化插秧技术是世界性技术难题。早在1952年，南京农机所的前身——华东农业科学研究所农具系就成立了由蒋耀先生等组成的水稻插秧机研究组，开启了我国水稻插秧机组织化研究的序幕。1956年，蒋耀课题组成功研制出人拉单行铁木结构插秧机，以及畜力4行梳齿分秧滚动式插秧机，命名为“华东号插秧机”，这是世界上第一台成型的

蒋耀团队与插秧机样机合影（1956年3月）

水稻插秧机。在此基础上，插秧机课题组不断完善创新，东风-2S型机动水稻插秧机在20世纪70年代大面积推广，并获得1978年全国科学技术大会奖、1981年国家技术发明奖，作为国礼赠送给20多个国家或地区。

牛拉犁耕是传统农业的缩影，南京农机化研究所在全国率先开展旋耕机及工作部件优化研发，是国家旋耕机技术归口单位，在研发、推广和检测等方面占据主导地位。“旋耕机工作部件及其与拖拉机配套合理性的研究”获得1987年国家科技进步二等奖。如今，南京农机所在水稻机械化领域，继续在大苗插秧机、插秧同步深施肥机、无人驾驶插秧机以及大型气力式水稻直播机等领域持续创新攻关。

植保机械技术是南京农机所“老字号”学科，80余年的学术传承积淀，涌现出以钱浩生、戚积琏、马光忠、高崇义、梁建、傅锡敏、王忠群和戴奋奋为代表的植保人。钱浩生是我国第一代国产化喷雾器的主要创制人，毕生投入植保机械的研究，先后负责研制南-2604远程喷雾机、南-2603轻便果树喷雾机、高架棉田喷雾机等重要机型，同时对引进的植保机械样机开展不同地区、作物的适应性试验，提出“病虫、农药和药械三位一体、三管齐下”的科研学术路线，至今对学科发展仍具有重要指导意义。

南京农机所重点布局油菜、棉花等大宗作物农机技术研究，吴崇友研究员牵头自主创新的“油菜毯状苗移栽机与育苗技术”专利以400万元人民币授权许可给日本洋马农机株式会社，这项专利的单笔技术转让金额创新高，也是国产农机化技术向发达国家的首次“逆向”转让，被列为农业农村部十大引领性技术，2018年累计推广应用3万多亩。

我国农业步入全面全程机械化时代，水果、蔬菜、茶叶、麻类等装备技术研发起步晚，储备少。南京农机所不断拓展创新领域和技术链条，以茶为例，2005年前后，肖宏儒研究员团队开始研究茶叶加工过程的速冷保鲜、茶叶成型、微波杀青干燥等成套设备，成为国内茶叶加工装备技术源头。2010年以后，该团队开始转向茶园生产管理机具研发，目前可以提供平地茶园全程机械化技术装备，以及丘陵山区茶园中耕、植保、修剪等小型机械，构建了适宜平地、缓坡和陡坡的全程机械化生产技术模式与装备体系。

石磊研究员领衔的科研团队，创新研发了刷辊式和指刷式采棉机，经过连续数年的改进设计，其采收效率和质量获得植棉大户、轧花企业的好评，目前正在制造企业进行产业化生产。

胡志超研究员率领的创新团队，在种子加工机械、花生收获机械、全秸硬茬地机播领域，围绕破解关键技术难题、支撑产业发展，更是成果丰硕、成效显著，先后荣获多项国家和省部级科技奖励。

近年来，结合实施国家重大科技项目和国家现代农业产业技术体系岗位专家工作，南京农机所还成功研制了国内首台自走式薯类联合收获机、蚕豆联合收割机、设施蔬菜整地起垄作业机具、叶类蔬菜有序收获装备、节能轻便型耕作复式作业装备、鲜香菇切根装备、苎麻收割机、青稞收获装备等大量先进实用成套装备，填补产业发展的多项技术空白。同时，先进的装备技术为了让种植大户看得见、用得会，南京农机所持续多年开展313农机化技术示范和培训工程，西藏日喀则、湖北恩施、贵州铜仁、云南临沧等贫困山区，都留下了南京农机所创新团队的足迹和成果。

新时期　新使命　新担当

党的十九大提出实施乡村振兴战略，《乡村振兴战略规划（2018—2022年）》《关于加快推进农业机械化和农机装备产业转型升级的指导意见》对实施乡村振兴战略进行了全面部署，中国农业机械化已经迈入新时代，农机化发展迎来新的重要战略机遇期。

“农用航空作业关键技术研究与装备研发”“水田超低空低量施药技术研究与装备创制”“无人驾驶自动导航低空施药直升机”“植保无人飞机高效安全作业关键技术创新与应用”……如今，智能控制和数字技术加速向传统农业装备渗透融合，南京农机所2016年组建智能农业装备团队，已在农机及其工况传感、监测与控制及数据管理技术等方面取得突破。作为农机化科研的国家队和主力军，南京农机所面向世界农业工程科技前沿、国家重大需求和现代农业建设主战场，着力建设世界一流学科和一流科研院所，大力开展农机化前瞻性、共性、关键性重大科技攻关、技术转化和试验示范，在新的起点推进中国农机化科技水平整体跃升，谱写中国农机化科技创新发展的新华章。

（江帆，夏春华，张萌，王祎娜执笔）

匡农济时，知行合一的黑龙江省农机院

> 黑龙江省农业机械工程科学研究院

黑龙江省农业机械工程科学研究院（以下简称省农机院）成立于1958年，历史悠久，有着深厚的文化底蕴，敬爱的周恩来总理曾在1962年来到省农机院视察工作。省农机院原隶属于黑龙江省农业委员会，2018年10月整合黑龙江省农机维修研究所后转隶到省农业科学院，同年12月，省畜牧机械化研究所、省水田机械化研究所、省农副产品加工机械化研究所、省农业机械化运用研究所更名后隶属于省农机院，一并转隶到省农业科学院。

20世纪六七十年代，由省农机院主持、松花江农业科学研究所等单位参加、首创提出的“深松耕法（少耕法）”，是农机农艺结合的成功典范，奠定了省农机院在国内耕作机械领域的行业领军地位。该项成果先后荣获全国科学大会奖（1978年）和黑龙江省重大科技成果一等奖（1979年）。

20世纪60至80年代，在省内农业科研、生产及管理部门的大力支持下，省农机院组织农机、农艺人员开展联合攻关，先后开展农业（农机）区划、规划及机具配套系统研究课题近20项，取得科研成果14项，其中有7项成果获奖。

“九五”至“十五”期间，由省农业科学院主持、农机院参加的国家科技攻关重中之重项目“大豆大面积高产综合配套技术研究开发与示范”，经过科技人员五年的联合攻关，开发了以种子和农机为载体的两项工程化技术，形成了大豆窄行密植高产栽培新技术和控制重迎茬大豆减产等技术措施。该项目大面积推广应用，取得了显著的经济效益和社会效益，2001年获黑龙江省科学技术一等奖。

“十一五”以来，省农机院研发了一大批具有国际先进水平的新型农机具，其中“大马力拖拉机配套现代机具研究与开发”荣获省科技进步一等奖，已成为支撑黑龙江省农业机械化发展的关键装备，为黑龙江发展建设现代化大农业做出了重要贡献。

经过60年的砥砺前行和创新实践，省农机院现已发展成为国内一流的农机科研单位，为黑龙江现代化大农业建设和全国粮食安全保障做出了突出贡献。省农机院是国家农业装备产业技术创新战略联盟首批发起单位之一，是省农业装备产业技术创新战略联盟和省农业机械学会理事长单位。建有博士后科研工作站、农业部农机作业质量监督检验测试中心、农业部旱地农业装备技术重点实验室、省现代农业装备重点实验室、省种植业机械工程技术研究中心等科技创新平台。拥有4个省级领军人才梯队，6个委厅级领军人才梯队。建院以来，共承担科研项目1081项，取得科研成果749项，授权国家专利378项，获国家级、省部级、地市级及行业科技成果奖292项。

转隶省农业科学院后，省农机院广大科研人员充分抓住此次转隶改革的有利时机，转变观念，保持良好的科研心态，深入学习领会习近平总书记在深入推进东北振兴座谈会上的重要讲话精神和考察黑龙江的重要指示精神，以《国务院关于加快推进农业机械化和农业装备产业转型升级的指导意见》为总抓手，做好基础性研究工作的同时，加强科学技术攻关，以数字化、智能化和信息化的新时代农业机械化发展为特征，积极牵头组织实施省农业装备重大专项，策划申报“十四五”智能农机装备领域项目；在打造优质创新团队的基础上，加强创新人才培养和引进，结合齐齐哈尔、牡丹江、佳木斯、绥化农业机械化研究所的原有科研方向，整合一院四所科研业务，充分利用人才资源，合理分工、重新定位、集团作战、融合发展；紧紧抓住加入省农科院这一历史机遇，提高科研站位，拓宽创新领域，推进与农科院各科研部门的对接交流和合作，共同研究开发农机农艺结合紧密的机型、作物品种和种植养殖方式，进而建立省农科院农机农艺有机融合技术体系；进一步推动全院从科研向技术、技术向产品、产品向产业的转化，实现现有技术装备提质增效与技术升级，强化创新链、产业链、价值链的紧密耦合，推动农业科技挺进经济主战场，积极服务地方经济社会发展，以“匡农济时，知行合一”的理念和勇往直前的农科精神，在新的历史舞台再创佳绩。

（蔡晓华执笔）

科研与产业双轮驱动的农机特色道路

> 张汉月

广东省现代农业装备研究所（原广东省农业机械研究所，简称广东农机所）作为广东省农业农村厅下属科研机构，创立于1958年，先后经历了解散重组、转制面向市场以及回归公益二类事业单位等各种变革。60年来，广东农机所立足华南，面向全国，坚持创新策源，坚持市场导向，组建了国家农业机械工程技术研究中心南方分中心等国家创新平台4个，建立了产业化基地65亩，打造了科研与产业双轮驱动的发展格局，成为加快华南特色农机装备发展的战略高地。

广东省现代农业装备研究所产业化基地

广东农机所的起步探索：1958—1978年

1959年，为加快社会主义农业机械化发展，广东省农业机械研究所结合全国与广东省的农业发展情况，制定了“收获为主导，整地先行，播插引进”的科研方向；“土洋结合，以土为主；远近结合，以近为主；专业科研和群众运动相结合”的科研方针；“选、改、创，先选后改、再创，以改创为主”的科研方法。农机所先后启动科研项目140余项，其中作为主要参加单位研制的ILS－425/625南方系列水田犁、IBS－330南方系列水田耙、4GZ－35型甘蔗联合收割机、4LD－12BW东风－12小型水稻联合收割机荣获1978年全国科学大会奖；主持的11－32－6水田高花纹轮胎的研究设计、广东ZYJ－160双幅水稻拔秧机、南粤－215

半喂入水稻联合收割机、珠江5H－2.5农用中型谷物干燥设备、SZ－1型四通道数据整理仪荣获1978年全国机械工业科学大会奖。

勇立潮头，敢为人先：1979—1999年

改革开放后，国家允许农机作为商品进入市场，农机经营体制发生根本变化，广东农机所抓住改革开放广东省先行一步的机遇，紧紧围绕科技必须为经济建设服务这个核心，进行科技体制改革，积极对外开展技术服务，综合实力显著提升。

这阶段，农机所提出粮食作物机械与经济作物机械并举，以水稻收获和谷物干燥机械为重点，结合其他经济作物机械和畜牧加工机械的研究方向。水稻收获方面，“双季稻地区机械化收获工艺及新型联合收割机研制”被国家科委列入“九五”攻关项目；珠江－1.5自走式全喂入联合收割机获1997年省科技进步三等奖，并以技术转让与技术服务相结合的成果转化方式，与佛山等地生产企业签订转让技术协议，加速科技成果转化推广，服务于农业。谷物干燥方面，针对华南地区高温多湿，谷物收获后不耐贮藏的特点，启动了一系列谷物干燥技术与设备的研究，其中RG－110型热泵干燥机获1996年广东省科技进步三等奖。畜禽养殖方面，以农机所李焕烈同志为代表的一批科研人员推动了全国养猪机械化的发展，对国外先进的工厂化养猪设备进行了全面消化吸收，并依据我国国情在保留先进饲养工艺的前提下，为实现养猪机械设备国产化，对进口成套养猪设备作了重大的改进创新设计。1985年广东农机所成立了广州广兴畜牧设备工程联营公司，两年后由该公司研制的万头养猪生产线在广东东莞投产，是我国工厂化养猪设备的雏形。94ZT－10000工厂化养猪成套设备于1993年通过省级鉴定，成为全国首个通过省级鉴定的养猪成套设备，先后获得广东省科技进步二等奖、机械部科技进步三等奖，被评为国家级新产品，并列入国家“九五”重点推广项目，在全国迅速推广。此外，“5万只肉鸡舍金属结构厂房研制”获1983年广东省政府科学技术革新三等奖，“1.5万只蛋鸡饲料机械化成套设备及标准鸡舍的设计”获1983年机械部科技成果一等奖，“P（FM）S系列（2、5、10型）饲料加工成套设备”获1995年广东省科技进步二等奖，“BFT－3型BB肥生产成套设备”获1995年广东省科技进步三等奖。

市场导向，科技支撑，改革创新：2000 年至今

进入21世纪后，根据广东省政府《广东省深化科技体制改革实施方案》的规定，取消广东省现代农业装备研究所事业费，由事业法人转为企业法人。为了生存与发展，研究所以市场为导向，以科技为支撑，进行了一系列大刀阔斧的改革。

为集中优势力量，全所将科研方向整合为六大版块：种植机械、设施农业装备、农产品加工装备、畜牧工程技术、资源与环境工程技术、农业信息与智能装备技术，先后成立健坤网络科技发展公司、广东弘科农业机械研究开发有限公司，加之前的广兴牧业机械设备有限公司，三家均被认定的高新技术企业承担着研究所科研成果转化与产业化的工作。

为推进广东水稻全程机械化，广东农机所开发了“广联”系列产品，机型由横轴流优化为纵轴流，其中“高性能纵向轴流全喂入联合收割机的研发和应用”获得2013年广东省科学技术奖三等奖，“广联”收割机一度占领广东市场份额的70%，在华南地区推广1.3万台，并走进了缅甸、越南、印尼等东南亚国家，是华南地区水稻收割机主要机型；采用国际先进的热泵回热技术、除湿速率智能控制技术，开发了GRJ－6/10/30系列稻谷热泵干燥机，稻谷干燥品质得到有效提升，干燥能耗费用降低60%，“智能稻谷热泵干燥技术研究”列入国家863计划项目子课题。

2012年广东农机所被重新认定为公益二类事业单位，更名为广东省现代农业装备研究所。积极推进农机智能化成为研究所的重要发展方向，所里建立了广东省“互联网＋农业”共性关键技术创新团队，开发了华南型智能温室、生猪智能饲喂设备、畜禽粪污资源化利用设施、智慧农业综合管理平台等一批先进适用的农业装备与信息化技术。华南型智能温室采用了自主研发的大跨度蝶形开窗玻璃温室、物联网智能环境调控系统、自动化苗床物流输送系统、无土栽培设施以及水肥一体化系统等先进技术成果，2016年至今已推广超100万平方米，销售额超2亿元。生猪智能饲喂设备与畜禽粪污资源化利用设施以广东农机所承建的全国畜禽养殖数字农业建设试点——广东省东瑞食品集团股份有限公司生猪养殖场为代表，该试点采用了自主研发的全国领先的生猪智能饲喂系统（设备）、高床生态养殖技术及装备，其中生猪智能饲喂系统（设备）可以精准控制生猪

饮食时间、饮食量、饮食餐次，采集数据及时调整下一阶段饲喂方案，并在温氏集团、天邦股份、金新农等多家企业推广应用。针对农业生产粗放式管理模式，研究所构建了集多种农情信息在线采集、远程传输、智能分析、远程精准调控、综合信息管理与发布等功能于一体的“一站式”智慧农业综合管理系统，促进了农机化信息化深度融合，并构建了省级农业应用与资源综合管理平台，打造了面向互联网+政务管理的一站式综合服务平台，实现了统一用户、统一认证、统一消息、统一门户、统一权限。

新时代新使命，新起点再起航。广东省现代农业装备研究所将牢记习近平总书记“四个走在全国前列”的要求，践行“大力推进农业机械化、智能化”，创新体制机制，进一步拓展智能农机装备、丘陵山区林果业生产机械、水产养殖及加工装备、农业农村发展战略等研究领域，“给农业现代化插上科技的翅膀”，推动农业农村高质量发展，支撑乡村全面振兴。

（作者单位：广东省现代农业装备研究所）

艰辛不改为农初心

> 山东省农业机械科学研究院

中华人民共和国成立之初，社会主义建设蓬勃开展，农业生产迫切需要农业机械化起步跟进，我国的农业机械科研事业由此而始。1959 年，毛泽东主席指出“农业的根本出路在于机械化”，并发出“每省、每地、每县都要建立一个农具研究所”的号召。

山东省农业机械科学研究院（简称山东农机院）便是积极响应毛主席的号召而成立的，其前身为山东省农业科学院农业机械化、电气化研究所，1959 年 8 月更名为山东省农业机械研究所，2013 年更为现名。

60 年栉风沐雨，山东农机院从一个仅有 2500 平方米的旧平房和 600 平方米的旧加工车间，主要从事农具改良和半机械化农具研制的研究室，成长为如今集农业机械技术研究、产品开发、试制试验、中试熟化、推广应用、成果转化、质量检测、信息和信息化服务等科技创新业务为一体的综合性科研单位，在职职工220人，占地总面积26.8万平方米，拥有固定资产7900万元。

60年，变化巨大，唯一不变的，就是建院之初便立下的初心和使命——以服务“三农”为宗旨，以实现农业机械化为己任。全院职工刻苦钻研、协作攻关，致力于科技创新，促进科技成果转化，山东农机院已成为全国农机科研战线的一支重要力量，为我国农机科技进步做出了应有的贡献。截至2018年底，山东农机院共完成各类科研项目800余项，有180余项获国家或省科技成果奖；共获得专利350余项，其中发明专利50余项、国际专利2项。尤其是近5年来，山东农机院紧紧抓住提高科研创新质量和加快科技成果产业化这条工作主线，研发出一批具有代表性的成果，多数成果填补了国内或省内空白，达到国际先进或领先水平。同时，还承担了大量行业科技发展规划、决策咨询与政策研究任务，为全省农机行业提供标准化、质量检测与质量管理、信息与信息化服务，开展行业培训、企业及产品展览展示，在推动山东农机工业和农业机械化事业中发挥了不可替代的科技支撑作用，为山东乃至全国农业机械化发展和农业现代化建设做出了突出贡献。

农机科研的历史回望

在山东农机院的历史上特别值得一提、全院职工为之骄傲的，莫过于泰山-12型拖拉机的成功研制。20世纪60年代初期，为了解决农村畜力严重不足问题，山东农机院先后承担了铁马-6、铁马-8等型号的小四轮拖拉机的测绘设计与试制任务，而且在当时农机部、山东省机械厅的指导和支持下，从意大利、日本引进中小型拖拉机进行深入的分析、学习，为山东农机院研制拖拉机探索了路子，积累了宝贵的资料。在此基础上，山东农机院于1972年成功研制出泰山-12型拖拉机，该机型是山东农机院具有完全自主知识产权的机型，有独特的设计思路，兼具大动力、易制造、好维修的特点，采用适合当时农村主要动力机型的卧式195柴油机，制造工艺要求低，适合县级农机修造厂修造，一般故障农民就能修好，尤其适合当时我国农村购买力和农民使用水平。泰山-12型拖拉机一经问世，就受到各地欢迎，在全国上百个拖拉机生产企业中生产，年产量达几十万台。1984年，泰山-12型拖拉机在山东农机院图纸基础上完成了全国统图，分发到全国各地拖拉机生产企业进行生产，至此，形成了12马力小四轮拖拉机生产“全国一套图”“全国配件都通用”的局面。

山东农机院与洛阳拖拉机研究所、拖拉机生产企业紧密合作，先后形成了20多个拖拉机新品种，其中泰山-50S型四轮驱动拖拉机获1978年全国科学大会奖、山东省科学大会奖，泰山-100S型折腰转向四轮驱动拖拉机获1978年山东省科学大会奖。拖拉机新品种的研制和开发，有力支持了山东拖拉机“大会战”，促进了当时山东拖拉机制造业的大发展。为开展拖拉机研制试验工作，农机院建起了室内室外试验设备，室外跑道更是当时全国仅有的三个试验跑道之一。20世纪70年代初，山东农机院还承担了495型柴油机全国统图重任，为山东省农用柴油机行业的发展打下了良好的基础；与生产企业密切配合，先后研制生产了8种农用拖车，及时满足了市场对农用运输机械的多层次需求。山东农机院在农用动力机械和运输机械研究上硕果累累，在全国拖拉机行业占有重要位置。

同期，山东农机院先后研制或协助企业研制了与各种型号拖拉机配套的挂车、犁、播种机、收割机及农田基本建设机具等，是国内最早成功研制适于山东和华北地区熟地耕作的轻型牵引犁、轻型悬挂犁等系列产品的科研院所。山东农机院先后开发了70余种新型田间耕种机械，多种产品达到国内先进水平，1965年研制的LQ-6-27轻型六铧犁被确定为国家重点科技成果。此后，参与联合设计的北方旱田系列铧式犁、旱田系列谷物播种机、2BZ-4/6型播种中耕用机架、稀土超高强度球铁犁均获1978年全国科学大会奖。山东农机院的科技工作者在条件设备落后的情况下，在20世纪70年代后期，获得了一批批在全国叫得响的成果，涌现出许多科研型、专家型的代表人物，先后有3人享受国务院政府特殊津贴。仅在1978年，就有7项成果获全国科学大会奖，山东农机院也因科研业绩突出被评为先进科研单位。

1984年，山东省开始推行科技体制改革，山东农机院被山东省科工委确定为第一批科技体制改革试点单位，面对较大的运行经费缺口，“吃饱饭”成了农机院的首要任务。山东农机院面向产业需求承接企业横向服务，拓展创收渠道，有效解决了职工的“吃饭”问题；主动与企业建立科研生产联合体，由农机院作为“技术开发部门”，负责新产品开发、产品质量保证、技术信息提供等，打破了只搞农机产品研发的业务界限，拓展了新的业务渠道。

这一时期，山东农机院组成研发小组参与了北汽福田车辆股份有限公司“欧豹55/70系列拖拉机”的初期设计工作；为时风（集团）有限责任公司提供了小四轮拖拉机产品技术及转化服务，同时为省内多家小型拖拉机生产企业提供了技术服务；先后开发了一系列多种结构形式、不同类型的三轮农用车和四轮农用车新产品，不断优化改造变速箱、转向器等部件总成，研制传动系统试验设备及疲劳试验台等，这些产品和技术的推广应用有力地支撑了山东省农用运输车行业的发展。

同期，山东农机院在行业服务方面也有了新进展，在20世纪80年代初，成立了山东省农业机械产品质量监督检验站，在省内农机行业开展了标准化、质量检测和质量管理咨询服务工作；20世纪90年代末，机械工业部农副产品加工机械产品质量检测中心（济南）、国家机械工业部农用运输车鉴定试验山东检测站、山东省泵类产品质量检测中心相继成立，山东农机院质量检测业务得到进一步拓展，为规范行业管理，提高产品技术与质量水平，提供了大量试验考核、质量检验和培训咨询方面的服务。

在此期间，山东农机院适应改革形势，调整工作思路，不断拓展新的研究领域，注重科技成果的转化与产业化。1994年，山东农机院承担了机械部技术发展基金项目“小麦等级粉加工新工艺与成套设备的研制”，研制了“6FTD－20B型富养等级粉加工成套设备”，技术达到国内先进水平，填补了国内空白，该科研项目通过与山东面粉机械厂的合作，技术成果迅速产业化。2000年，山东农机院启动了山东省科技发展计划项目“高效生物秸秆制肥设备的引进消化吸收及国产化”，该项目在当时还被列为山东省技术创新重点项目，2005年获山东省科技进步三等奖，2006年再次被列为科技部“农业科技成果转化资金项目”，由此进入了农业废弃物利用设备的科研新领域。

农机科研的新世纪绽放

进入21世纪，随着党中央提出解决“三农”问题、建设社会主义新农村、发展农业机械化的战略要求，农业机械化技术及装备研发逐渐进入了快速发展时期。尤其是“十三五”以来，山东农机院抢抓发展机遇，在科研创新方面厚积薄发，迎来了继1978年以来的第二次科研成果的集中迸发。

（一）聚焦玉米主粮机械化作业装备的研制

玉米收获机械一直是山东农机人绕不过的情怀，建院60年来，山东农机院从没有停止研究的脚步。2000年前后全国风靡一时的背负式玉米收获机械，其原型就是20世纪90年代中期山东农机院研制的4YW－2型背负式玉米收获机。2012年，山东农机院研发成功的4YZX－2型玉米收获机是当时市场上的标杆产品，其整机性能远胜于同期上市的其他产品，深受市场和用户欢迎。

“十三五”以来，山东农机院在玉米收获机械关键技术研发与产业化研究方面持续发力，深入耕耘。2016年，承建了“农业部黄淮海玉米全程机械化技术集成与装备中试基地”，提升了黄淮海玉米生产全程机械化技术装备创新能力，促进了玉米生产全程机械化技术装备发展；先后突破了高位防护低损摘穗、茎秆调直输送与茎秆切碎长度控制等一系列关键核心技术，研发了3大类15种新型装备。针对黄淮海玉米籽粒直收的迫切需求，2018年，山东农机院研制了4YL－3型履带式玉米籽粒收获机、4YZL－5型玉米籽粒联合收获机，可一次性完成玉米摘穗、脱粒、秸秆切碎等作业，节省玉米剥皮、晾晒、脱粒等人工成本80元/亩，为农业增效、农民增收开辟了一个新的途径。这一系列成果已进行了产业化生产并得到大面积推广应用，用户反映良好，经济效益显著。2018年山东农机院牵头完成的“玉米收获机械关键技术研发与产业化”研究成果获得整体技术达国际先进水平的评价。

（二）“三辣”机具助力地域特色经济作物机械化作业

大蒜是山东省主要特色经济作物，其种植面积和产量均居全国首位；但受农村劳动力结构变化影响，播种和收获环节人工费用已占到生产总成本的40%～50%，并且这个比重越来越大，种植风险增大，严重影响了山东大蒜产业的健康发展。早在2007年，山东农机院就提出了大蒜生产全程机械化研究技术路线与方案，以突破播种与收获关键环节机械化作业为切入点，与农艺充分结合，融合其他环节机械装备，开始了大蒜播种机和联合收获机的研制。经过十年潜心研究，山东农机院终于突破了“单粒取种、鳞芽定向、直立下栽”等三个大蒜生产机械化播种关键技术，于2017年成功研制开发了国内首台高效精准大蒜播种机，鳞芽直立率达到90%以上，生产效率达到25亩/天以上，是人工播种效率的30倍，不仅大幅降低了蒜农的劳动强度，而且为我国的大蒜种植收获等关键技术产业链的形成、进一步促进农民增产增收奠定了坚实的基础。该成果获得5项国家发明专利授权，填补了国内空白，整体达国内领先水平。山东农机院在地域特色经济作物机械化生产上持续发力，研制的大葱收获机、生姜收获机、大蒜收获机，实现了“三辣”作物机械化作业机具从无到有零的突破。

（三）打破国外垄断，让农机装上“中国芯”

排种器作为播种机的核心部件，其关键技术一直掌控在欧美农机巨头企业手中，导致现有国产的高效播种机不得不依赖进口的国外排种器来满足作业性能需求。为突破这一技术难题，“十三五”期间，山东农机院引进高端人才，组建了专业技术团队，先后投入上千万元建设了国内一流的高速精密排种实验室，经过几千次反复试验，攻克了“扰动高效充种”等多项核心技术，研制成功了结构更为简单、工作更为稳定、高速作业性能更加优良的气吸式精密排种器，在保持作业速度12km/h的情况下，粒距合格指数达96.7%，漏播指数仅1.6%，且无任何种子破损，播完一亩地只需一分半钟，性能明显优于市场上应用较多的进口指夹式排种器，打破了进口产品的市场垄断，让国产农机有“中国芯”可用。这一成果获得了4项国家专利，受到了行业的高度关注。

（四）让农机装备拥有“智慧大脑”

山东农机院于2013年开始组建智能化研究团队，成为国内较早进入农机智能化领域的院所之一，经过近6年的深耕细作，在智能农机装备研究领域也涌现出一大批研究成果。2018年，山东农机院投资建设了农业装备智能化技术重点实验室，拥有收获类、播种类、耕整类装备监控系统试验台，水肥一体化智能控制系统开发平台，智能农机装备远程监控与服务平台等大型试验设备及平台，研发条件平台建设再上新台阶。

依靠较强的科研实力，山东农机院先后承担了智能农机领域国家科技支撑计划等多项国家、省部级课题，参与研制了智能喷雾机、智能玉米收获机等多项国际先进或国内领先的农业机械产品。山东农机院建设的“智农云链”农业装备物联网管理云平台于2019年初正式投入运行，实现了农业装备耕种管收作业环节的全程物联监控，具有作业任务发布、调度、管理，地块、农机、机手信息管理，一键导航到农机，作业面积、作业效率、作业质量等参数可视化统计，作业轨迹跟踪等功能，将实现每年递增1万台以上的装机容量。这一成果为推动农业供给侧结构性改革不断深入细化，有效提升农业装备及其制造的智能化水平，推进绿色高质高效农业提供了智力支撑。

（五）发展绿色农业环保机械化技术

为解决农村面源污染问题，积极推进国家“一控两减三基本”治理目标的实现，山东农机院大力发展绿色环保机械化技术。

针对农田覆膜等“白色污染”日益严重的现状，山东农机院突破了残膜仿形柔性拾取、膜土重力差异旋风分离等关键技术，攻克了“膜—土”分离难题，创制了起膜、拾膜组合式残膜捡拾装置，2018 年成功研制了耕层残膜回收机，一次作业可完成“起膜—输膜—膜杂分离—储膜—卸膜等”功能，大幅提高了耕层残膜的捡拾率，回收后的残膜含杂率低，一次连续作业可达 10 亩以上，为回收后的残膜实现资源化利用提供了有力的技术支撑。

2017 年，山东农机院首创农牧废弃物资源化处理利用新技术，获得多项国家专利，填补了国内农业固体有机废弃物无害化处理、肥料化循环利用的空白。利用该技术，山东农机院与沃泰生物公司合作建起全国规模最大、自动化程度最高、标准化生产最好的利用农牧废弃物制造生物有机肥基地。该项目每年可处理 16 万亩大棚产生的废弃蔬菜秸秆 60 万吨，12 万头猪、牛等畜禽粪便 8 万吨，产出的 7.5 万吨优质生物肥可以解决 20 万亩土地改良问题。整个生产过程无“三废”产生，真正实现了作物秸秆与畜禽粪便一体化及无害化处理和综合生态循环利用。如今，“沃泰模式”已成为科技成果转化为产业的典型示范案例，多地已经开始复制这种处理模式，为我国全面破解农业农村环境污染找到了一条新路径。

多学科多领域齐头并进

多学科多领域齐头并进，是山东农机院现阶段科研创新工作的一大特色。尤其是“十三五”以来，山东农机院先后与企业联合研制了山东省首台马铃薯联合收获机，突破了转弯对行、柔性分离输送、快速分捡等关键技术；研制了小麦宽苗带多行均布气吸式播种、高速精准投种平稳捕获运移等部件，突破宽苗带精播单盘多行同步充排种、高速精播精准投送过程捕获等技术；牵头研制了花生分层施肥多功能播种机，首创双层施肥技术、前后交错布置施肥器，有效解决了播种过程中的拥堵问题，实现了行间施肥、种侧分层施肥；创造性地提出了开沟与深松相结合的侧置式挖掘收获技术，研发出的4CX－1型大葱收获机，最大挖掘深度可达60厘米，解决了闻名全国的章丘大葱挖掘收获中的最后10厘米问题；兼具梳叶、开沟、剪枝、埋藤、喷药等功能的“葡萄园机械化生产关键技术与装备”，满足了葡萄生产主要环节机械化作业要求，填补了国内空白。这一系列关键技术突破的背后，无不凝聚着山东农机院广大科技工作者的心血和汗水。

当前，我国农机工业和农业机械化事业进入快速发展的历史新时期，面临农机行业科技创新与发展的新机遇。回眸过去，山东农机院经历过站在山顶“一览众山小”的辉煌，也有过处在谷底“行路难，今安在”的彷徨。展望未来，山东农机院人信心百倍，满怀“长风破浪会有时，直挂云帆济沧海”的希望，奋力拼搏，为农业插上“科技的翅膀”，为山东、为我国实现农业现代化提供更多科技支撑。

（桑运洪执笔）

浙江农机学会助力农机产业创新的“永康模式”

> 浙江省农业机械学会

浙江省农业机械学会成立于1958年，是浙江省农机科技工作者之家，经过多年实践和沉淀积累，逐步形成了浙江农机协同创新助力工程、学术交流、专业技术人才培育、科技评价、政府决策咨询研究等品牌项目，努力提升农机产业的自主创新能力，有力地推动了产业的发展，取得了明显的效果。浙江农机学会是浙江省科协协同创新助力工程首个试点学会，探索形成了农机产业创新助力工程的“永康模式”，多次得到中国科协、浙江省委省政府主要领导批示肯定和视察指导。

2013年是浙江省农机学会和浙江农机创新发展的一个关键节点，2月份，永康市设立了全省首个农业装备高新区，12月份，在时任副省长毛光烈的关心支持下，由省科协牵头，省农业机械学会与永康现代农业装备高新区合作共建“协同创新基地”，这也是浙江省科协系统省级学会与基层共建的第一个协同创新基地。省农机学会在服务政府、服务园区、服务企业三个方面，多维度开展决策咨询研究、产业发展规划、服务企业技术创新、服务科技工作者成长成才、服务课题攻关等工作，从此开启了科技社团服务地方产业发展新模式，将过去“瞎子摸象”式的被动科技服务转变为“一揽子”的面向政府、园区、企业三个层面的全方位的主动服务。

一、创新平台建设

在国家创新驱动发展战略、乡村振兴发展战略以及浙江省创新驱动“八八战略”等的背景下，省科协提出了“发挥学会智力优势，服务区域科技创新”的新思路，实施了协同创新试点建设，这与中国科协实施的助力工程不谋而合。浙江省农业机械学会于2013年12月率先创建了永康市现代农业装备高新区协同创新基地，以人才智力资源、知识信息资源、科技创新资源、政策优化服务等构建政、产、学、研、用、推有机结合的新机制，探索了一条省级学会与地方高新园区产业共建协同创新之路，形成了助力工程“永康模式”。在组织保障方面，永康市委、市政府和省农机学会成立了协同创新工作领导小组，制定了“基地”发展三年规划、基地运行管理办法等。

2014年10月，浙江省委、省政府在杭州召开省科协所属学会承接政府转移职能服务创新发展座谈会，肯定了协同创新的路子，给予了学会工作者极大的鼓舞。2015年，永康基地引入中国农业机械学会、中国农业工程学会和中国内燃机学会等三家国家级学会签约永康，设立了协同创新工作站，建立了国家级学会专家团队与永康企业双向通道，为产学研合作和攻克技术难题搭建了平台、创造了条件。浙江省农业机械学会于2017年6月在台州市路桥区成立协同创新（路桥）服务站，目前全省科协系统已创建助力工程服务站近20个。

二、助力招才引智

学会积极为地方引进高端人才，组织了国际高端人才与永康企业对接，引入国家级学会专家、博士团进企业，以及“院士专家永康行”等活动。其中，帮助永康威力园林机械有限公司引进韩树丰博士，为新多集团引进景寒松博士，为荣亚工贸引进吴斌鑫博士，以上三位海外人才成功引进，为企业科技研发力量的提升发挥了极大作用。引入国家级学会专家，通过国家级学会工作站，为永康引进中国农机院杨学军研究员、甘肃农机院韩少平教授级高工、无锡油泵油嘴研究所居钰生教授级高工等。聘请浙江省农机学会常务副理事长、浙江大学何勇教授担任永康协同创新基地首席专家。

对接百名博士入企业。把一批年轻的博士引到企业，浙江大学刘飞博士、浙江大学聂鹏程博士、浙江理工大学赵雄博士先后在企业工作，并列入“金华市百名博士入企业计划”。在“院士专家永康行”活动中，80余位院士、专家莅临永康，送科技到企业。举办论坛、学术报告等活动，并组织专家及科研成果和企业对接现场会，并达成专、企合作意向27项。

三、促进项目合作

通过平台搭建和人才引进，促成数十项产、学、研合作项目的达成和联合开发项目。如浙江四方集团公司与浙江工业大学的“智能化保护型水田作业机”，星月集团公司与浙江理工大学的“高速插秧机开发咨询”，浙江三锋实业股份有限公司与浙江理工大学、浙江省机械工业情报研究所的“苗木植树机关键技术研究与装备研制”，浙江挺能胜机械有限公司与甘肃省机械科学研究院的“牧草割捆机项目”，浙江荣亚工贸有限公司与浙江大学的“小型智能化家居温室花房开发”，台州一鸣机械公司与温州大学的“保鲜粮仓设备开发”、与浙江理工大学合作开发的“生物质热风炉”，柳林机械与浙江理工大学的履带旋耕机等。

其中，“南方多熟制粮油作物全程机械化及示范应用项目”列入科技部重大专项，“苗木植树机关键技术研究与装备研制”“农业废弃物处理与资源化利用”等4个项目列入省重大研发项目。

四、一揽子科技服务

编制农机专家智库　由省农机、内燃机、机械工程、植保等11家学会组成了浙江省现代农业装备学科群，编写了《浙江省现代农业装备专家组》手册，入库专家有院士、海智等共计106位，为永康及全省农机企业协同创新发展提供智力资源和人才支撑。

提供产品技术开发服务　累计达成技术开发合作项目30余项，其中，天津内燃机研究所贾滨教授团队与中坚科技股份有限公司合作的油锯用二冲程发动机催化器技术开发、低油耗技术开发等项目，已实现了产业化，新技术的应用降低了15%的能源消耗。浙江省机电设计研究院阮建国高工团队帮助西格玛机电解决高压喷涂机电机发热问题，新增产值约1000万元。

专利及查新服务　学会助力工程服务站不间断为企业提供科技查新和专利挖掘服务。学会组织浙江大学刘飞教授带领的博士团队为相关企业提供专利起草37项。服务站服务人员为三峰、四方等企业提供40余项科技查新服务。

培训咨询服务　根据企业不同的需求，开展了政策咨询类、人才培训类、知识更新类、质量专题服务类等一系列培训，多次组织专家学者到永康实地进行现场咨询。比如开展了如购机补贴等政策咨询培训、专利申报等知识产权类培训；新技术、新装备等知识更新类培训和节能减排等专题技术培训；举办了为期三天的智能农业装备、植保无人机关键技术等高研班；举办浙江小汽油机动力机械产品发展研讨会、非道路机械"国三"排放技术研讨会等；举办专利应用工程师培训班、质量管理培训班等活动。

成果展示与转化　2015年在浙江省农机科技助力工程对接会上，浙江四方集团公司、浙江三锋实业股份有限公司、永康威力园林机械有限公司等八家公司与浙江大学、浙江工业大学、浙江理工大学、浙江省农机研究院等高校和科研院所签订了8个农机科研成果转化和技术需要求对接协议。11月21日在农博会上经学会牵线又有6家企业与高校、研究院所签约。11月25日，浙江理工大学李革教授与浙江四方集团公司达成合作，牵头开发的拖拉机组液压水平自动控制系统在永康成功落地。

服务科技工作者　在服务全省农机科技工作者方面，学会创建了浙江省科协科技工作者之家，配备了活动场地，提供经常性对接交流；2016年以来，连续承接人社部专业技术人员知识更新工程和浙江省人社厅高级研修班，累计培训专业技术人才1000余人次。

通过助力工程引领和带动，永康现代农业装备高新园区取得了可喜成绩。截至2016年底，永康市现代农业装备高新园区技工贸总收入549.2亿元，高新技术企业44个，科技型中小企业65个；共建企业研究院7家，院士工作站2家，博士后创新驿站10家，企业研发中心37家，高新技术产业产值占工业总产值比重为60.33%，以上数据较三年前有大幅提升。开展科技信息服务企业技术创新项目20余项，形成应用案例报告8个，为企业技术创新提供强有力支撑，为企业累计新增工业产值3.59亿元，在助推产业升级和科技创新方面，取得了明显的经济效益。

永康助力工程试点建设工作社会效益突出，得到浙江省委、省政府高度关注和肯定，2015年12月，省科协在永康召开“助力工程现场会”，正式提出“永康模式”。通过助力工程试点工作开展，学会能力得到显著提升，并在2014年民政厅社会组织评估中获评5A级社会组织。

传承农研精神60载，助推吉林农业经济发展

> 吉林省农业机械研究院

1958年，伴随着新中国建设的脚步，吉林省农业机械研究院（简称吉林农机院）的前身吉林省农业机械研究所应运而生。60年来，吉林农机院行政隶属关系经历过9次变更。2000年10月，吉林省农机研究所成建制划归吉林省科技厅管理，同期更名为吉林省农业机械研究院。2016年12月，吉林农机院在新一轮事业单位分类改革中被认定为公益一类事业单位。

早期的吉林农机院，只是从农机具的选型、仿制、改进开始，发展到自行研究、创新设计；从简单半机械化机具，发展到复杂大型机械研制；从田间作业机具研制，拓展到农副产品加工、设施农业工程、农村废弃物综合利用、食品包装机械、特色中草药机械、航空植保技术、智能农机等研究领域；从承担一般项目，发展到承担国家“863计划”、国家科技支撑计划、国际合作、国家农业科技成果转化资金等重大科研项目，经过几代人60年的艰苦创业、开拓发展，今天的吉林农机院承担了国家“十三五”重点研发计划——“智能农机装备”专项。

60年来，吉林农机院在党政领导集体的带领下，共承担国家、省、市科技发展计划项目909项，获得科研成果293项，获市（厅）以上科技奖励82项（国家级13项，省部级41项，市厅级28项），获得专利110余项，在互联网+农业、智能农机装备等国内农机前沿科研领域占有一席之地，科研成果惠及全省1200万农民，成果应用最远至西藏日喀则地区。

经过几代人的不懈努力，现如今吉林农机院已经从学科结构单一、基础条件薄弱的地方院所发展成为集农业装备应用基础研究、新技术新产品研发、试验检测和信息服务为一体的多学科综合性研究机构，在吉林省农机科技创新体系建设和推动农业科技进步中发挥了重要作用。

近年来，吉林农机院适应新形势、新常态下的社会经济发展要求，全面落实创新驱动发展战略，本着“科研兴院、人才强院、制度立院、文化建院”的发展方针，以开展基础性、公益性、创新性研究为核心，进行农业装备关键技术和零部件的攻关、产品研发、示范推广、技术咨询和技术服务，担负着推动全省农机化发展的任务，成为吉林省农机行业科学研究、技术创新、产品研发及学术交流的中心。目前，设有耕作机械技术研究所、收获机械技术研究所、设施农业工程研究所、乡村能源与环保技术研究所、机电技术研究所、水田机械技术研究所、航空植保技术研究所和秸秆还田应用技术研究所8个专业研究部门，吉林省农机装备科技创新中心、吉林省农业机械学会、吉林省泵类产商品质量监督检验站、吉林省农业机械生产力促进中心、吉林省食品机械专业协会、吉林省包装机械委员会均挂靠在农机院。

近年来，吉林农机院以科研为重心，不断加大科研投入，除承担国家、省市科技计划项目外，根据吉林省农业装备发展的需求，每年自筹资金用于补助农机院重点研究领域和重大研究项目。经过几年的不断调整，科技创新主线逐步明晰，研发工作逐步向纵深推进，方式方法上更加注重专业深耕、模式创新、农机农艺结合以及与智能化、信息化技术的融合发展，搭建了较为科学、健全、完善、实用的实验平台，部分关键技术取得一定性突破。一批适用性强，地域性突出，兼具创新性、引领我省农机发展方向的成果脱颖而出。时隔15年后，2016、2017年又承担了国家“十三五”重点研发计划项目“智能农机装备”四项子课题，2017年获得国家、省、市科技计划项目资金突破1500万元，标志着农机院在研究的广度和深度上进入了核心领域和关键环节，在科研的系统性、协同性、综合性方面引领行业技术发展。

近几年，吉林农机院先后与美国农业部农机化研究中心、白俄罗斯国家科学院、德国阿马斯公司、中国农机化科学研究院、农业部南京农机化研究所等国内外二十余家单位开展交流合作与协同创新；与行业内有较大影响力的四川川龙集团、四平东风农机制造公司、吉林省远航农机公司等企业签署了产学研战略合作协议；与吉林大学、吉林农业大学、长春大学等高校签订了院校合作协议。对外交流合作与协同创新取得较大进展的同时，吉林农机院作为“国家农业装备产业技术创新联盟”“国家农业航空产业技术创新战略联盟”的重要盟员单位之一，在行业和联盟中的影响力同步提升。

站在新的历史起点，吉林农机院将继往开来，传承农研精神，服务国家战略，助推吉林振兴，为吉林省的新型农业现代化建设贡献力量。

（吴光华执笔）

励精图治再启程

云南农机所六十年发展历程

> 云南省农业机械研究所

一

1958 年 12 月在毛泽东主席关于每个省市县都要办一个农具研究所的指示精神下，由云南省农业厅批准，云南省农业机械研究所（以下简称云南农机所）正式成立。一台拖拉机，载着不到十个人，来到昆明西站，拉开了云南农机科研的序幕，此后近十年间，数十名风华正茂的知识分子、技术工人齐聚农机所，从人力畜力农具到动力农机，搭建起云南省农机科研的构架，期间云南农机所的上级主管部门也从云南省农业厅转为云南省重工厅继而转为云南省机械厅。“文革”期间，农机所人员于1969年12月被疏散下放，所址奉命由昆明搬迁至曲靖地区机械修配厂，直至1974年才恢复为独立的云南省农业机械研究所，隶属于云南省机械局，期间农机所干部职工矢志不渝，排除干扰，潜身红土地，在黏重土壤犁，水田犁、耙、高花纹轮胎，机动插秧机、收割机，水轮泵等方面都取得了科技突破，并在1978年召开的全国科学大会上获得奖励，彰显了云南农机所的技术能力和科研地域特色。

二

1978年全国科学大会的召开标志着科学的春天来临，云南农机所也进入了蓬勃发展、蒸蒸日上的时期，蕴藏在干部职工特别是科技人员中的智慧和干劲在云岭红土中充分释放。近二十年间，黏重土壤耕整机具、高水头高扬程水轮泵、小型农用动力/运输机械、农副产品加工机械、经济作物加工机械等优势学科相继形成。

1983年，云南农机所经机械工业部农机工业局、云南省计委、云南省经委批准成立“全国亚热带经济作物农机具科学研究试验基地”，1986年7月成立“云南省包装食品机械研究所”，1987年建设“云南省包装食品机械科学试验基地”，云南农机所的科研条件和技术能力不断完善。

1985年1月，由云南省机械厅批准成立“云南省农业机械产品质量监督检测站”，1987年成立“云南省农机具质量检测中心”，1990年10月成立“云南省包装和食品机械产品质量检测站”，1991年7月成为云南省商检局“云南省商检局农机检测认可实验室”，1998年1月授权为法定的云南省农业机械产品监督检验机构，由此，云南农机所行业服务能力不断加强。

凭借科技实力和行业影响力的持续增强，云南农机所成为云南省农机科研体系的中坚力量，科技开发硕果累累，获省部级科技成果奖达50项，其他成果奖励16项，部分成果转移到本省内农机企业生产，累计产值达十多亿元。云南农机所的科研体制改革也在探索中前进，以市场需求调整学科方向的思路初步形成，不断尝试与企业合作、联合的方式和途径，组建成立科技成果转化实体，科技产业初现雏形。

三

进入20世纪90年代后期，随着经济体制改革的深入和科技经费支持方式的改变，云南农机所管理体制不顺、内部机制不活的弊端逐步显现。2000年1月，根据云南省科研机构管理体制改革的精神，云南农机所作为全省首批20家转制科研院所之一，转制为企业性质的“科技服务与中介机构”，于2000年11月完成企业工商注册登记，隶属云南省机械厅（2001年后为云南省机械工业行业协会）。

2000年转制后，云南农机所一度对市场不适应，由于体制不顺、机制不灵活，经常性财政经费支持被取消，农机所职工特别是科研人才流失严重，原有的专业学科体系被打散，云南农机所进入一个新的调整徘徊期，生存和发展遇到严峻的挑战。

对此，云南农机所广大干部职工审时度势，攻坚克难。在认真学习和领会中央和云南省关于科研体制改革系列文件的精神实质、坚定信心、凝集人心的基础上，云南农机所认真分析云南省农业生产条件和产业发展对适用先进装备的需求，收缩和调整专业学科，保持和巩固特色农产品加工学科优势，跟踪和构建高原山地小型农机具学科；坚定不移地加大成果转化力度，不遗余力地培育科技产业；争取政策支持，巩固技术服务资质，强化技术服务手段；加强行业技术服务平台的建设，依托设在农机所的云南省农业机械产品质量监督检验站和云南省农业机械学会，充分发挥优势，为技术创新提供平台和条件。

经过十余年的戮力同心、砥砺奋进，如今云南农机所已步入上升通道。科研实力逐步恢复和加强，形成专业特色鲜明和比较优势明显的“农副产品加工技术装备”和“高原山地小型农机具”两个专业方向。2000年以来，承担/完成省级以上科技项目44项，还受政府部门委托，参与或承担从“十一五”到“十三五”期间涉及农业装备方面的规划调研、产业政策的编写工作。科研成果转化和科技产业培育方面也取得了突破，走出了一条“科研带产业，产业促科研”的成功路子。2010年获“高新技术企业”认定，打造了自身科技企业适应性强、特色突出的技术特点和产量不大但市场占有率高的市场特点，2个产品获云南省重点新产品认定，6个产品通过农业机械新产品鉴定。大叶种茶叶加工装备、咖啡鲜果加工装备、食用鲜花分选技术装备、农副产品干燥技术装备、甘蔗采收设备和澳洲坚果采后加工处理装备已在云南农业产业中广泛使用；云南农机质检站，授权检验项目达72项，覆盖了云南省大部分生产、销售的农机产品，2015年通过了云南省工业（农机）产品质量控制和技术评价实验室认定。2016年全所营业收入跨上了1000万元的台阶，近3年来收支基本平衡，从经济角度看已从求生存阶段转向了谋发展阶段。

四

2017年10月10日，按照云南省人民政府《关于省级经营性资产集中统一监管第二批移交部分企业接收整合事项的通知》，云南农机所由云南农垦集团有限责任公司接收和整合，成为云南农垦集团有限责任公司的二级企业。农机所按照“产研双驱、创新发展”的发展思路和“融入集团、依托集团”的工作思路，科技创新取得新突破，作为牵头单位承担了云南省2018年重大科技专项“高原特色农业机械装备研究与开发”，到账科技经费2000万元，创历史新高；参加完成的“云南小粒咖啡产业化关键技术研发与应用”项目获得云南省科技进步奖三等奖；生产经营稳步发展，茶叶加工设备、咖啡加工设备、鲜花分选设备市场进一步巩固，澳洲坚果加工设备基本定型。2018年全所营业收入1316万元，利润略有增长；行业服务发展卓有成效，云南农机所行业影响力和软实力持续增强。

60年春华秋实，励精图治，作为企业性质的科技开发机构，云南农机所在云南省及全国同行业中，具有较高的行业影响力和一定的核心竞争力，科技研发实力在云南农垦集团的科技板块中也占有举足轻重的地位。

回顾过去，展望未来，雄关漫道真如铁，而今迈步从头越。党的十九大报告提出的实施乡村振兴战略，云南省委省政府提出的大力发展高原特色现代农业和打造世界一流“绿色食品牌”为云南农机所加快发展提供了广阔的空间，云南农垦集团战略规划2.0为云南农机所找准定位、找好着力点和发力点指明了方向，融入集团为云南农机所发展提供了新的机遇、新的条件和新的平台，是农机所发展历程一个新的起点。

站在新起点，开启新征程，云南农机所正以踏踏实实的工作来践行“牢记初心，不忘使命”，以实实在在的业绩来为云南农业现代化做出新的贡献。

（文彬执笔）

伴随中国排灌事业发展而成长

> 江苏大学流体机械工程技术研究中心

2019年是毛泽东主席“农业的根本出路在于机械化”著名论断发表60周年。60年来，中国排灌机械事业从小到大、从大到强，得到了迅速发展，对我国农业乃至整个社会经济发展起到了巨大的推动作用。伴随着中国排灌机械事业的迅速发展，江苏大学在排灌机械领域持续发力，一支排灌机械研究的“轻骑兵”在发展中成长、在成长中壮大，从江苏镇江起步，一路耕耘，领先全国、走向国际。

60年奋斗历程波澜壮阔，新时代征程气壮山河。江苏大学排灌人紧跟国家事业发展的步伐，对接国家战略，呼应时代发展，把个人的奋斗融入国家排灌事业的洪流中，永远牢记使命担当，永远奋斗在路上！

诞生于困难时期之后　奋斗在美苏封锁之时

中华人民共和国成立之初，我国农业生产力处于较低水平，在生产设备极其落后的情况下，努力让全国的老百姓吃饱穿暖成为我国政府的第一目标。

1959年，时值困难时期，粮食产量严重下降，国民生活极端困难。毛泽东同志提出，农业的根本出路在于机械化，并要求机械化问题四年以内小解决、七年以内中解决、十年以内大解决。江苏大学的前身镇江农业机械学院正是为解决这一最急迫的民生问题而成立的，学校自建校起就担负着服务中国农机发展、培养中国农机高级人才的办学使命。

在全党大抓农业的背景下，著名排灌专家戴桂蕊教授为解决我国农业旱涝保收的问题，多次进行全国排灌机械生产和使用情况的调查，并向国家科委和原农业机械部递交调研报告，建议成立排灌机械的专门研究机构、专业和工厂。时任国务院副总理兼国家科委主任聂荣臻亲自批示，原农业机械部实施，1962年在吉林工业大学试办排灌机械专业，建立排灌机械研究室。排灌机械研究室作为农业机械部的二类研究所，设有35个单独编制，科研业务由农业机械部直接领导，行政关系则由吉林工业大学具体负责。

得知排灌机械专业和研究室可能南下的消息，时任镇江农业机械学院党委书记兼院长的陈云阁求贤若渴，立刻亲自带队到长春向戴桂蕊伸出“橄榄枝”。通过努力，1963年，原农业机械部决定将吉林工业大学排灌机械专业及排灌机械研究室成建制转入镇江农机学院。戴桂蕊带领一干专家人才，包括教师、科研人员、六级以上工人和一个班的学生等100余人迁到了镇江。

学校发展初期，基建经费十分有限，教学设施、实验设备、工作条件、生活条件都极为困难。当时，办公用房非常紧张，全校所有行政机关都挤在一栋小小的三层楼里，在这样艰苦的条件下，学校毅然腾出行政楼的第三层供排灌机械研究室独立使用，真正是“一楼多用”。一场艰苦奋斗的创业序幕徐徐拉开。

随着中苏关系恶化，中国的发展举步维艰，缺少汽油柴油，所有的排灌机械都动不起来，只能以煤为燃料来带动。在当时的情形下，为了解决国家燃油紧缺问题，排灌机械研究室日夜奋斗，集中力量搞内燃水泵，解决动力燃烧的问题，先后在镇江丹徒、常熟大义镇建立内燃水泵试验泵站。

排灌机械研究室从成立之初，便奠定了为我国经济建设服务的方向。随着大庆油田的开发，汽油的供应状况逐渐改善，内燃水泵、中低速柴油机等研究不再适应形势发展，研究室亟待寻求新的研究方向。

节水灌溉百年大计　联产承包现实呼唤

节水灌溉，百年大计。我国是一个干旱缺水严重的国家，淡水资源占全球水资源的6%，人均只有2300立方米，是全球13个人均水资源最贫乏的国家之一，而且我国水资源在时空分布上很不平衡，东多西少、南多北少，导致约四分之一的省份面临严重缺水问题。

从20世纪50年代起，我国就开展了节水灌溉技术的研究，到了70年代中期，北方上百个城市缺水情况严重，农业耗水量很大，国家开始试验推广喷灌、滴灌等节水灌溉技术，水利部等八部委发文开展节水灌溉技术研究，排灌机械研究室再一次看到了发展的机遇。1977年，研究室受原农机部和水利部的委托，首次组织全国摇臂式喷头系列联合设计组，开始了节水灌溉技术研究。

创业的日子总是难忘。无经验、无设备、无场地，是研究室的三大拦路虎。但是，面对国家节水灌溉的技术急需，面对自身发展的强烈渴求，研究室全体研究人员心往一处想、劲往一处使，牢牢地拧成了一股绳。当时的联合设计组集中了各省市 20 多个工程师代表，在校园的稻田中做喷灌试验。风速是一项影响试验参数精度的重要因素，镇江地区只有凌晨 1 点左右的风速才满足试验要求。在夜晚寂静的校园里，领导干部带头，老师们、工程师们，一人配齐一件雨衣、一双雨靴，待在办公室静待适宜的时机，一到点便冲进农田争分夺秒地开展试验。

经过近一年的潜心研究，联合设计组在 1978 年设计出十种规格的摇臂式喷头系列——PY1 系列，并在当年获得全国机械工业科学大会奖。接着，他们又继续研制了第二代低压系列和 PY2 系列金属摇臂喷头及全射流步进式喷头系列、轻小型低能耗喷灌机系列及喷灌用金属薄壁钢管系统，完善了喷灌设备及设施。

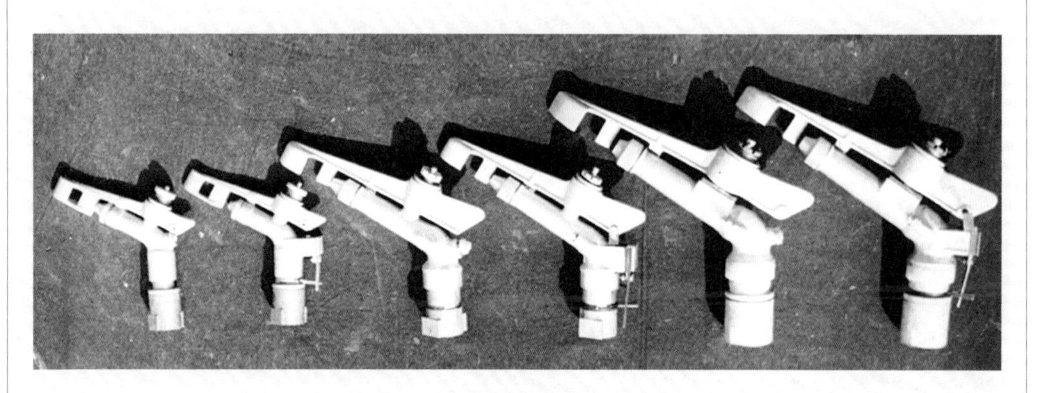

摇臂式喷头系列

这项成果不仅为广大干旱地区解了燃眉之急，促进了农业生产的发展，还产生了巨大的经济效益。全国 80% 以上约 200 多家喷灌机厂都使用研究室提供的系列图纸技术进行生产，研究室研发的喷灌技术在 20 多个省（区、市）得到不同程度的应用和推广。20 世纪 70 年代末 80 年代初，校园里车水马龙多是奔着排灌机械研究室而来。

随着在节水灌溉领域全国领先地位的确立，研究室的影响力和知名度进一步扩大，承接的课题也越来越多。1981 年，研究室获原农机部批准扩大为研究所，编制从 35 人增加到 50 人。当时，研究所管理模式灵活，平时个人依据各自方向开展研究，一旦接到重大任务便齐心协力、共同攻关。

70 年代末 80 年代初，结合家庭联产承包责任制的实行，研究所又以敏锐的洞察力迎来了第三次的发展机遇。当时农村只有适合大面积灌溉的排灌设备，不再符合联产承包到户的个体需求。《人民日报》上一篇报道讲述了石家庄一名妇女背着孩子跑到沈阳水泵厂购买家用水泵，这给研究所新的启发，他们向上级部门建议开发适合家庭使用的微型泵，很快得到立项批示。研究所再次组织全国联合设计开发，将全国重要工厂的技术人员集中到学校开发研制小型潜水电泵和微型泵，设计的系列产品很快投放到市场，深受农民的欢迎。

至此，研究所归口的节水灌溉和潜水电泵两个研究方向都一炮打响，研究所成为全国知名的研究中心，全面开展行业技术服务。

排灌机械研究所充分发挥高校科研机构知识人才密集、信息渠道多、课题来源广的优势，坚持科研面向生产，在生产中寻找课题，使科研成为生产的开路先锋，获得了显著的经济效益和社会效益。然而，秉承艰苦奋斗的优良传统，研究所将不断充盈的科研结余全部用作教育教学、办公条件改善和实验室建设，建成了世界一流、亚洲最大的室内喷灌试验厅。

污水电泵环保正当时　多点开花培训受欢迎

1993 年，为进一步发挥各研究方向的人才队伍优势，学校在排灌机械研究所的基础上成立了流体机械工程技术中心（简称流体中心），下设流体机械、排灌机械、环境工程、质量工艺四个研究方向的研究所。

污水污物潜水电泵

快速工业化阶段，我国主要污染排放总体处于增长态势，环境质量总体处于恶化趋势。在污染防治轰轰烈烈的推动进程中，泵行业的重要性不言而喻。为适应环境保护的需要，流体机械工程技术中心又一次洞悉机遇，服务需要，开展相关研究。

其中，流体机械研究所研究的污水污物潜水电泵，解决了石油、化工、污水处理等许多工业部门的急需，填补了国内空白，促进了我国污水污物潜水电泵行业的发展和技术进步，被国家科委列为国家级新产品，研究项目也获得国家教委科技进步一等奖。开发的无堵塞泵被50多家工厂生产，总产量占据全国无堵塞泵总产量的一半以上，在国内形成了一定的影响。

环境工程研究所通过跟踪市场与企业生产实际，了解到国内广泛用于废水、污水处理的常规设备多为单功能型，自成体系，难以匹配，导致工程能耗高、效益低，安装调试困难。经过攻关，流体中心研制了具有先进水平、填补国内空白的环境设备和污水处理自控系统，短短四年时间就完成了40项承包工程。

创办于1982年的农业工程类科技期刊《排灌机械》，于2010年更名为《排灌机械工程学报》，是全国农机系统优秀科技期刊，入选中国农业核心期刊，其全面系统地反映排灌机械行业、专业发展水平，及时、准确地报道新理论、新技术、新方法、新成果和国内外最新研究进展，促进了学术交流与合作，推动了排灌事业的发展。

作为机械工业定点的全国水泵技术培训中心，以及我国泵类产品质量监督检测的主要基地之一，流体中心举办的水泵设计暨水泵试验技术培训班已经举办了60多期，培训学员约四千余名。培训班在教材、教学安排等方面积累了一整套成功的经验，培训的学员学有所用，回厂后做出了一定的贡献，因此培训班长盛不衰，享有很高声誉，深受工厂好评。

奋战大型泵站工程　上天入地大展身手

南水北调工程是我国实施的一项重大战略性工程，能为这项重大工程做力所能及的工作，成为流体机械工程技术中心全体人员的共同心愿。在埋头试验的十年间，泵研究专家关醒凡教授领衔的团队心中只有八个字，那就是“南水北调水力模型”。

2002年南水北调用高比转速斜流泵模型鉴定会

团队成功开发的12个不同比转速的系列轴流泵模型，全部通过了水利部等组织的南水北调工程水泵模型天津同台测试，综合技术指标达到国际同类模型的领先水平。在南水北调东线工程已竣工的部分中，流体中心设计的高效水力模型应用在14个主泵站、7个支线泵站中，南水北调东线工程总装机102万千瓦，若按节省运行费用5%计算，每年可节省约1.75亿元。

大型开式水泵试验台

流体中心注重基础理论研究，潜心研究的潜水泵理论与关键技术、离心泵无过载设计方法和无泄漏传动被国内水泵生产企业普遍采用，引领了水泵行业的高速增长与繁荣。离心泵无过载设计方法、无泄漏传动均获国家专利并推广应用。目前，已为国内超过1/4的水泵企业提供了技术服务。

特别是在泵企林立的浙江温岭市，其因为与江苏大学的产学研“联姻”被称为“中国水泵之乡”，仅大溪镇的潜水泵年产量就达1000多万台，出口占产量的50%以上，有多家生产企业成功上市，解决了十几万农村劳动力的转移和就业，走出了“农民靠水泵致富”的乡村振兴新路径。

历年来，流体中心获国家科技进步奖5项，授权发明专利80余项，出版著作及标准70余部，80%以上的科研成果已成功转化为生产力，与1000多家企业进行了多种形式的技术合作，开发新产品400余种，在南水北调、三峡工程、引滦入津、东深供水、太湖流域综合治理等国内外大中型工程上广泛应用，为我国泵行业的技术进步和经济发展做出了重要贡献。

发展中，流体中心的身份也在经历一次次升级：1999年组建江苏省流体机械工程技术研究中心，2011年组建国家水泵及系统工程技术研究中心，2014年成为首批江苏省产业技术研究院流体工程装备技术研究所。

进入21世纪以来，随着研究领域的拓展，节水节能环保型流体机械、海水淡化用泵、核电用泵、煤矿透水抢险用泵等的研究深入，团队多项成果应用于国防装备中。

国际交流上新台阶　秉承初心续新征程

跻身全国仅有的两个国家重点学科，标志着江苏大学流体机械及工程在泵基础理论研究方面的国内领先地位的确立。江大流体人还在思考探索，如何做到国际领先，传递排灌机械领域的中国声音、江大声音。

近年来，团队坚定不移地走国际化的路线，用更广阔的视角来看待世界，通过国际化的人才培养、队伍建设、科研及学术交流活动等凸显特色，提升质量。

团队面向前沿，适应需求，加强国际学术交流，深入国际科学研究合作，与美国、欧洲、新加坡、澳大利亚等40余家国外著名高校或企业开展技术合作及科研交流活动。通过“送出去”和“请进来”的国际人才交流方式，举办国际学术会议和国际前沿讲座，开设外教课程，使用外文原版教材等，让师生经常、及时地接触到国际学术前沿的新信息、新知识和新方法，提升师生的学术水平，促进学科建设。主办或协办流体工程、农业工程、空化国际论坛等在本学科有影响力的国际会议，多次在国际会议上作大会邀请报告，宣讲研究成果，扩大流体中心在国际同行中的学术影响力。

特别是江苏大学流体工程装备节能技术国家国际联合研究中心成功入选国家国际联合研究中心，成为我国流体工程装备领域唯一的国家级国际联合研究中心。该研究中心通过国际合作整合全球科技资源，增强我国流体工程装备自主创新能力，提升国际科技合作的质量和水平，增强行业国际科技合作，发挥引领和示范作用，进一步提升江苏大学流体机械及工程学科的国际辐射和影响力。

60载光辉岁月，回首往昔弹指间。

从前身镇江农业机械学院排灌机械研究室创建之日起，团队就奠定了为国家经济建设服务的方向。20世纪60年代，为了解决国家燃油紧缺问题；20世纪70年代，为了解决农业节水增产急需；20世纪80年代，适应联产承包制的微型泵研究、喷灌机具的研究进一步深入且日益系统化，并开始小型潜水电泵的设计，参与农机类相关标准的编制，实验设施也日臻完善；20世纪90年代，适应国家环保事业发展开展污水污物泵的研发，继续发挥喷灌机设计和泵水力设计及理论研究方向的优势，从各种中小型工业用泵、轻工业用泵的研究开发入手，以高难度的特种泵为主要研究对象，在工业用泵领域打开了局面；21世纪以来，积极参与国民经济主战场，针对国家重点工程、重大装备用泵等关键性、基础性问题进行系统的工程化研究与开发，持续地向行业提供适应规模化生产的新技术、新产品和新工艺。

在几代人不懈努力下，由排灌机械研究室发展而来的江苏大学流体机械学科已经成为国家重点学科，流体机械工程技术研究中心已经成为国家水泵及系统工程研究中心，拥有国内一流、国际先进的流体机械及工程试验条件和设备，在全国同类学科高校中处于领先地位。

漫漫60载。排灌机械研究团队昂扬的斗志、旺盛的干劲、饱满的热情、团结的作风，一直留存至今。发扬团队精神，进军科技工作主战场，是团队几代人坚守的传统，也是团队长期以来在科学研究道路上克敌制胜的法宝。

坦坦新征程。排灌机械研究团队与国家同行，与时代同步，胸怀梦想的新一代排灌人将秉承初心，不懈奋斗，为实现农业机械化、智能化插上科技的翅膀，为服务乡村振兴战略贡献智慧力量。

（吴奕执笔）

畜牧机械科研的闪光足迹

> 中国农业机械化科学研究院呼和浩特分院有限公司

1959年4月29日，毛泽东主席在《党内通讯》中提出了“农业的根本出路在于机械化”著名论断，并指出“每省每地每县都要设一个农具研究所”，为我国农机化事业发展确定了战略方针。1960年国家农业机械工业部决定在内蒙古组建畜牧机械科研院所，确定其承担“为全国畜牧业机械化、半机械化以及解决当前畜牧业生产中关键性技术问题服务”的任务。内蒙古畜牧机械研究所（简称牧机所）即于当年成立，开启了我国畜牧机械科研波澜壮阔的光辉事业。经历近60年的跌宕起伏，牧机所几经更换隶属关系，单位名称也从最早的“内蒙古畜牧机械研究所”到“机械工业部呼和浩特畜牧机械研究所”，再到现在的“中国农业机械化科学研究院呼和浩特分院有限公司”，科研事业持续不断向前发展，取得了累累硕果，见证了我国畜牧机械从半机械化到机械化，再到自动化、智能化的跨越，成为我国农业机械化发展历程的典型缩影。

一、起步成果成国礼

我国的畜牧机械发展从零起步。内蒙古畜牧机械研究所成立后，从全国各地集结了一批大学生和工人干部，初步搭建起科研机构。牧机所组织科研人员克服困难，深入牧区、半农半牧区对畜牧业生产及机具现状进行调研，摸清了我国牧业的生产现状，首次全面收集了共和国历史上第一份珍贵的行业资料。为了贯彻落实牧业机械“选、改、创”的方针，1964 年牧机所承担了第八机械工业部的任务，在内蒙古鄂温克和召河牧机试验站分别组织进行了全国大规模的牧草机械和饲料加工机械的集中试验。数十种试验样机来自苏联、日本、法国、英国、罗马尼亚、波兰等国，牧机所主持编制的各类样机试验大纲和试验办法，形成了我国牧机行业第一套较为系统的试验大纲和试验办法，为开展牧机科研工作打下了坚实基础。之后，牧机所起草编写的《畜牧业机械化区划与机具系统编制大纲》，被确定为全国实行的统一大纲。由于当年动力机械的缺乏，牧机所的科研工作以半机械化机具开发为主，开发了畜力集草器、集草车、畜力垛草机、畜力剪羊毛原动机组、风力提水机等产品。借鉴国外样机的试验资料，我院开展了干草无绳压捆机、双动刀高速割草机、羊毛打包机、大型风力提水机等项目的科研工作，都取得了阶段性成果，产品水平与国外样机比较接近。值得一提的是，1966 年我国政府赠送给阿尔巴尼亚的一批农业机械中就有五台畜力剪羊毛原动机组。

“文革”期间，牧机科研工作一度陷于停顿。在极其困难的科研条件下，牧机所作为主导先后完成了“红草原”24、50、60 型拖拉机的研究、设计与试制、试验任务，填补了内蒙古不能生产拖拉机的空白。1974 年第一机械工业部重新明确牧机所为全国牧机“牵头抓总”单位，牧机行业工作又成为研究所的主要任务之一。在原内部刊物的基础上，牧机所创办了蒙汉两种文字版的《畜牧机械》双月刊杂志，还编译了一批国外畜牧机械资料，为全行业了解国际同行业最前沿的发展情况提供了较为翔实的资料。

二、二次发展结硕果

“文革”结束后，我国各行业迎来了恢复整顿的时机。牧机所接受了要求更高的发展任务，即建成全国畜牧机械科研中心、情报资料中心和牧机产品质量检测中心，并且负责全国畜牧机械科学技术归口和产品“三化”工作，协助农机部编写全国畜牧机械科学技术发展规划和年度计划，并协助组织实施。

研究所从1983年开始“科研、测试基地”建设，这是自牧机所成立以来的第二次大规模建设，建成了牧草机械综合实验室、畜产品采集与初加工机械试验室、自然能源利用机械试验室和测试技术试验室，配备了当时最先进适用的试验仪器设备，研究所的科研、试验手段显著改善，科技人员素质明显提高，为建成全国牧机科研、技术情报、质量检测、标准化中心创造了物质条件。在此期间，研究所承担了部委安排的相当数量的牧机科研项目和一大批新产品研发项目，协助机械部编制了《畜牧机械中、长期科技发展规划》。在坚持自主研发的基础上，牧机所通过引进、消化、吸收国外先进技术，形成了一批科研成果，通过鉴定定型的畜牧机械、风力发电与风力提水等产品有28种，实现了许多个全国首创，填补了多个牧机产品空白。1978—1985年期间，共获得省部级以上科技进步奖41项，完全奠定了全国牧机行业科研、情报、质检中心的地位，达到了发展的新高度。

三、机制改革谋生存

1986年之后，牧机所进入成立以来最艰难的发展阶段，在国家科研拨款运行机制改革和事业费逐年核减的情况下，开始进入改革探索阶段。单位先后制定了一系列向科研人员倾斜的奖励政策，鼓励科研人员走出去将科研成果推广应用到市场中创收，在市场中谋生存、求发展。在此阶段，研究所产生了两处亮点。一是主持参加过国家计委项目“9CJT-300小型牧草种子加工成套设备”的部分科研人员，自由组合成立了“种子加工机械所”，将自主创新的产品从图纸变成机具，并且经过优化设计，销售到用户手中完成创收。经过市场调查逐步开发了新的种子加工设备，扩充了成套设备种类，提高了加工性能，为全国的粮食种子、烟草种子、蔬菜种子、油葵籽、黑瓜籽提供适用的单机和成套设备，经过几年的努力探索，走出“科工贸”相结合的求生存、谋发展之路，在全国的种子加工设备中闯出了名头。二是中德合作项目。从1989年开始，我院作为执行单位承担了国家机电工业部和德国科技部合作的项目“关于利用风能太阳能在内蒙古赛汉塔拉进行研究开发和示范项目（STCP）”以及国家经贸部和德国经济合作部合作的项目“特殊能源项目（SEP）”。由于以上项目的出色完成，得到了两国政府的高度赞扬，后续又承接了第二期项目。到1999年，中德合作项目圆满结束，在此期间，研究所在风力机械、光电科研、测试能力方面上了一个很大的台阶，建成的赛汉塔拉风力机试验场居国内领先水平，同期培养了30多名从事风光电利用的全国一流的专业技术人员，为我国各大新能源公司培养了一批技术专家，确立了牧机所在全国风能太阳能利用、牧草种子加工设备科研领域的优势。

四、转换平台再辉煌

内蒙古牧机所于1998年11月并入中国农业机械化科学研究院，1999年转制为中央直属科技型企业。

伴随着国家西部大开发、农业产业结构调整、全国生态建设等一系列方针政策的贯彻落实，研究院整合资源优势，调整产业结构与布局，重点发展畜牧业装备和新能源装备两大支柱产业，在科技创新、产业发展、成果转化等方面实现了快速发展，取得了卓越的成绩，开创了畜牧机械科研的又一次辉煌。

呼和浩特分院主持承担了我国畜牧机械史上投入最大、系统全面研发的国家计划项目——“十一五”国家科技支撑计划项目“现代草原畜牧业装备与设施研制”，项目总投入一亿元，从草原畜牧业装备领域突破共性关键技术、创制重大产品、开发草原畜牧业装备试验监测新技术3个层面共8个方向，构建起以企业为主体的技术创新体系，部分领域的技术达到世界先进水平，培养了一批博硕士研究生和技术骨干。此外，我院主持承担并完成了国家“863”项目、国家高技术产业化项目等一批科技项目，开发了一系列畜牧机械关键技术和产品，锻炼培养了一支畜牧机械自主创新开发的人才团队，科研实力和创新能力得到了快速提升，为提高我国畜牧业综合生产能力提供了装备和技术支撑。我院的经营实力、社会影响力得到了行业一致认可。2007年国家发改委授予我院“国家高技术产业化示范工程”；在2012年全国草业大会上，我院被评为“首届全国草业十强优秀企业”。

科技创新带动企业发展。我院坚持研发一代、储备一代、产业化推向市场一代的思路，截至目前，有将近40项科技成果转化成商品，进入市场。我院控股的内蒙古华德牧草机械有限责任公司，曾经是我国最大的牧草机械定点生产企业，我院入股后，经过连续几年的技术改造和产品结构调整，其生产能力大幅提高，代表国内先进水平、具有自主知识产权的方草捆打捆机、圆草捆打捆机、割草压扁机等一批科研成果形成产业化生产能力。特别是“华德”牌方捆机成为内蒙古自治区名牌产品，畅销全国，在全国市场中销量第一。

2009年我院率先在国内提出大力发展人工草场，其既可有效缓解粮食安全带来的压力，又可促进畜牧业装备产业化的快速发展，还可以有效地拉动内需。这个创新性思路的提出，得到我国政府高层和知名专家学者的重视，为我国解决粮食安全问题、扩大内需、促进畜牧业装备产业化发展开辟了新的途径。

我院在“十三五”发展战略规划中，坚持“创新、协调、绿色、开放、共享”的发展理念，以科技创新作为引领企业发展的第一动力，发挥高科技企业的创新优势，不断进行科技创新，形成“储备一批、开发一批、投产一批”的产品创新运作机制。我院力求使产品系列更加丰富，技术水平得到进一步提高，形成企业核心竞争力，成为我院新的经济增长点；实现企业的持续发展，将多年来打造的“华德”品牌，塑造成高端民族品牌形象，成为现代牧机科研行业的领军企业。

虽然在艰苦中前行，但是我们肩负着推动我国畜牧机械行业技术进步和产业升级使命的初心不改。2016年我院按照农业部的部署牵头成立了“国家饲草料生产科技创新联盟”。联盟集聚了我国农业机械化领域的优势科研院所，以增强草牧业装备自主创新能力为目标，着力于解决我国饲草料收获装备产业技术原始创新匮乏、共性技术供给不足、核心技术受制于人的突出问题，初步构建了创新技术商品化运作模式，初步建立了利益激励与风险共担的关联机制，力争突破一批精细种植、高效收获和节能加工的饲草料生产关键技术、核心部件。目前已经实现了15项产品创新，开发了7项适合我国饲草料生产的全程机械化装备，为推动我国主要饲草料生产科技水平的整体提升贡献了力量。

回顾60年的畜牧机械科研历程，有曲折坎坷的经历，更有辉煌耀眼的过往，但是落实毛主席的“农业的根本出路在于机械化”著名论断，“承担为全国畜牧业机械化、半机械化以及解决当前畜牧业生产中关键性技术问题服务的任务”会始终不渝地坚持下来并传递下去，这已成为我院全体员工的光荣使命。

（贺刚，吴雅梅，王瑞先执笔）

甘肃农机科研的方向选择

甘肃省机械科学研究院有限责任公司

1959年4月29日，毛泽东提出“农业的根本出路在于机械化”的著名论断，为我国农业发展指明了方向。中国的农业机械化由此起步，60年来，从无到有、从小到大、从弱到强，虽历经波折，但仍保持着强劲的发展态势。农业机械作为先进农业技术实施的载体，发展农业机械化深远的社会、经济效益正逐步显现，并在现代农业生产中发挥着越来越重要的支撑作用。

甘肃省机械科学研究院有限责任公司自成立以来，一直致力于农业机械研发工作，经过几代员工不懈的努力和持续奋斗，经历了从无到有，从小到大，专注市场机遇，走出特色的发展之路。

一、从无到有，从小到大

甘肃省机械科学研究院有限责任公司1958年成立时被命名为甘肃省地方工业研究所，次年改名为甘肃省农业机械研究所，于1985年初与甘肃省机电研究所合并成立甘肃省机械科学研究院，从事农机研发工作主要是四个部门——田间作业机械研究室、产后加工机械研究室、畜牧机械研究室和农业机械区划研究室。重点研究方向：农用动力机械、农田建设机械、土壤耕作机械、种植和施肥机械、植物保护机械、农田排灌机械、作物收获机械、农产品加工机械、畜牧业机械和农业运输机械等。

自毛泽东提出“农业的根本出路在于机械化”的著名论断以来，到20世纪80年代，甘肃省在有条件的公社、生产队成立了农机站，支持群众性农具改革运动，增加对农机科研教育、鉴定推广、维修供应等的系统投入，基本形成了遍布城乡、比较健全的农业机械化支持保障体系。甘肃省农机工业从制造新式农机具起步，逐步发展，先后建立了甘肃省农业机械研究所及一批地区农机研究所，发展壮大了以兰州手扶拖拉机厂为代表的一批农机生产企业，形成了以生产小型动力机械、系列种子加工机械、系列中小型农机具为主的甘肃省农机工业体系。

这期间的代表性成果有：BS-5型畜力山地5行播种机、2BFD-8型带田播种机、配手扶拖拉机水平翻转双铧双向栅条犁、LY-5-35液压五铧犁、1LSN-130铧式双向犁、旋转开沟机、东风50配套谷物联合收割机、4GL-160型割晒机、160型手扶拖拉机稻麦收割机、背负式割灌机、50马力变形拖拉机与其配套的耕翻和收车机械、天水15型拖拉机、谷物烘干机、碾米机、粉碎机、100型水轮水车、水力驱动圆形喷灌装置、草原喷灌机械、高扬程大流量的水轮泵、深井泵、FD-6型低速风力机、6米高速风力机、风力机配套石磨等农业机械。同时，一批成果获奖，如：合作完成北方旱田用圆盘耙系列、北方旱田系列铧式犁、谷物联合播种机系列设计获全国科学大会科学技术成果奖；铲运机系列、田间耕作机具测试系统装置的研究获1981年农业机械部重大科技成果奖三、四等奖。

二、适应政策变化，工作方向由大转小

20世纪80年代初至90年代末，农村实行家庭联产承包责任制后，大型农机具使用需求严重下降，农机站因无用武之地而相继解散，甘肃省对农机研发、农业机械化和农机工业的相关投入逐渐减少，整个农机行业进入低潮。80年代中期国家出台政策，开始允许农民自主购买和经营农机具，农民逐渐成为投资和经营农业机械的主体。为适应农业生产组织方式由集体化、规模化经营转变为个体化、小规模经营的重大变革，农机行业不得已经历大规模产品结构调整，弃大放小，主要生产适合当时农村小规模经营所需的小型农机具、手扶拖拉机、小型农副产品加工机械、农用运输车等。

受农业机械市场变化影响，公司农业机械研发方向和重点也随之进行了调整，重点研发领域放在干旱半干旱地区小型农机具研发和高原草甸草原小型畜牧机械方面。为适应这一变革而转变主要工作方向，这一时期公司新立项科研课题较少，取得的研发成果也少，主要成果集中在农机应用推广方面。

这期间公司在政府有关部门的大力支持下，在国内竞标承担了联合国计划开发署援华项目——“干旱半干旱地区中小型农机具设计与推广”，并顺利完成项目任务，为我国干旱半干旱地区农业机械化做出贡献。2BT-2（6）型通用播种机获甘肃省机械工业总公司机械工业科技进步三等奖。

三、聚焦经济作物田间作业和产后加工技术

2004年国家颁布实施了农业机械化促进法，标志着我国农业机械化进入了新的历史拐点，工业反哺农业进入了新的历史起点，大型农机具再次进入市场需求上升期，粮食作物农机具需求增长必然带动经济作物领域农机具的需求。甘肃省机械科学研究院有限责任公司针对自身农机创新资源和创新能力的特点，结合本省农机工业和服务区域市场需求的变化，主动调整方向，聚焦本省特色经济作物田间作业机械和产后加工机械研发，重点研发啤酒花程控自动采摘清选机组、啤酒花烘干技术与装备、棉秆合成板材加工技术与装备、中药材洗药切药等初级加工技术与成套装备等。

该阶段主要研发成果中，5PZX－600啤酒花程控自动采摘清选机组获国家机械工业科学技术进步三等奖，5GDZ1500大型高效节能钢带式果蔬绿色干燥装备获得中国机械工业联合会科技进步二等奖，中药材加工设备获2007年省农牧渔业丰收奖一等奖，MBY－1.5棉秆合成板材加工设备获甘肃省2005年度优秀新产品新技术奖。

5PZX－600啤酒花程控
自动采摘清选机组

5GDZ1500大型高效节能
钢带式果蔬绿色干燥装备

四、市场机遇叠加，专研草业机械

2013年以来，公司瞄准我国草食畜牧业的广阔发展前景，深入开展技术调研和市场调研，在调研成果的基础上慎重决策，再次调整公司农机研发方向和重点，聚焦草食畜牧业生产技术与装备领域，重点从青贮饲料收获加工技术与装备系列化研发为开端，依次开展饲草收获加工技术与装备、饲喂环节技术与装备、粪污资源化利用技术与装备、草原生态保护技术与装备等研发，并在取得重要研

发进展的同时，培育和发展公司草食畜牧业机械装备产业。2015年起的三个中央“一号文件”提出的“粮改饲”“发展三元结构种植业”“发展草食畜牧业”充分说明公司的农机研发业务和培育农机产业的方向性决策是正确的，也率先于全国同行，既抓住了政策机遇，也抓住了市场机遇。近五年来，在各级政府和国内同行的大力支持下，公司先后成立了院士专家工作站、甘肃省草地农业机械重点实验室、甘肃省农业机械制造业创新中心，发起成立了国家饲草料生产科技创新联盟，参加了国家农业装备产业技术创新战略联盟、国家牧草产业技术创新战略联盟和国家草产业科技创新联盟，发起了甘肃省生态农业装备产业技术创新战略联盟，充分发掘创新平台和联盟资源优势，开展农机农艺融合技术创新，取得了丰硕的草业机械科研成果，成果产业化初具规模。

展望未来，公司农机业务将继续遵循“农业的根本出路在于机械化”重要论断的指引，秉持创新驱动发展战略，贯彻习近平总书记“要给农业插上科技的翅膀”的指示，围绕公司使命和发展战略，坚持以市场为导向、农机农艺融合，开展智能化草食畜牧业生产技术与装备持续研发，加速成果转化和产业化，为我国早日实现农业现代化做出应有贡献。

（韩少平执笔）

新中国农机化技术推广之路

新中国农业机械化技术推广事业

农业农村部农机推广总站

农机推广是推进农业机械化的重要手段和成果体现。中华人民共和国成立70年来，我国农机推广体系从无到有，从小到大，已逐步成长为农业现实生产力的中坚力量，成为推进农业现代化建设的技术支撑。

一、起步发展阶段——推广新式农具和改良农具

1950年后，全国各地相继成立了省级和部分地、县级农具推广站、马拉农具站，推广了新式步犁、双轮双铧犁、绳索牵引机、打稻机、摇臂式收割机、玉米脱粒机、喷雾器等农机具，推广方式以出借、出租、出贷、出售等形式为主。

1956年，全国推广新式农具263万件，培训农具技术干部3.25万人，培训农具手113万人。新式犁耕地面积达1.8亿亩，占全国耕地的11%。

20世纪50年代开始出现的国营拖拉机站和国营机械化农场，引进了苏联的德特-54型和斯大林-80型履带式拖拉机、自走式和牵引式谷物联合收割机、机引五铧犁、41片圆盘耙、20片缺口重耙、24行谷物条播机等成套旱作机械设备。国营农场推广使用大型机具，发挥了示范引导作用。

1958年，国务院发出关于迅速在农村开展农具改良运动的指示，全国农村开始了新式农具推广和工具改良活动。

我国在推广田间作业机械化技术的同时，加强了排灌、场上作业和农副产品加工等多方面的机械化技术推广。推广了一大批农业机械和适用农机化技术，包括拖拉机（东方红-54/75履带式、铁牛-45/55轮式、上海-50、丰收-27/35水田式、工农-7/11/12手扶式、洪湖-12船式等）、重型五铧犁、水田组合耙、广

西-65 型人力夹式和湖北-59 型人力梳式水稻裸苗插秧机、浙江一号人力小苗带土和江淮-71/湖北-73 型人力大小苗两用水稻插秧机、开沟机、稻麦脱粒机、切脱机、16 行/24 行/36 行谷物施肥播种机、蔬菜起垄播种机等多种机具。

到 1978 年，农机总动力达 1. 18 亿千瓦，比 1965 年增加了 10 倍多；机耕面积达 6. 1 亿亩，占总耕地面积的 40%。农机化新技术、新机具的使用增强了农业的物质技术基础，发展了生产力，在促进粮食生产中发挥了巨大作用。一些为加快农业机械化步伐而设立的实现基本机械化的试点单位，逐步成为推广各种机具的重要基地，大中型拖拉机、主要农副产品初级加工机械得到较快发展。

二、调整拓展阶段——推广新机具由种植业向林、牧、副、渔业发展

1980 年后，农牧渔业部及各省、自治区、直辖市根据各地具体情况，建立了不同层次、不同规模、不同类型的农业机械化综合试点，发挥农机化技术推广作用，取得较好成效。北京通县张辛庄村试点，以农机化技术优势搞农业，以劳动力优势搞工副业，以资源优势搞城乡经济配合，农、副、工全面发展；沈阳市新城子区（现沈北新区）荆永德家庭农场试点，办适度规模机械化农场，增产增收效果显著；等等。

农牧渔业部专项技术推广联络中心和各级农机推广站，在种植、养殖、农副产品加工等方面开展了农机化技术推广试验示范、技术交流、培训推广等卓有成效的工作，组织实施了“水稻工厂化育秧”“节水灌溉”“农户笼养鸡”“烘干设备综合利用”“地膜覆盖机械化”“水田耕整地”“袋装食用菌生产”“养鱼机械化”等重点推广项目。此外，从抓项目入手，先后组织开展了秸秆粉碎直接还田技术、小麦和玉米精少量播种技术、旱地小麦沟播技术、棉花中低产田改造技术、科学施肥技术等系列农机化适用技术的推广工作，并取得了良好效果。

这一时期，农机推广系统一大批推广项目获得省部级以上奖励。农机推广系统开始承担国家“农牧渔业丰收计划”项目推广工作，带动了一大批农机化新技术、新机具的推广。例如，自 1979 年引进试验和消化吸收后，水稻工厂化育秧和机械插秧技术在吉林、黑龙江、江苏、上海等 20 多个省市区推广，每亩增产稻谷北方达 75 公斤左右，南方达 25 公斤左右；地膜覆盖机械化技术不仅增产

效果显著，而且减轻了劳动强度，工效提高5倍，每亩节约薄膜0.5公斤；机械化秸秆粉碎直接还田技术既能增加土壤有机质，保证适时耕种，又有明显的增产效果（小麦增产6%～10%，夏玉米增产15%～19%）；机械精（少）量播种技术省工节种，1985年获农牧渔业部科技进步三等奖；机械深施化肥技术提高肥效，增加产量，1985年京、冀、鲁、黑、辽等省市推广面积达3410万亩；农户笼养鸡技术投资少、见效快、收益高，1986年达到1600万只，推广各类笼养设备和机械18万台（套）；机械化旱作少耕技术在干旱地区既有抗旱保墒作用，又减少机械作业次数，降低油耗1/3左右，1985年在黑、吉、辽、冀、蒙、新等省区推广面积2481万亩；水田耕整机以一头牛的价格、两头牛的工效、半头牛的费用，能完成水田耕作的全部作业项目，深受农民欢迎，1986年在湘、鄂、闽、桂、浙等省区推广水田耕整机9万多台。此外，在各地推广的项目还有喷灌技术、机械剪羊毛技术、机械化青贮饲料技术、池塘养鱼机械化技术、食用菌工厂化生产技术、胶堵拖拉机“三漏”技术，以及简易机耕船、微型水轮发电机组等，都取得了较好的经济效益，受到农民的欢迎。

从1981年起，一大批适用农机化新技术、新机具在农业生产中逐步推广，产生了良好的社会经济效益。以20世纪80年代先后列入国家和部重点推广计划的23项农机化新技术推广项目为例，累计增加粮食产量90多亿公斤；畜禽饲养量6000万只（头），增产肉蛋1亿多公斤；鱼虾养殖配套机械化技术推广面积达110万亩，增产鱼虾超过1.1亿公斤。其中，从1987年开始实施的“丰收计划”农机化综合增产技术项目成绩尤为突出，截至1989年，3年累计完成粮食机械化综合增产技术推广面积1298.8万亩，增产粮食7.3亿公斤；畜禽机械化饲养量575万只（头），增产肉蛋4176.5万公斤；鱼虾机械化养殖面积212万亩，增产鱼虾3911.8万公斤。

三、依法促进阶段——农机化技术推广普及应用快速提升

1993年7月，《中华人民共和国农业技术推广法》公布实施，农机推广步入了依法推广的新阶段。在法律保障和政策支持下，农机化技术推广体系进一步发展壮大，农机化新技术的推广应用和农机化科技成果的转化普及得到进一步加

强。1992—1997 年是国家制定的农业技术推广体系一系列政策的落实阶段，这个阶段重点抓了推广体系的“三定”工作，即定性、定编、定员。

农机推广系统在全国先后组织实施了“丰收计划”“科技兴农推广计划”“农业节本增效工程技术推广”等农机化技术推广项目，将一些成熟的单项农机化技术集成组合应用于农业生产，推广普及了一大批先进适用的农机具及农机化技术。例如 1997 年，加大了农机化新技术、新机具的推广力度，在水稻生产机械化技术、节本增效技术、行走式节水灌溉技术等方面狠抓了一批示范区建设。全年完成化肥机械深施面积 4. 8 亿亩，比上年增长 52%；机械精量半精量播种面积 2. 7 亿亩，增长 14. 6%；秸秆粉碎还田面积 1. 2 亿亩，增长 31%；水稻工厂化育秧播种面积 800 万亩。机械深耕深松、节水旱作等增产新技术的推广面积也有较大幅度提高。农机化新技术在促进农业发展、提高农产品产量、增加农民收入、降低农业生产成本和推进农业增长方式转变等方面发挥了重要作用。

广大农机技术推广人员积极开展农机化技术试验示范、技术培训、技术咨询、技术指导和宣传，保证了“农牧渔业丰收计划”、农业节本增效工程技术推广、机械化秸秆综合利用技术推广等工作的顺利实施。不仅大幅度提升了实施区的机械化作业水平，而且辐射和带动了项目区周边地区，新技术的推广应用在农业增产、农民增收、改善生产技术和减轻劳动强度方面发挥了显著的作用，部分项目还对改良恢复农业生态环境、减轻农业废弃物造成的大气环境污染起到了明显效果。例如，仅 2001 年，农机推广系统在全国实施的“丰收计划”农机项目中，包括水稻生产全程、玉米生产、旱作节水、保护性耕作、蔬菜等经济作物生产和农田残膜回收等机械化技术，各项目区共投入技术人员 37775 人，投入项目经费 26. 64 亿元，投入各种机具 12. 55 万台（套），新增固定资产 3. 04 亿元，实施面积 2075 万亩，新增粮食总产 12. 4 亿公斤，新增蔬菜等经济作物产量 1. 8 亿公斤，农民新增纯收益 10 亿元，同时培训各种技术人员和农民 55. 37 万人次。

2004 年，《中华人民共和国农业机械化促进法》开始颁布实施，这是我国第一部农业机械化法律法规，标志着我国农业机械化发展进入依法推进新时期。同年，中央财政启动实施农机购置补贴政策，在财政部的大力支持下，年度资金规模由最初的 7000 万元增加到最高的 237 亿元；实施区域由最初的 66 个县增长到全国所有县级单位；补贴机具种类由最初笼统的 6 大类（主要是粮食作物的耕、种、管、收、秸秆还田、烘干等环节的作业机械）逐渐扩大、稳定到2019年的15大类42小类涉及137个品目的产品；资金兑付方式也在不断完善，由最初的差价购机（购机时农民提交购机补贴合同，并按扣除补贴金额后的机具差价款交款提货，之后由省级农机主管部门与供货方结算补贴资金）变为现在的全价购机（自主购机、定额补贴、先购后补、县级结算、直补到卡）。

目前中央财政累计投入购置补贴资金2223.28亿元，扶持3000多万农户购置农机具约4000万台（套）；农作物耕种收综合机械化率由2003年的33%提高到2017年的67.23%，14年的增幅超过政策实施前35年的总和，农业生产进入以机械化为主的新的历史阶段，亿万农民逐步摆脱繁重的农业劳作。2017年规模以上农机工业主营业务收入达到4291.35亿元，是2003年的5倍，我国成长为农机制造和使用第一大国。农机购置补贴的实施，开辟了中央财政层面大规模促进农机化发展的新途径，增强了农民购买农业机械的能力，开辟了政策支持农机化新技术、新机具推广应用的新途径，自2004年起农机化进入了快速发展的“黄金十年”。

2006年，国务院《关于深化改革加强基层农业技术推广体系建设的意见》出台，农机推广事业进入了改革创新发展的新阶段。各地推广机构积极探索以推广机构为主体，农机大户和农机合作组织为补充的多元化农机推广服务模式和机制创新模式。目前，农机推广体系覆盖全国30个省市自治区和新疆兵团及黑龙江农垦系统，有省级推广机构32个（685人），地市级推广机构342个（3832人），县级推广机构2838个（30395人），乡镇级推广机构28541个（60711人），人员总数达9.56万人。

农机推广系统以发展现代农业为己任，推广普及农机化新技术、新机具，加快农机科技成果转化，先后提出并组织推广了农机化适用新技术、“十五”期间十大农机化技术，还积极推广了优粮工程现代农机装备推进、科技攻关计划、跨越计划、农业科技示范场等重大项目，以及保护性耕作、旱作机械化、节水灌溉、水稻生产全程机械化等适用机械化技术，为农业增产和农民增收做出了贡献。在水稻机械化栽插与收获，油菜机械化移栽、收获及烘干，棉花机械化育苗、移栽、植保及收获，玉米、大豆机械化收获，牧草机械化播种与收获，甘蔗、柑橘和苹果的机械化生产、商品化产后处理与深加工等关键环节的机械化技术推广应用上有了较大突破和提高。

四、高质量发展阶段——农机推广向全程全面高质高效发展

2012年，中央1号文件提出“要探索农业全程机械化生产模式”，自此，农业机械化向全程化发展。农机推广系统结合农机购机补贴政策等惠农政策的实施，大力推进了“十三五”期间的农机化重点推广技术，我国农业机械化由高速增长转向高质量发展的新阶段。

一是全力推进主要农作物生产全程机械化。紧紧围绕农业农村部中心工作，组织实施了水稻、玉米、小麦、马铃薯、棉花、油菜、花生、大豆、甘蔗等主要农作物全程机械化推进行动。针对玉米籽粒直收、水稻机械化移栽、黄河流域棉花机采、油菜种植及收获、甘蔗机播机收等机械化生产薄弱环节，分区域、分作物、分环节组织开展试验示范、技术集成、现场演示和技术研讨。连续多年开展实现全程机械化的示范县评价，并推出300余个示范县，发挥了示范带动作用。牵头组织棉花产业体系专家和推进行动专家组，将新疆兵团棉花生产全程机械化技术模式在黄河流域进行示范推广，建立示范基地600亩，示范基地籽棉每亩增产30%以上。组织油菜、花生、大豆、马铃薯生产全程机械化系列推进活动，全国油菜收获、花生种植及收获机械化率均超过40%，连续3年同比提高3个百分点以上。大豆种植及收获机械化率分别达到72%和67%，马铃薯生产综合机械化水平超过46%。与地方农机部门、企业在广西扶绥县开展共建甘蔗生产全程机械化示范基地，合力推动了甘蔗生产全程机械化技术推广应用。

二是推进农业绿色发展。按照“一控两减三基本”目标，加快推广应用定位施肥、秸秆收集、残膜回收、节水灌溉、高效植保、病死畜禽无害化处理等机械化技术，加快普及深松整地、秸秆还田等绿色增产保护性耕作技术，实现节种节肥节药节水。抓住实施《中国制造2025》和“农业绿色发展五大行动”等机遇，通过多层次、多形式的试验示范，遴选熟化机型，强化绿色技术集成，加快高效、精准、节能等农机化技术的创新和推广应用。玉米籽粒低破碎机械化收获技术、水稻机插秧同步侧深施肥技术、油菜毯状苗机械化高效移栽技术等绿色增产农机化技术入选农业农村部2018年十项重大引领性农业技术；油菜全程机械

化生产技术、棉花采收及残膜回收机械技术、大豆免耕精量播种及高质低损机械化收获技术等绿色增产农机化技术入选农业农村部2019年十项重大引领性农业技术。

三是着力推动蔬菜、林果、畜牧生产机械化技术应用。围绕农业供给侧结构性改革，积极调查研究蔬菜、林果、畜牧生产机械化技术，谋划工作、列入要点、持续推广、率先推进，着力推动农业生产全面机械化。针对老果园和山地果园存在的问题，因地制宜研发并推广了一些适用于果园生产的育苗、起苗、挖坑、施肥、除草、植保、修剪、收获、运输等环节的专用农机装备，其中果园越冬防寒管理机械和果园基肥施用机械填补了空白。研发了根茎类、茄果类、叶菜类等蔬菜的耕整地、钵体或毯状育苗、气吸式精量播种、移栽、收获等机械，推动了适合机械化作业的蔬菜品种和农艺技术改进，较成熟的蔬菜生产全程机械化解决方案在北上广等大中城市郊区开始推广应用。饲料饲草加工、牧草种植及收获、畜禽标准化饲养、生产检测等方面形成了门类齐全的成套设备。计算机信息技术结合现代化电子、液压、气动、自动控制技术及声控技术和新材料、新工艺等技术在畜牧业及其畜牧机械上崭露头角。畜牧机械与动物生产过程中的防疫、施药、微量元素添加、品种改良适应性等方面逐步在结合。青贮玉米和苜蓿等饲草料生产与加工机械化快速发展。

四是创新方式方法，提升农机推广服务能力。面对新形势、新要求，筹备召开了2018年农机化技术推广工作创新座谈会，张桃林副部长出席会议并做了重要讲话，明确了今后一个时期农机推广工作思路和重点。聚焦农机推广方式方法的创新，组织打造了“中国农机推广田间日”服务品牌，积极示范推广以参与式、体验式、互动式为主要特点的新型技术推广方式，通过作业演示、技术讲解、操作体验、互动答疑，提高培训指导推广的针对性、有效性，引导全国构建农科教产学研用一体化农机化技术推广新平台、新机制。着力构建“一主多元”新型农机推广体系，深化与科研院校、农机生产企业和行业协会的合作，推进公益性推广与经营性推广服务融合发展，不断增强农机化技术推广的活力。

（曹洪玮执笔）

中国农业机械流通发展之路

中国农业机械流通协会

农机流通在农机产业链中发挥着极其重要的作用，是农业机械化和农机工业发展的重要环节和支撑。农机从制造过程到使用过程，只有通过农机流通才能实现连接。农机流通企业既是展示新型农机的重要窗口，也是农民直观了解农机产品信息、选购农机产品的主要渠道，农机流通架起了农机生产企业和农机使用者之间的桥梁。农机流通事业贯穿农机生产、农机流通、农机使用整个经济循环，是我国农村市场体系建设的重要内容。随着我国社会主义新农村建设和流通产业改革发展步伐的加快，发展现代化的农机流通，发展农机流通事业对实现农业机械化、乡村振兴等具有重要意义。

一、农机流通事业的发展历程

我国的农机流通事业是随着农机化事业和农机工业的发展而成长起来的，从创立到今天经历了创立发展期、转轨适应期、稳定发展期、系统转型期、发展机遇期、转型升级期六个发展时期。

（一）创立发展期（1961—1977 年）

中华人民共和国成立初期，农机具供销业务主要由原商业部承担。1959 年，农业机械部成立。1961 年 10 月 15 日，经中央批准，将农业机具（不包括小农具）的配套和供销业务，由商业部划归农机部，农业机具（包括零配件）的生产、配套、供销和维修等业务，统一由农业机械部负责。农业机械部设立了农机销售局和上海、天津、沈阳采购供应站，之后相继在全国各省（自治区、直辖市）、地、县设立农机供应公司，形成四级供应体制，中国的农业机械流通（供销）系统初步形成。此后，农机销售、维修等工作相继归口农机部、农业部、八机部、农林部、一机部领导管理。

在1978年以前，国家实行集中统一管理的社会主义计划经济，农机供销工作的主要任务是负责农机产品的计划收购、计划分配。公司本身为行政事业单位，享受支农企业的各项优惠待遇，国家给予农机销售以政策性补贴。这种计划分配体制为我国初期大面积推广农业机械化起到了积极作用，但由于有一段时间片面追求农业机械化发展速度，不注意产品质量，造成大量积压和浪费，留下了深刻的教训。

（二）转轨适应期（1978—1980年）

自1978年开始的农村经济体制改革对农机流通的改革起了极大的推动作用。农村普遍实行家庭联产承包责任制后，农机产品的销售对象由社队集体转变为亿万农户为主，农机产品不再作为生产资料分配，而成为商品进入市场。1979年9月28日，中共中央十一届四中全会通过《关于加快农业发展若干问题的决定》（以下简称《决定》）。《决定》指出，“农业机械部要做好统一管理农业机械的科学研究、设计制造、使用管理、维修保养、供销服务和人员培训等工作”“农业机械部要按照经济区域，面向农村基层，建立和健全农业机械化服务公司，把农业机械和各种农用化工产品的供应、维修、租赁、回收、技术传授、使用服务，逐步地统一经营起来，做到方便及时，减少社队开支”。尔后，农机部与农业部达成协议，将原农林部农业机械供应公司及其所属上海、天津、沈阳三个农机供应站划归农机部领导，即在原农林部农业机械供应公司的基础上，组建中国农业机械化服务总公司（1987年更名为中国农业机械总公司）。由总公司负责农机产品的计划、分配、调拨，并对各级农机公司实行行业管理和业务指导。1980年，共有县以上国有农机公司2812个，县以下乡镇供应网点1.38万个，从业人员11.1万人，初步形成了网络健全、布局合理、遍布全国的完整的农机供应服务系统。

（三）稳定发展期（1981—1995年）

1981年到1995年的15年是全国农机公司系统一个发展比较稳定的时期，全国农机公司系统县以上农机公司数量基本保持在2650个左右，其中1981年2671个，1995年2674个，基本是每县一个国营农机公司。但各级农机公司归口管理比较混杂，有的归口物资部门，有的归口机械部门，还有的归口农业部门，等等。

这一时期，随着全国农机公司系统优质服务活动全面深入地开展，农机公司系统的销售服务功能逐步得到强化，售前、售中、售后服务得到快速发展，县以上农机公司均设有三包维修服务中心，配有一定的检测维修设备和技术服务人员。农机公司系统销售总值一直占工业总产值的60% ~80%，是农机销售的主渠道。

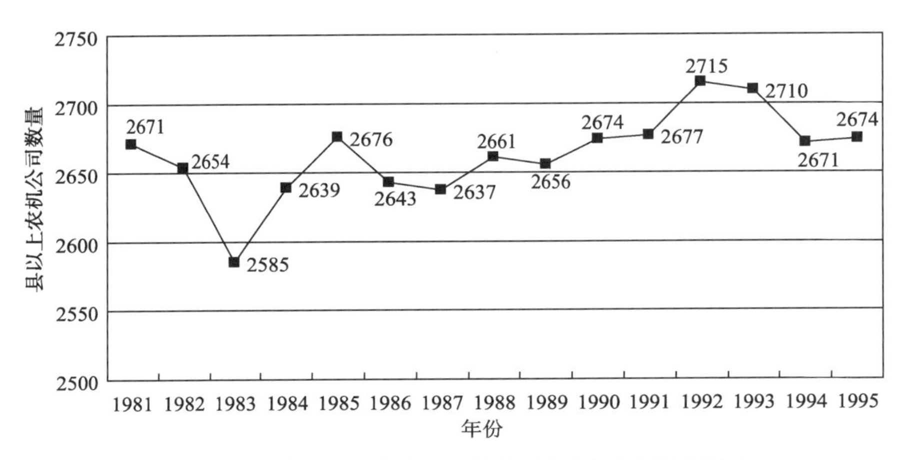

1981—1995 年全国农机公司系统县以上农机公司数量统计

（四）系统转型期（1996—2003 年）

这是一个国有机制转换而民营经济兴起的阶段。1996 年之后，随着国家经济体制改革的不断深入，市场经济的快速发展，国有农机公司的管理体制和经营方式越来越不适应时代的要求。在国家关于国有企业改革“抓大放小”和“国退民进”的政策引导下，国有经济成分逐步退出农机流通企业。国有农机公司有的破产关门，有的改制重组或分化，股份、民营、个体农机流通企业得以兴起和发展，农机公司系统流通格局从此打破，新的多元化的流通格局初步形成。

1996 年到 1999 年农机流通企业数量经历了一个递减时期。2000 年，国营农机公司迅速分化，民营、个体农机公司应运而生，全国农机流通企业数量达到 10213 个，是 1995 年的 4 倍。个体、民营农机流通企业多数是由原来国有农机公司退出的干部、职工成立的。原来一个国营农机公司的改制重组或解体，也许分化而生为多个体民营农机公司。经过 2001 年市场的自然淘汰和调整，2002 年农机流通企业数量减少到 5748 个，2002 年、2003 年、2004 年是历时 3 年的较平稳期，年均 5763 个，但仍为 1995 年的 2. 2 倍。

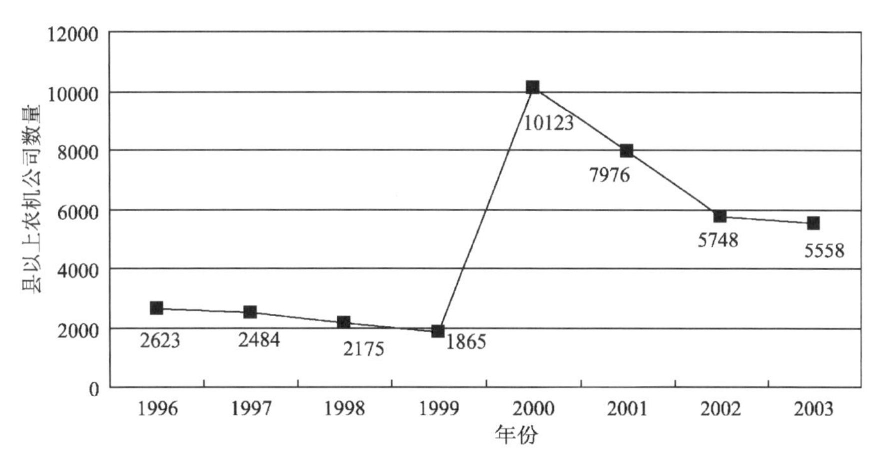

1996—2003 年全国农机公司系统县以上农机公司数量统计

（五）发展机遇期（2004—2015 年）

2004 年及以后，随着《中华人民共和国农业机械化促进法》的颁布实施，国家开始实行农机购置补贴，各级政府高度重视“三农”工作，农业机械化得到快速发展，农机流通行业迎来了前所未有的发展机遇。在发展机遇期，绝大部分国有农机公司完成了改制重组获得新生，如江苏苏欣农机连锁有限公司、黑龙江省农机有限责任公司等；新兴民营农机流通企业由于管理体制比较先进、经营机制非常灵活，很快发展起来，如吉峰农机连锁股份有限公司、安徽青园集团等；许多农机生产企业（集团）均组建了比较强势的市场营销部门（公司）；连锁、代理、配送、电子商务、二手农机以及品牌店、形象店、农机有形市场等新的流通方式蓬勃发展。这期间流通企业及其从业人数猛增，从 2004 年的 5983 家、52921 人增长到 2015 年的 12336 家、104122 人。

（六）转型升级期（2016 年至今）

农机行业连续 10 余年的高速发展，无疑促进了农机流通事业的发展，但同时也带来了农机流通行业发展的不确定性，总的来看，2016 年进入转型升级期。农机流通企业将从单纯的销售商或者销售服务商向服务销售商、综合服务商转型，同时向上、下游延伸。上游与制造企业加强联合，有效进行营销、服务网络整合，发展既适应制造企业需要，又符合自身特点的营销模式服务网络；在做好营销和服务的基础上，下游要适应农业“规模化”要求，探索“全程机械化 + 农事服务”，为农户提供“一站式”服务。

二、我国农机流通行业现状及发展趋势

（一）流通主体不断壮大

农机流通企业及从业人员数量。农机流通行业形成了以民营和股份制企业为流通主体的格局，全国只有屈指可数的几家国有农机流通企业。据统计，自购机补贴政策实施以来，我国具有法人资格的农机流通企业及其从业人员数量持续增长。从计划经济时期的2000多家农机流通企业到2003年的5558家，2012年突破万家，2017年为13182家，是2003年的近2.5倍。从业人员2003年为58866人，2013年突破10万人，2016年10.57万人，年均增长5.8%，2017年有所下降，为92150人。长期以来，平均每家企业不足10个人。

农机经销点及其从业人员数量。农机经销点（指农机流通企业设立的农业机械经销门市部和经销店，以及个体工商户，包括农机大市场内的经销铺面）数量增长速度相对平稳，2003年为70114家，2017年为80614家，但从2014年起逐年缓慢减少。从业人员2003年为136605人，2016年为176870人，2017年有所下降，为173833人。

（二）基本形成了以制造企业为主导的代理制销售网络

农机流通渠道虽有厂家直销或电商平台直销等形式，但农机流通行业仍然是农机产品流通的主渠道。各农机制造企业产品的销售仍然是以农机流通企业（农机经销商）经销/代理为主，而主流农机制造企业主要实行代理制，即农机制造企业按区域划分市场，设立一级经销商（一级代理）、二级经销商（二级代理），产品流向为制造企业——级代理—二级代理—用户。由于各生产企业特别是互相竞争较强的企业都有各自的渠道，路径基本不重合，所以大多数经销商只代理某个品牌，或代理相互不存在竞争的品牌。

（三）销售服务一体化模式逐步建立

近年来，逐步建立了农机制造企业委托经销商进行三包服务，实行销售服务一体化的模式。大多数农机制造企业特别是大型企业在授权经销商代理产品销售时，将三包服务同时委托给经销商（主要是一级经销商），由经销商在其销售区域内就近就地进行三包服务，要求高的延伸到用户培训、用户指导服务。为做好

三包服务，制造企业需要对经销商服务人员进行培训，流通企业需要配备服务人员、服务车辆、维修场地和设备等。经营较好的流通企业服务人员的比例在30%以上。就农机流通企业而言，面对行业激烈的竞争，农机流通企业（经销商）的存在就是经销权/代理权的争取，经销权/代理权的争取靠的是稳定的销售渠道，稳定的销售渠道甚或扩展销售渠道靠的是服务。农机流通企业的销售渠道是稳定的，终端是完整的，服务是极致的，企业是过硬的，才会获得厂家和用户的信任和倚靠。服务已经成为企业打造差异化竞争优势，提升品牌知名度、认知度和美誉度的重要手段。

（四）多种农机流通模式并存发展

多功能的农机品牌经销店/农机品牌形象店

我国农机品牌经销店建设从探索到尝试再到推进发展已历经了十几年。随着农机产品市场集中度逐步提高，高性能、大中型农机产品不断增多，农机生产企业和流通企业重视品牌战略，重视销售终端形象和服务质量，着力推行由农机制造企业授权，具有整机销售、配件供应、售后服务、信息反馈、技术培训“五位一体”功能的农机品牌经销店营销模式。

农机品牌形象店也是由生产企业牵头建立并扶持发展起来的品牌代理店，也只销售同一品牌的产品，但店面形象和功能比品牌店要求要低些。

农机连锁经营发展

我国农机连锁经营是在农机行业十年黄金期间发展起来的。有关农机流通企业实施农机流通品牌经营服务战略，并以流通服务品牌发展连锁经营、创建经营网络，实现规模化、专业化、规范化、标准化的经营管理。目前比较典型的农机连锁经营企业有吉峰农机连锁有限公司、江苏苏欣农机连锁有限公司。

农机交易市场发展

农机交易市场兴起于20世纪90年代，近十几年发展较快，已经成为我国农机流通领域的重要业态之一。农机交易市场作为农机销售的集散地，其优势在于聚焦化、规模化和集约化，在活跃地方经济、方便农机批发零售、方便农民选择和购买农机及规范市场行为等方面起到了较好的作用。

（吴军旗执笔）

农机试验鉴定

——农业机械化的支撑和保障

农业农村部农机试验鉴定总站

中国农机试验鉴定事业是伴随着共和国农业机械化和现代化进程而产生、提高、变革和协调发展的，符合国情、具有中国特色的农机试验鉴定的农机质量管理体系，为农业机械化事业提供技术支撑和保障，为农业和农机化发展做出了重要贡献。

一、农机试验鉴定工作发展历程

我国农机试验鉴定工作开始于20世纪50年代初期。随着国家的政策调整和改革发展，农机试验鉴定工作经历了初建、徘徊停滞、调整恢复、巩固提高、探索创新、依法推进、协调提升几个阶段。

（一）初建阶段（1951—1957年）

中华人民共和国建立初期，为使推广的农具能适应各地农业技术要求，农业部于1951年成立“农具试验鉴定组”，直属农业部农政司农具处领导，负责全国农具试验鉴定工作，并在河北、山西、山东、河南、陕西、江苏6省设立了10个“特约农具试验鉴定组”，作为区域性试验基地。1954年7月，农业部、一机部和全国供销合作总社联合召开了第一次全国新式畜力农具工作会议，要求农业部门必须配合设计制造部门进行试验鉴定，未经鉴定合格的农具不得制造推广。1955年5月，农业部下发关于加强新式畜力农具推广工作的指示，要求认真贯彻先试验鉴定后推广的原则。1955年7月，农业部等部门联合召开第二次全国新式农具工作会议，讨论通过了《农具试验站工作规程（草案）》。1955 年 11 月，农业部、三机部等部门联合召开第三次全国新式农具工作会议，指出农业部门必须加强农具试验鉴定工作的组织领导，设立必要的试验机构，配备人员和设备，制定统一的试验鉴定标准；提出了“加强新式农具试验鉴定工作的意见”，明确了鉴定工作方式和鉴定任务；明确了完成任务的措施（包括机构、人员、经费）和发展鉴定站规划，将部属农具试验鉴定组扩建为农业部农机试验鉴定站，并由初建时的 4 人增加到 26 人。1957 年 12 月，国家经委、水利部、农业部等联合召开“全国农田排灌机械和农业机械化会议”，提出了“加强农业机械试验鉴定工作的意见”，明确农机试验鉴定的任务是鉴定农业机械是否适应当地农业技术要求，并对机具进行经济性分析，为推广提供依据；重申一种新式农具推广之前，须试制若干台送鉴定单位进行试验鉴定，未经鉴定合格者，不得投入生产或引进。根据会议精神，农业部加强了部农机鉴定站建设，并选定黑龙江、内蒙古、河南、甘肃、江苏、江西、广东、四川 8 个省（区）农机鉴定站，拨专款扩建成地区农机试验鉴定中心站，作为协作区内几个省的农机鉴定中心。

截至 1957 年底，全国有 69 个农机试验鉴定站（组）。这一阶段农机试验鉴定工作是与新式农具推广工作结合进行的，主要鉴定了各种步犁、双轮双铧犁等 30 多种新式机具。农业部农机试验鉴定站组织编写了《农业机械试验鉴定通则》，以及犁、耙、播种机等农机具试验鉴定办法，为农机鉴定工作奠定了基础。

（二）徘徊停滞期（1958—1971 年）

1958 年，农机试验鉴定工作转向为农具展览会和评比选型现场会服务，用现场评比的方法取代了试验鉴定。在三年困难时期，全国大多数农业机构试验鉴定站在调整中被合并或撤销，农业部农机试验鉴定站由 70 人减少到 8 人。1963 年，根据周恩来总理“鉴定工作很重要，应该加强，人员编制要精”的指示精神，农业部农机试验鉴定站增加到 25 人，各地也逐步恢复建站。同年 4 月，农业部农机管理局召开第一次全国农机鉴定工作会议。会议确定今后农机鉴定工作必须贯彻执行“一定（定任务）、二准（测试数据准、鉴定结论准）、三结合（主管部门、鉴定部门、群众）”的工作方针。同年 5 月，农业部下发了《关于加强农业机械试验鉴定工作的通知》。1964 年 1 月，农业部农机管理局印发了

《农业机械试验鉴定站工作规程（草案）》。1965 年，农业部农机管理局召开了第二次全国农机鉴定工作会议。同年 4 月，中央决定把农机使用管理工作划归八机部，原农业部农机管理局和农机试验鉴定站归八机部领导。

截至 1965 年底，全国共有农机试验鉴定机构 42 个。这一阶段，农业部农机鉴定站协同中国农机化研究院重新编写了《农业机械试验鉴定通则》及犁、耙、播种机等机具的试验大纲、试验方法等 15 种规程。1966 年，鉴定业务停滞，1967 年以后，全国大多数农业机械试验鉴定机构相继被撤销，试验鉴定工作基本被取消。

（三）调整恢复阶段（1972—1982 年）

1971 年 8 月，国务院召开第二次全国农业机械化工作会议，拟定了《全国农业机械化发展规划（草案）》，部分省区陆续恢复重建农机试验鉴定站。1978 年，国务院批准恢复部属农机鉴定站，改名为“农林部农业机械试验鉴定站”。农机试验鉴定系统恢复建设得到了各级政府的重视和加强。1980 年 4 月，国家对外经济联合部报中央批准了利用联合国开发计划署援款项目的报告，签署了建设“中国农机试验中心”协议，决定把总站建设成为综合性的农机试验中心。1982 年 8 月，农牧渔业部农机化管理局在山东省崂山县召开第三次全国农机鉴定工作会议，讨论通过了《中华人民共和国农牧渔业部农业机械鉴定工作条例（试行）》。

这一阶段，先后有 26 个省（区、市）相继恢复建设项目或新建了省级农机试验鉴定站。截至 1982 年底，全国农机试验鉴定站总数达到 28 个（包括总站、黑龙江农垦农机鉴定站）。全国农机鉴定系统基本恢复建成。1981 年，总站承担了《农业机械实验条件测定办法一般规定》和《农业机械生产工艺试验方法》两项国家标准制定项目。1982 年底，全国农机鉴定推广科技情报网成立。各省鉴定站对各种农机具的选型试验和统型设计，对简化机型，促进农机产品质量提高，发挥了良好作用。

（四）巩固提高阶段（1983—1996 年）

《中华人民共和国农牧渔业部农业机械鉴定工作条例（试行）》于 1983 年 1 月 1 日起施行，确立了我国农业机械推广许可证制度。农机试验鉴定工作首次具有部门规章作为依据，以此为里程碑，进入了巩固提高阶段。1983 年 12 月，农牧渔业部和机械工业部联合发出《关于严格控制产品质量，加强农机产品鉴定工作的联合通知》，责成各级农机试验鉴定站对生产量大、使用面广的农机产品进行鉴定；从1984年开始对手扶拖拉机、小四轮拖拉机、小型柴油机和小型脱粒机进行鉴定。1984年2月，总站在北京召开第一次全国农机鉴定站站长会议，明确为了严格控制农机产品质量，加强农机试验鉴定工作是非常重要的措施。会议讨论贯彻两部委联合通知的实施办法和有关试验鉴定大纲。以“四小机”推广鉴定为起点，农机鉴定工作出现了快速发展的新局面。1985年11月，农牧渔业部农机化管理局组织召开第四次全国农机鉴定工作会议，研究农机试验鉴定系统自身建设和深化改革的问题，会后，农牧渔业部印发了《关于加强农业机械试验鉴定工作的意见》和《农牧渔业部农业机械鉴定工作条例（试行）实施细则》。农业机械推广许可证制度成为农机质量安全监管的重要手段。从“四小机”推广鉴定开始发展到包括农牧渔业的50多种农机产品，均开展了推广鉴定工作。农业机械推广许可证章菱形标志逐渐成为农民选购农业机械的依据。总站于1988年加入经济合作与发展组织（OECD）农林拖拉机官方试验标准规则组织，成立农林拖拉机官方试验标准规则认可实验室；1989年成立“国家进出口商品检验局农业机械认可试验室”。1993年，中国农机鉴定检测协会成立，多个农机具质量监督检验中心和标准化委员会相继成立。

（五）探索创新阶段（1997—2003年）

1997年，农业部根据《中华人民共和国行政处罚法》的规定，对《农牧渔业部农业机械鉴定工作条例（试行）》进行修订。1998年11月，总站召开了第五次全国农机鉴定站站长会议。会议研究推广鉴定工作如何适应市场经济和新形势下农业和农村工作的要求，深化改革加快发展的措施。在加强系统建设上，明确提出省级鉴定站要走“专”和“全”结合的道路。要求从全国农机试验鉴定和质量检验实际出发，结合当地农业生产和农村经济发展的特点及自身优势，确定发展目标和建设重点，使本单位在某类产品的检测能力达到国内领先水平，同时要具有一定水平的能为本省区域提供比较全面的农机产品鉴定、检测服务的能力。推动全国农机鉴定系统建立一个优势互补、功能齐全的检测体系，扩大合作，优化布局，切实增强系统凝聚力。同时，全国农机产品质量投诉监督工作迅速发展，农机产品质量投诉体系逐步建立健全。1996年，成立了“中国消费者协会农机投诉站”，有力地维护了农机生产应用中的各方权益。从 1998 年开始，推广鉴定增加了“三包凭证”审查内容，突出对产品售后服务质量的要求。从 2001 年开始，先后制定了相关农机产品质量评价技术规范，试验鉴定从关注产品安全和性能，逐渐向突出适应性、安全、环保和服务水平的方向转变。同时，总站根据《检测和校准实验室认可规则》，从 2001 年开始组织实验室间能力比对活动，为检测技术能力分析和有效性评价提供了有益的参考。农机鉴定系统的业务范围逐步拓展到质量调查、试验选型、农机产品质量认证、职业技能鉴定指导、维修质量管理、标准体系建设、外事外经等多个方面。

（六）依法推进阶段（2004—2014 年）

2004 年 11 月 1 日实施的《中华人民共和国农业机械化促进法》明确了农机鉴定工作的法律地位，农机鉴定进入有法可依、依法鉴定的新阶段，在农机试验鉴定工作发展的历史上具有里程碑式的意义。2004 年，农业部对涉及行政许可的规章和规范性文件进行了清理和修订，决定将《农牧渔业部农业机械鉴定工作条例（试行）》更名为《农业机械试验鉴定办法》，“农业机械推广许可证”更名为“农业机械推广鉴定证”。农业部相继发布有关试验鉴定、能力认定、证书和标志管理、质量调查、质量投诉监督、维修管理等方面的部门规章，农机鉴定、质量监督法规体系基本建立。农机鉴定系统依法深化农机试验鉴定，开展农机先进性、适用性、安全性、可靠性研究。各地加大对农机试验鉴定软硬件设施

2005 年召开的农业部《农业机械试验鉴定办法》实施工作培训班暨全国农机试验鉴定站长工作会

设备投入，新增牵引试验负荷车等多种重要检测设备，检测水平进一步提高。同时，全国农机鉴定系统按照法规要求先后组织制修订《农业机械推广鉴定大纲》《小麦免耕播种机选型大纲》及相关标准 56 项，完善形成具有农机试验鉴定特色的技术体系。

农机鉴定系统依法整合系统资源，发挥优势互补，突出重点，农机推广鉴定作为社会公益性行为得到广大农民、企业和社会的广泛认同，特别是充分发挥了对购置补贴农机产品的质量把关和监督管理作用。全国初步建立起农业机械鉴定选型、农机产品质量认证、管理与监督调查、行业职业技能鉴定指导的质量管理体系。

（七）改革发展阶段（2015 年至今）

随着农机化发展形势和农机化需求的不断发展，以及国家相关改革的持续推进，新法规和新标准不断颁布实施，农机鉴定也不断得到改进和完善。2015 年，为了贯彻落实中央简政放权、转变政府职能的精神，围绕精简内容、简化程序、提高效率，服务实体经济，对《农业机械试验鉴定办法》和《农业机械推广鉴定实施办法》进行了修订，分别以部令和部公告发布，并将原来的实施办法及与之配套的规范性文件《农业机械试验鉴定机构能力认定办法》和《农业机械推广鉴定证书和标志管理办法》进行了合并。鉴定内容也进行了简化，章节和条款也随之进行了调整。2018 年，根据新修订的《中华人民共和国农业技术推广法》和国务院“放管服”改革精神，以及主动适应停征“农机产品测试检验费”的变化和有关要求，农机试验鉴定进一步深入改革。通过改革创新农机鉴定制度，转变农机鉴定方式，优化鉴定服务，增强农机鉴定有效供给。改革取消了部、省两级鉴定分级，鼓励和支持有资质的社会检验检测机构参与相应产品的农机鉴定工作，进一步明确农机化行政主管部门和农机鉴定机构的职责，加强事中事后监管，严惩违规失信行为，优化鉴定信息服务，建设全国统一的农机鉴定管理服务信息化平台，农机鉴定制度完成系统性、整体性的改革，确定了新阶段农机鉴定工作的发展方向，对新形势下农机鉴定工作发展具有极其重要的意义。

二、农机试验鉴定工作的发展成就

以总站为龙头的农机鉴定系统全面履行职责，在为农机化行政主管部门提供技术支撑、支持农机化技术的推广应用、引导农民正确选购和使用农机、提高农机产品质量、规范市场秩序、促进企业技术进步等方面发挥了重要作用，取得显著成就。集中表现在：

（一）建立了稳定成熟的试验鉴定制度体系

农机鉴定制度随着我国经济社会及农机化发展的步伐，适应国家各项改革要求和新时代需求，与时俱进，不断改革完善，构建形成了包含法律规章、管理制度、作业指南三个层次的具有中国特色的、成熟完善的农机产品试验鉴定制度体系，得到了社会各界的认可。

（二）形成了完整的鉴定组织体系和鉴定能力

目前有省级以上农机鉴定机构 35 个，覆盖了中国大陆除西藏自治区外所有省、自治区和直辖市，形成了比较完整的农机鉴定组织体系。通过多层次、多方位的国际技术交流与合作，与国际接轨，推进了农机鉴定检测技术的创新和应用，促进了农机化和试验鉴定水平的提高。农机鉴定按照“补短板、提能力、强支撑”的要求，鉴定能力和鉴定范围已覆盖农机购置补贴产品的全部品目。农机鉴定项目完成周期平均为 3 ～4 个月，建成全国农机试验鉴定管理服务信息化平台，累计网络注册 2900 多家企业和申报 7100 多个鉴定项目，工作效率显著提高。

（三）建立了完善的标准技术体系

农业机械化标准化工作起步于 20 世纪 50 年代。1995 年，全国农业机械标准化技术委员会农业机械化分技术委员会成立，标志着农业机械化标准化工作步入正轨。2004 年，《中华人民共和国农业机械化促进法》发布，农业机械化标准化建设步伐明显加快。2009 年，《农业机械化标准体系建设规划（2010—2015）》发布实施，明确了农业机械化标准体系由基础标准、技术标准和管理标准三部分组成。2015 年以来，农机化标准体系进一步持续优化。至 2018 年底，农机化领域现行国家标准达到 14 项，农业行业标准达到 331 项，基本覆盖农机化发展的各个方面。

（四）发挥了有力的技术支撑和服务保障作用

农机鉴定和农机化质量工作紧随农机化发展需求，全国每年完成的鉴定产品数量超过 5000 个。其中，已累计完成部级（国家支持的）推广鉴定项目 20200

余个，颁发证书16887张。“农业机械推广鉴定”菱形标志，已成为农民选购农机产品的重要依据，有效引导了新产品的推广应用，得到了广大农机用户和企业的认可。同时，农机鉴定结果为实施购机补贴政策所采信，为保障补贴政策的实施发挥了技术支撑作用；农机鉴定还与质量监督、农机维修等一起共同促进了农机产品、服务质量及安全水平的提高，为农机化持续健康发展提供了强有力的技术支撑和服务保障。

（五）构建了质量监督等业务协同发展的机制

与鉴定工作一道，农机质量调查、质量投诉、质量认证等工作也都分别建立了比较完整的工作机制，并且都取得了显著的工作成效。2008年以来，依据《中华人民共和国农业机械化促进法》《农业机械质量调查办法》，由省级以上农机化行政主管部门组织、农机鉴定机构具体实施，对在用特定种类农业机械产品的安全性、可靠性、适用性和售后服务状况进行调查，主要涉及拖拉机、玉米收获机、水稻插秧机、谷物干燥机等20多种产品。截至2018年底，已开展14次部级质量调查，涉及19种产品。有20多个省（区、市）也陆续开展省级调查。通过公布调查结果和提出改进意见及建议，促进企业创新改进、提升产品质量，推动行业健康发展。加强农机投诉监督体系建设，依据《农业机械产品修理、更换、退货规定》《农业机械质量投诉监督管理办法》，按照“属地管理、就近处理、首问负责、无偿服务”的原则，受理和处理农机产品质量投诉，维护农民合法权益。农机强制性产品认证和四种试点的农机自愿性认证经农业农村部和财政部同意，被纳入农机购置补贴产品资质中，拓展了购置补贴产品的资质渠道。这些工作互相融合、互相促进，共同保障了农机化高效优质发展。

（六）建立了完整的农机维修管理和职业技能鉴定体系

农机维修管理工作是农机化工作的重要组成部分。2006年5月10日《农业机械维修管理规定》发布实施，经过几次调整，2019年4月25日农业农村部进一步修改了《农业机械维修管理规定》部分条款，农机维修监督管理进入加强事中事后监管的新时代。农机鉴定总站面对管理方式的变革，创新农机维修监督管理模式，从源头上开展农机生产企业维修能力评价，有效提高了企业售后服务意识和保障能力。指导各地开展农机修理工职业技能鉴定，弘扬了“劳模精神”和“工匠精神”，鉴定农机修理工3.5万人，其中获得高级工以上职业资格4979

人，促进了农业农村技能人才队伍建设。

三、发展展望

我国农机试验鉴定60年发展的历史充分说明，农机试验鉴定工作是复杂的技术发展过程，是适应经济发展和社会发展的过程。在经济全球化农业现代化迅猛发展、技术革命日新月异的今天，农机试验鉴定的内涵和内容也在不断发展，精细化农业、信息化农业的发展，给农业机械化发展开辟了更为广阔的空间。农机试验鉴定的发展，已经为农业和农村经济发展打下了比较雄厚的技术和物质基础，也积累了比较成功的经验，特别是适合国情的中国特色的农机试验鉴定工作发展道路，是我国农机试验鉴定发展的风向标。随着农机化发展进入高级阶段，在农机鉴定发展的进程中还存在许多亟待解决的困难、问题和矛盾，农机鉴定系统将对自身问题和外部环境保持清醒的认识，逐步加以解决，以保证农机鉴定工作可持续发展。

在新的历史时期，农机鉴定工作将深刻领会习近平总书记提出的要“大力推进农业机械化、智能化，给农业现代化插上科技的翅膀”的新时期农机化发展的新思想新论断。学习贯彻《国务院关于加快推进农业机械化和农机装备产业转型升级的指导意见》，牢固树立“创新、协调、绿色、开放、共享”的发展理念，围绕农业农村和农机化发展新任务新要求，继续聚焦主责主业，破除发展短板，强化支撑作用，不断改革完善制度和程序，激发新活力。农机鉴定系统将牢记鉴定人的使命，继续履职尽职，开创农机鉴定事业新篇章。

（刘旭、张传胜执笔）

我国农业机械标准化 70 年发展回顾

全国农业机械标准化技术委员会

农业是国民经济的基础，涉及国计民生的基本安全。农业机械直接为农业生产服务，我国农机行业的发展，经历了从无到有、从小到大的历程，我国已成为世界农机制造和使用第一大国。农机标准化活动始终伴随着农机事业的发展进程，成为支撑农机产业发展、促进行业进步的基础支撑和技术引领。目前我国已建立了由农业机械、拖拉机、低速汽车、饲料机械 4 个全国专业标准化技术委员会组成的农机标准化技术队伍，并形成了由 552 项国家标准、520 项机械行业标准构成的农机标准体系，这一农业机械标准化体系的产生和发展大体经历了 5 个阶段。

一、探索起步阶段（1955—1965 年）

1955 年，我国第一个五年计划开始，第一拖拉机制造厂在洛阳动工兴建，随着国外拖拉机及农机具的进口和技术引进，产生了我国农机标准化工作。当时农机制造行业主要参照苏联的标准体系开展标准化工作，企业标准起主导作用。1959 年 8 月农业机械部成立。1962 年国务院全体会议通过了《工农业产品和工程建设技术标准管理办法》后，农业机械部发布了代号为 NJ 的部颁标准《农业机械滚子传动链》《农业机械冲压钩式链条》等农机零部件标准。1963 年国家标准局召开了全国标准化工作会议，制定了标准化工作十年规划，将标准化工作纳入国家的规划中，使标准化工作走上了正轨。1963 年国家科委下文指定中国农业机械化科学研究院为全国农机行业标准化的核心机构、洛阳拖拉机研究所为全国拖拉机行业标准化的核心机构。从 1962 年到 1965 年，共制定拖拉机标准

28 项、农机具标准 26 项，大多属于拖拉机、小型农机具和基础零部件标准，这些标准奠定了我国农机标准化的基础，对当时农机行业产品生产和技术发展起到了指导性作用。

二、停滞、恢复阶段（1966—1978 年）

受“文化大革命”的影响，刚刚起步的农机标准化工作各项业务活动都无法按计划执行，农机标准化机构也进入全面停顿状态。1971 年 8 月，国务院在北京召开了全国农业机械化会议，提出了到 1980 年要基本实现农业机械化，要搞好农机标准化、通用化、系列化，要实行包换、包修、包退的制度。农机行业标准化机构开始恢复工作。农机行业科研和标准化工作者自力更生、因地制宜，配合农机产品质量整顿，结合进行各种试验验证工作，从 1975 年开始陆续制定了部颁标准《水田铧式犁》《水田耙》《旋耕机》《夹持式弓齿稻麦脱粒机》《稻麦脱粒机》《背负式弥雾喷粉机》《谷物联合收割机》《人力夹式水稻插秧机》，保证了农业生产上迫切需求的产品质量有了标准可循。为了保证产品零部件的通用互换和使用维修，又制修订了《农业机械切割器》《农机具产品编号规则》《锯齿轧花机、锯齿剥绒机肋条、隔圈、锯片》《喷雾机三缸活塞泵及零件》《纹杆式脱粒机滚筒》《脱粒机弓齿》等零部件标准和产品编号规则，同时还编制了《收获机械通用件图册》，提高了产品标准化、系列化、通用化程度，缩短了新产品设计试制周期。

1976 年，国家标准计量局、第一机械工业部、水利电力部联合成立农机“三化”委员会。1978 年 6 月 15 日，国务院决定成立全国农业机械标准化委员会，并要求各省、市、自治区建立农业机械标准化领导小组。1978 年，国家标准总局指定中国农业机械化科学研究院负责国际标准化组织 ISO/TC23“农林拖拉机和机械技术委员会”国内归口工作，指定洛阳拖拉机研究所负责国际标准化组织 ISO/TC23/SC4“农林拖拉机和机械拖拉机分技术委员会”、ISO/TC23/SC12“农林拖拉机和机械轮子分技术委员会”国内归口工作。1972 年至 1978 年期间，共制修订拖拉机标准 29 项，农机具标准 136 项。

三、加速推进阶段（1979—1989 年）

1979 年 7 月，国务院发布了《中华人民共和国标准化管理条例》，我国的标准化事业开始进入发展的快车道。农业机械部于 1979 年 7 月在北京召开全国农机标准化工作会议，会议讨论了企业和研究所标准化工作条例，落实了今后三年内农机标准化工作计划。1979 年 10 月 17 日，根据国务院办公室的通知，农机产品的标准化管理工作由农机部和国家标准总局共同负责，我国农机标准化事业开始进入加速推进阶段。1981 年，随着农村实行家庭联产承包责任制后，国家对农机工业的直接投入减少，开始允许农民自主购买和经营农机，农民逐步成为投资和经营农业机械的主体。为适应农业生产组织方式的重大变革，重点制定了《农用辊式磨粉机》《稻谷碾米机》《螺旋榨油机》《茶叶杀青机》《砻碾组合米机》《手动泵》《手扶拖拉机配套旋耕机》等小型农副产品加工机械和中小型农机产品标准。

为促进技术交流沟通和产品试验方法的统一，制定了一批术语和基础方法标准，如《挤奶器名词术语》《喷灌机械名词术语》《种植机械名词术语》《谷物收获机械名词术语》等，以及《农业机械试验条件测定方法的一般规定》《农业机械生产试验方法》《稻麦脱粒机试验方法》《单粒（精密）播种机试验方法》等。

20 世纪 80 年代初，国内在引进约翰·迪尔公司大中马力拖拉机、1000 系列联合收割机技术和菲亚特公司拖拉机技术时，出于对标准化工作的重视，派专职标准化人员参加了引进技术的标准化审查、出国考察及培训工作。1985 年，由中国农业机械化科学研究院、佳木斯联合收割机厂、开封联合收割机厂负责起草转化的 1000 系列联合收割机联合标准（KS），包括产品图样、技术文件、质量要求、试验方法及配套互换性共 51 项联合标准，由机械工业部农机工业局批准发布实施，充分体现了标准引领技术发展、推动行业技术全面应用的作用。

20 世纪 80 年代以来，为提高产品质量和技术水平，要求加速采用有关国际标准和国外先进标准，在产品创优、产品开发、鉴定和发放生产许可证等方面也提出了积极采用国际标准的要求。这期间，共有近 200 项农机标准是采用或参照采用 ISO/TC23 国际标准和国外先进标准制定的，促进了我国农机水平的提高，缩小了与国际水平的差距。

1986 年，机械工业部决定把各专业实行的产品质量分等规定纳入标准化管理，产品质量分等标准在产品质量升级、创优、发放生产许可证、企业升级等方面都起到了重要作用。按当时的规定，所有的国家标准和部颁标准都是技术法规。随着我国经济体制改革的发展，这种强制范围过宽的标准体系已经暴露出问题，影响到经济技术的发展。1989 年 4 月 1 日《中华人民共和国标准化法》颁布实施，标志着我国标准化工作由行政管理向法制管理转变。为贯彻实施标准化法，根据标准化法规定的属性和级别，对所有农机标准进行了全面的清理整顿工作，仅保留 GB 10395、GB 10396 系列安全标准为强制性标准，其余全为推荐性标准。

四、深入提升阶段（1990—2000 年）

随着标准化法的实施，标准化工作体制和管理模式从行政管理过渡到法制管理，从生产型标准转向贸易型标准，从强制性标准调整为推荐性标准，从标准技术法规向自愿性标准转变。1992 年依法对批准发布的农机机械工业现行国家标准、行业标准进行了清理，逐项重新确定标准级别和性质，废止了一批技术落后标准，改变了农机原有的单一强制性标准体制，为农机标准逐步与国际接轨、建立科学合理标准体系奠定了基础。随着市场经济的发展、农机标准管理体制的变化和技术进步，绝大多数 20 世纪七八十年代的标准都重新进行了修订，对于指导农机老产品整顿、新产品研制发展起到了积极作用，取得了重要的社会和经济效益。

1992 年 12 月国家技术监督局批复批准成立“全国农业机械标准化技术委员会（TC201）”，1995 年 10 月国家技术监督局批复批准成立“全国农业机械标准化技术委员会植保与清洗机械分技术委员会（TC201/SC1）”和“全国农业机械标准化技术委员会农业机械化分技术委员会（TC201/SC2）”，1998 年 3 月国家技术监督局批复批准成立“全国农用运输车标准化技术委员会（TC201）”，标志着我国农机标准化组织机构基本建立。1999 年国家机械工业局将使用 30 多年的农机行业（部）标准代号（NJ）和专业标准代号（ZB）重新按机械行业标准代号（JB）进行编号。

到 20 世纪末，在农机标准化工作者的努力下，农机标准化工作取得了长足的发展，经过标准的制定、修订、整合，建立并逐渐完善了我国农机标准体系。到 2000 年已经形成门类基本齐全、结构基本合理、体系基本完整的农机标准化框架。

五、全面发展阶段（2001 年至今）

21 世纪初，国家科技部明确提出“全面落实人才、专利和技术标准三大战略，切实推进重大科技专项工作”，从战略高度上重视技术标准工作。2004 年颁布实施了《中华人民共和国农业机械化促进法》，农机标准化进入 21 世纪全面发展阶段。这期间，重点从以下三方面做好标准化工作：

第一，坚持以标准服务国家战略、支撑行业发展、引领技术进步，满足农业和农机结构性改革需求。

随着我国农业机械化的快速发展，新技术、新装备推广应用步伐加快，机械深松、机械化秸秆还田、化肥深施、免耕播种、节水灌溉等一大批先进农机装备和技术投入使用，极大地促进了我国农机产品的更新换代，使我国农机产品的构成产生了较大变化，产品技术档次逐步提高，产品品种、规格不断增加。农机标准制修订以市场为导向，密切跟踪农机新产品与新技术成果，及时将国家科技开发成果、科研新产品的项目列入了标准制修订计划，制修订了《半喂入联合收割机》《棉花收获机》《根茬粉碎还田机》《铺膜播种机》《牧草免耕播种机》《甘蔗种植机》《残地膜回收机》《喷杆喷雾机》《果树剪枝机》《节水灌溉设备》等产品国家标准和行业标准。企业采用新发布的标准，促进了产品更新换代、质量水平提高，增强了企业的竞争能力及产品出口能力，不仅在许多第三世界国家的市场上继续占有优势之地，而且不断地进入一些较发达和发达国家的市场。

第二，强化农机安全标准的制修订工作，保障农民生命财产安全。

制修订了 GB 10395《农林机械安全》系列标准、GB 10396《农林拖拉机和机械安全标志》等 20 多项强制性国家标准，基本覆盖了我国现有的农业机械产品。在制修订的大部分农机产品标准中，合理引用规定了安全要求的强制性标准，或有针对性地规定产品的安全技术要求。这些标准的贯彻执行有力地保证了操作者和其他作业人员的人身安全，并最大限度地减少了造成人身伤害和危险事故的可能性。

第三，坚持国际化视野，积极参与国际标准化工作，推动农机市场全球一体化。

在全球一体化的大背景下，深化合作、减少技术壁垒、加强各国技术标准协调与互认，是全球标准化趋势。2010 年 1 月，由国机集团副总裁、中国农机院院长陈志率领的中国农机标准代表团赴美访问，签署了中美农机标准合作与互认的“中国农机学会与美国农业生物工程师学会农业标准合作谅解备忘录”。通过承办和参加各类国际标准会议，提升了我国在 ISO/TC23 国际标准化组织中的地位与影响力，加强了我国与 ISO/TC23 各成员国之间的交流和合作，为我国进一步开展农机国际标准工作发挥了良好的促进作用。农机现行国际标准 295 项，已采用 ISO 标准 225 项，其中等同采用 130 项，修改采用 95 项，不转化 7 项，占应转化 ISO 标准总数的 78. 1% 。

站在新起点，广大农机标准化工作者，不忘初心，牢记使命，进一步深入贯彻习近平总书记关于“大力推进农业机械化、智能化”的重要论述，推动落实国务院 2018 年 42 号《关于加快推进农业机械化和农机装备产业转型升级的指导意见》文件精神，以标准化工作的与时俱进和不断创新，推进农业机械化、智能化，促进农机装备产业转型升级，推进乡村全面振兴。

（陈俊宝执笔）

农机认证助力农机化事业发展

农业农村部农机试验鉴定总站

2018年《国务院关于加快推进农业机械化和农机装备产业转型升级的指导意见》中明确指出，“没有农业机械化，就没有农业农村现代化”。农机认证是国际通行的产品评价方法，回顾中国农机认证筚路蓝缕的发展历程，有助于我们认识和理解农机认证在农机化发展过程中的重要保障和技术支撑作用。

一、农机认证体系创立阶段（1992—2001年）

1992年9月，农业部农机试验鉴定总站（以下简称鉴定总站）根据当时我国农机发展形势，启动了构建农机认证制度可行性调研，并于1993年向农业部提出组建“农机产品质量认证委员会”的建议。1994年7月，农业部农机化司组建了“中国农业机械质量认证委员会筹备小组”，并在鉴定总站设立了“农业机械质量认证委员会筹备办公室”。

1995年12月，筹备小组和筹备办公室完成了申请授权组建“中国农机产品质量认证委员会”论证报告，向国家技术监督局正式提出了“关于申请授权组建中国农机产品质量认证委员会的函”，并得到了同意。1997年6月，国家技术监督局、农业部和机械工业部三方共同议定，由农业部牵头共同筹建农机产品质量认证机构，明确了组建的机构设置和人员配备框架。同月，农业部批复同意在鉴定总站组建中国农机产品质量认证中心，明确了认证中心的主要职责任务。1997年12月，农业部批准成立中国农机产品质量认证管委会暨中国农机产品质量认证中心。

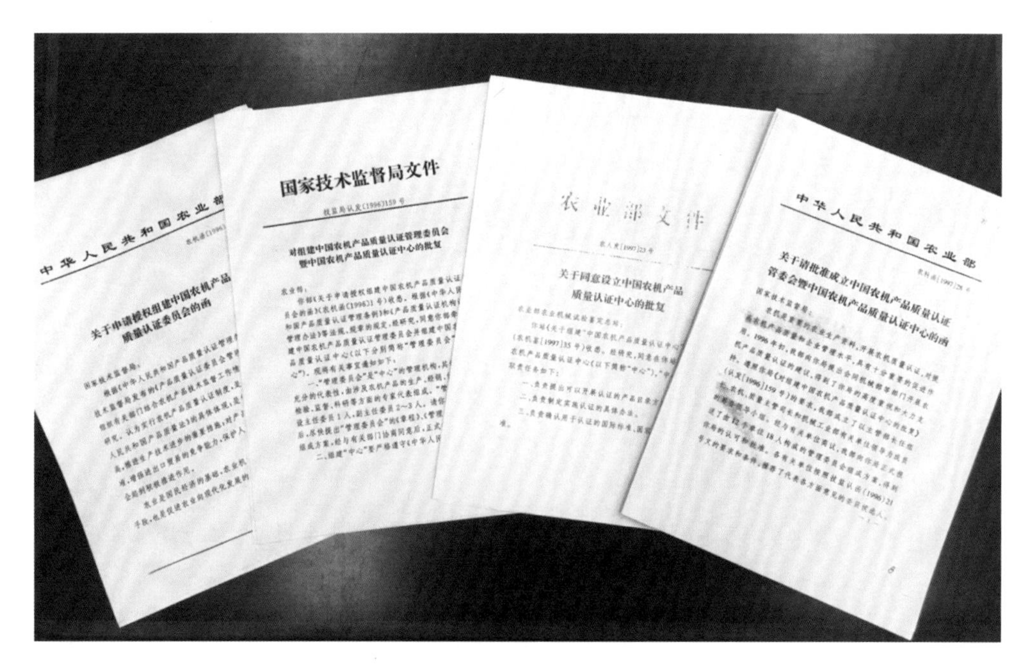

有关成立“中国农机产品质量认证管委会暨中国农机产品质量认证中心”的请示及批示

1998 年 4 月 28 日，中国农机产品质量认证管理委员会暨中国农机产品质量认证中心在北京正式成立，标志着我国农机认证制度正式实施。农机认证制度的落地实施丰富了农业部对农业生产资料综合质量的监管手段，为农机认证对农机化发展的技术支撑打下了扎实的基础。

1998 年 7 月，农业部发文明确中国农机产品质量认证中心性质为农业部事业单位，挂靠鉴定总站。认证中心是管理委员会领导下的工作实体，是农机认证的执行机构。中国农机产品质量认证管理委员会是我国实施农机产品质量认证制度的领导机构，负责向国家质量技术监督局提出可开展认证的产品目录方案、审议认证中心正副主任人选、批准认证中心年度工作计划、处理对认证中心的投诉等重大事项，管理委员会由农业部牵头，国家机械工业局、国家质量技术监督局、国家国内贸易局等部门共同组建。

1998 年，认证中心初步完成了硬件、软件两方面建设，组织编制了《中国农业机械质量认证管理委员会章程》《农业机械产品质量认证管理办法》等文件，编报了第一批农机认证产品目录和认证用实施规则等一系列文件。原国家技术监督局于 1999 年 3 月批准发布了第一批实施质量认证的农机产品目录，确定了农机质量认证的业务范围。

中国农机产品质量认证中心的建立开创了农机认证工作的新局面，初步建立了农机认证的基础性管理制度。根据当时行业管理的要求，产品认证机构必须经过上级主管部门的批准才能开展业务。认证中心取得开展认证活动的业务范围包括 4 类 12 种产品的安全认证和 13 类 45 种产品的合格认证，认证产品基本覆盖了农机制造行业的主要产品种类。

认证中心依据国际认可准则和中国产品质量认证机构国家认可委员会（CNACP）的导则要求，于 1999 年建立了文件化的质量管理体系。这些文件包括了质量手册和 22 个程序文件，规定了开展认证工作的质量方针、质量目标和工作程序。认证中心于 2000 年 6 月通过了中国产品质量认证机构国家认可委员会的认可评审，这也是农业部系统第一家通过认可的产品认证机构。

为确保农机认证活动按国际通行准则运行，认证中心积极推进审核员队伍和检验机构网络建设，与国家认可的鉴定总站、上内所、洛拖所、农机院等 12 家农机实验室签订了分包协议，涵盖拖拉机、内燃机、植保机械、水田机械、水泵机械等主要农业机械，与国际惯例接轨的农机认证制度稳妥运行。到 2001 年底，共有 16 家生产企业获得合格认证，3 家企业获得安全认证，这些认证覆盖柴油机、轮式拖拉机、手扶拖拉机、锄草机、植保机械、旋耕机等生产企业。

二、农机认证业务拓展阶段（2002—2007 年）

2002 年，背负式植保机械被纳入首批实施强制性产品认证目录。根据国家关于加强对认证机构监督管理的要求，为承接强制性产品认证业务，鉴定总站根据农业部有关企业设立和管理的要求，按照“产权清晰、权责明确、事企分开、管理科学”的原则，决定在中国农机产品质量认证中心下设国有企业性质的“北京东方凯姆质量认证中心”，开展认证活动。2003 年 4 月，北京东方凯姆质量认证中心进行了国有企业性质的企业注册，同时成为被国家认监委指定的首批十家从事强制性产品认证的专业机构之一。

2003 年 5 月 1 日，背负式植保机械实施强制性认证正式实施。认证中心的周密、高效组织，保障了强制性认证的有效实施。到 2005 年底，申请认证的企业增加至 235 家，总计完成发放认证证书 237 张，农机强制性认证业务得到了快速发展。

2006年，在农业部和国家认证认可监督管理委员会的大力支持下，农机强制性产品认证扩项工作取得了重大突破，中小功率轮式拖拉机和所有植保机械都被纳入强制性产品认证制度管理范围，认证中心继续被指定为实施农机强制性认证的指定机构。

2007年4月，认证中心取得了一般工业产品质量管理体系认证的资格，开始了在新认证领域中的探索。至此，认证中心具备了强制性产品认证、自愿性产品认证、体系认证三种资质，可以一次审核发三种认证证书，既节约了企业认证成本又实现向企业提供多种认证服务。到2007年底，申请认证的企业增加至319家，总计完成发放认证证书283张。

三、农机认证业务巩固提升阶段（2008—2018年）

2008年2月，国家认监委和农业部联合发布《关于重申中小功率轮式拖拉机和植物保护机械实施强制性产品认证有关事宜的公告》，要求自2008年5月起，凡列入强制性产品认证目录内的农机产品，必须获得强制性产品认证证书并加施强制性产品认证标志后，方可出厂、销售、进口或在其他经营活动中使用。

2008年3月，农业部发布了《关于做好农业机械强制性认证产品管理工作的通知》，进一步明确农业机械强制性产品认证范围，严格农机强制性认证产品的管理，积极促进生产企业进行强制性产品认证。到2008年底，申请认证的企业增加至335家，总计完成发放认证证书498张。

党的十八大以来，以“放管服”改革为主线，强制性产品认证制度的各项改革工作陆续推进，2016年新增一家农机产品强制性认证指定机构，给了企业更多选择。面对农机认证发展的形势和任务，农机认证机构认真贯彻落实《认证认可条例》《认证机构管理办法》等法规，协调推进认证规范管理，强化认证服务，到2017年底，申请认证的企业有459家，有效认证证书743张，为推进农业机械化全面、健康地发展做出了应有的贡献。

2018年1月，国务院发布《关于加强质量认证体系建设，促进全面质量管理的意见》，意见要求要完善强制性与自愿性产品认证制度。

2018年2月22日，农业部、财政部联合印发了《2018—2020年农机购置补贴实施指导意见》，同年3月14日，农业部办公厅、国家认监委办公室联合印发了《关于做好中央财政农机购置补贴机具资质采信农机产品认证结果工作的通知》，明确规定在农机购置补贴实施过程中，政府可直接采信纳入强制性认证目录的中小功率轮式拖拉机和植保机械的强制性产品认证结果，并开展对100马力以下轮式拖拉机、甘蔗收获机、旋耕机、微耕机4种农机产品自愿性产品认证结果采信的试点工作。农机认证结果被农机购置补贴机具资质采信，标志着农机认证结果政府采信工作迈开了实质性和突破性一步。

农机试验鉴定总站发布通知，明确自2019年6月30日正式启用“认证结果信息公开模块”，农机购置补贴实施部门可从平台进行资质采信认证信息数据抓取，这标志着购机补贴机具资质采信强制性产品认证结果政策正式落地实施。

2018年11月21日，国家认监委、农业农村部联合发布《农机自愿性产品认证实施规则通用要求》，标志着农机购置补贴机具资质采信农机产品自愿性认证结果工作正式开展。目前认证机构已经完成了自愿性产品认证试点产品相关实施细则及配套文件的制修订工作。农机购机补贴机具资质采信自愿性产品认证结果正在有序推进。

2018年12月21日，国务院发布《国务院关于加快推进农业机械化和农机装备产业转型升级的指导意见》，明确指出“对涉及人身安全的产品依法实施强制性产品认证，大力推动农机装备产品自愿性认证，推进农机购置补贴机具资质采信农机产品认证结果。”购机补贴机具资质采信认证结果写入政府工作指导意见，充分体现了农机认证为政府部门提供认证技术支撑的作用，为进一步推动农机认证工作健康稳定发展奠定了重要基础。

新的历史时期，农机认证工作将贯彻落实《农机装备发展行动方案（2016—2025)》《国务院关于加快推进农业机械化和农机装备产业转型升级的指导意见》要求，围绕乡村振兴战略、农机化转型升级和绿色发展、农机购置补贴政策，发挥合格评定工具的作用，以强制性产品认证为基础，保农机产品安全底线；以自愿性产品认证为引领，拉高农机产品的质量和性能高线；以质量体系认证为支撑，提升农机企业产品和服务水平。要继续拓展业务范围，不断推进放管服改革，加强事中事后监管，严格防控各类风险，坚持依法依规认证、科学规范认证，切实提高认证有效性和时效性，为农机化发展提供有效的技术支撑，为实现农业农村现代化做出更大的贡献！

（邢子涛执笔）

农机安全监理事业发展60年

农业农村部农机推广总站

我国农机安全监理事业从无到有、从小到大，伴随着农业机械化的发展壮大，已逐步成长为农业机械化管理的重要力量，成为推动乡村振兴战略的重要保障。农机安全监理机构按照“安全第一、预防为主、综合治理”的工作方针，以预防和减少农机事故为目标，以提高农民安全生产意识为切入点，以关键生产环节、重点机具和重要农时为重点，着力提高农机驾驶操作人员水平，为农机化又好又快发展提供了有效的安全保障。从机务管理到监管服务，农机安全监理事业的发展历程始终为我国农业机械化保驾护航。

一、机务管理时期

1952年11月，农业部发布了《国营机械农场机务工作规章》，对机耕作业通则、机具使用、保养工作、安全规则等予以明确。1955年8月26日，农业部颁布《农业机器拖拉机站暂行机务规程》，进一步明确了拖拉机田间作业安全操作规程等。1978年4月15日，针对拖拉机数量增加、移动性强、作业范围扩大的特点，农林部印发《农村人民公社农业机械机务管理规章》，规定拖拉机驾驶员必须经县农机管理部门考核合格并发给田间驾驶证，取得田间驾驶证后，方可报考、领取公路（机动车）驾驶证，并规定机组要设安全员，公社农机站、大队农机队要建立群众性的安全生产组织，公社农机管理站要有兼职安全检查员和监理员，县以上农机管理部门要有专职安全监理员。

这一时期，农业机械作为重要的农业生产资料，实行国家、集体投资，国家、集体所有，国家、集体经营。国家通过行政命令和各种优惠政策，推动农业机械化事业的发展。

二、社会化管理时期

1984 年 2 月 27 日，国务院颁布《关于农民个人或联户购置机动车船和拖拉机经营运输业若干规定》，明确规定“农民个人或联户的农用拖拉机，由县、市以上农机监理部门负责检验，并办理报户（过户）、发牌证手续；其驾驶人员，必须按有关规定进行考试、考核，取得合格证照。”同年，农牧渔业部颁布《农用拖拉机及驾驶员安全监理规章》，明确“各省、直辖市、自治区负责农机管理的农牧渔业（机械）厅、局为拖拉机及驾驶员的安全监理主管部门，下设农机安全监理专管机构，负责本省、直辖市、自治区的农机安全监理工作；市（地区）、自治州、县各级均设置农机安全监理机关，在当地人民政府的农机管理部门领导下具体负责安全监理工作。”

这一时期，农业机械化进入全面发展时期，全国农机安全监理网络逐步完善，农机安全监理队伍不断壮大。到 1985 年底，全国已有 20 个省（自治区、直辖市）、280 多个地（市）、2200 多个县（旗、区）成立了农机安全监理机构，专职农机安全监理人员达 1.4 万人。

三、职能调整时期

1986 年 10 月 7 日，国务院印发《关于改革道路交通管理体制的通知》，针对拖拉机既从事农田作业又从事运输的特殊性，明确规定“除专门从事农田作业的拖拉机及其驾驶员由农业（农机）部门负责外，凡上道路行驶的专门从事运输和既从事农田作业又从事运输的拖拉机及驾驶员，由公安机关按机动车辆进行管理。”1987 年 9 月 2 日，公安、农牧渔业两部联合发出《关于农用拖拉机道路交通管理问题的通知》，落实国务院有关精神。

1993 年 1 月 1 日，农业部印发实施《农机安全监理员管理办法》，规定了农机安全监理人员的职业道德和岗位规范。1996 年 1 月 12 日，国家技术监督局批准发布《农业机械运行安全技术条件轮式拖拉机》等 13 项有关强制性标准。

从 1997 年 6 月开始，农业部在全国组织开展“文明监理、优质服务”示范窗口创建活动，并于 1998 年、2000 年和 2002 年分三批共公布了 288 个国家级示范窗口。

2001 年 6 月 1 日，农业部印发《关于加强农机安全监理工作的通知》，要求对包括农用运输车在内的农业机械实行全面的安全监理。2001 年，全国农用运输车拥有量达到 869 万辆，成为除拖拉机之外，纳入农机安全监理范围内的数量最多的农用运输机械。

这一时期，农业机械化主管部门适应国家道路交通管理体制改革的新形势，积极协调拖拉机道路交通管理工作，农机安全管理的职能和范围也随之处于调整之中。

四、依法管理时期

2004 年 5 月 1 日，《中华人民共和国道路交通安全法》实施，授权农业（农业机械）主管部门承担对上道路行驶的拖拉机登记、检验、核发牌证和对拖拉机驾驶员考试、发证的职责。农用运输车按低速载货汽车划归公安部门管理。2004 年 6 月 29 日，国务院印发《对确需保留的行政审批项目设定行政许可的决定》，“联合收割机及驾驶员牌照核发”被设为行政许可，由农业机械化行政主管部门行使许可权。2004 年 9 月 6 日，农业部公布《拖拉机驾驶证申领和使用规定》《拖拉机登记规定》。同年 11 月 1 日，《中华人民共和国农业机械化促进法》颁布实施。

2005 年，农业部农机监理总站印发《中国农机安全监理行业标识规范使用手册（VI 系统）》，加强农机安全监理行业形象建设，农机安全监理装备正规化、标准化和科学化建设进程稳步推进。

2006 年 8 月 17 日，国务院办公厅印发《安全生产“十一五”规划》，把农业机械安全纳入全国安全生产 13 个重点行业和领域。2006 年 10 月 26 日，农业部发布《联合收割机及驾驶人安全监理规定》。

2007 年 1 月 22 日，国务院安全生产委员会印发《关于下达 2007 年全国安全生产控制考核指标的通知》，第一次向地方政府下达农业机械事故控制考核指标。2007 年 2 月 23 日，农业部和中国保监会联合印发《关于切实做好拖拉机交强险实施工作的通知》，明确了各地拖拉机交通事故责任强制保险的基础费率标准。同年，“农机事故统计月报表”和“农业机械及驾驶（操作）人登记情况统计表”作为《农业机械化管理统计报表制度》的组成部分，纳入法定统计范畴。

2009 年 11 月 1 日，施行《农业机械安全监督管理条例》（以下简称《条例》）。《条例》建立健全了农业机械生产、销售、维修、使用操作、事故处理、监督管理等有关管理制度，构建了统一、完整的农业机械安全监督管理体系，为农业机械管理工作提供了法制保障。《条例》强化了拖拉机、联合收割机使用操作的安全管理，对拖拉机、联合收割机的驾驶操作人员执行资质管理；明确了对危及人身财产安全的农业机械进行免费实地安全检验，对在用特定种类农业机械实施安全鉴定和重点检查；规定了建立农业机械淘汰制度、危及人身财产安全的农业机械报废和回收制度；规范了农业机械事故处理程序，明确了各方面的法律责任。

2012 年 1 月 13 日，农业部印发了《关于贯彻落实农机安全监理惠农政策的通知》，要求各地贯彻落实好免费监理、政策性保险和免费实地安全检验等各项农机安全监理惠农政策。2012 年 7 月 22 日，国务院印发《关于加强道路交通安全工作的意见》，要求“深入开展平安农机创建活动，改善农村道路交通安全环境”，明确提出“完善农业机械安全监督管理体系，加强对农机安全监理机构的支持保障，积极推广应用农机安全技术，加强对拖拉机、联合收割机等农业机械的安全管理”，“强化政府投资对道路交通安全投入的引导和带动作用，将交警、运政、路政、农机监理各项经费按规定纳入政府预算”。

这一时期，全国基本构建了法律法规、规章及技术标准、规范程序相对完善的农机安全监理法规体系，农机安全监理工作进入了依法管理的新阶段。各地也加快了农机法制化进程，进一步明确了农机安全监理工作职责，强化了农机安全监理机构执法地位。

五、深化服务时期

党的十八大以来，中央做出了简政放权、放管结合、优化服务的重要部署。农机安全监理系统贯彻落实“放管服”改革要求，主动适应农机安全监管新形势，探索了一条以服务促监理的新思路。

2014 年 12 月 23 日，财政部、国家发展改革委印发《关于取消、停征和免征一批行政事业性收费的通知》，明确面向小微企业取消拖拉机号牌、行驶证费、登记证费、驾驶证费、安全技术检验费 5 项行政事业性收费，拉开了免费监理的序幕。2016 年 5 月，《财政部 国家发展改革委关于扩大 18 项行政事业性收费免征范围的通知》发布，将免征范围扩大到所有企业和个人，农机免费监理的时代正式来临。

2018 年 1 月 15 日，农业部部长签署了 2018 年第 1、2 号部令，公布了《拖拉机和联合收割机驾驶证管理规定》《拖拉机和联合收割机登记规定》两个部门规章。2018 年 2 月 5 日，农业部印发了新修订的拖拉机和联合收割机《驾驶证业务工作规范》和《登记业务工作规范》。2018 年 3 月，农业部发布第 2656 号公告，颁布了拖拉机和联合收割机《驾驶证》《行驶证》《登记证书》《检验合格标志》四项农业行业标准。农机安全监管法规体系趋于完善。2018 年 4 月，农业部农机监理总站印发了《农业安全监理业务数据交换技术要求》，统一规范了数据库建设标准，推进了省级农机安全监理业务信息平台的建设，推动了运用大数据、物联网、手机 APP 等信息手段办理业务，实现了“只进一扇门”“最多跑一次”等便民服务措施，实现了监管体系的规范化、服务化和信息化。

农机安全监理事业的发展从未脱离党和政府的领导，坚持依法行政、以人为本、为民服务、规范管理，农机安全监理事业才会得到健康发展。农机安全监理遵循政府主导的原则、依法依规办事的原则、深入服务的原则，是解决农民困难、促进安全生产、助推农民增收的关键。

如今，农业机械化现代化进入了新的发展阶段，信息化、精准化、大型化的农业机械得到了普遍应用，对农机安全监理工作提出了更高的要求。展望未来，农机安全监理任重而道远，需要更好地发挥对农机安全生产保驾护航的作用，不断开创农机安全生产工作新局面，为保障农机安全生产、发展现代农业、推动乡村振兴战略做出新的更大的贡献！

（花登峰，刘司法执笔）

中国农机领域的援外培训

中国农业机械化科学研究院

中华人民共和国成立以来，援外人力资源开发合作项目一直是我国对外交流不可或缺的组成部分，是开展“一带一路”建设对外援助的重要方式，是深化我国同发展中国家友好关系和经贸合作的重要手段。发展对外援助项目对于我国积极履行国际社会责任、提升我国国际声望、打造绿色的对外经济合作环境、促进“和谐世界”的构建等有着极为重要的作用。

农业是安天下、稳民心的战略产业。无论是发达国家，还是发展中国家，都高度重视并致力于农业的可持续发展。改革开放以来，我国农业工程得到迅速发展，很多实用技术适合发展中国家的需求，为广大发展中国家所认可。在国家“一带一路”倡议的引导下，在平等互利、成果共享和保护知识产权的原则下，通过援外人力资源开发合作的形式将这些实用技术介绍给广大发展中国家，有利于受援国从根本上摆脱贫困和落后，加快经济发展，造福于人民；有利于增强国际竞争力和抵御风险的能力，更好地参与经济全球化进程，维护经济利益和经济安全，提高在南北对话中的国际地位。

一、农机领域援外培训的意义

我国援外培训始于20世纪50年代，其与其他援助方式相辅相成，共同构成服务国家对外战略的重要途径。这是中国与世界分享进步与发展的一项伟大奉献，也是全体援外培训工作者辛勤绘制的一道壮丽彩虹。

我国农机领域的援外培训项目，首先是满足发展中国家争取发展本国农业的愿望。中国用占世界耕地总面积7%的土地养活了世界20%的人口，粮食自给率超过95%，中国的农业发展经验引起了国际社会的广泛关注。为此，受援国迫切希望中国政府帮助他们走进中国，学习先进的农业管理经验和农业生产技术，以达到促进本国农业生产发展，增加粮食和经济作物产量的目的。

农机领域的援外培训项目塑造了我国良好的国际形象。很多发展中国家对中国实际情况并不了解，受西方舆论影响，对我国发展情况和国际合作理念等均有不同程度的误解。援外培训项目为广大发展中国家认识了解中国、深入接触中国搭建了良好的沟通平台。农业是广大发展中国家的经济基础，发展农业工程，对稳定民生，促进社会和谐发展起了至关重要的作用。因此，开展农机领域援外培训是最好的切入点。通过这个平台，可以有效营造真实的舆论环境，消除相关国家对我国的误解和疑虑，让他们真切体会到，中国是负责任的大国，是在真心帮助他们，从而进一步提升我国的国际影响力。

农机领域的援外培训项目为农业“走出去”搭建良好的合作平台。“走出去”需要“天时、地利、人和”。“天时”“地利”很难改变，但“人和”可以创造。随着国家“一带一路”倡议和“走出去”战略的实施，越来越多的农业企业尝试走出国门，开拓海外市场，很多企业在广大发展中国家开展的互利合作越来越多。通过援外培训项目，可以与发展中国家深入接触交流，从而建立从政府部门到社会团体、从学术机构到公司企业的广泛客户群体和人脉网络，为中国农业“走出去”创造“人和”条件，搭建合作平台。

进入21世纪以来，我国援外项目发展出现了许多新的特点。一是技术援助的趋势明显，主要通过技术合作方式，开展派遣专家顾问、接受留学生实习生、人力资源开发培训等一系列援助活动。二是援外培训规模逐年扩大，坚持“重点在周边国家和非洲国家，兼顾其他地区和国家，适当向最不发达国家、重债国家和战略上、外交上有特殊需要的发展中国家倾斜”的援助对象发展方针。

二、农机领域援外培训的落实

在国家商务部的指导和支持下，中国农业机械化科学研究院（以下简称中国农机院）作为国家援外培训项目的骨干单位，自20世纪80年代起成功执行了150余期各类国家技术援外培训项目（包括农业机械化官员研修班、农机使用与维修技术班、农田水利与自动化培训班、农业机械化新技术推广培训班等培训项目），共有来自100多个发展中国家的3000余名农业官员及技术人员参加了培训，为我国农业机械与农产品加工领域科研、生产等活动搭建了面向多数发展中国家的国际贸易、投资和合作平台。

在这一过程中，积累了管理与运作经验，形成了一套行之有效的援外培训体系。

一是建立专业高效团队，确保项目实施成效。中国农机院建立了由中国农机院院长总负责，国际合作与外联部主管并具体执行的援外培训项目工作机制；打造了一支配合默契、外事服务工作干练、细致、周到的自上而下的项目管理和执行队伍，他们均具有过硬的专业素质和优秀的外语交流水平。通过多年来培训项目师资资源积累，中国农机院已建成具有行业特色的援外师资专家库。此外，中国农机院还不定期组织培训项目执行团队进行业务学习，邀请行业专家给予业务指导和培训，不断提升人员从业素质和工作能力。

二是建设先进的教学硬件。中国农机院总部办公楼拥有多个不同规模的多功能培训场地，配备先进、齐全的多媒体教学设备，丰富了授课方式和手段，使枯燥的理论学习生动化，让学员更容易理解和接受，从而提高了教学质量和效果。中国农机院同时配有学员专用计算机房，可供学员上网查阅资料及即时通信。

三是合理安排课程，凸显行业特色。培训项目前期，培训组会组织专家认真梳理培训内容，根据培训项目类别及各国学员具体信息精心安排专业课程。结合我国目前农机领域发展状况，课程的安排上集中体现了先进性和实用性两个方面。培训课程涵盖了我国乃至世界现阶段行业内最具代表性的新技术、新成果介绍；我国农业工程新技术发展的政策、法规、推广经验等。同时，考虑到各受援国的实际情况，将培训重点放在了课程的实用性上，安排的课程涉及的都是适宜广大发展中国家农业发展情况，且在我国比较成熟、稳定的新技术和新产品。为了丰富学员学习生活，还安排一些如中国文化介绍、在华生活常识、文化沙龙及技术需求交流会等形式新颖、颇具特色的课程。

四是安排实践考察活动，丰富培训内容。依托国机集团资源及中国农机院遍布全国的五大产业基地平台，还为学员有针对性地安排技术与休闲相结合的考察活动。安排学员参观中国农机院下属企业及农机行业具有代表性和针对性的农业装备制造企业和研究机构，为学员提供操作实践、田间作业及现场答疑等教学互动环节，劳逸结合，提高培训项目质量。

为保障项目执行安全，有效控制项目风险，在培训项目筹备前期，中国农机院结合往届经验，对培训项目进行系统风险预测，制订应急预案。建立后续跟踪管理体系，努力使培训项目成为我国农机行业与广大发展中国家交流合作的桥梁，促进国际学术交流活动以及科技贸易和农业工程承包合作，助力我国农业“走出去”。

三、农机领域援外培训进展成效

中国是一个农业大国，通过新中国成立以来持续不断的对农业的投入，我国在农业工程和发展方面取得了令人瞩目的成果，积累了丰富的经验。我国的农机产品结构简单、性能可靠，价格相对比较便宜，适合发展中国家的国情，越来越受到周边发展中国家的欢迎。农机领域援外技术培训，为积极宣传我国国际形象

2018 年 3 月 5 日，联合国工业发展组织（UNIDO）和中国农机院在埃塞俄比亚首都亚的斯亚贝巴签署合作备忘录。未来双方将加强在农业领域的合作，充分发挥中国农机院在农业领域的技术优势，共同推动包括非洲国家在内的发展中国家的农业机械化技术提升和农业技术可持续发展。

及我国代表性技术和成熟产品，带动我国实用技术和产品走出去，提升我国相关技术与国际市场的接轨搭建了有力的宣传平台。

“外交先行、以政促经、互利双赢、持续发展”是我国对外交流和国际合作的指导思想，在开展援外培训项目的过程中，中国农机院已与苏丹、加纳、智利、柬埔寨、尼泊尔等几十个国家全面开发与实施了政府间国际合作项目，取得了丰硕的项目成果，获得了双方主管部门的高度评价；同时，进一步助推我国实用技术和产品走出去，中国农机院近年向尼日利亚、埃塞俄比亚、喀麦隆、乌克兰等发展中国家输出了农机和食品加工设备，并合作建立了中国农机示范中心和组装厂等，在合作共赢的前提下，帮助合作国提升当地农业工程水平，得到了合作国的高度好评，也进一步增进了与广大发展中国家学员之间的互信和友谊。

多年来的经验证明，利用国际农业工程援外培训的平台，结合各发展中国家农业生产的特点，宣传我国农机行业的先进技术和优势产品，有效地扩大了我国农机行业特别是农机制造业的国际知名度，直接推动和促进了我国农机行业与世界各国同仁的交流，有利于我国农机产品开拓国际市场，为贯彻农业“走出去”发展战略提供了有力支撑。

（马腾，梅岸君，刘璐执笔）

亲 历 农 机 化

传承“北大荒”精神　做农机化的排头兵

> 黑龙江省农垦总局

黑龙江垦区现有耕地4373万亩，土地面积5.54万平方公里，有9个管理局113个农牧场，分布在全省12个市，是国家重要的商品粮基地、粮食战略后备基地和绿色食品基地。主要种植水稻2330万亩、玉米1060万亩、大豆818万亩，其他作物有100多万亩。垦区开发建设始于1947年，经过70多年的开发建设，昔日的北大荒早已变成了大粮仓。2018年，垦区田间作业综合机械化率已达99.6%，粮食总产量455.9亿斤。目前，垦区已经具备超过400亿斤的粮食综合生产能力和商品粮保障能力，垦区农业现代化水平国内领先。

一、70多年来农机化发展历程

黑龙江垦区70多年开发建设的历史，也是一部农业机械化不断发展壮大的历史。垦区的农业机械化从无到有，从小到大，从简到全，经历了开荒建场初期的艰难起步，20世纪50年代后期至70年代的发展壮大，改革开放新时期的历史性跨越和进入21世纪向现代化迈进的历史进程。经过70多年的发展，垦区基本实现了农业机械化，农业机械化率和农业劳动生产率均达到国内领先水平。农业机械化已成为垦区先进农业生产力的重要标志，农业现代化的主要组成部分和支撑。特别是改革开放以来，垦区在由传统农业向现代农业转变的过程中，坚持引进与消化吸收、自主创新并举，加强管理，加大创新和投入，快速提升了农机装备水平，加快了黑龙江垦区实现农业现代化的进程。

（一）开荒建场

北大荒农业机械化的发展历程是在有着几千年传统的农耕基础上起步的，垦荒初期农业生产的主要动力是牲畜，那时的农业机械主要是从战场上缴获和从日伪手里接收的兰斯、福特、小松、卡特彼勒、苦玛斯拖拉机，农具是传统的畜力农具和白俄时期生产的比特洛夫犁。当时的垦荒队员戏称“我们的拖拉机是万国牌的”，但这恰是北大荒人探索农业机械化的开始。

（二）壮大发展

20世纪50年代末到70年代，随着农业机械的国产化进程加快，1963年国家把垦区列为发展农业机械化的重点地区，当年提供东方红-54拖拉机2000台，装备了100多个机械化生产队。20世纪60年代末北大荒的机械动力主要以东方红-54/75拖拉机为主，还有苏联的履带拖拉机和垦区自行研制的农机具。这一时期大批农机进入北大荒，使垦区机械化走上健康发展的道路，并积累了农机使用管理的经验。经过不懈努力，机械化促进了农业生产发展，北大荒旧貌换新颜。1976年与1949年相比，大中型拖拉机拥有量由171台增加到11948台，联合收获机由13台增加到5894台，粮食总产量由10172吨增加到229271吨。

（三）改革开放

改革开放的政策给垦区农业机械化发展插上了腾飞的翅膀。1978年，垦区利用农业部项目从美国约翰·迪尔公司引进了具有当时国际先进水平的农业机械设备共62台（件），装备了友谊农场五分场二队，建立了北方旱作农业现代化试验基地。二队职工由原来的326人减少到39人，其中农业工人20人，当年粮豆总产量达210万公斤，人均生产粮豆10.5万公斤。友谊农场五分场二队试点的成功，对整个北大荒农业机械化的发展和农业现代化进程的加快都起到了强有力的示范和推动作用。

进入20世纪80年代，垦区加大了开放引进力度，在总结1978年友谊农场五分场二队现代农业试点经验的基础上，扩大了试点规模和范围。垦区先后以补偿贸易、世界银行贷款等方式从美国、日本引进了一大批具有世界先进水平的农业机械、粮食处理等设备。到1988年底先后建成了洪河、二道河、鸭绿河三个现代化农场，取得了显著的经济效益和社会效益。

20世纪90年代，垦区启动了“百亿斤商品粮食基地”项目，实施了“24111”工程，引进国内外先进的大功率拖拉机、联合收获机及配套农具1万余台（套），使垦区机械化程度进一步提高，到2000年全垦区田间作业综合机械化率达80%；垦区麦豆生产实现了全程机械化；水田机械化步伐加快，由1995年的30%提高到2000年的60%；青储收获，产前、产后粮食处理加工机械化率到2000年底都达到85%以上。垦区农机化的快速发展，基本改变了农业

“靠天吃饭”的局面，实现了旱能灌、涝能排。土壤深松、秋整地和秸秆还田以及其他先进农艺技术的实施，实现了“秋雨春用，春旱秋防”，通过建立土壤水库，蓄水保墒，达到了抗旱防涝的目的，粮食生产持续稳定高产。先进机械引进的同时，改革和完善了农机管理经营机制，农机管理实行“六统一、七加强”，使垦区农机管理水平进一步提高。农业机械化的快速发展，促进了农业持续稳产、高产，垦区提前两年完成了到20世纪末粮食产量翻两番的战略目标。

（四）向现代化迈进

进入21世纪以来，垦区紧紧围绕建设现代化大农业，创新发展现代化大农机。坚持用国内外先进的农业机械武装现代化大农业，先后推广了精准农业、保护性耕作、水田全程机械化等一批国家和省部级重点项目，引进推广了20余项农机新技术、新机械，不断提高土地产出率、劳动生产率和资源利用率。尤其是2004年起连续实施现代农机装备区项目以来，引进具有世界先进水平的180马力以上大功率农业机械达1000余台，同时还更新装备了一批水田机械、畜牧机械，马铃薯、亚麻、芸豆、甜菜等经济作物作业机械，使农机装备结构水平进一步优化和提升。到2018年底，垦区田间作业综合机械化率达到99.6%，大型先进农业机械的应用，推动了垦区现代农业快速发展，黑龙江垦区已经发展成为我国耕地面积最大、现代化程度最高、综合生产能力最强的国家重要商品粮基地、粮食战略后备基地和绿色食品基地，被誉为“中华大粮仓”。

二、70多年来农机化发展取得的成就

一是农业生产方式发生了根本性的变化，实现了由传统农业向现代农业生产方式的根本性转变。农机装备水平国内领先。截至2018年底，垦区拥有农机总动力1137.5万千瓦，有大中型拖拉机9万台，大中型配套农具23万台，谷物联合收获机4.1万台，水稻插秧机8.5万台，粮食处理中心431座，农用飞机98架，农用飞机场68处。近年来垦区不断加强农机农艺融合，优化农机装备结构布局，农机装备不但在总量上保持较快增长，而且在装备质量上也不断提高。主要体现在：装备标准高，实现全程机械化；科技含量高，智能化、信息化、机电液一体化，如复式作业机械、卫星定位自动导航设备、免耕精量播种技术、变量施肥、即时测产等；装备新，新度系数达0.8；装备齐全，目前垦区已经基本实现了机械化，无论是旱田、水田，还是粮食作物、经济作物等，都由机械完成主

要作业。目前垦区农机装备水平国内领先，农机田间作业综合机械化率达到99.7%，已经实现了农业生产机械化。农业机械作业领域正由粮食作物向经特作物、设施农业，由种植业向养殖业、加工业、农业航空作业不断发展。目前，年航化作业面积可达2000万亩。95%以上实现了高水平、高标准的农机田间作业标准化。

二是农机科技不断进步，农机新技术、新机具得到广泛推广应用。近年来，垦区农机化紧紧围绕农业供给侧改革、坚持农机农艺融合、发展绿色农机技术，重点推广应用了保护性耕作技术，免耕精量播种技术，精准农业与农机信息化技术，拖拉机GPS自动导航技术，水稻大型智能芽种生产程控技术，水田搅浆灭茬技术，水稻高速插秧技术，水稻侧深施肥技术，马铃薯、甜菜播种与收获技术，玉米秸秆灭茬处理技术，奶牛饲料搅拌（TMR）技术，玉米直收技术等10余项新技术，年实现农机作业节本增效10亿元以上。目前，深松、精量播种、精量施肥、智能喷雾、高速插秧、玉米直收等技术已经在垦区得到全面推广和使用，垦区同国内外农机行业协会和企业的交流也不断加强。

大功率拖拉机牵引操作精准播种变量施肥

三是农机基础设施建设不断加强和完善，农机管理水平不断提高。近年来，垦区不断改革和完善，建立了“统分结合”与“统放结合”的农机经营管理模式。农机的所有权、经营权落实到了家庭农场和职工，农机管理则实行集中统一的标准化管理，如“六统一”。每个作业区都建有农机具停放场，简称“农具场”或“机务区”，实现了车有库、具有棚。近几年，改建、扩建和新建了一批标准高、结构新颖和各具特色的农机具停放场，一般能达到“四室四化”的标准。各种机械停放整齐划一、排列有序，农闲时包、支、垫起。近几年，垦区还建设了一批像七星农场、友谊农场、红星农场、鹤山农场等标准更高的集农机管理与服务于一体的多功能的现代化“农机管理服务中心”，涌现出一批新的典型和管理模式。

四是实现农机规模经营，社会化服务体系日臻完善。目前，垦区共有种植业家庭农场25.2万个，其中有机械的家庭农场（有机户）15.8万个，占家庭农场总数的62.7%，此外还有农机合作社310个。垦区的农机培训、质量监督、油料供应、维修服务、市场销售、安全监理等自成体系，并把农机服务与农机标准化管理有机结合，服务及时、质量好。各农场成立的农机管理服务中心成为农机管理与服务的平台，服务不出管理区和农场。农忙季节，农机部门还组织成立“农机110”“农机120”服务队，活跃在田间地头，及时提供维修保养和技术咨询服务。

五是农机队伍建设不断加强，从业人员的素质不断提高。垦区现有各类农机驾驶操作人员10余万人，其中具有高中以上学历的8万余人，占80%以上；有农机管理技术干部2400人，其中具有大专以上学历的1200余人，占干部总数的50%，有中级以上职称的436人，占干部总数的18.2%。垦区始终注重农机人才建设，建立了农机“三级培训网络和体系”。每年都利用农闲时间组织培训，年培训达9万多人次，培训面达80%。目前有80%以上的驾驶操作人员能够达到“四懂四会”的标准。经过不懈努力，建设了一支有文化、懂技术、会管理、讲诚信的北大荒农机队伍。

六是农机化的地位和作用越来越突出，发挥了示范带动作用。2004年以来，在国家惠农政策的支持下，农业生产形势好转，实现了增收，并且逐步形成规模化经营趋势，广大农户使用大型先进农业机械的积极性越来越高，大农机发挥的作用越来越突出，不但实现了高效率、高质量，而且极大地增强了农业抗御自然灾害的能力，实现了粮食的丰产丰收，职工增收、农场增效。与此同时，随着城乡一体化发展，垦区同地方县乡积极开展“场县共建”、农机跨区为农村代耕作业服务，以先进的农业技术措施、农业生产标准、耕作制度等科学种田技术，示范带动了农村和农民。截至2018年底，垦区累计完成跨区作业面积近3亿亩，实现了互惠双赢，得到了各级领导的重视和关注。

三、新时代农机化发展的历史使命及发展方向

为深入贯彻落实习近平总书记“大力推进农业机械化、智能化，给农业插上科技的翅膀”的重要论述和国务院《关于加快推进农业机械化和农机装备产业转型升级的指导意见》（国发〔2018〕42号），加快推动农业机械化向全程全面高质高效升级，结合黑龙江垦区实际，提出今后的发展目标和方向：以习近平新时代中国特色社会主义思想为指引，高举改革开放旗帜，贯彻新发展理念，加快建设现代农业大基地、大企业、大产业。一是要进一步提升农机化发展的质量，大力发展节能降耗、精准作业技术，实现农机节本、提质、增效；二是要加快农机科技创新和进步，大力发展智能化农机技术和装备，推动农机化实现全面全程高效发展；三是要继续推进农机社会化服务体系建设，为农业生产提供多方位技术支撑，使黑龙江垦区农机化走出一条适合国情和垦情，具有农垦特色和追踪世界先进水平的农机化发展道路。

（郭宝松执笔）

一个农机监理人的回顾

> 朱增有

在纪念伟大领袖毛主席“农业的根本出路在于机械化”光辉论断发表60周年之际，作为一名在农机领域工作40多年的退休干部，我目睹了我国农机化发展的变迁。回眸一路走过的历程，我深感毛主席当年提出的科学论断是非常正确的，它是发展中国农业现代化的指路明灯，完全符合中国农机化事业发展的道路。

在1978年党的十一届三中全会将改革开放的春风吹遍中华大地之时，我步入了农机化管理的领域。从事了这么多年的农机工作，亲身经历了上海农机化发展的时代变迁，我感到随着上海用稳健的步伐向都市型现代绿色农业发展目标迈进，农机化也随之从传统的农机向高性能、信息化、智能化的农机发展。从半机

械化到机械化，从引进、消化、吸收到实现自主生产，农机的装备性能和作业水平不断提高。农机化管理由产中管理向产前和产后管理延伸，并实现了计算机信息化、网络化管理。如今，上海粮食生产耕种收基本实现了全程机械化，蔬菜生产全程机械化正在推进中，截至 2018 年底，上海的农机综合机械化率达到了 92%。

在从事农机化管理工作的经历中，我在农机安全监理岗位上任职的时间最长。农机化事业在改革发展中不断向前迈进，农机安全监理则是农机化中心工作的重点之一，伴随着农机的安全生产，为农机化的稳步发展和农村社会的和谐稳定起到保驾护航的作用。在全国农机监理系统的工作中，上海市的农机监理工作分别在 1999 年和 2004 年，先后两次填补了农机信息化数据库管理和农机参加农业保险的空白，在全国取得了领先地位。由于认真贯彻党和国家对农机化事业的方针政策，按照国家安全发展的要求，不断改进和完善工作方法，多年来上海的农机事故发生率一直处于可控状态。

上海的农机安全监理发展起步于 20 世纪 70 年代末。上海市农机安全监理所于 1985 年经上海市人民政府批准成立，负责本市的农业机械安全监理工作。伴随着改革开放和农机化事业的发展，农机监理在体制、机制上得到了稳步改进。上海市机构编制委员会于 1997 年 12 月以沪编〔1997〕373 号文件，确定上海市农机安全监理所为独立建制事业单位，并明确上海市农机安全监理所为独立建制的正处级全额拨款事业单位。2012 年，根据中共上海市委办公厅、上海市人民政府办公厅文件（沪委办〔2012〕47 号）精神，上海市农机安全监理所成为列入参照公务员法管理范围的事业单位。在上海市农业农村委员会的领导下，农机安全监理所主要负责本市农业机械及驾驶员检验、考核、核发牌证、违章处罚、事故处理等工作。

夯实基础　保障安全

长期以来，上海市农机安全监理所始终把保障广大农民朋友的生命财产安全视为农机安全监理工作的出发点和落脚点。据资料统计，1980 年上海市拖拉机拥有总量为 36252 台，当年的事故死亡总人数为 74 人。在长期的农机监理工作中，上海市农机监理所严抓农机驾驶人考核工作，在工作中不断完善考核制度；

在农业机械安全技术检验工作中，不仅为新购置的农业机械办理有关手续组织进行技术检验，而且对已申领牌证的农业机械每年组织定期技术检验。同时，根据农业生产的需要，对农业机械进行不定期检验，确保每一台农业机械都处于安全的技术状态；按照“安全第一、预防为主、综合治理”的方针，多年来坚持以安全生产为中心，将抓好农机作业第一线人员的安全宣传教育工作作为农机安全生产的重要环节，开展多种形式的安全生产宣传教育，提高第一线人员的安全意识；2004 年 5 月 1 日正式实施的《中华人民共和国道路交通安全法》规定，“对上道路行驶的拖拉机，由农业（农业机械）主管部门行使本法第八条、第九条、第十三条、第十九条、第二十三条规定的公安机关交通管理部门的管理职权”，即将上道路行驶的拖拉机的牌证核发、定期检验、审验等一系列行政许可权利赋予农业（农业机械）主管部门，上海市农机安全监理所按照农业部规章规定具体实施此项行政许可，从而结束了公安部门与农机部门一直以来的交叉管理，使得农机监理水平有了质的飞跃。实施新道路交通安全法以后的第二年即 2006 年末，据统计，本市拥有拖拉机及联合收割机总量为 13444 台，当年的事故死亡人数为 2 人。随着上海城市化进程的不断推进，上海的农业逐渐向都市型农业发展，上海的农业机械品牌种类更多、构造更复杂、技术更现代化，当时由于加强了安全监管，使得上海的农机事故发生率与改革开放初期相比下降了 97.3%。实践证明，农机监理是保障农机安全生产的基石，也是农民机手安全生产的护航员。

开拓创新　规范管理

为适应信息化时代高速发展的需要，2001 年 9 月，上海市农机安全监理所与上海对外贸易学院合作，采用当时社会上最新的大型数据库和网络软件，开发了为贯彻农业部令和行业标准而研制的农机监理软件，软件包括农业机械管理、驾驶人管理、农机事故统计、驾驶人考核系统（试题库及测试）等四部分。农机监理软件的开发和运用，使全市农机监理内部管理初步进入了信息化的轨道，规范了行政许可事项的办理过程。全市所有已领取牌证的拖拉机、联合收割机的机型数据资料和拥有农业机械驾驶证人员的相关信息，都录入了数据库，这提高了农机监理工作的现代化管理水平。2001 年 10 月 30 日，由农业部农机监理总站组成的专家审定小组给予这套软件高度评价，认为此软件的开发成功填补了国内行业空白，决定在全国农机监理部门推广。2004年，根据农业部农机化司下达的开发驾驶人考试题库和考试软件的任务，上海市农机安全监理所与农业部农机监理总站紧密配合，组织全所科技人员，依照拖拉机、联合收割机驾驶人培训大纲内容，参阅大量技术资料，本着立足上海、服务全国的原则，参与农业部下达的试题库软件开发工作任务，并将考试系统软件按部、省、市、县分级权限方式修改，完善修改后的试题库和拖拉机、联合收割机考试系统软件通过农业部农机化司验收并在全国农机监理系统推广应用，为促进全国农机监理事业的发展，规范驾驶人科目一考试的内容，做出了贡献。

服务机手　做贴心人

为减轻农机驾驶员的负担，上海市农机安全监理所动脑筋、出点子，办好事、办实事。考虑到农机保险可以有效转移机手的风险，从20世纪80年代初，上海率先对上道路行驶的拖拉机实施“第三责任保险”，但农机具及农机人员参加的是商业险，保费高，保额低。为充分体现农业保险的政策优势，上海市农机安全监理所在市农委的关心支持下和市农机办主任的协调下，主动与上海安信农业保险股份有限公司进行多次协商，增设农机综合保险这一新险种。经反复论证后报经中国保监会批准。就这样，全国第一个农机综合保险险种在上海诞生，填补了全国农机保险史上的一个空白。这一新险种受到了农机手们的普遍欢迎，如一辆小型拖拉机投保商业险需缴保费530元，得到的最高保额为13.7万元；而投保农机综合险保费为500元，由政府贴补150元，机手实际仅需支付350元，最高保额却可达到21万元。农机综合保险社会救助作用明显，为机主、机手真正撑起了一把护航伞。在“十五”期末，上海市的拖拉机、联合收割机的保费总额达到403万元，从事农业运输业和参加跨区作业的联合收割机参保率达到100%。

自2008年底，上海市农机安全监理所立足于进一步减轻农民负担，稳定拖拉机、联合收割机注册登记率、检验率和驾驶人持证率，依托本市扶持“三农”工作的政策，从探索农机安全生产监督管理新思路出发，积极寻求财政部门在农机监理上实行免费管理方法的工作支持。经农机主管部门和财政部门同意，从2009年起，上海市暂停收取部分农机监理费。后经市政府同意，市财政局、市物价局于2011年1月29日联合发文，明确自2011年1月1日起，停止征收农机监理费。至此，上海市的农机安全监督管理工作实行了全面的免费管理。

为了更好地服务农机驾驶员，上海市农机安全监理所更是始终秉持“一张笑脸迎人，一把椅子待人，一杯清茶暖人，一颗诚心感人，一纸告知便人，一次办结喜人，一流水平为人”的对外窗口办事态度。窗口全面实行政务公开，各种申请书的格式文本和填表范例在网上公布，机手在来窗口之前便可方便地参阅和下载填妥，从而大大提高了办事效率。如办妥一张证，规定为5个工作日，改进后随到随办，一次完成，避免了机手的多次奔波劳顿之苦。

为了方便农机手，监理所改为组织深入乡村年检、审证。针对自走式联合收割机移动不便的情况，组织人员上门年检，受到了机主的欢迎。这些改进措施使全市拖拉机、联合收割机的登记注册率稳定在97%以上，驾驶人持证作业率达98%。改进工作方式方法后，对外服务窗口在核发牌证、检验、考试、审验等行政许可行为中，从未因服务态度、服务质量问题而遭投诉，也从未有农机安全监理执法人员吃拿卡要、以权谋私等的举报。

荣誉记心　重任在肩

在上级领导的关心下，在全所职工的共同努力下，上海市农机安全监理所在2006年被农业部授予“‘十五’全国农机化管理工作先进单位”称号，曾多次荣获“上海市农业农村委先进单位和先进党支部”光荣称号，所长在2012年被农业部评为全国农业先进工作者。面对荣誉，农机监理人深知这是一种鞭策，更是一份沉甸甸的信任。

农机安全监理肩负着农机安全生产的重任，是国家安全生产重要的组成部分。全所人员把“农机安全生产只有起点，没有终点”和“只有做得更好，没有做得最好”的思想始终贯穿整个农机监理工作，秉承解放思想、求真务实、开拓进取的精神，不断创新工作方式和方法，强化农机安全生产意识，提高农机驾驶员技术水平，改善农业机械安全技术状态，不断提高农机注册登记率、检审率和驾驶员的持证率，用实际行动践行“文明监理，优质服务”的承诺，扎实推进农机安全监理工作。

（作者单位：上海市农机安全监理所）

农机化助农增收，助推乡村振兴

潢川县农机合作社的发展经验

陆庆广　曾　胜

党的十九大报告提出了“实施乡村振兴战略”，推进乡村振兴，实现农业现代化，必须加快农业机械化步伐。2019年中央1号文件指出，支持长江流域油菜生产，推进新品种新技术示范推广和全程机械化，支持薄弱环节适用农机研发，促进农机装备产业转型升级，加快推进农业机械化；全国农业机械化工作会议提出，推进农业机械化转型升级，为实施乡村振兴战略、加快推进农业农村现代化提供机械化支撑。2018年9月，中共中央、国务院印发了《乡村振兴战略规划（2018—2022年)》，对推进我国农机装备和农业机械化转型升级提出了专门要求，即积极推进作物品种、栽培技术和机械装备集成配套，加快主要作物生产全程机械化，提高农机装备智能化水平。2018年12月，国务院出台的《关于加快推进农业机械化和农机装备产业转型升级的指导意见》，作出了“我国农业生产已由主要依靠人力畜力转为主要依靠机械动力，进入了机械化为主导的新阶段”的重要判断，是当前和今后一个时期推进农业机械化工作的纲领性文件。作为农业现代化的重要标志和农村先进生产力的重要体现，农机化在新时代乡村振兴战略实施中大有可为。

一、问题提出

乡村振兴战略的实施，对农业机械化发展提出了新的更高的要求。影响农民收入的因素很多，根据有关统计，农机化对农业产出的贡献率达26%，农机化水平每提高1个百分点，农民人均纯收入增加270.27元，由此可见，农机化是促进农民增收的重要技术手段。

但与现代农业发展的要求相比，目前信阳市农业机械化发展仍存在不少短板。一是产业不平衡。以粮食生产为例，虽然粮食生产机械化发展迅速，但是诸如茶叶等特色产业机械化推进相对缓慢，一些经济作物生产机械化短板还有待补齐。二是环节不平衡。据统计，2018 年全市农机总动力达到 530 万千瓦，较上年提升 5 个百分点；农机固定资产总值达到 54 亿元，较上年提升 8 个百分点。机插水稻 225 万亩，机插率达到 41%；小麦机收率达到 98%，水稻机收率达到 95.3%，机械耕整地做到了应耕尽耕，农业机械化水平得到稳步提升。目前粮食生产的耕作、收获等环节已基本实现机械化，播种、植保、烘干、秸秆处理等薄弱环节虽然发展速度比较快，但整体还处于低位。三是农机农艺融合度仍然不高。部分产业、环节的机械化作业与耕作技术不相适应的问题较为突出，特别是部分山田、散田的农机应用率还比较低。

二、当前农民增收面临的困境

当前农民增收面临的困境主要有以下几点：

（1）农业产出效益不高。一方面国内农产品价格持续走低，另一方面农业生产物化投入、土地租金及利息和劳动成本大幅提高。农业产出效益受到成本“地板”和价格“天花板”的双向挤压。

（2）农村基础设施不完善。农业基础设施建设滞后，尤其是农田水利设施、机耕道老化损坏严重，能实现旱能灌、涝能排的田块有限，特别是新县、商城一带丘陵山区田块小、分散经营，先进的农业科技和生产技术难有用武之地。此外，农业资源过度开发、超强利用，四海无闲田，耕地数量减少、质量下降，农业面源污染加重，制约农业发展的资源和环境两道“紧箍咒”越绷越紧。

（3）农民组织化程度不高。农户的分散化居住结构和生产形式决定了农民的组织化程度低，农民获取信息、政策资源的渠道少和能力弱，导致农民在整个社会体系中处于相对弱势地位，很难公平地参与市场活动和社会分工。

（4）农机化发展不充分。截至 2018 年，全市主要农作物耕种收综合机械化水平达到 78%，比 2017 年提高 3 个百分点，总体上进入中级发展阶段，但农机化发展区域之间、环节之间、作物之间很不平衡，尤其是适应丘陵山区的农机装备、技术、政策、人才和服务等有效供给严重不足，农机化水平进一步提升困难。农机化水平上不去，农村生产力提高就无从谈起，农业生产成本就降不下来，农产品竞争力也就上不去，进而会影响农业产出效益和农民增收。

三、耕耘农机合作社的实践

潢川县耕耘农机专业合作社组建于2009年10月，位于潢川县魏岗乡余店村境内。合作社现有社员61户，长期雇佣农机手28名，修理工5名，管理人员8名。拥有标准化农机库棚、停放场4000余平方米，办公用房、维修间、配件室1800余平方米；拥有大功率拖拉机、旋耕机、播种机、插秧机、收割机、开沟机等机械40余台，2014年又购进植保无人机3台；拥有高标准育秧大棚6000平方米，固定资产总额逾600万元。2017年，全年总收入131.54万元，实现利润60.1万元，社员分红达0.8万元，全体工作人员年平均工资超过6.5万元。合作社按照"立足大农业、发展大农机、服务新农村"的思路，以农机服务为主体，以提高农业机械化水平为抓手，集农机作业、秧苗繁育、农业研发于一身，多元化发展，逐渐探索出一条适应农业发展的新型农机合作化发展之路。合作社规模快速扩大，服务水平持续提升，2016年10月被省农机局评为省级示范合作社，2017年被农业部评为全国示范合作社。

（一）示范创建，扩大规模

合作社不断扩大农机化生产和经营规模，提高农民组织化程度，积极投入省、市、县农机部门"十三五"期间开展的农机合作社示范社创建活动。以省级、国家级农机合作社示范社创建为目标，对照标准，在农机购置补贴政策、合作社建设资金补助项目等的持续带动下，规模快速扩大。

（二）规范管理，拓展服务

（1）制章定规，民主决策。合作社制定了各项章程和规章制度，设立了信息、维修、培训等服务机构，组织机构民主选举产生，合作社的重大事项和支出召开成员大会讨论决定。

（2）强化培训，提升技术。合作社聘请专家深入田间地头，通过召开现场会、培训会等方式开展以农机安全知识、机具维护保养、田间操作为主要内容的培训。借助技术、资金、服务等优势，带头购置实用先进的农业机械，示范、推广、应用先进的农机化新技术，培训农机手、种粮大户、农民群众达100多人次。

（3）规范服务，标准作业。合作社制定规范的农机作业服务合同，明确作业质量、作业时间、收费标准、结算方式、违约责任等，与服务对象先签订作业合同，再作业。积极与农机经销商联系，引入先进的机具进行试验示范，先后引进试验深松机、洋马插秧机、田秀才植保无人机等农业机械，对示范好的机具广泛推广。2017年，积极开展跨区作业、订单作业、“一条龙服务”和土地规模经营，示范推广水稻机插秧面积2万余亩，开展农机深松整地3.6万余亩。

(4) 多元经营，延伸服务。合作社又先后建立了种植专业合作社和家庭农场，助力脱贫攻坚工作，推行“农机合作社+贫困户”扶贫新模式，开展“产业+金融”扶贫贷款，带动160户贫困户可享受合作社每年年底分红5000元，还“一对一”帮扶7户贫困户，积极签订“订单农业”生产协议，提供育种、机耕、机插、机收等全程式服务，对贫困村的2000多亩机插秧实行优先、优惠。机械服务辐射周边农户2600户，合作社年增收入约32万元，社员户均增收1.5万元以上，取得了较好的经济效益和社会效益。

(三) 强强联合，永续发展

合作社积极同其他6家合作社联合发起成立潢川县农机联合社，联合社拥有大小农机具300余套（台），辐射服务全县及周边县乡，把更多的农民组织起来，进一步带动农机专业合作社发展，促进农民增收。

四、经验启迪

(1) 提高农作物产量，促进农民增收。农作物实行机械化生产，在多个环节有增产效果，增产幅度一般在1%～15%之间。油菜实行机播较人工亩均增产19.7千克，农机深松技术可使小麦亩均增产9%。

(2) 降低农业生产成本，促进农民增收。水稻实行机械插秧费用约50元/亩，人工插秧费用约120元/亩；机械收割费用约60元/亩，人工收割费用约100元/亩，仅此两项水稻生产每亩可节约费用110元。

(3) 释放惠农政策红利，促进农民增收。以信阳市为例，2018年全市争取中央购机补贴资金13665万元，省级购机补贴资金947万元。在补贴机具确定上，向主导特色产业关键环节、薄弱环节倾斜，同时支持深松整地、高效植保、秸秆加工利用等农业绿色发展机具实行敞开补贴、应补尽补。补贴对象上，向农机合作社等新型农业经营主体聚集，着力增强农机装备有效供给。

(4) 拓宽农民从业领域，促进农民增收。农机化的发展使机械替代了劳力，使更多农村劳动力从事其他产业，在带动其他产业发展的同时增加了农民的工资性收入。

（5）提供农机作业服务，促进农民增收。农机作业服务是农机手收入的一个重要来源，能为其带来可观的收入，机手年均收入一般在3万元以上，远高于农民的平均收入。

（6）助推规模经营发展，促进农民增收。经营规模相对越大，农民或农业经营主体的收入就越高，而农机化的发展为土地规模经营提供了可能。

（7）提供教育培训机会，促进农民增收。农机大户、家庭农场和农机合作社成员相对于普通农户能获得更多的培训机会，他们将学到的先进技术和理念运用到农业生产中，能有效提高农业生产经营管理水平和发挥示范带动作用，实现增收。

（8）提高农产品质量，促进农民增收。农机精准施药施肥施水技术的应用，可以节约化肥、减少农药残留、节约用水，促进农业绿色发展，机械烘干可以提高粮食品质，精深加工技术可以增加农产品的附加值。

五、下足功夫，以农机化促农业发展

农业机械化和农机装备是转变农业发展方式、提高农村生产力的重要基础，是实施乡村振兴战略的重要支撑。没有农业机械化，就没有农业农村现代化。各级政府应以习近平新时代中国特色社会主义思想为指导，全面贯彻党的十九大和十九届二中、三中全会精神，认真落实党中央、国务院决策部署，适应供给侧结构性改革要求，以服务乡村振兴战略、满足农民对机械化生产的需要为目标，以农机农艺融合、机械化信息化融合、农机服务模式与农业适度规模经营相适应、机械化生产与农田建设相适应为路径，补短板、强弱项、促协调，推动农机装备产业向高质量发展转型，推动农业机械化向全程全面高质高效升级，走出一条符合当地实际的农业机械化发展道路，为实现农业农村现代化提供有力支撑。新时代发展农机化促进农民增收，需要在以下五个方面下功夫：

（1）在服务农业产业结构调整上下功夫，以结构调整促农民增收。各级农机管理部门要认真落实水稻钵体育插秧、稻茬麦机械化免耕直播技术试验示范、油菜机械化收获技术试验示范等项目，发挥项目示范带动辐射作用，进一步提升信阳市水稻、小麦、油菜等主要农作物机械化种采收水平。在2018年息县成功创建全国第三批基本实现主要农作物（小麦、水稻）生产全程机械化示范县的基础上，引导更多县区参与全程机械化示范县创建。适应农业结构调整需求，加大农业生产全面机械化推进力度，力争主要农作物农机化水平进一步提升。

（2）在规范执行强机惠农政策上下功夫，以政策支持促农民增收。要坚持绿色生态导向，规范执行农机购置补贴政策，调整优化农机装备结构和布局，积极引导淘汰能耗高、污染重的老旧机械，促进农机节能减排和安全生产。深入实施农机深松整地、秸秆还田作业补助，使地力得提升、农民得实惠。

（3）在推广高效农机技术应用上下功夫，以科技支撑促农民增收。要重点示范推广深耕深松、小麦机播、农作物植保机械化、秸秆资源综合利用、茶叶采摘机械化技术集成应用、粮食机械化烘干等新机具、新技术，支持丘陵山区开展农田“宜机化”改造，改善农机通行、存放和作业条件，扭转不同程度存在的“无机可用、无好机用、有机难用”的困局。强化农机农艺农事农信融合，良田良机良种良法协调配套，提升农业全程机械化系统解决能力。

（4）在培育新型农机服务主体上下功夫，以服务共享促农民增收。要继续支持引导农民合作社规范发展，争取增加和扩大扶持合作社发展项目，巩固和提高合作社基础设施建设水平，增强农机合作社自我服务和开展社会化服务能力，推动农机合作社健康发展。鼓励农机服务主体与家庭农场、种植大户、农业企业等建立机具共享的生产联合体，推进“互联网＋农机作业”，促进智慧农业发展。

（5）在助推乡村振兴产业兴旺上下功夫，以拓宽门路促农民增收。要拓宽农机服务领域、延伸服务链条，提高农机化对农业产业发展的支撑能力；推广秸秆粉碎还田离田、畜禽粪污处理等绿色生态农机化技术，为生态宜居乡村建设贡献农机力量；强化农机化职业教育和技术培训，打造一支懂农机、爱农业、爱农村的专业队伍，使农机从业者成为乡风文明的践行者和农村致富的带头人；强化农机公共和社会化服务体系建设，提高农机行业组织化程度，为乡村有效治理提供农机实践。

（作者单位：陆庆广，河南省信阳市农机安全监理所；曾胜，河南省光山县农业机械监理站）

一句话，一辈子

> 陆立中

“农业的根本出路在于机械化。”自上学识字后，我就经常在农村队部、场头等许多地方看到这石灰水刷的白白的大字。

听大人们说，这句话是毛主席说的。至于毛主席是什么时候在什么地方说的，我就不知道了，大人们好像也不知道。农业的根本出路为什么在于机械化？这个问题我以前根本就没有想过，后来想到也是工作以后的事了。只知道当时生产队有一台手扶拖拉机，每到夏秋农田耕翻时，拖拉机总是突突地、日夜不停地在田间忙碌。尽管如此，还是赶不上季节。生产队还养着三头牛帮忙耕田，牛耕的速度比拖拉机慢多了，大人们总是啧啧称道：“还是拖拉机来神。”还有抽水机，摇把摇几下，机子就着了，白白的河水就从机管里流出来，我们坐在管子前头，脚扑打着水花，舒服极了。还有就是原先稻麦上场后，要摊下来用牛或拖拉机拉着石磙来回转着碾压，后来有了脱粒机，用皮带连着拖拉机，喂料口前搭一台子，一排人放把的放把、推送的推送、喂料的喂料，另一部分人从脱粒机出料口铲麦、运麦，分工协作，热火朝天。于我而言，这些就足以验证“农业的根本出路在于机械化”了。

本来我以为与农机化的缘分也就这么深了，也从未想过要开拖拉机。记得大人们开拖拉机时经常逗我们这些在一旁看热闹的孩子，把摇把递过来说：“哪个来试试?”我总是躲得远远的，生怕摇把飞出来砸到我。谁知初中毕业时，“农业的根本出路在于机械化”这句话竟决定了我的中考志愿，从而影响了我一辈子。

那时我们农村孩子中考优先考中专校。转户口，跳农门，就算人生的远大理想了。考中专先要通过县里预选。本来我只想通过预选，报个地区的师范学校，因为师范学校录取分数线不高，多数同学都这样填志愿。谁知那年预考我竟考了全县第二。填志愿时，班主任就鼓励我填个好些的学校。当时的我哪知道什么是好学校，看到有个南京农业机械化学校，就想到毛主席说过“农业的根本出路在于机械化”这句话，学校又在南京，我想着省城的学校一定不会差。班主任也说：“嗯，南京的学校，我们还没有人报过，就是它了。”就这样我上了南京农业机械化学校。到了学校才知道，学校在江北浦口东门镇，离南京城还有一大截子，转两次公交车才能到南京长江大桥南堡。

我在学校学的农机制造专业，读了四年，除了拖拉机，就是一台摆在实验室里的大的收割机割台，没见到什么新式机具，对农机化也没有什么深刻理解。

毕业时我才虚二十岁，也不懂进哪个单位好，就抱一个死理儿，学农机的，还是要干农机，要不四年就白学了。当然最好还是留市里，进一个事业单位。好在心想事成，虽不顺利，但总算如愿了，跌跌撞撞地进了盐城市农机监理所。

工作以后才知道，脱粒机虽好，但产品缺陷不少。喂入台短，喂料的人膀子稍微长点儿，就容易连膀子带手被“吃”进去，脱粒机也因此有了“老虎机”的称号，最多的一年全市被“吃”掉二三百条膀子；滚筒转速高，纹杆螺栓一定要热墩，冷墩的会断裂，飞出来打伤人，脱粒机又成了“爆炸机”，这样的事故每年都会发生几十起，有不少人甚至被打死；脱粒结束，皮带跟着皮带盘转，停不下来，心急的群众就用脚去踩，一踩就摔到了机械上，轻则骨折、重则截肢，脱粒机又成了“摔人机”。我工作后的主要任务就是推广脱粒机喂入台加长、外壳添加强筋、皮带加防护栏；再后来，农村商品丰富了，农民又将拖拉机接上挂车，上路跑运输，这一跑不要紧，交通事故又增加了，我又有了新的工作任务，给拖拉机手考试发证，给拖拉机检验发牌，整天忙得不亦乐乎。至于拖拉机耕田、播种等田间事务，好像都没精力问。

工作几年后，大概在20世纪90年代初，背负式收割机横空出世，农机有了新成员。市委书记亲自到田头看收割，农机化的地位和作用逐步显现，被撤了的农机局又恢复成立。大家都说：“这才是农机化的样子。”可当时收割机配套的拖拉机一般都是二三十马力，动力不足，收割过程中经常“开锅”，这个“农机化”总让人心里没底。我也似乎才明白，农机和农机化是两回事。又过了几年，江苏引进了日本洋马、久保田等高性能自走式稻麦联合收割机，机械性能有了质的提升，机械化收割终于迎来了春天。我们也可以理直气壮地对农民说：收割真的可以不用镰刀了。记得初期推广时也有难度，就是价格太高了。一台机器二十万元，那时候一百平方米的商品房才两三万元，让一个农民一下子掏这么多钱，上哪里筹啊？就是口袋里有钱，还要有魄力才行。政府补贴十万元都没人下手，怎么办？我们就做农机大户、乡镇农机站长的工作，让他们带头买，全市凑了十多个人，集中发机，让他们披红戴花在市区大街上游行，那个场面真是轰动。一年下来的收入更是轰动，绝大多数台机收入都在十万元以上。第二年就基本不要发动了。前两年还组织他们跨区作业，后来他们自己北上到黑龙江，南下到海南省，年年几十万元，一个个脸上都笑开了花，一下子就把机械化收割推上去了。农机化从此有了形象产品——跨区收割！

收割机来了，脱粒机消失了，我的工作内容也随之变化。我开始给收割机检验发牌，给收割机驾驶员考试发证，收割机要跨区作业，还要核发跨区作业证，给驾驶员办安全学习班，与公安部门上路疏导交通，到田头开展安全检查、提供作业指导服务。看着收割机手挣到钱，我工作的劲头儿也十分足。

20 世纪 90 年代末，插秧机又姗姗走来。起初推广插秧机也非易事，要赶在群众育秧前做现场宣传，秧苗从哪里来？我们就在饭店租了一间屋子，空调日夜开着，搭棚育秧。现场会是一个县一个县地开，党委、政府、人大、政协四套班子领导都来观摩，插秧机手穿着皮鞋开着插秧机的场面，那真叫一个爽。群众都啧啧称道，不敢相信这是真的，终于可以告别“面朝黄土背朝天”的劳作了！农机化的春天就这样一步步走近了。再后来，机械大型化之风一波又一波地刮，大型拖拉机多了，小型拖拉机少了。大型机械速度快，田间道路条件又不好，事故也多，我的工作任务更重了。此后，随着现代农业园区、家庭农场的发展，又有了大棚卷帘机、粮食烘干机，这些都要安全监管。我也明白了，我越忙，农机就越“化”，顿时觉得这工作是越来越有意义，有价值！

如今乡村振兴战略大展宏图，美丽乡村建设如火如荼。农村田块越来越集中，家庭农场、规模种植基地越来越多，农村劳动力越来越优化，农机化又迈上了智能化、信息化的快车道，机耕、机播、机插、机收，机开沟、机喷药、秸秆还田、秸秆打捆，真是“化”得人眼花缭乱。2019 年 5 月 26 日，中央电视台《焦点访谈》栏目里，无人驾驶插秧、飞播种植、飞播喷药等新式武器都已雷霆出击、助力生产；此后的 6 月 4 日，《新闻联播》又播出了利用北斗导航的无人驾驶收割机驰骋麦海、助农增收的场景，农业机械化在农村现代化的春天里绽放出越来越瑰丽的光彩！农业的根本出路在于机械化，从光辉论断成为光辉现实！

（作者单位：江苏省盐城市农业政执法支队）

农机媒体的责任与担当

> 于 帅

2019 年是新中国成立 70 周年，作为共和国农机化事业发展的忠实记录者，《农业机械》已走过61 年。61 年来，《农业机械》杂志适应时代要求，始终和我国农机事业同呼吸、共命运，以“为积极促进和实现农业技术革命贡献力量”作为办刊宗旨，体现了农机媒体人的责任与担当。这里笔者进行点滴回顾，抒发对中国农机事业辉煌历程的自豪情怀。

农具改造运动：经验交流的舞台

(《农业机械》) 创刊号封面

《农业机械》杂志创刊于 1958 年 7 月 1 日，据杂志社老同志的回忆录记载，当时由于经费紧张，还是王震将军筹集到 5000 元才得以使杂志顺利创刊。创刊时的主办单位是当时的农业部和农业机械学会，由科学出版社出版，定价为每期 0. 13 元，包含邮寄费用。

由于创刊时正值中国农机工业的起步阶段，各地正在进行农具改革运动，《农业机械》杂志的创刊词就定为“把农具改革运动推向更新的高潮”。农业部当时还专门成立了农具改革办公室，以掌握各地区农具改革运动的进度情况，各地上报的规划、指标和要求等，在《人民日报》上定期公布。

基于当时国内农机生产水平和数量远不能满足农业生产需要的实际情况，《农业机械》杂志发挥了积极的传播作用，包括对各地农机改造的报道，对农机展览会的宣传，还有一些国外农机产品和技术动向的信息发布，为农业机械化的发展服务。杂志上刊登的一些农具改造方法和经验来自农业生产一线的“土专家”，也有科研单位研究人员的研究成果。如河南长葛的王玉顺，根据自己在农业生产中的经验，制造了双层深耕犁。他将自己制造深耕犁的方法发表在杂志上，引起很多地区的仿制和改进，使双层深耕犁得到更大范围的应用。

制造双層深耕犁的經过

·王玉順·

我是河南省長葛县增福乡先进第一农业社的社员，担任鉄业組長。現年56岁，貧农成份，小时因家貧只上三年私塾就随父亲学打鉄。

解放后，共产党給我分了土地和房屋，53年参加农业社。入社后，社内需要啥新农具我就打啥新农具。从57年11月到58年3月，在农业生产大跃进中，就先后創造、改制和仿造了紅薯切片机、耙地鋤草机、双壠鋤、双壠十齿耙等十七种先进工具。

其中比較最受群众欢迎的是我和王水旺（社長）創造的双層深耕犁。創造这种工具，主要是根据去年11月县委提出在全县范圍內推广玉米等大秋作物地进行深翻，要求1尺到1尺半。起初群众都用人工翻地，1个劳力每天仅能翻地1分，还累得腰疼腿酸。社長王水旺就提出要改进工具。經过县委張部長，乡党委郭書記，农技站郭站長，下放干部竇同志和我共同商

王玉顺发表的农具制作经验文章

1958年毛泽东主席提出“农业的根本出路在于机械化”后，社会各界对农业机械的发展给予了极大的关注，《农业机械》杂志也由创刊时期每期发行1万多份，到了后来每期发行几万份。《农业机械》杂志一直为农业生产提供应有的帮助，即便在“文革”期间，杂志依然在出版发行。

机具技术推广：新品展示的柜台

我国农机工业经过十几年的发展，自主研制的各类农业机械陆续登上历史舞台。20世纪七八十年代，我国的农业机械实际情况是已由农具改造走向新机具、新技术推广阶段，这一阶段的特点是需要将陆续涌现的各类先进农业机械和技术推广到田间，同时要教会操作手如何使用、保养和维护。

根据这一特点，《农业机械》杂志编辑部的工作人员对杂志内容逐步调整，开始全面推广先进产品，并在1980年开始刊登广告。为了减小广告版面占用对杂志内容的影响，当时采用了加印页码的方式，进行内容补偿。1980年第5期《农业机械》杂志刊登了美国约翰迪尔公司的广告，当时的广告词是“世界农业机械化之先锋”，联系方式留的还是美国的地址。

那时候介绍的新产品，除了国内企业生产的，还有许多国外进口和引进的产品及技术等。如日本佐藤、井关、久保田和洋马的半喂入收割机，都是较早在中国农机行业推广的产品。此外，还专门撰写如《引进日本成套水田机械试验情况》及《国外农艺和农机相互适应促进机械化的实例》等文章，引起相关部门重视。时任农机部部长的项南，还授权《农业机械》杂志刊发其《农机和农艺应当紧密结合》的讲话记录稿。

这一时期，《农业机械》杂志将自己定位为“推广先进适用的农业机械及技术”，利用杂志的媒体属性和情报属性，为行业展示新产品、新技术提供了很好的窗口。

农村中有了更多的农业机械，对使用农业机械就有了更高的要求，由此产生了对农机使用维修等知识的大量需求。当时，由于版面有限，都是用很多“豆腐块”版面介绍农机使用维修知识，后来发展成为“一句话经验”。为了弥补杂志版面不足的情况，杂志社先后进行了农机使用维修方面的挂图和图书出版，这也是杂志社更好服务行业，走向多元化发展的雏形。

这一时期，《农业机械》杂志的发行量由几万份开始向十几万份发展，各地不少农机操作手将《农业机械》杂志视为“红宝书”和“宝典”。《农业机械》杂志对当时农业生产中新技术、新机具的推广，对农业机械使用过程中的减损增效，做出了贡献。

行业健康发展：舆论导向的平台

近 20 年来，农机行业发生了很大变化，媒体也增加了不少。媒体在为农机事业发展做贡献的同时也不可避免地出现竞争，特别是很多商业媒体采用“以流量取胜”的运营方式。好在《农业机械》守住了底线，也没有远离“战线”。

适应时代发展的变化，我们专心推广先进适用的农业机械及技术，将目光专注于农机行业的健康发展上。以前没有农业机械，我们介绍如何改造制作“土农机”；后来有了一些农业机械，我们介绍如何使用和维修；现在农业机械“过剩”了，我们倡导行业发展新路径。

后来《农业机械》杂志成立了杂志社，改制为期刊社，先后孵化出几十种涉及汽车、工程机械等领域的刊物，虽然要自负盈亏，但坚持为行业服务的宗旨始终未改，始终坚持以内容为中心，站在为行业创造价值的角度去发展。

时至今日，《农业机械》打造了在 PC、移动端和纸媒等多平台同步的全媒体平台，图文、视频和直播多维度互动，月覆盖用户数超过 40 万人，继续发挥农机行业媒体舆论导向的引领作用，为农机事业健康发展贡献力量。

（作者单位：农业机械杂志社）

新 中 国 农 机 化 经 典 回 眸

1944年，曾担任过中国政府驻联合国粮农组织首任代表等职务的邹秉文先生，精心策划、反复磋商，协调美国万国农具公司与中国政府达成协议，出资帮助中国培养农业工程人才。1945年，由国民政府教育部招考20名赴美留学的农业工程硕士研究生，分两批前往美国学习。他们当中的大多数人在新中国成立前后回国，成为我国农业机械化、农业动力与机械、农业工程科技事业的开拓者。

> 1948 年 5 月，留美学习农业工程的中国研究生在加利福尼亚州斯托克顿市合影。

前排左起：张季高、吴克騆、张德骏、何宪章、吴相淦、蔡传翰、曾德超、陶鼎来、王万钧、吴起亚、李翰如。

后排左起：水新元、李克佐、高良润、余友泰，3 位美国万国农具公司人员，方正三、徐明光、崔引安、陈绳祖。

江西安福县的水稻“耕种收”

> 1990 年以前，江西省安福县机耕作业刚起步时，农田基本上是用牛耕，牛耕率达 95% 以上。双轮耕整机、单双轮耕整机的推广使用大多出现在 1990—2000 年间。

> 2000 年以后微耕机开始普及使用，初步统计，安福县近七年的保有量达 9314 台。

> 手扶拖拉机使用量最多，安福县近十年的拥有量达 9384 台。2000 年以后大中型拖拉机快速普及，并逐步向大功率发展，近十年的保有量达 290 台。

> 早期水稻集体人工插秧

> 20 世纪 90 年代末机械化抛秧，这种抛秧机由机动喷雾机改装而成，以汽油机带动鼓风机，进行风送式抛秧作业。

> 2000 年开始推广步行式四行机械插秧机

> 2015 年后开始推广乘坐式六行插秧机

> 2000 年以前，水稻基本是人工收割，使用脚踏式脱粒机，部分山区还有禾桶人工脱粒。打谷脱粒机需要两个人配合脚踩，控制好力度和节奏才能稳定工作（上图）。1990—2000 年安福县开始进行大规模脚踏式脱粒机改装机动脱粒机（下图）。

> 安福县于 1996 年引进首台背负式联合收割机（左图）。2000 年，首台半喂入联合收割机进入安福（右图）。从 2013 年到 2018 年，5 年内安福县收割机保有量达 1432 台，配置从低到高，包括带空调驾驶室的大功率收割机。

> 1990 年以前，安福县大多用蔑垫人工晒谷。

> 2015 年烘干机在安福县开始快速应用，到 2018 年末，全县烘干机达 131 台，日处理量接近 4000 吨。图为洲湖镇三泰农机专业合作社日处理 300 吨稻谷烘干线。（本组图片由江西省安福县农业机械局刘团基、欧素琴提供）

> 新中国成立初期，处于农机化萌芽阶段的农业生产，仍使用人力、畜力和半畜力为动力的农机具，图为 20 世纪 50 年代的农业生产作业场景。（黑龙江省农垦总局提供）

> 在 2000 年以前，南方许多地区的水稻基本是靠人工插秧、人工收割、人工脱粒的。（江西省安福县农业机械局刘团基、欧素琴提供）

> 拖拉机牵引农机具完成机耕作业是农田生产机械化的代表性场景。图为 20 世纪 50 年代拖拉机牵引犁铧进行耕地作业。

> 20 世纪 50 年代黑龙江垦区农机维护停放的场景。（本页图片由黑龙江省农垦总局提供）

> 拖拉机是中国农业机械化发展的形象代表。图为中国第一位女拖拉机手梁军的飒爽英姿。

> 国营农场是现代农业机械应用的先锋，机械化农场在中国农业机械化事业中发挥着引领示范作用，图为黑龙江垦区的履带式拖拉机挺进荒原。

> 20 世纪 60 年代，黑龙江农垦垦区职工在接收新装备的农机具。(本页图片由黑龙江省农垦总局提供)

> 农业机械是提高农业生产效率、解放农村生产力的重要力量。1958 年，当第一台国产东方红履带拖拉机开进农村时，受到农民的热烈欢迎。（中国农业大学提供）

> 这台 1965 年出厂的 46257 号东方红 -54 型拖拉机，在黑龙江北安农垦管理局二龙山农场创造了 31 年无大修、31 年干出 47 年工作量的纪录，节约燃油费和维修费 13 万元，前后 6 位车长和驾驶员中出现了两位省劳动模范，是黑龙江垦区著名的“标兵车”“功勋车”。（黑龙江省农垦总局提供）

> 20 世纪 70 年代，东方红拖拉机牵引 GT-4.9 拾禾作业（上图），下图为 E512 收获机进行卸粮作业。

> 1981 年，黑龙江查哈阳农场 24 行播种机进行麦田施肥作业。（本页图片由黑龙江省农垦总局提供）

在农业机械生产、推广、应用的过程中，行业管理、技术培训与市场监督为农机化提供了可靠保证，做出了巨大贡献。

> 农机技术培训服务是农业机械推广与应用的重要保障，各类展览会、培训班、现场会等发挥了重要的技术交流和指导作用。图为 1965 年第八机械工业部农机修理“双革”展览会的工作人员合影。（原新疆联合收割机厂提供）

> 国营农场专门举办的农机技术培训班。（黑龙江省农垦总局提供）

> 农机技术人员利用工作间歇进行现场农机技术指导。（黑龙江省农垦总局提供）

> 黑龙江老来农场在麦收季节前对农机进行检修。（黑龙江省农垦总局提供）

> 江苏省盐城市在全国率先开展插秧机牌证管理。2000 年 5 月，盐城举办第一期插秧机驾驶员培训班，发放了全国第一块插秧机号牌。（江苏省盐城市农业行政执法支队陆立中提供）

> 1996 年成立“中国消费者协会农机投诉站”，1998 年开始，农机推广鉴定增加了“三包凭证”审查内容，全国农机产品质量投诉体系逐步建立健全，有力地维护了农机市场的各方权益。图为原农业部农业机械试验鉴定总站等部门组织的全国农机质量投诉监督“3·15 统一大行动”。（农业农村部农机试验鉴定总站提供）

农业机械
NONGYE JIXIE

> 农机流通是农机生产企业和农机使用者之间的“桥梁”，为农机化发挥了积极作用。图为《农业机械》杂志对 1987 年“全国名优小四轮拖拉机展销会”盛况的报道。（农业机械杂志社提供）

> 图为 1997 年全国农机产品订货会会场盛况。（中国农机流通协会提供）

农机流通体制在市场经济体制改革中不断进行调整。国有农机公司逐步转制改革，民营农机流通企业队伍发展壮大，连锁经营、品牌店经营和有形实体农机大市场已经成为农业机械流通经营的主要形式。

> 左图为四川吉峰农机连锁股份有限公司眉山直营店，右图为江苏苏欣农机连锁有限公司直营连锁店。

> 庞口汽车农机配件城（左图）被授予“中华之最”和“中国农机配件之都”称号。右图为徐州农机汽车大市场。

> 江苏盐城和徐州的农机经销品牌店。（本页图片由中国农机流通协会提供）

1996 年农业部首次在河南省组织召开了全国“三夏”跨区机收小麦现场会，揭开了大规模组织联合收割机跨区收获小麦的序幕，推动了跨区机收这种新型的农机服务模式的发展。当年，有北方 11 个省 2.3 万台联合收割机参加小麦跨区机收。之后，全国每年“三夏”期间有几十万台联合收割机在千里麦海“南征北战”，成为农业现代化的一道亮丽风景线。

> 全国小麦跨区机收启动仪式在河南省南阳市镇平县杨营镇郭营村举行。

> 参加小麦跨区机收的联合收割机。（本页图片摘自《历史的跨越——中国农业机械化改革发展三十年》，杨敏丽提供）

2004 年《中华人民共和国农业机械化促进法》的颁布和实施，首次明确了农业机械化在农业和农村经济发展中的法律地位，从科研生产、流通保障、推广服务等方面进行规范，极大地促进了农机化事业的发展，农业机械化进入了依法推进时代。

> 2004 年 11 月 1 日，全国人大农业与农村委员会等五部委在北京召开《中华人民共和国农业机械化促进法》贯彻实施座谈会。

> 2006 年 8 月 26 日，新疆维吾尔自治区吐鲁番市三堡乡曼古布拉克村农民赛买提・买买提为自己新购的农用拖拉机系上大红花。当地政府为当日 42 户农民新购买的农用拖拉机和配套设备提供了 60 万元补贴。（上图和本图摘自《历史的跨越——中国农业机械化改革发展三十年》，杨敏丽提供）

> 2011 年国务院奖励“全国种粮售粮大户”的“东方红”拖拉机和开心的农户。（中国一拖集团提供）

21世纪的中国，农业机械化水平已经达到前所未有的新高度，但农机推广应用并未停步，农机化工作在不断创新中前行。

> 农业部和地方省市农机管理部门到基层农机合作社调查指导农机推广和应用，帮着算成本账，听取合作社带头人的意见。（江苏省农业农村委员会张耀春提供）

> 2008年3月，溧阳市海斌农机合作社注册成立；入社会员19位，共出资200万元；拥有拖拉机、手扶式插秧机等农机具27台套。（江苏溧阳王海斌提供）

> 天津滨海新区大港旺达农机合作社机库里整齐停放的农机具。（天津农机服务中心胡伟提供）

> 中国农机工业的起步与第一拖拉机厂“东方红”拖拉机紧密相连。“一五”期间由苏联援建的第一拖拉机厂建筑，如今已经成为国家重点文物保护单位，见证了新中国农机工业的辉煌。

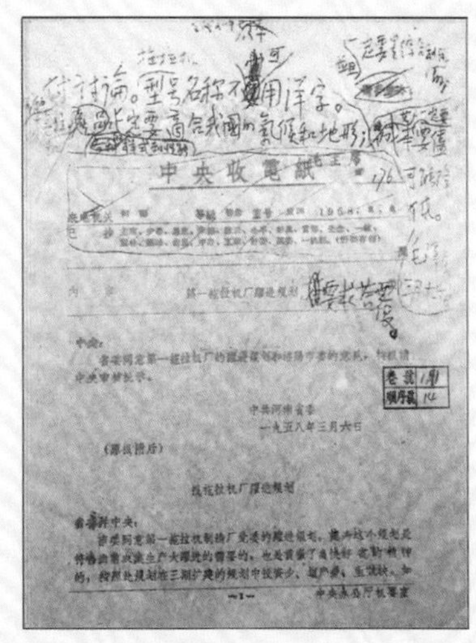

中央收電報

中共河南省委
一九五八年三月六日

（原稿附后）

中央办公厅机要室

> 1958 年 3 月，毛主席在《第一拖拉机厂跃进规划》报告上批示：拖拉机型号、名称不可用洋字。各种拖拉机的样式和性能一定要适合我国的气候和地形；并且一定要是可综合利用的；其成本一定要尽可能降低。（本页图片由中国一拖集团提供）

> 1958 年 7 月 20 日，悬挂着毛主席画像的第一台东方红拖拉机，身披大红花，在人们敲锣打鼓的护送下，隆隆地驶出了第一拖拉机制造厂的大门。（中国一拖集团提供）

> 1959年11月1日，中国农机工业历史上的一个重要时刻，新中国第一个拖拉机制造厂宣告正式建成。“中国农民早已盼望‘耕田不用牛、点灯不用油’的伟大时代，开始到来了！”（中国一拖集团提供）

> 作为农机工业“共和国长子”，中国一拖在 60 年的发展历程中引领着中国农机工业的发展，成就辉煌。目前一拖拥有中国规模最大、技术最先进、产品线最全的拖拉机生产线（上图），下图为智能驾驶舱数字化制造工厂。（中国一拖集团提供）

经过 70 年的发展，今天的中国已经成为世界第一农机生产和使用大国。农机工业是支撑中国农业机械化、农业现代化的强大基础。

> 2009 年雷沃谷神收获机械参加天安门国庆 60 周年群众游行活动。（雷沃重工股份有限公司提供）

> 新疆 -2 联合收割机是深受欢迎的农业收获机械典型代表，拥有完全自主知识产权，1986 年开始研制，1993 年年产量首次达到万台，它曾一度成为后来全国各地大规模“跨区作业”的绝对主力。（中国农业机械化科学研究院王志提供）

作为农机制造全球第一大国，中国农机企业可以提供包括农、林、牧 、渔、农用运输、农产品加工等 7 个门类所需的 65 大类的 4000 多种农业工程装备产品。

> 图为亮相汉诺威国际农机展的阿波斯 P7000 拖拉机。（雷沃重工股份有限公司提供）

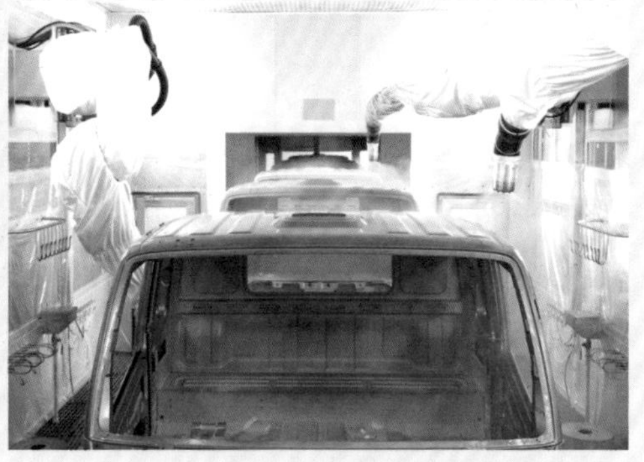

> 农用运输车辆为农业机械化和农村现代化发挥了重要作用，也为农机企业发展提供了机遇。五征集团现代化的农用运输车自动焊接和喷涂生产线是中国农机工业跨越式发展的典型。（山东五征集团有限公司提供）

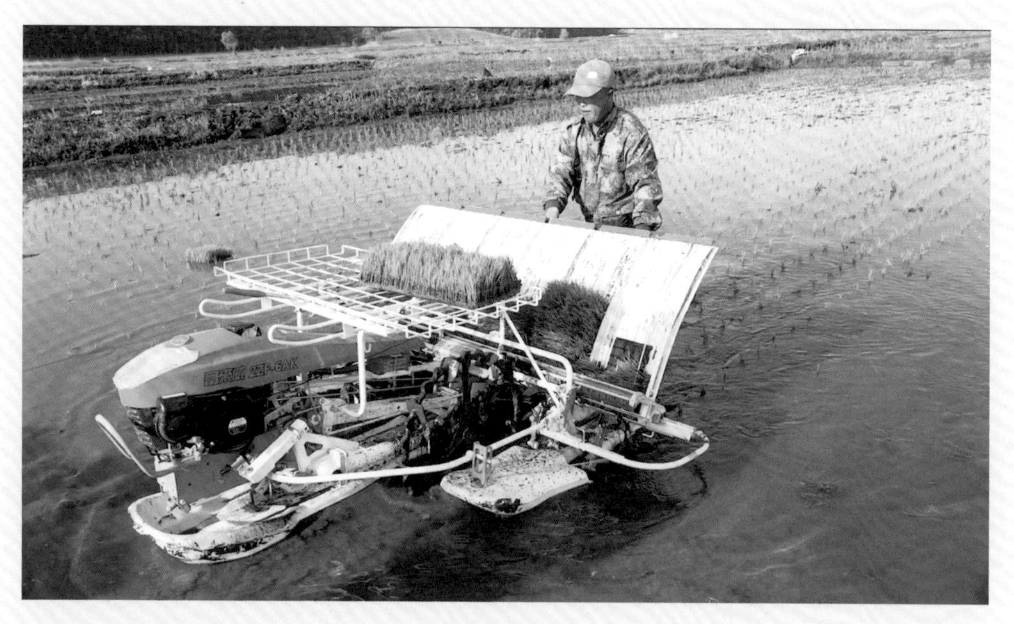

> 手扶式机动插秧机是国内较早自主研发的高性能插秧机，已在国内 20 多个水稻产区推广使用，并出口海外 20 多个国家。（南通富来威农业装备有限公司提供）

> 江苏大学流体机械工程技术研究中心开发的低能耗轻小型喷灌机组。（江苏大学提供）

> 高地隙植保机（中国一拖集团提供）

> 黄贮饲料收获机（内蒙古农业大学机电工程学院提供）

> 油菜毯状苗移栽机（农业农村部南京农业机械化研究所提供）

> 江苏大学完成的“温室关键装备及有机基质的开发应用”项目打破了环境控制系统的国外技术垄断，获国家科技进步二等奖。图为科研同行在现场参观交流。（江苏大学提供）

> 2017 年北京金星鸭业集团采用种猪测定技术研发的种鸭测定系统（检测种鸭生长性能参数）。（中国农机学会机械化养猪工程分会提供）

> 我国第一条基于计算机视觉的四通道水果品质智能化实时检测分级生产线（前处理部分）。（浙江大学应义斌提供）

新中国成立初期，农业生产发展迫切需要农机技术的支撑。1950 年，西北农具研究所和华东农业科学研究所农具系成立，开启了新中国农业机械科研事业。到 1957 年底，全国共建起了 6 个省级以上农机科研机构。1956 年，中国农业机械化科学研究院的前身——机部农业机械研究所成立。

> 1953 年 5 月 3 日，南京农业机械化研究所农具系工厂大门前（南京农业机械化研究所提供）

> 1963 年吉林工业大学排灌机械专业和排灌机械研究室迁到镇江，吉林工业大学欢送戴桂蕊、荆广生、杨克刚等 27 名教师。如今，研究所已发展成为国家水泵及系统工程技术研究中心。（江苏大学提供）

农机科研工作者艰苦创业，从无到有，走“选、改、创”和“引进技术、消化吸收”的技术发展路线，从进行农具改良、半机械化农具研制和引进机具试验选型，逐步转到自主研发设计，取得了一大批深受欢迎的技术研究成果。

> 20 世纪 50 年代农机工作者帮助企业生产和维修锅驼机（锅炉与蒸汽机连在一起的动力机械，配上水泵、水车可以进行灌溉排水）。（山东理工大学王兴南提供）

> 左图为南京农业机械化研究所研制的拖拉机牵引铧式犁（1955 年 8 月摄于农具系木工车间门口）。右图为 1958 年该所参加水稻插秧试验的技术人员合影。（南京农业机械化研究所提供）

> 南京农业机械化研究所进行后捡式收割机田间试验（左图，1959 年）和旋转耕作机田间试验（右图，1965 年）。（南京农业机械化研究所提供）

1979年，国家农委、农机部、农业部等部门和地方分别从日本久保田、井关、洋马、佐藤4家农机公司引进8套水田机械化成套设备，主要包括工厂化育秧设备、拖拉机、旋耕机、插秧机、烘干机等共计814台（件），分别在吉林公主岭、江苏无锡、上海崇明、浙江金华及吴兴、江西进贤、安徽当涂等8个试验点的13000多亩土地上进行生产适应性试验。

> 1980年5月3日，安徽农学院农机系七七级学生在安徽当涂县龙山桥公社太仓大队试验点。

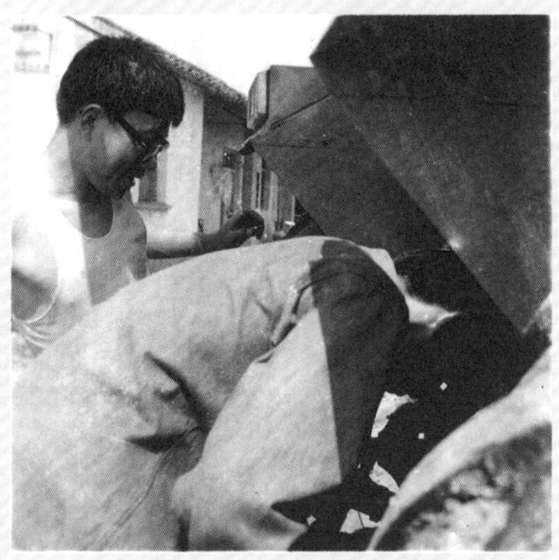

> 1983年6月1日，在江苏无锡县后宅乡建安桥村进行中日旋耕机夏耕对比试验。（本页图片由南京农业大学丁为民提供）

1978 年全国科学大会以后，特别是党的十一届三中全会的召开，我国农机科研事业开始恢复并得到迅速发展。1979 年，在中国农业科学院内恢复了北京农机化研究所和南京农机化研究所，农业部成立了农业工程研究设计院。

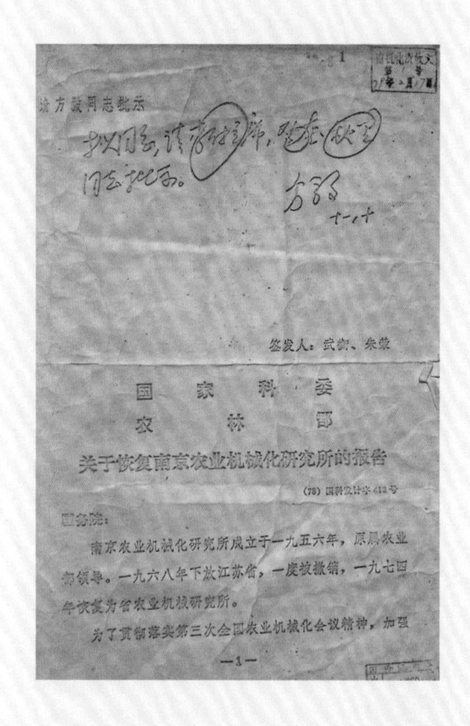

签发人：武衡、朱荣

国家科委
农林部
关于恢复南京农业机械化研究所的报告

(78) 国科发计字 412 号

国务院：

南京农业机械化研究所成立于一九五六年，原属农业部领导。一九六八年下放江苏省，一度被撤销，一九七四年恢复为省农业机械研究所。

为了贯彻落实第三次全国农业机械化会议精神，加强

—1—

> 1978 年，党和国家领导人李先念、纪登奎、余秋里、方毅在国家科学技术委员会和农林部“关于恢复南京农业机械化研究所的报告”上批示，同意恢复南京农业机械化研究所。(南京农业机械化研究所提供)

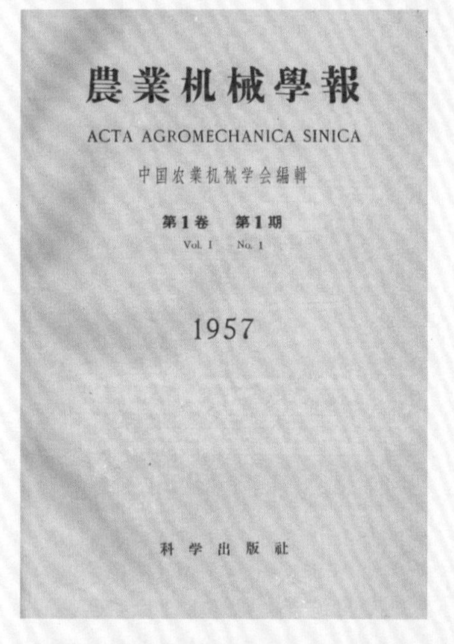

農業机械學報

ACTA AGROMECHANICA SINICA

中国农業机械学会编辑

第1卷　第1期

Vol. I　No. 1

1957

科学出版社

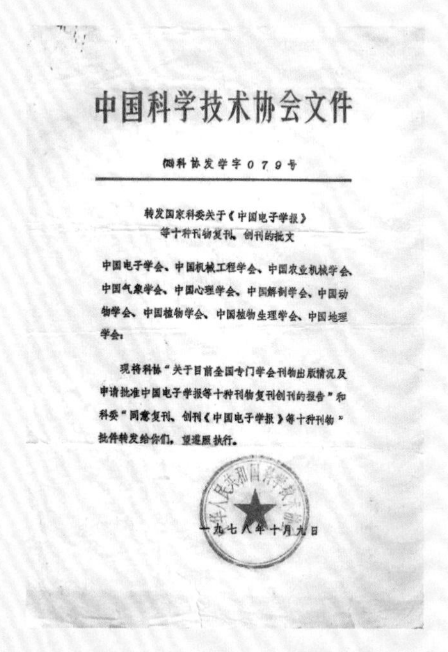

中国科学技术协会文件

(78)科协发学字 0 7 9 号

转发国家科委关于《中国电子学报》等十种刊物复刊、创刊的批文

中国电子学会、中国机械工程学会、中国农业机械学会、中国气象学会、中国心理学会、中国解剖学会、中国动物学会、中国植物学会、中国植物生理学会、中国地理学会：

现将科协“关于目前全国专门学会刊物出版情况及申请批准中国电子学报等十种刊物复刊创刊的报告”和科委“同意复刊、创刊《中国电子学报》等十种刊物”批件转发给你们，望遵照执行。

一九七八年十月九日

> 科技学术期刊同样是农业机械科研的园地，图为《农业机械学报》1957 年创刊号及 1978 年中国科学技术协会的复刊批示文件。(中国农业机械学会提供)

发　明

专利证书

第 1 号

发明名称：

发明人：

专利号（申请号）：85100820.8

专利申请日：85年4月1日

专利权人：北京农业机械化学院

该发明已由本局依照中华人民共和国专利法进行审查，决定授予专利权。

中华人民共和国专利局 局长 黄坤益

一九八五 年 十二 月 二十六 日

> 1985 年中央发布了《关于科学技术体制改革的决定》，激发广大农机科技工作者的积极性。中华人民共和国第一号授权发明专利——多用途碳铵深施机，成为农机科研成果的一个时代性标志。（中国农业大学提供）

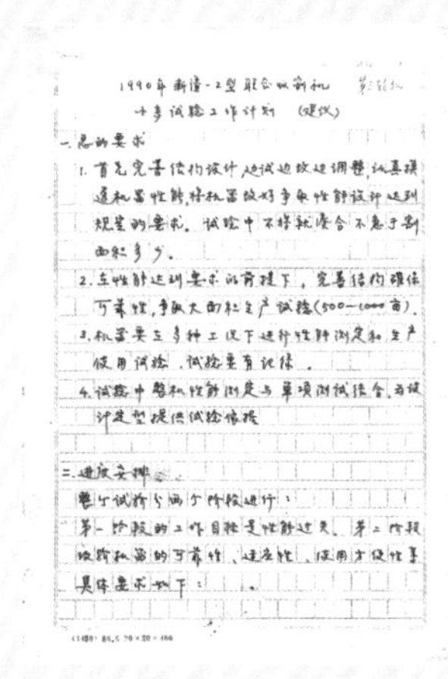

1990年新疆-2型联合收割机
小麦试验工作计划 （建议）

一、总的要求

1. 首先完善结构设计，通过试验改进调整，以尽快提高机器性能，将机器做好，多项性能指标达到规定的要求。试验中不择机凑合，不急于割面积多少。
2. 在性能达到要求的前提下，完善结构确保可靠性，争取大面积生产试验（500—1000亩）。
3. 机器要在多种工况下进行性能测定和生产使用试验，试验要有记录。
4. 试验中整机性能测定与单项测试结合，为设计定型提供试验依据

二、进度安排：

整个试验分两个阶段进行：

第一阶段的工作目标是性能过关，第二阶段考核机器的可靠性、适应性、使用方便性等。

具体要求如下：

> 新疆 -2 联合收割机是我国第一种拥有自主知识产权的联合收割机，图为新疆 -2 联合收割机新产品部级鉴定会和新疆 -2 联合收割机 1990 年的小麦试验工作计划文件。（原新疆联合收割机厂提供）

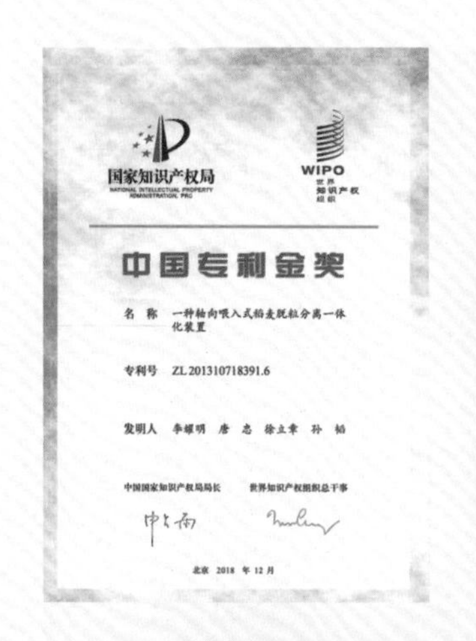
国家知识产权局
NATIONAL INTELLECTUAL PROPERTY ADMINISTRATION, PRC
WIPO
世界知识产权组织

中国专利金奖

名　称　一种轴向喂入式稻麦脱粒分离一体化装置

专利号　ZL 201310718391.6

发明人　李耀明　唐　忠　徐立章　孙　韬

中国国家知识产权局局长　　世界知识产权组织总干事

北京　2018 年 12 月

> 江苏大学李耀明教授团队的“一种轴向喂入式稻麦脱粒分离一体化装置”获得第二十届“中国专利金奖”（全国农机领域唯一金奖），其专利产品实现了高产水稻的高效能收获。（江苏大学提供）

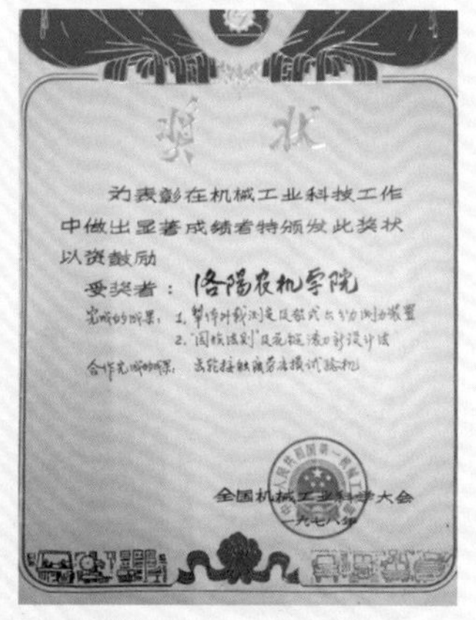
奖　状

为表彰在机械工业科技工作中做出显著成绩者特颁发此奖状以资鼓励

受奖者：洛阳农机学院

完成的成果：1. [illegible]
2. [illegible]

合作完成的成果：[illegible]

全国机械工业科学大会
一九七八年

> 洛阳农机学院在 20 世纪 70 年代末研制出悬挂架式犁体外载测定及其标定装置，这项研究的部分成果编入了全国高校通用教材《农业机械学》和《中国农业大百科全书》中，并获 1978 年全国机械工业科学大会、机械工业部和河南省政府的科研成果奖。下图为悬挂架式犁体外载测定装置田间试验。（河南科技大学提供）

> 江苏工学院（今江苏大学）最早开展静电喷雾技术研究，使中国成为继美国之后第二个大面积应用该技术的国家。图为罗惕乾教授研制的第一代高压静电灭蝗车。（江苏大学提供）

> 新疆农垦科学院与新疆科神农业装备科技开发股份有限公司研制的 4MP 型弹齿链耙式残膜残茬回收机，主要用于播种前回收地表浅耕层残膜，还可用于秸秆量少的地块秋后收膜，能明显减少地膜残留，为播种和出苗创造更为优良的种床条件，被农业农村部遴选为 2017 年度全国十大农机新产品。（新疆农垦科学院机械所汤智辉提供）

> 20 世纪 80 年代，农村经济体制改革使得农业生产经营方式发生变化，农机行业科研、生产的重点随之调整，转向适应农村经济发展需求的多样化、轻简型、方便实用的中小型机械。图为云南省农业机械研究所研发的甘蔗剥叶机。（云南省农业机械研究所文彬提供）

> 1985 年中国农机院研制成功的低扬程大流量风力提水机组，可用于中国南方地区农田灌溉或农田排水等提水作业，也可用于盐场制盐过程中的提水作业，1988 年获机械部科技进步三等奖。（中国农业机械化科学研究院沈德昌提供）

> 2006 年初，中央召开了新世纪首次全国科学技术大会，部署实施《国家中长期科学和技术发展规划纲要》。农机行业科研院所、高校、企业创新热情高涨，产学研联合、优势互补、协同创新，呈现出前所未有的创新活力。2007 年，由中国农机院牵头全国十五家重点高校、特色优势院所和骨干企业成立了“国家农业装备产业技术创新战略联盟”。（中国农业机械化科学研究院吴海华提供）

我国的农业机械高等教育伴随着新中国成立后农机化事业的发展而成长起来。

针对农机设计制造的国家需要，相继组建了校名就带有农机属性的北京农业机械化学院、长春汽车拖拉机学院、洛阳农业机械学院、镇江农业机械学院。

> 新中国成立后，为了适应农业机械化发展要求，1952 年北京机械化农业学院成立（左上图），1953 年更名为北京农业机械化学院（右上图），左图为 20 世纪 50 年代末的学校大门。（中国农业大学提供）

> 1961 年农业机械部发文批示由南京迁至镇江办学的镇江农业机械学院正式更名，图为批示文件及镇江农业机械学院时期的校门。（江苏大学提供）

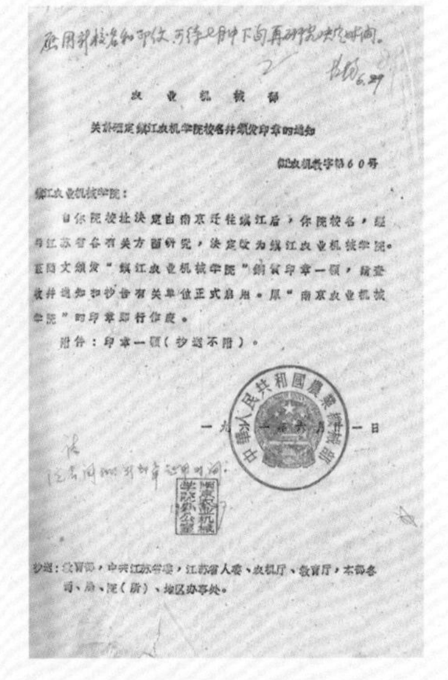

农业机械部

关于确定镇江农机学院校名并颁发印章的通知

(61)农机教字第60号

镇江农业机械学院：

自你院校址决定由南京迁往镇江后，你院校名，经与江苏省各有关方面研究，决定改为镇江农业机械学院。并随文颁发"镇江农业机械学院"铜质印章一颗，请查收并通知和抄告有关单位正式启用。原"南京农业机械学院"的印章即行作废。

附件：印章一颗（抄送不附）。

中华人民共和国农业机械部

一九[illegible]一日

抄送：[illegible]，中共江苏省委，江苏省人委、农机厅、教育厅，本部各司、局、院（所）、地区办事处。

東北農學院附設拖拉機技工學校
招生廣告

一、宗旨：培養機械化農場所需之拖拉機司機人材。
二、招考名額：除已在瀋招考外，茲為便利本地考生，更在哈招收一百名。（本期不收女生）
三、投考資格：1、身體強壯，決心為此事業長期服務者。2、年在二十歲以上二十五歲以下者。3、具有初中以上文化程度者。
四、報名時間：五月二十一日起二十五日止，上午八至十二時，下午二時至五時。
五、報名地點：[illegible]南頭本校傳達室。
六、報名手續：交一寸免冠像片一張、履歷書一份。
七、[illegible]及身體檢查：五月廿六日上午八時。
八、考試時間：五月二十七日上午八時起。
九、考試地點：本校。
十、考試科目：政治常識、國文、數學。
十一、學習期限：四個月，期滿後分配各農場工作。
十二、待遇：在校期間供給食宿及學習文具，分配工作後，按1.新標準[illegible]定薪資。

> 为给全国迅速发展的农业机械化事业培养中高级技术人才，华南农学院、南京农学院、东北农学院等农业院校开始设置农业机械类专业，图为 1949 年东北农学院附设拖拉机技工学校在《哈尔滨日报》上刊登的招生广告。（东北农业大学提供）

> 1958 年 6 月，农业部和江苏省委决定成立南京农学院农业机械化分院。1966 年 2 月 24 日，农业机械化分院第一届研究生（2 人，1962 年入学）毕业留影。中排右起第 4、5 人为毕业研究生诸慎友、陈金元，前排左起第 3 人为导师吴相淦教授。图右下角是南农农业机械化分院校徽。（南京农业大学丁为民提供）

> 1954 年，南京农学院学生在进行拖拉机驾驶实习。拖拉机机身上的字是：82 南京农学院。

> 1957 年 10 月 1 日，安徽农学院教师驾驶拖拉机牵引农业机械参加合肥市庆祝国庆 8 周年大会后群众游行。两台拖拉机前方均标有“安徽农学院”校徽标识。前一台拖拉机装配铁轮和粗大的铸铁排气管，牵引铧式犁；后一台拖拉机牵引 24 行播种机。（南京农业大学丁为民提供）

> 高等院校为国家农机化事业输送了大批专业技术人才。图为北京农业机械化学院 1955 年毕业生留影（左上图），洛阳农业机械学院农机设计制造专业第三届学生农 6003 班的毕业照（右上图），长春汽车拖拉机学院 1957 年第二届全体毕业生留影（下图）。

> 1978 年，北京农业大学、镇江农业机械学院、南京农学院等 9 所以“农”命名的高校被列入全国 88 所重点大学。1981 年，国家开始实行学位制度，北京农业机械化学院、江苏工学院（原镇江农业机械学院）、吉林工业大学等 4 所高校的农业机械设计制造学科获全国首批博士和硕士学位授予权，图为 1981 年吉林工业大学七八级 16 名研究生毕业。（本页图片由吉林大学、中国农业大学、河南科技大学提供）

> 1985 年 4 月 28 日，江苏工学院（今江苏大学）培养的首位博士研究生，也是我国自行培养的第一位农业机械设计制造学科博士张际先通过答辩，其导师为高良润、钱定华、桑正中（左图）；1994 年，我国首位农产品加工学科博士张建平通过答辩，其导师为吴守一、高良润。（江苏大学提供）

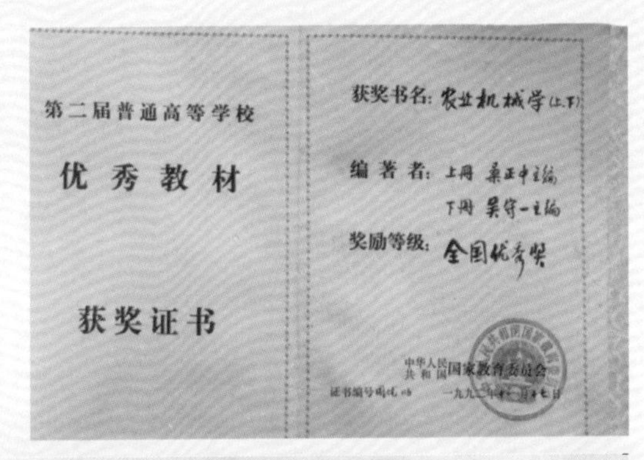

第二届普通高等学校

优秀教材

获奖证书

获奖书名：农业机械学（上、下）

编著者：上册 桑正中主编

下册 吴守一主编

奖励等级：全国优秀奖

中华人民共和国国家教育委员会

> 1982 年第一次全国农业机械学教学研讨会在镇江农机学院召开，《农业机械学》教材被评为“全国优秀教材”，为全国同类高校广泛采用。图为本次教学研讨会合影。（江苏大学提供）

> 在农业机械工程领域前辈的带领下，农机高等教育的师资队伍不断壮大。图为北京农业机械化学院农业机械教研室 1965 年的合影。（山东理工大学王兴南提供）

> 1950 年东北农学院设立农业机具系本科，余友泰为首任系主任（左图）。1953 年，3 位苏联农机专家来学院工作，指导农机系的教学改革和师资培养。右图为机器运用专家帕・德・特列契亚阔夫（右）在给进修班学生辅导答疑。（东北农业大学工程学院提供）

> 吴相淦教授 1949 年出版了《农业机械学》，这是我国最早的农业机械专著，奠定了学科基础。图为吴相淦在执教 50 周年纪念活动上的留影。（南京农业大学丁为民提供）

> 农机高等教育在推动国家农机化事业快速发展的同时，也涌现了大批农机领域的杰出人才，先后有曾德超、陈秉聪、汪懋华、任露泉、蒋亦元、罗锡文、陈学庚、赵春江 8 人当选为“两院”院士。2016 年 8 月 23 日，8 位院士出席有 300 余名代表参加的第十二届全国高等院校农业工程及相关学科建设与教学改革学术研讨会。（吉林大学提供）

> 立足新时代，农机高等教育国际化战略步伐加快。2018 年 6 月 22 日，中国农业大学发起成立了“一带一路”与南南合作农业教育科技创新联盟，首批加入联盟的院校包括 40 所国内农林院校和“一带一路”沿线国家的 30 所院校。（中国农业大学提供）

> 2016 年 12 月 10 日，江苏大学牵头成立了“一带一路”国际人才培养产学联盟，与首批 40 多家企业组成联盟，参与海外留学生培养工作，订单式培养国际人才，推动农机教育国际化事业发展。（江苏大学提供）

对外交流是中国农业机械化进程中的重要组成部分，特别是在农机工业产品和技术“引进来”与“走出去”的过程中，中国农机工业实现了跨越。

> 早期，黑龙江农垦总局引进国外的播种机、收获机及大功率拖拉机。（黑龙江省农机学会提供）

如今，中国已成为世界农机制造的大国，频繁在农机产业的国际舞台上亮相。中国制造的农机产品出现在世界各地，是中国农机工业巨大进步的体现。

遍布世界各地的中国拖拉机产品

> 墨西哥

> 英国

> 吉尔吉斯斯坦

> 巴西

> 上千台中国一拖 YTO 拖拉机在中国青岛港集结，准备发往国外。（中国一拖集团提供）

> 2014 年，五征三轮汽车成为国家商务部援助非洲的指定用车，五征集团向毛里塔尼亚一次性出口三轮汽车 2550 辆。（山东五征集团有限公司提供）

> 2018 年 11 月中国首届进口博览会上，中国一拖法国公司生产的动力换挡系统亮相。2019 年 2 月，世界三大农机展之一的 SIMA 法国国际农机展上，一拖法国公司针对欧洲用户需求开发的新品牌 Mancel 首次亮相，产品拥有较高的智能化水平，达到欧洲领先水平。（中国一拖集团提供）

> 2016 年 11 月，意大利博洛尼亚国际农机展举行，雷沃重工携阿波斯拖拉机、高登尼拖拉机、马特马克播种机等高端产品系列组合参展。（雷沃重工股份有限公司提供）

农业机械领域技术培训是我国对广大发展中国家援外培训的切入点，始于 20 世纪 50 年代，是中国与世界分享中国进步与发展经验的一项伟大奉献。

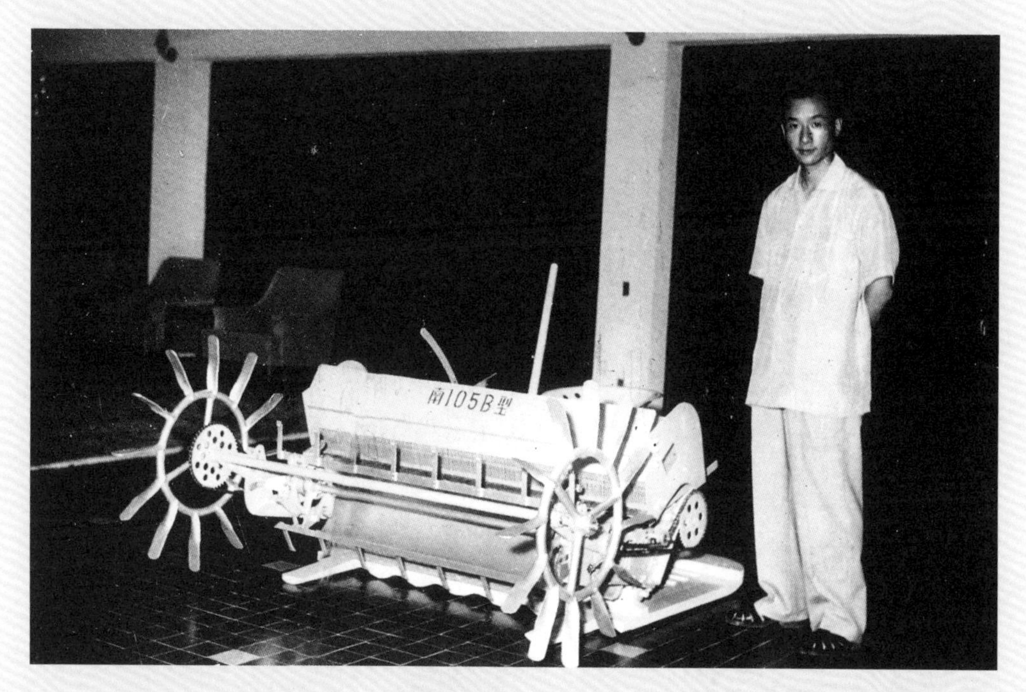

> 1960 年南京农机研究所技术人员随周恩来总理、陈毅副总理赴尼泊尔皇宫展示赠送给尼泊尔政府的南 –105B 型水稻插秧机。

> 1965 年，越南农业技术人员来南京农机研究所参观学习。（本页图片由南京农业机械化研究所提供）

> 1980 年 9 月至 11 月，镇江农业机械学院（今江苏大学）举办亚太农机网第一期农机培训班，图为开学典礼（上）与毕业典礼（下）。

> 1983 年 8 月，联合国工发组织农机培训班在江苏工学院（今江苏大学）举行，图为第一期的开学典礼。（本页图片由江苏大学提供）

UNIDO

UNITED NATIONS INDUSTRIAL DEVELOPMENT ORGANIZATION

CERTIFICATE

This is to certify that

Henry Francis Okinyal

has participated in and completed the

IN-PLANT GROUP TRAINING PROGRAMME
IN THE FIELD OF DESIGN AND MANUFACTURING
OF SMALL- AND MEDIUM-SIZE
AGRICULTURAL MACHINERY

organized under the joint auspices and sponsorship
of the
UNITED NATIONS
INDUSTRIAL DEVELOPMENT ORGANIZATION
and the
GOVERNMENT OF CHINA
by the
JIANGSU INSTITUTE OF TECHNOLOGY
on behalf of the
MINISTRY OF MACHINE BUILDING INDUSTRY
from 4 September to 13 December 1989

Zhenjiang, China
13 December 1989

Head,
Industrial Human Resource Development Branch
United Nations
Industrial Development Organization

> 1983 年 10 月，联合国工发组织农机培训班学员进行田间实习，操作收割机。右图为 1989 年第七期农机培训班结业证书。（江苏大学提供）

> 1991 年秋，中国农机院组织来自泰国、菲律宾、叙利亚和朝鲜等国的培训学员参观天津拖拉机制造厂。（中国农业机械学会张振新提供）

> 自 20 世纪 80 年代起，中国农机院成功执行了 150 余期各类农机专业领域的国家技术援外培训项目，共有来自 100 多个发展中国家的 3000 余名农业官员及技术人员参加了培训。图为 2016 年农业工程与农产品加工新技术国际培训班开幕式。（中国农业机械化科学研究院马腾提供）

> 20 世纪 90 年代开始，中国农业机械化科学研究院与斯里兰卡、马来西亚、巴基斯坦等发展中国家，以及荷兰、德国、英国等国家，开展了农村风力提水和风力发电技术的交流与合作。图为 2002 年 10 月中国专家在巴基斯坦小型风电机组示范现场。（中国农业机械化科学研究院沈德昌提供）

> 苔麸是埃塞俄比亚的主粮产品，但作业机械化水平低，产业发展受到严重制约。在盖茨基金会和中国科技部的支持下，中国农业机械化科学研究院针对该国需求，历时两年成功研制出苔麸机械化播种、收获、清选系列设备，为提高苔麸产量、提高当地人民生活水平做出了卓越贡献。下图为 2017 年 12 月 10 日埃塞俄比亚时任总理海尔马里亚姆（左 8）在阿姆哈拉州农业收获演示会上现场观看机具演示；右图为中国农机院王博院长以捐赠形式向该国农业部移交部分演示设备。（中国农业机械化科学研究院提供）

改革开放直接推动和促进了我国农机行业的国际交流与合作，在科学研究领域、教育培训领域、市场开拓方面，对外交流与合作越来越活跃，成为农机化事业的有力助推器。

> 1984 年，美国著名农机专家马克·肖教授夫妇到洛阳工学院讲学。（河南科技大学提供）

> 1987 年，由吉林工业大学张德骏成功主持召开的首届国际农业系统工程学术研讨会，大大提高了中国高校在农业系统工程专业领域的国际地位。（吉林大学提供）

> 2004 年 10 月，“2004 国际农业工程大会”在北京召开，来自 63 个国家和地区的近千名农业工程专业人员参加了会议。部分中外农机专家合影，右起分别为曾德超、陶鼎来、王万钧、岸田义典(日本)、蒋亦元。(中国农业机械学会提供)

> 华南农业大学罗锡文院士带领团队，多年来潜心研究水稻种植机械，他主持完成的“水稻精量穴直播技术与机具”成果荣获 2017 年度国家技术发明奖二等奖。图为 2013 年 5 月 21 日，罗锡文院士陪同泰国专业代表团，在长沙拜访“世界杂交水稻之父”袁隆平院士，就水稻领域国际科技合作进行洽谈。(华南农业大学臧英提供)

> 2014 年 9 月，“国际农业与生物系统工程学会第十八届世界大会”在北京举行，来自全球 45 个国家近 2000 名农业与生物系统工程领域的专家学者出席了大会，共同探讨“农业与生物系统工程——提升人类生活品质”。图为罗锡文院士讲话。（中国农业机械化科学研究院提供）

> 2018 年 3 月 28 日，国际农业与生物系统工程学会（CIGR）主席代表团与中国农机学会、中国农业工程学会、中国农机工业协会、中国农机化协会和中国农机流通协会 5 个农业工程领域社团组织领导人座谈会在河南省郑州市举行，罗锡文院士等出席。（中国农业机械学会提供）

2019年6月1日至3日，由工信部、农业农村部等多部门指导，中国车载信息服务产业应用联盟和江苏省兴化市主办，江苏大学无人作业技术团队的无人收割机和无人插秧机参与实施的全国农业全过程无人作业试验，在江苏省兴化市国家粮食生产功能示范区展开。中央电视台进行了《机智过人》栏目现场录制，在8月31日播放的《机智过人》第三季首期节目中，以“智敬中国”为主题，展示“智慧农业”领域无人作业的各种前沿科技成果，以此庆祝新中国成立70周年。

> 江苏大学无人农机团队研制的无人插秧机、无人联合收割机参加全程作业考核。左图为主持人（右）与现场测试裁判长、江苏大学颜晓红校长（中）在作业现场。（江苏大学提供）

> 新时代农业机械化发展的空间、潜力和活力已经得到释放，农业工程装备自动化、智能化与科技创新正推动农业机械化迈入全程全面、高质高效发展的新时期。（黑龙江省农机学会提供）

2019年4月29日，落实习近平总书记“大力推进农业机械化、智能化”重要论述暨纪念毛泽东主席“农业的根本出路在于机械化”著名论断发表60周年报告会，在江苏大学隆重举行。全国人大常委会副委员长陈竺发来贺电。十二届全国人大常委会副委员长张宝文、十届全国政协副主席张怀西等领导同志出席报告会。

本次报告会由中国农业机械学会、中国农业机械工业协会、中国农业工程学会、中国农业机械化协会和中国农业机械流通协会主办，来自全国农机行业的高校、科研机构、管理部门、农机企业及推广应用单位的代表300余人参加了报告会。

报告会回顾了我国农业机械化事业取得的巨大成就，描绘了未来我国农业机械化、智能化的发展蓝图。与会代表深刻学习领悟习近平总书记重要论述的丰富内涵，充分交流新理念和新观点，将进一步凝聚共识，汇聚力量，不忘初心，牢记使命，共同携手打造我国农业机械化的光辉未来。

为表彰先进，树立榜样，弘扬正气，全面深入学习贯彻习近平新时代中国特色社会主义思想，落实习近平总书记“大力推进农业机械化、智能化，给农业现代化插上科技的翅膀”重要指示和国务院《关于加快推进农业机械化和农机装备产业转型升级的指导意见》，为纪念毛泽东主席“农业的根本出路在于机械化”著名论断发表60周年，服务乡村振兴战略，推动农业机械化向全程全面高质高效升级，推进农业农村现代化，主办此次报告会的五大学会协会组织联合开展“中国农业机械化发展60周年杰出人物”评选宣传活动，评选出马成林等60位对我国农业机械化发展过程做出重要贡献、产生重大影响、示范引领作用突出的个人，并于2019年4月29日的报告会期间，进行了表彰及授予荣誉称号。

这60名“杰出人物”长期奋战在农业机械化和农机装备产业教学科研、生产经营和推广应用一线，他们爱党爱国，热爱农机事业，带头树立和践行社会主义核心价值观，弘扬以爱国主义为核心的民族精神和以改革创新为核心的时代精神，发扬“农机人”艰苦奋斗、砥砺拼搏的精神，勇于实践探索，在推进我国农业机械化发展进程中发挥重要作用和做出突出贡献，受到行业广泛赞誉，是农业机械化行业广大干部职工的代表和榜样。

为此，本书收录了60名“杰出人物”的简介和事迹，以此激发全国农业机械化行业广大干部职工，不忘初心，牢记使命，加快推进农业机械化和农机装备产业转型升级，为实现我国农业农村现代化做出更大的贡献。

农机化光荣榜

排名不分先后

> 汪懋华

中国工程院院士，中国农业工程学会荣誉理事长，中国农业机械学会名誉理事长，国际农业工程学会会士（2006 年起）和英国农业工程学会会士。曾任北京农业工程大学副校长，国务院学位委员会农业工程学科评议组召集人等。为引领我国农业工程学科体系建设和教学改革、推进中国农业农村信息化、开拓现代农业装备和新一代信息技术农业领域应用做出了重要贡献。

> 蒋亦元

1928 年 11 月生，江苏省常州市人，中共党员，东北农业大学教授、博士生导师，著名农业机械专家，于 1997 年当选中国工程院院士，曾获中国农业机械发展终身荣誉奖。

> 任露泉

教授、博导、中国科学院院士。曾先后担任吉林工业大学副校长、党委书记等职，2000 年五校合并组成新吉林大学任副校长。现任吉林大学学术委员会副主任、吉林大学校务委员会副主任、吉林大学学位委员会副主任、吉林大学工程仿生教育部重点实验室学术委员会主任。

> 罗锡文

华南农业大学教授，中国工程院院士，曾任华南农业大学工程技术学院院长、副校长。近半个世纪以来，潜心农机科研和农机创新人才培养工作，积极推进农业工程学科发展，谋划农业工程发展战略，为农机化事业做出了突出贡献。

> 陈学庚

1947 年 4 月生，江苏省泰兴市人，中共党员，中国工程院院士，现任石河子大学博士生导师，中国农业机械学会名誉理事长，农业部西北农业装备重点实验室主任。扎根边疆基层一线从事农业机械研究推广工作 52 年，突破了地膜植棉机械化技术关键，攻克了滴灌技术大规模应用农机装备难题，研发了多项棉花生产机械化关键技术与装备，为新疆棉花生产全程机械化技术研究和大面积推广应用做出了重大贡献。

> 赵春江

1964 年生，博士、中国工程院院士。现任北京市农林科学院农业信息技术研究中心主任，兼任国家农业信息化工程技术研究中心主任，国家农业智能装备工程技术研究中心首席专家、农产品质量安全追溯技术及应用国家工程实验室主任、农业部农业信息技术重点实验室主任、国家新一代人工智能战略咨询委员会成员、国家“互联网 +”行动专家咨询委员会委员、中国人工智能学会智能农业专业委员会主任、国际精准农业学会中国首席代表。

> 梁　军

新中国第一位女拖拉机手，梁军的名字随着长篇通讯《我们的女拖拉机手》传遍全国。之后，梁军在北京农业机械专科学校学习，后考入北京农业机械化学院。她连续当选为第一、第二、第三届全国人大代表，在八五〇农场指导“十万转业大军”开荒，之后在黑龙江省农业机械化研究所、哈尔滨市香坊区农业局、哈尔滨市农机局工作直至离休。

> 马成林

曾任吉林工业大学校长，国务院学位委员会学科评议组成员，国家科学技术奖励农业专业评委会评审委员，中国农业工程学会副理事长、名誉理事长，中国农业机械学会副理事长，农业工程学报编委会副主任，农业机械学报编委会委员，法国第戎国立农业大学（ENESAD）外籍资深教授等，并受聘河南豪丰机械制造有限公司首席高级顾问。

> 王　涛

山东牟平农业机械有限责任公司董事长、高级经济师，中共党员，兼任中国农机流通协会常务理事、山东省农机流通协会副会长。

> 王心颖

中共党员，农业农村部农业机械试验鉴定总站处长，研究员，全国农业机械标准化技术委员会农业机械化分技术委员会委员，农业农村部农业信息化标准化技术委员会委员，中国农业机械化协会信息化分会副主任委员。

> 王世秀

现任勇猛机械股份有限公司董事长兼党支部书记，在机械行业打拼50多年，其中农业机械30年。2010年创立天津勇猛机械制造有限公司，在其带领下，勇猛牌大型玉米收获机连续多年产销全国第一。

> 王伟耀

1988年，20岁的王伟耀开启了他的“沃得奇迹”之路。进入21世纪，在改制组建江苏沃得机电集团有限公司后，王伟耀先后创办了江苏沃得农业机械有限公司、植保有限公司等企业，并在新加坡挂牌上市。2011年，沃得通过收购进入国际市场，让“中国制造”走上更大的舞台，创造更大的“沃得奇迹”。

> 王桂民

作为国内农业装备龙头企业的带头人，王桂民领导雷沃重工砥砺奋进，创造国内农装制造企业发展的传奇，先后荣获“中国工业先锋人物”“2010—2014年度中国农业机械发展贡献奖”“全国农业劳动模范”等荣誉。

> 王桂显

农业农村部农业机械化技术开发推广总站副站长、农业技术推广研究员，中国农业机械学会理事会理事、农机监理分会主任委员、农机维修分会副主任委员；中国农业机械化协会畜牧分会专家指导组专家、农机维修分会副主任委员；中国认证认可委员会管理体系审核员、强制性产品认证高级检查员、自愿性工业产品认证高级检查员。

> 王海斌

江苏溧阳市海斌农机合作社党支部书记，理事长。他带领海斌合作社不断创新服务理念、拓展服务领域，把传统农机合作社与现代农业生产经营主体融为一体，贡献突出，被称为“现代农业兵”。

> 王新明

吉峰三农科技服务股份有限公司董事长兼总经理，兼任中国农业机械流通协会副会长，中国农业机械化协会副会长。他领导吉峰农机公司走出一条成功的农机连锁经营之路，发展成为我国最大的农机流通企业。

> 区颖刚

1970 年本科毕业后开始从事农业机械研究工作，1982 年在华南农学院农业机械化专业获得硕士学位后留校任教，1992 年从英国获得博士学位回国，从事农业机械化的教学和科研工作，曾任国家农业产业技术体系甘蔗体系机械化研究室首任主任（2009—2012 年）、华南农业大学南方农业机械与装备关键技术教育部重点实验室甘蔗机械室主任，博士生导师。现任农业部全程机械化推进行动咨询专家组甘蔗组组长。

> 毛罕平

江苏大学农业装备学部执行主任，江苏大学现代农业装备与技术教育部重点实验室主任，教授、博导。国务院学科评议组成员，农业部大宗蔬菜体系机械化研究室收获机械化岗位科学家，中国农业机械学会常务理事、耕作机械分会主任委员，农业机械学报副主编。

方宪法

中共党员，工学博士，中国农业机械化科学研究院副院长兼总工程师。兼任国际农业与生物系统工程学会作物生产装备分会理事/研究员；中国农业机械学会监事会监事长；中国农业工程学会副理事长；国家农业机械工程技术研究中心副主任；中国农业大学、吉林大学博士生导师/教授。

叶　青

中共党员，安徽省青园集团董事长，兼任中国农业机械流通协会副会长，中国农机学会市场分会主任委员，中国新徽商联盟联席理事长，湖北省安徽商会党委书记、执行会长，江西省安徽商会常务副会长。安徽省十一届人大代表，2013 年获安徽省五一劳动奖章。

白人朴

1937 年 11 月生，中国农业大学教授、博士生导师，中国农业机械学会农业机械化分会名誉主任委员，农业机械化技术经济与发展战略、规划专家，终身从事农业机械化事业与教育事业。

成　洪

1958 年 11 月生，朝鲜族，中共党员，吉林省农业农村厅副厅级巡视员，研究员。中国农业机械化协会副会长、中国农机学会理事、吉林省农业机械化协会会长。2001 年度国务院特殊津贴专家，2006 年至 2011 年连续 6 年被农业部评为全国粮食生产先进工作者。

> 朱　明

1958 年生，农业农村部规划设计研究院首席科学家，研究员，兼任中国农业工程学会常务副理事长。是我国知名农业工程技术和管理专家，在农业工程系统管理领域做出了开创性贡献，为促进我国农业工程学科发展和科技创新平台建设、人才队伍建设、国际交流合作做出了重要贡献。

> 朱士岑

1962 年 7 月毕业于南京工学院汽车拖拉机设计专业，同年分配到第一拖拉机厂工作，历任中国一拖设计处技术员、工程师、高级工程师，拖汽所副所长、所长，技术中心副主任、主任，中国一拖副总经理。1992 年获“河南省优秀专家”称号，1993 年至今享受政府特殊津贴。

> 华国柱

留苏农业机械化专业研究生、副博士，研究员级高级工程师。历任农业部农业器械局干部、国营农场供应站技术室负责人；中国农科院农业机械化研究所研究室副主任；中国农业机械化科学研究院运用修理研究室副主任，院副书记、副院长、院长，院学位评定委员会主任。曾任中国农业机械学会第 1 ~2 届副理事长、第 3 ~4 届第一副理事长、第 5 ~9 届名誉理事长。

> 行学敏

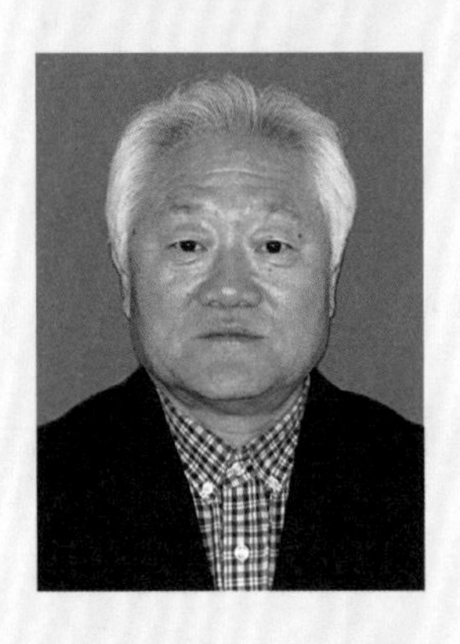

陕西省农业机械安全协会特聘专家，研究员，中共党员，曾任陕西省农机管理站总工程师，陕西省农业机械技术推广站副站长（主持工作）、站长，陕西省农机安全监理总站站长。

> 刘　宪

中国农业机械化协会会长，研究员。国务院安全生产委员会咨询专家委员会委员。曾任县农机修造厂车间主任，农业部农业机械化管理司副司长、部农机试验鉴定总站副站长、部技术开发推广和安全监理总站站长。在农机化领域工作45年，积累深厚，贡献突出。

> 刘　敏

1983年7月到原农牧渔业部农业机械化管理局工作，曾在农业部农业机械化管理司、农业部办公厅、中国兽医药品监察所、农业部农业机械试验鉴定总站任职，现任农业农村部机关服务局局长、党委副书记，研究员，兼任中国农业机械学会监事会监事、中国农业机械化协会副会长、海峡两岸农业交流协会副会长。

> 刘成强

时风集团董事长、总经理。参加工作30多年来，主持时风集团产品开发、工艺规划、产品升级工作，使一个名不见经传的小企业发展成为农机行业的排头兵，为我国“三农”事业发展做出了重要贡献。

> 刘恒新

1964年9月生，中共党员，1985年7月毕业于西北农学院。现任农业农村部农机试验鉴定总站、农机化技术开发推广总站站长，研究员。中国农业机械学会第十一届理事会副理事长、中国农业机械化协会副会长、中国农业技术推广协会第六届理事会副会长，农业农村部主要农作物生产全程机械化推进行动专家指导组副组长。

> 许敏田

新界泵业集团股份有限公司董事长兼总经理，高级经济师。中国农业机械学会常务理事、中国农业机械学会排灌机械分会副主任委员、中国农业机械工业协会副会长。曾荣获“中国农业机械化发展60周年杰出人物”“浙江省优秀共产党员”“浙江省优秀企业家”等称号。

> 应义斌

曾任浙江大学副校长、党委常委，现任浙江农林大学校长、党委副书记，浙江大学农业工程一级学科（A+）负责人。长期工作在农业工程人才培养和科技创新的第一线，是国家杰出青年基金获得者、长江学者特聘教授和国家教学名师，是我国知名农业工程专家。

> 张国彬

河北中农博远农业装备有限公司总经理。曾为石家庄地区率先引进“新疆-2”小麦联合收割机，开创麦收跨区作业的先河，为我国小麦收获机械化做出了突出贡献。

> 张焕民

1950年4月生，中共党员，河北深泽县人，从事农机制造30余年。河北农哈哈机械集团有限公司董事长，中国农业机械工业协会常务理事（兼职），“巨人计划”创新创业团队领军人才。

> 陈　志

工学博士，研究员，博士生导师，中国农业机械工业协会会长、国际农业与生物系统工程学会（CIGR）主席。曾担任中国农业机械化科学研究院院长，中国机械工业集团有限公司副董事长、总工程师、中央研究院院长等职务。长期从事农业机械化工程技术研究，在农业机械设计理论和重大装备研发方面具有深厚造诣，是我国农业工程发展战略研究领域具有重要影响的知名专家。

> 范伯仁

农业技术推广研究员，曾任江苏省农机试验鉴定站站长，江苏省农机具开发应用中心主任，江苏省农机局科教处长、副局长，江苏省农机学会理事长等职；是中国农业机械发展贡献奖和江苏省农机系统先进工作者（劳模）获得者，农机化事业是他40多年职业生涯的无悔选择。

> 尚书旗

1958年9月生，山东青州人，工学博士、博士生导师、二级教授，中共党员，我国农业机械设计制造专家，世界种业生产机械化技术与装备领域学术带头人，全国高校黄大年式教师团队（农业机械）首席专家，从事农业机械教学、研究与推广工作，享受国务院政府特殊津贴。现任青岛农业大学机电工程学院院长，国际田间试验机械化协会（IAMFE）主席、中国分会主席，中国农业工程学会常务理事，山东农业工程学会副理事长等职务。

> 金宏智

1940年8月出生于吉林省白山市，研究员，博士生导师，原中国农业机械化科学研究院首席专家，国务院特殊津贴获得者。长期致力于大型喷灌机事业的研究工作，实现了产、学、研、用的有机结合，为我国农业机械化发展做出了一定贡献。

郑克太

担任厂长（今山东华盛中天机械集团股份有限公司）26 年，在他的带领下，企业在技术创新、产品研发、经营管理、运行机制改革等方面一直走在行业的前列，开发生产的泰山牌背负式机动喷雾喷粉机获得巨大反响，成为引领行业发展进步的领军企业，为我国植保机械行业发展做出了突出贡献。

赵立欣

农业农村部规划设计研究院副院长，博士，研究员。兼任中国农业工程学会农村能源工程专业委员会常务理事、主任，中国沼气学会副理事长，中国农村能源行业协会常务理事。

胡志超

农业农村部南京农业机械化研究所党委书记，二级研究员，博士生导师，江苏省示范性劳模创新工作室首席专家、中国农科院土下果实收获机械创新团队首席科学家、国家花生产业技术体系机械化研究室主任、全国农机化科技创新收获机械化专业组组长、农业农村部主要农作物生产全程机械化推进行动花生机械化专业组组长、农业农村部南方种子加工工程技术中心主任兼学委会主任、中国农业机械学会常务理事、中国农业工程学会常务理事、江苏省发明协会副会长。

胡南强

1935 年 11 月生，1953 年考入北京农业机械化学院（现中国农业大学），毕业后留校任教。1984 年调入农业部农机化管理局，曾任副总工程师、总工程师，农业部农机试验鉴定总站站长，中国农业工程研究设计院（即农业部规划设计研究院）院长，教授级高级工程师。

> 姜卫东

山东五征集团有限公司党委书记、董事长、技术中心主任。自1992年担任厂长以来，他带领广大干部员工，深化企业改革，完善内部管理，实施多元化发展战略，大力推进自主创新，积极开拓国内外市场，实现了一个县办农机企业向现代化企业集团的转变。

> 宣碧华

怀着一份“坚守制造业，打造民族工业典范”的梦想，40多年来“经得起冷落、挡得住诱惑、扛得住寂寞”扎根制造业。他18岁时以临时工身份进入国企，28岁时被提拔为销售科副科长，同年放弃“铁饭碗”下海，32岁时依靠两台旧冲床、几把榔头和几个员工创办了杭州城东链条厂，用10年多的时间将其打造成国内最大的链条企业——杭州东华链条集团，2003年收购并带领常州“东风农机”跨上了一个新的发展平台，成为中国民族工业的典范。

> 贺祖年

农业农村部农业机械试验鉴定总站原副站长、研究员。组织创建了中国农机产品质量认证机构，开创了农机产品质量认证新局面。2000年获国务院政府特殊津贴。

> 骆　琳

山东省农业机械科学研究院研究员，曾任山东省农业机械科学研究院院长兼党委副书记、山东省农机质检中心主任。中国农机学会监事、中国农机工业协会常务理事、山东农机学会理事长、山东农机工业协会会长和山东省政府农业专家顾问团成员。

袁寿其

中共党员，研究员，博士生导师，江苏大学党委书记。江苏省委委员，第十二届全国人大代表。我国排灌机械的学科带头人，国家水泵及系统工程技术研究中心主任、国家流体工程装备节能技术国际联合研究中心主任、国家重点学科流体机械及工程学科带头人、教育部科学技术委员会农林学部委员、教育部重点实验室“现代农业装备与技术”学术带头人。兼任中国农业工程学会副理事长、中国农业机械学会副理事长兼排灌机械分会主任委员等。

贾生活

作为酒泉奥凯种子机械股份有限公司董事长，紧抓改革开放和农业机械化高速发展的历史机遇，坚持以客户为中心，以奋斗为本，带领奥凯种机从一家产品单一，使当年亏损 164 万元，处于半停产状态，濒临破产的企业，成长为集科技研发、产品制造、市场营销为一体的现代化种子、粮食农副产品深加工机械装备制造企业，并且是国内最早研制、生产种子加工装备的专业化龙头企业。

高元恩

长期在农机行业的研究单位、企业及行政管理部门工作，曾任中国农机院副院长、院长，机械工业部农业装备司司长，中国机械装备（集团）公司副总裁、总裁、董事长，中国农业机械工业协会理事长，被授予“享受国务院特殊津贴的专家”“国家有突出贡献的青年科技专家”“中国机械工业专家”等荣誉。

高焕文

1939 年生，中共党员，曾任中国农业大学教授、博士生导师，院长，兼职农业部保护性耕作研究中心主任，中国农业机械学会副理事长，中国农业工程学会农业机械化专业委员会主任。

郭子超

安徽省农机局原副局长，中共党员，安徽省农机协会会长。长期工作于农业机械化行政管理岗位，研究政策、制定政策、深入实践、调研总结，得到中央和省部领导同志充分肯定，18 次受到省部级表彰奖励。

诸慎友

1940 年 8 月生，1962 年毕业于南京农学院农机分院农机专业，1966 年获研究生学位，中共党员。曾任中国农业机械化科学研究院副院长、总工程师，全国农机标准化技术委员会主任，中国农机学会第六届理事会（1998—2002 年）副理事长兼秘书长，农业机械学报第七届编委会（2002—2008 年）主编。

崔守波

自 1980 年参加工作以来，从事农机具、农业机械制造行业 40 年，担任山东巨明机械有限公司企业负责人以来，坚持党的领导，带领职工艰苦创业，创新、实干、诚信、奉献，把企业逐步打造成为国家重点农机装备制造企业，实现了与国家最大农业央企中国农业发展集团的战略合作，企业成为央企直属控股企业，巨明收获机械产销量位居全国同行业前列。

鹿中民

曾任农机部外事局副局长、机械部农机局长、国家机械委员会工程农机司长，中国一拖集团董事长，中国农业机械学会副理事长及中国农业机械协会第一届、第二届理事长。中国人民政治协商会议全国委员会第八届和第九届委员。

> 董佑福

山东省农机技术推广站工程应用研究员，中共党员。自参加工作以来，一直从事农机研究、生产和农机化技术示范推广等工作。1994年倡导并实施了山东小麦联合收获机“西进东征”跨区作业。从1995年开始主攻玉米收获机械化技术，2006年主持承担了国家科技支撑计划重点项目——玉米联合收获机械化技术研究与示范，进一步提升了我国玉米收获机械化技术与装备的整体水平。

> 蒋海方

江苏苏欣农机连锁有限公司总经理、高级会计师，中共党员，兼任中国农机流通协会副会长。蒋海方与他的领导班子成员一起，针对不断变化的市场形势，前瞻性地确立了正确的战略定位和发展方针，带领企业成为江苏规模最大的农业机械专业营销公司，在全国农机流通行业有较好的声誉和较高的知名度。

> 韩鲁佳

中国农业大学工学院院长，二级教授，教育部长江学者奖励计划特聘教授。曾任第十二届和第十三届全国政协委员，中国农业工程学会第八届和第九届理事会副理事长、中国农业机械学会第九届和第十届理事会副理事长。在科研、教育、参政议政方面做出了突出贡献。

> 谢　力

一直致力于国内中小功率柴油机的研制工作。在柴油机制造、技术开发、企业管理等方面具有丰富的理论和实践经验。自1983年参加工作以来，先后主持了N490Q系列柴油机等国家级火炬计划项目，参与开发的N490、S1120、S1125柴油机获得“国家级新产品”称号，R175系列单缸柴油机荣获国家银质奖，全柴牌柴油机成为家喻户晓的产品，推动了国家20世纪80—90年代农用小马力发动机的技术进步。

缑永生

新疆维吾尔自治区农机流通协会会长，中共党员，高级会计师，兼任中国农业机械流通协会副会长。在新疆农机流通行业工作 40 余年，先后领导和见证了自治区农机总公司的辉煌，2018 年被中国农业机械流通协会授予“改革开放四十年功勋人物”。

裴新民

新疆维吾尔自治区农机局总工程师、推广研究员，中共党员。新疆农机标准化技术委员会常务副主任，新疆农业大学客座教授、硕导、工程硕士学位点合格评估专家，新疆农业职业学院客座教授。

扫描二维码
了解农机杰出人物的先进事迹

续写亲历者的荣光

罗锡文

新中国成立后，党和政府始终高度重视农业机械化事业的发展。60 年前的1959 年 4 月 29 日，毛泽东主席在《党内通讯》中提出了“农业的根本出路在于机械化”的著名论断，拉开了新中国农业机械化事业快速发展的序幕。2018 年 9 月 25 日，习近平总书记在黑龙江农垦考察调研时做出了“大力推进农业机械化、智能化，给农业现代化插上科技的翅膀”的重要指示，推动我国农业机械化进入了新的发展阶段。

中国的农业机械化走过了漫长的道路，这条农机化之路因为凝聚了无数中国农机人的艰辛努力而不同寻常。

1944 年 6 月，时任联合国粮农组织筹备委员会副主席的邹秉文先生，在美国农业工程师学会年会上发表了题为“中国需要农业工程”的演讲，在他的协调和推动下，中国政府通过公开招考的方式选拔了 20 名公费留学生，赴美国攻读农业工程硕士学位。1945 年，这批留学生分别进入艾奥瓦州立大学和明尼苏达大学学习，1948 年留学结束后，他们大都先后回到祖国，成为我国农业机械化和农业工程事业的开拓者，为我国农业机械化和农业工程学科发展做出了重大贡献。

1949 年新中国成立后，我国农业机械化发展经历了计划经济阶段（1949—1980 年）、机制转换阶段（1981—1998 年）、快速发展阶段（1999—2014 年），并已进入了新常态发展阶段。经过 70 年的奋斗，我国农业机械化事业取得了历史性的伟大成就，农业生产从主要依靠人力、畜力转向主要依靠机械动力，进入了机械化为主导的新阶段，中国已经成为世界第一农机生产大国和使用大国。

虽然我国的农业机械化发展取得了长足进步，但与发达国家相比，中国的农业机械化还有很大差距，这种差距不是体现在农机保有量方面，而是更多地体现在农机化质量内涵方面，并且我们面临着这个差距在拉大的更为严峻的挑战。形势逼人，挑战逼人，使命逼人，广大农业机械化工作者要充分认识到农机科技创新是农业机械化事业深入发展的第一动力，深刻把握农机化科技创新与发展大势，站在农业机械化的新时代，以农业机械化“3－2－3”的发展思路去谋划未来。

首先，明确“三步走”的发展战略，即要明确中国农机科技创新和农业机械化发展的2025年、2035年和2050年“三步走”的战略目标。到2025年，基本实现农业机械化，农机科技创新能力显著增强，实现农业机械化“从无到有”和“从有到全”；到2035年，全面实现农业机械化，农机科技创新能力基本达到发达国家水平，实现农业机械化“从全到好”；到2050年，农业机械化达到更高水平，农机科技创新能力与发达国家“并跑”，部分领域“领跑”，实现农业机械化“从好到强”。

其次，坚持两个发展原则。第一个发展原则是全程全面机械化同步推进。全程机械化主要包括产前、产中和产后各个环节的生产机械化，全面机械化主要指“作物”生产全面机械化、“产业”发展全面机械化和“区域”发展全面机械化。第二个发展原则是农机1.0至农机4.0的并行发展。农机1.0是指“从无到有”，主要特征是以机器代替人力和畜力。目前中国在这一阶段已取得了很大的成就，但还有很多“短板”和薄弱环节，所以还要“补课”。农机2.0是指“从有到全”，特征是全程全面机械化。这是中国现阶段要大力“普及”的方向。农机3.0是指“从全到好”，特点是用信息技术提升农业机械化水平，这一阶段正在进行试验“示范”。农机4.0是指“从好到强”，即要实现农机自动化和智能化，实现农机+互联网的技术应用融合，也就是智慧农业和农业机器人技术，这个方向需要积极探索。根据中国的国情和现代化发展要求，中国农机化事业从农机1.0到农机4.0不能走顺序发展的道路，必须并行发展，同步推进。

最后，落实三项重点任务。第一项任务是薄弱环节的农业机械化科技创新，即“补短板”，包括应用基础研究，粮食、经济作物和饲草料薄弱环节技术研发，设施养殖工程，区域、水果蔬菜饲草料与畜禽水产机械化技术体系集成研究示范，农村生活废弃物处理与综合利用等七个方面的研究与创新。第二项任务是现代农机装备关键核心技术科研创新，即“攻核心”，根据中国农机装备发展现状，当前亟需在共性关键技术、重大装备、传感器与智能化技术、基础零部件以及材料和制造工艺五个方面尽早取得突破。第三项任务是农业装备智能化科技创新，即“强智能”，主要包括传感器、农机导航、精准作业和农机运维管理四个方面。

20 世纪末，美国工程技术界将“农业机械化”评为 20 世纪对人类社会进步起巨大推动作用的 20 项工程技术之一，排列在第 7 位。世界各国的经验表明，农业机械化是现代农业建设的重要科技支撑。2018 年 12 月，国务院印发的《关于加快推进农业机械化和农机装备产业转型升级的指导意见》强调，农业机械化是转变农业发展方式、提高农村生产力的重要基础，是实施乡村振兴战略的重要支撑。

70 年来，我国农业机械化事业的发展为提高农业的劳动生产率、土地产出率和资源利用率发挥了重要作用，广大中国农机人遵循“把中国人的饭碗牢牢端在自己手中”的责任和使命，为摆脱饥饿与贫穷威胁，为保障我国粮食安全和食品安全做出了重要贡献。

今天，回望过去，我们在向农机化的开拓者致敬的同时，也为自己亲历农机化而自豪。让我们站在农机化征程的新起点，不忘初心，牢记使命，坚决贯彻落实习近平总书记的重要指示精神，“矢志不移自主创新，坚定创新信心，着力增强自主创新能力”，努力推进农业机械化又好又快发展，为农业现代化建设提供强有力的科技支撑，为满足“人民群众对美好生活的向往”而砥砺前行。

让我们一起在中国农业机械化宽广的大道上续写亲历者的荣光！

编 后 记

今年是新中国成立70周年。70年来，特别是1959年毛泽东主席提出“农业的根本出路在于机械化”的著名论断以来，中国农业机械化事业经历了一个充满艰辛、充满曲折，同时又充满激情、充满自豪的发展历程。如今，中国农机化事业正带着广大农机人的豪情，迎来新的发展阶段。

在新的历史节点上，深入学习习近平新时代中国特色社会主义思想，贯彻和落实“大力推进农业机械化、智能化，给农业现代化插上科技的翅膀”重要指示，再次重温和认识毛泽东“根本出路”论断60年来的指导意义，回顾过去，总结认识，面向未来，这无疑具有新时代的积极意义。

作为全国农机行业的五大社团组织，中国农业机械学会、中国农业机械工业协会、中国农业工程学会、中国农业机械化协会、中国农业机械流通协会，从2018年底就开始了系列学习和纪念活动的筹备工作，其中一项重要内容就是面向全体会员单位开展了有关文章及照片的征集工作。许多单位及个人对此热烈响应，这其中既有工作繁重的单位领导、院士专家，也有一线普通农机工作者，还有在农机岗位度过自己职业生涯的退休老者，以及正值年富力强的新一代农机人。他们站在不同年代，以不同的角度、不同的感受，来讲述农机化事业亲历者的农机事、农机缘和农机情，展现了共和国农业机械化事业的波澜壮阔与伟大成就。

我们对征集到的文章和照片进行了重新梳理，按不同的主题，有点有面，点面结合，以图文并茂的形式进行了呈现。本书不是在做全面完整的历史回顾，而是在亲历者提供的材料基础上回放一些农机化进程中朴素和典型的记忆。尽管存在一些不够细致甚至可能是差错之处，我们在恳请指正与谅解的同时，仍希望这本书能勾勒出共和国农机化事业发展的脉络与轮廓，为过往而骄傲，为未来而期待。

在本书的整理出版工作中，我们遇到了时间紧张、资料不足等许多困难，但是凭着对农机化事业的那份真挚情感，我们以静默和坚持，等到了付梓的今天。在此要感谢许许多多为此次征集活动提供材料的单位和个人，这其中要特别感谢本次系列纪念活动的倡导者和具体推动组织者罗锡文院士，还要感谢为本书编辑出版做了许多工作的农机化行业科研院所、高等院校、生产企业、管理机构和五大学/协会的各位领导和工作人员。

我们希望当您翻开本书去浏览共和国农业机械化的历程和荣耀时，能和我们一起感受，一起分享，一起自豪。

让我们一起致敬中国农机人！

致敬共和国70华诞！

编　者

2019年9月

图书在版编目（CIP）数据

亲历农机化：中国农机化发展历程／中国农业机械学会，江苏大学主编．—镇江：江苏大学出版社，2019．10

ISBN 978-7-5684-1205-6

Ⅰ．①亲…　Ⅱ．①中…　②江…Ⅲ．①农业机械化－中国－文集　Ⅳ．①S23-53

中国版本图书馆 CIP 数据核字（2019）第 210658 号

亲历农机化：中国农机化发展历程
Qinli Nongjihua：Zhongguo Nongjihua Fazhan Licheng

主　　编／中国农业机械学会　江苏大学
执行主编／汪再非　张振新
责任编辑／李经晶　孙文婷
出版发行／江苏大学出版社
地　　址／江苏省镇江市梦溪园巷 30 号（邮编：212003）
电　　话／0511-84446464（传真）
网　　址／http：//press. ujs. edu. cn
排　　版／镇江文苑制版印刷有限责任公司
印　　刷／合肥精艺印刷有限公司
开　　本／787 mm×1 092 mm　1/16
印　　张／27. 75
字　　数／450 千字
版　　次／2019 年 10 月第 1 版　2019 年 10 月第 1 次印刷
书　　号／ISBN 978-7-5684-1205-6
定　　价／220. 00 元